职业教育机电类专业课程改革创新规划教材

PLC与触摸屏应用技术

丛书主编　李乃夫
主　　编　吴　萍　刘文新
副 主 编　刘　宏　温乃聪　刘文生
参　　编　江　超　秦　涛　李　岩
　　　　　李　斌　张小红　程慧娟
主　　审　陈巴国

電子工業出版社
Publishing House of Electronics Industry
北京 · BEIJING

内容简介

本书依据理论与实践一体化的教学模式进行编写，着重强调了理论与实践的统一。主要内容有：认识 PLC 与触摸屏的硬件和软件，信号指示灯控制电路的连接、编程与触摸屏组态，自动送料装置定时送料控制，气动机械手控制装置的连接、编程与触摸屏组态，物料传送及分拣控制装置的连接、编程与触摸屏组态，典型机电一体化控制装置的连接、编程与触摸屏组态。

本书以三菱 FX2N PLC 及昆仑通态 TPC7062K 系列触摸屏为主线，采用知识点、应用举例、综合实训案例相互衔接、相互融合的形式进行编写，内容既注重系统、全面、新颖，又力求叙述简练、层次分明、通俗易懂。在编写形式上，既注重从实际应用的角度出发，又注重涵盖理论知识的阐述。

本书可作为职业院校、技工院校电气、机电类及相关专业的教学用书，也可作为从事 PLC 控制系统设计、开发的广大科技人员的参考资料。

图书在版编目 (CIP) 数据

PLC 与触摸屏应用技术/吴萍，刘文新主编. —北京：电子工业出版社，2018.1
职业教育机电类专业课程改革创新规划教材
ISBN 978-7-121-32452-9

Ⅰ. ①P… Ⅱ. ①吴… ②刘… Ⅲ. ①PLC 技术－职业教育－教材 ②触摸屏－职业教育－教材
Ⅳ. ①TM571.61 ②TP334.1

中国版本图书馆 CIP 数据核字（2017）第 191708 号

策划编辑：张 凌
责任编辑：张 凌　　　　特约编辑：王 纲
印　　刷：北京虎彩文化传播有限公司
装　　订：北京虎彩文化传播有限公司
出版发行：电子工业出版社
　　　　　北京市海淀区万寿路 173 信箱　　邮编：100036
开　　本：787×1 092　1/16　印张：18　字数：460.8 千字
版　　次：2018 年 1 月第 1 版
印　　次：2022 年 8 月第 5 次印刷
定　　价：37.00 元

凡所购买电子工业出版社图书有缺损问题，请向购买书店调换。若书店售缺，请与本社发行部联系，联系及邮购电话：（010）88254888，88258888。

质量投诉请发邮件至 zlts@phei.com.cn，盗版侵权举报请发邮件至 dbqq@phei.com.cn。

本书咨询联系方式：（010）88254583，zling@ phei.com.cn。

前 言

随着科学技术的发展，PLC、变频器和触摸屏以其优越的性能在各个领域得到越来越广泛的应用。PLC、变频器和触摸屏相关课程现已成为电气、机电类相关专业的重要专业课程。学习这门课程，有利于职业院校的学生的继续学习和终身学习。结合职业院校电气、机电类专业教学标准以及职业院校学生的学习特点，我们组织编写了这本《PLC与触摸屏应用技术》。

本书在编写过程中，力求知识与技能并重，理论与实践相融合，体现了较为先进的教学理念，全书以三菱FX2N PLC及昆仑通态TPC7062K系列触摸屏为主线，采用知识点、应用举例、综合实训案例相互衔接、相互融合的形式进行编写，具有以下特点：

一、在知识体系的编排上严格遵循循序渐进的原则，尊重认知规律，保证知识体系由易到难，环环相扣，同时保证了知识体系的完整性。

二、实训任务的编写紧紧围绕知识体系展开，语言通俗易懂，图例清晰直观，实训难度由浅入深，由单一到综合，同时具备较强的针对性和实用性。

三、理论与实践相结合，工作过程与学习过程相结合，突出体现了“理论学习中探寻实践解决办法，实践操作中巩固理论知识并能提出新问题”的教学理念。

四、融入新技术、新方法，拓展新知识，掌握新技能，体现教材的时代性、先进性、开放性及可扩展性。

建议本书的主要教学模式可采用基于理实一体化的项目教学及案例教学模式，结合书中给出的实训任务，在完成任务的过程中对知识点进行穿插与融合，也可以采用常规理论教学模式并结合实验教学进行展开。教学过程中涉及的实训设备可采用教学仪器厂家生产的成套实训设备，也可以采用以网孔板为基础的散件套装设备，灵活地开展教学。

本书由吴萍（江苏省靖江中等专业学校）、刘文新（宁夏中卫职业技术学校）主编，刘宏（宁夏中卫职业技术学校）、温乃聪（福建三明市大田职业中专学校）、刘文生（朝阳工程技术学校）担任副主编，江超（南京六合中等专业学校）、秦涛（南京六合中等专业学校）、李岩（江苏省吴中中等专业学校）、李斌（宁夏中卫职业技术学校）、张小红（江阴中等专业学校）、程慧娟（泰州机电高等职业技术学校）参与编写。全书由吴萍、刘文新统稿，陈巴国（福建省永安职业中专学校）主审。

由于作者水平有限，在编写过程中虽然对书中所涉及的方法案例进行了反复全面的测试，但难免出现疏漏和不足之处，恳请广大读者提出批评与建议。

吴 萍

目　录

项目 1 认识 PLC 与触摸屏的硬件和软件

任务 1　了解 PLC 基本知识

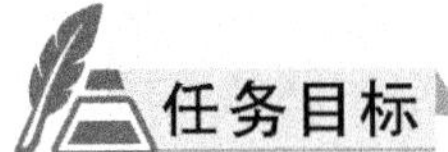

任务目标

知识目标：1. 了解 PLC 的产生及定义。
　　　　　2. 了解 PLC 的特点及主要功能。
　　　　　3. 了解 PLC 的发展历史、发展趋势及主要的类型。
　　　　　4. 了解 PLC 的主要应用领域。

能力目标：1. 掌握三菱 PLC 面板上各种端子的功能。
　　　　　2. 掌握三菱 PLC 面板上各指示灯及标识的功能及含义。
　　　　　3. 能够完成 PLC 外部端子的接线。

素质目标：1. 培养仔细观察、做好记录的习惯，掌握科学的学习方法。
　　　　　2. 学会通过网络查阅资料，实现课堂学习举一反三，养成查阅资料的习惯。
　　　　　3. 培养独立思考的习惯和合作学习的精神。

任务呈现

如图 1-1-1 所示为三菱 FX2N-48MR PLC。

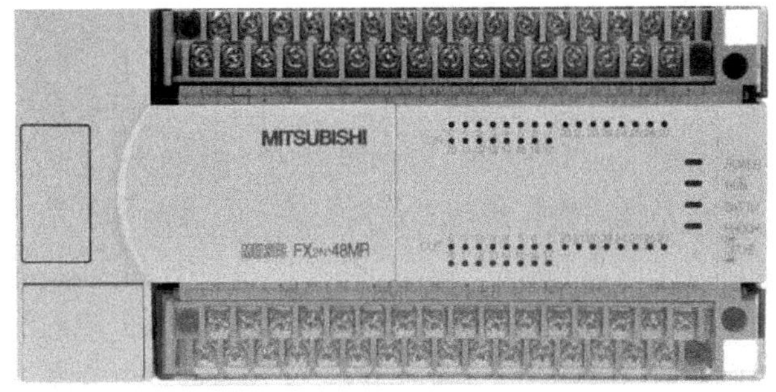

图 1-1-1　三菱 FX2N-48MR PLC

在教师的讲解和引导下，仔细观察并做好相关的记录，完成下列任务目标。

（1）识读三菱 PLC 的型号含义。

（2）认识三菱 PLC 状态指示灯标志的功能及含义。

（3）认识模式转换开关及通信接口，正确操作 PLC 的运行与停止控制，正确完成 PLC 通信接口与手持式编程器或计算机的通信接线。

（4）认识 PLC 的电源端子、I/O 端子与 I/O 信号指示灯的对应关系和功能。

知识解析

一、PLC 的产生

在 PLC 诞生之前，继电器控制系统已广泛应用于工业生产的各个领域，起着不可替代的作用。随着科学技术的不断发展，为满足人们对物质生活水平不断提高的要求，企业必须生产出品种齐全且质优价廉的产品，为适应市场需求，工业产品的品种要不断更新换代，从而要求产品的生产线及附属的控制系统不断地修改甚至更换。因为继电器控制系统体积大、耗电多、可靠性低、寿命短、运行速度慢、适应性差，修改一条生产线，需要进行重新设计、更换许多硬件设备、进行复杂的接线装配和调试，生产周期长，生产成本高。于是，人们开始思考生产出一种新型的通用控制设备，用于取代复杂的继电控制设备，以满足现代工业生产的要求。一种以微处理器为核心，将自动控制技术、计算机技术、通信技术融为一体的新型工业自动化控制装置应运而生，它就是可编程控制器（简称 PLC）。

1968 年美国最大的汽车制造商通用汽车公司（GM），为了使汽车改型或改变工艺流程时不改动原有继电器柜内的接线，以便降低生产成本，缩短新产品的开发周期，提出要研制一种新型的工业控制装置来取代继电器控制装置。为此，拟定了 10 项公开招标的技术要求，即：

（1）编程简单，可在现场修改程序；

（2）维护方便，最好是插件式；

（3）可靠性高于继电器控制柜；

（4）体积小于继电器控制柜；

（5）可将数据直接送入计算机管理；

（6）在成本上可与继电器控制柜竞争；

（7）输入可以是交流 115V；

（8）输出可以是交流 115V，2A 以上，可直接驱动电磁阀等；

（9）在扩展时，原有系统只需很小变更；

（10）用户程序存储器容量至少能扩展到 4KB。

1969 年，根据招标的技术要求，美国数字设备公司（DEC）研制出了世界上第一台 PLC，并在通用汽车公司自动装配线上试用成功。这种新型的工控装置，以其体积小、可变性好、可靠性高、使用寿命长、简单易懂、操作维护方便等一系列优点，很快就在美国的许多行业里得到推广应用，也受到了世界上许多国家的高度重视。1971 年，日本从美国引进了这项新技术，很快研制出了他们的第 1 台 PLC。1973 年，西欧国家也研制出了他们的第 1 台 PLC。我国从 1974 年开始研制，到 1977 年开始应用于工控领域。在这一时期，PLC 虽然采用了计算机的设计思想，但实际上 PLC 只能完成顺序控制、逻辑运算等简单功能，所以人们将它称为可编程逻辑控制器（Programmable Logic Controller），简称 PLC（图 1-1-2）。

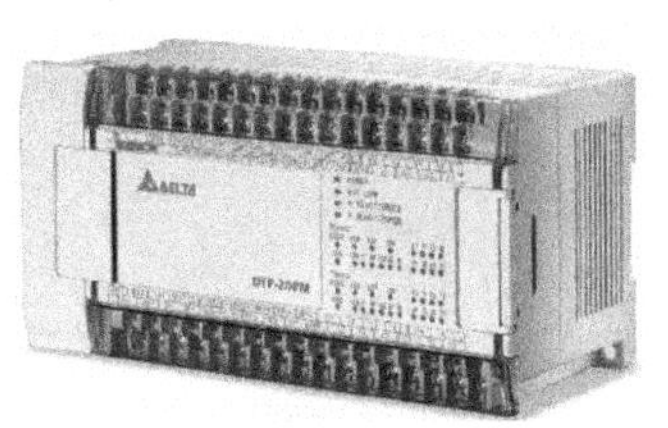
台达 PLC

西门子 PLC

三菱 PLC

ABB PLC

图 1-1-2 常见的 PLC

二、PLC 的定义

1985 年 1 月，国际电工委员会（IEC）对 PLC 的定义如下。

可编程控制器是一种数字运算操作的电子系统，专为在工业环境下应用而设计。它采用可编程序的存储器，用来在其内部存储执行逻辑运算、顺序控制、定时、计数和算术运算等操作的指令，并通过数字式、模拟式的输入和输出，控制各种类型的机械或生产过程。可编程序控制器及其有关设备，都应按易于使工业控制系统形成一个整体，易于扩充其功能的原则设计。

早期的可编程控制器称为可编程逻辑控制器（Programmable Logic Controller，PLC），它主要用来代替继电器实现逻辑控制。随着技术的发展，这种采用微型计算机技术的工业控制装置的功能已经大大超过了逻辑控制的范围，因此，今天这种装置称为可编程控制器，简称 PC。但是为了避免与个人计算机（Personal Computer）的简称混淆，所以仍将可编程控制器简称为 PLC。

三、PLC 的发展历程

从 PLC 产生到现在，已发展到第四代产品，过程如下。

第一代 PLC（1969 年—1972 年），大多用 1 位机开发，用磁芯存储器存储，只具有单一的逻辑控制功能，机种单一，没有形成系列化。

第二代 PLC（1973 年—1975 年），采用了 8 位微处理器及半导体存储器，增加了数字运算、传送、比较等功能，能实现模拟量的控制，开始具备自诊断功能，初步形成系列化。

第三代 PLC（1976 年—1983 年），随着高性能微处理器及位片式 CPU 在 PLC 中的大量使用，PLC 的处理速度大大提高，从而促使它向多功能及联网通信方向发展，增加了多种特殊功能，如浮点数的运算、三角函数、表处理、脉宽调制输出等，自诊断功能及容错技术发展迅速。

第四代 PLC（1983 年至今），不仅全面使用 16 位、32 位高性能微处理器、高性能位片式微处理器、RISC（Reduced Instruction Set Computer）精简指令系统 CPU 等高级 CPU，而且在一台 PLC 中配置多个微处理器，进行多通道处理，同时生产了大量内含微处理器的智能模块，使得第四代 PLC 产品成为具有逻辑控制功能、过程控制功能、运动控制功能、数据处理功能、联网通信功能的真正名副其实的多功能控制器。

四、PLC 的特点

（1）无触点免配线，可靠性高，抗干扰能力强。

（2）通用性强，控制程序可变，使用方便。

（3）硬件配套齐全，用户使用方便，适应性强。

（4）编程简单，容易掌握。

（5）系统的设计、安装、调试工作量少。

（6）维修工作量小，维护方便。

（7）体积小，能耗低。

五、PLC 的主要功能

1．开关逻辑和顺序控制

完成开关逻辑运算和进行顺序逻辑控制，从而可以实现各种控制要求。主要应用领域有自动生产线、机床电气控制、冲压机械、铸造机械、运输带、包装机、飞剪等控制。

2．模拟控制（A/D 和 D/A 控制）

具备处理模拟量的功能，而且编程和使用方便。主要应用领域有工业生产过程中的温度、压力、流量、液位等连续变化的模拟量的闭环控制。

3．定时/计数控制

具有很强的定时、计数功能，它可以为用户提供数十甚至上百个定时器与计数器。对于定时器，定时间隔可以由用户加以设定；对于计数器，如果需要对频率较高的信号进行计数，则可以选择高速计数器。

4．步进控制

PLC 为用户提供了一定数量的移位寄存器，用移位寄存器可方便地完成步进控制功能。

5．运动控制

在机械加工行业中，可编程序控制器与计算机数控（CNC）集成在一起，用以完成机床的运动控制。主要应用领域有金属切削机床、金属成型机械、装配机器人、电梯等。

6．数据处理

大部分 PLC 都具有不同程度的数据处理能力，它不仅能进行算术运算、数据传送，而且还能进行数据比较、数据转换、数据显示打印等操作，有些 PLC 还可以进行浮点运算和函数运算。

7．通信联网

PLC 具有通信联网的功能，它使 PLC 与 PLC 之间、PLC 与上位计算机及其他智能设备之间能够交换信息，形成一个统一的整体，实现分散集中控制。

8．其他

PLC 还有许多特殊功能模块，适用于各种特殊控制的要求，如定位控制模块、CRT 模块。

六、PLC 的分类

1. 按控制规模分类

（1）微型机：几十点。
（2）小型机：500 点以下。
（3）中型机：500～1000 点。
（4）大型机：1000 点以上。
（5）超大型机：10000 点。

2. 按结构形式分类

通常按 PLC 硬件结构形式的不同，将 PLC 分为整体式结构和模块式结构。

（1）整体式结构。

一般的小型及超小型 PLC 多为整体式结构，这种可编程控制器是把 CPU、RAM、ROM、I/O 接口及与编程器或 EPROM 写入器相连的接口、输入/输出端子、电源、指示灯等都装配在一起的整体装置。它的优点是结构紧凑、体积小、成本低、安装方便；缺点是主机的 I/O 点数固定，使用不灵活。常见的产品有西门子公司的 S7-200，三菱公司的 FX2N 系列等（图 1-1-3）。

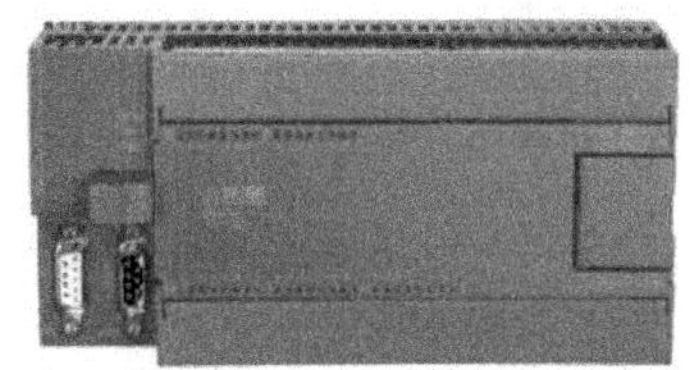
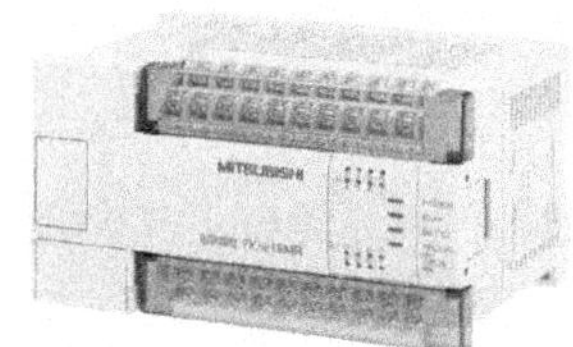

图 1-1-3　整体式 PLC

（2）模块式结构。

模块式结构又叫积木式。这种结构形式的特点是把 PLC 的每个工作单元都制成独立的模块，如 CPU 模块、输入模块、输出模块、电源模块、通信模块等。

另外，机器上有一块带有插槽的母板，实质上就是计算机总线。把这些模块按控制系统需要选取后，都插到母板上，就构成了一个完整的 PLC。这种结构的 PLC 的特点是系统构成非常灵活，安装、扩展、维修都很方便，缺点是体积比较大。常见的产品有欧姆龙公司的 C200H、C1000H、C2000H，西门子公司的 S5-115U、S7-300、S7-400 系列等（图 1-1-4）。

图 1-1-4　模块式 PLC

3. 按功能分类

根据 PLC 所具有的功能不同，可将 PLC 分为低档、中档、高档三类。

（1）低档 PLC。

低档 PLC 具有逻辑运算、定时、计数、移位及自诊断、监控等基本功能，还可有少量模拟量输入/输出、算术运算、数据传送和比较、通信等功能，主要用于逻辑控制、顺序控制或少量模拟量控制的单机控制系统。

（2）中档 PLC。

中档 PLC 除具有低档 PLC 的功能外，还具有较强的模拟量输入/输出、算术运算、数据传送和比较、数制转换、远程 I/O、子程序、通信联网等功能。有些还可增设中断控制、PID 控制等功能，适用于复杂控制系统。

（3）高档 PLC。

高档 PLC 除具有中档机的功能外，还增加了带符号算术运算、矩阵运算、位逻辑运算、平方根运算及其他特殊功能函数的运算、制表及表格传送功能等。高档 PLC 具有更强的通信联网功能，可用于大规模过程控制或构成分布式网络控制系统，实现工厂自动化。

4．按生产厂家分类

PLC 的生产厂家很多，国内、国外都有，其点数、容量、功能各有差异，比较有影响的国外厂家有：

（1）日本三菱（MITSUBISHI）公司的 Q、F、F1、F2、FX2 系列可编程序控制器；

（2）美国通用电气（GE）公司的 GE 系列可编程序控制器；

（3）美国艾论-布拉德利（A-B）公司的 PLC-5 系列可编程序控制器；

（4）德国西门子（SIEMENS）公司 S5、S7 系列可编程序控制器；

（5）日本欧姆龙（OMRON）公司的微型系列 PLC（CPM1A、CPM2A、CP1H、CP1L），小型系列 PLC（CPM2C、CQM1H、CJ1M），中型系列 PLC（C200H、CJ1、CS1），大型系列 PLC（CV、CS1D）等；

（6）日本松下（PANASONIC）电工公司的 FP1 系列可编程控制器。

国内生产 PLC 的厂家有：

（1）无锡华光电子工业有限公司（合资）的 SR-10、SR-20/21；

（2）中国科学院自动化研究所的 PLC-0088；

（3）上海机床电器厂的 CKY-40；

（4）上海起重电器厂的 CF-40MR/ER。

七、PLC 的发展趋势

1．PLC 向大型化方向发展

PLC 向大型化方向发展主要表现在大中型 PLC 向高功能、大容量、智能化、网络化发展，使之能与计算机组成集成控制系统，对大规模、复杂系统进行综合的自动控制。大型 PLC 大多采用多 CPU 结构，不断向高性能、高速度和大容量方向发展，某些 PLC 还具有模拟量模糊控制、自适应、参数自整定功能，使调试时间减少，控制精度提高。

2．PLC 向小型化方向发展

PLC 向小型化方向发展主要表现在为了减小体积、降低成本，向高性能的整体型发展；在提高系统可靠性的基础上，产品的体积越来越小，功能越来越强；应用的专业性使得控制质量大大提高。小型 PLC 一般指 I/O 点数小于等于 256 的 PLC，大多采用整体式结构。小型 PLC

的价格便宜，性价比不断提高，很适合于单机自动化或组成分布式控制系统。

3. 通信功能的增强和标准化

随着计算机网络通信在控制系统中的广泛应用，通信功能受到越来越高的重视，因此 PLC 的通信功能在不断扩展和增强。以三菱 FX 系列为例，它可以接入开放式通信网络，为此提供了 CC-Link 系统主站模块、CC-Link 接口模块、AS-i 主站模块、DeviceNet 接口模块和 Profibus 接口模块。使用 MELSEC 远程 I/O 链接系统主站模块可组成远程 I/O 网络。RS-232C 通信接口模块、RS-232C 适配器、RS-485 通信板适配器、RS-232C/RS-485 转换接口等提供了标准的串行通信接口。在软件方面 FX 提供了一些专用的通信协议，如并行链接、计算机链接和 I/O 链接。计算机链接协议基本上符合 Modbus 通信协议中的 ASCII 传输模式，PLC 与 PC 通信时，PLC 一侧不需要用户编程。其余几种链接的通信是周期性自动实现的，用户只需要做一些简单的设置。

4. PLC 在软件方面的发展

PLC 在软件方面也将有较大的发展。系统的开放使第三方的软件能方便地在符合开放系统标准的 PLC 上得到移植。除了采用标准化的硬件外，采用标准化的软件也能大大缩短系统开发周期；同时，标准化的软件由于经受了实际应用的考验，它的可靠性也明显提高。此外，编程软件还使用编程向导简化编程过程，配备仿真功能等。

总之，PLC 总的发展趋势是高功能、高速度、高集成度、容量大、体积小、成本低、通信联网功能强。

任务实施

一、认识三菱 FX2N-48MR PLC 的面板

三菱 FX2N-48MR PLC 的面板如图 1-1-5 所示。

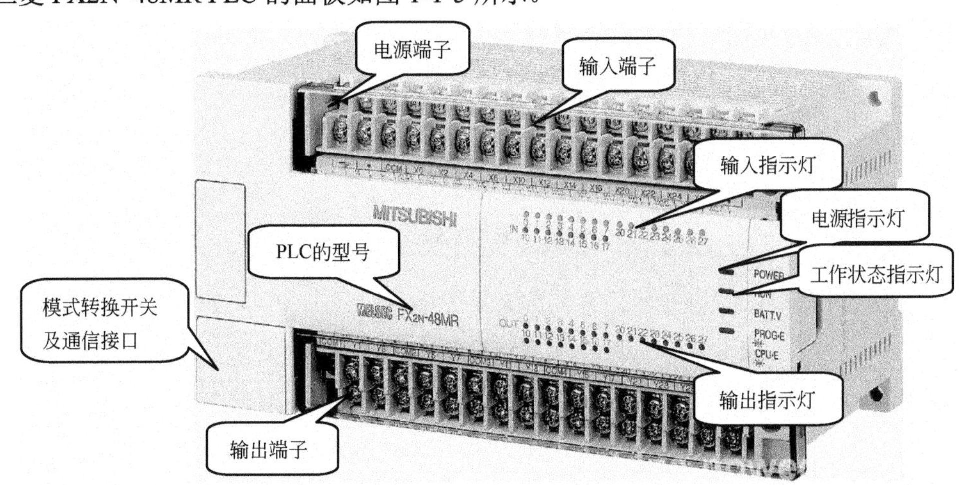

图 1-1-5　三菱 FX2N PLC 的面板

二、认识三菱 FX 系列 PLC 的型号

在 PLC 的正面，一般都有表示该 PLC 型号的符号，通过阅读该符号即可以获得该 PLC 的基本信息。FX 系列 PLC 型号命名的基本格式如图 1-1-6 所示。

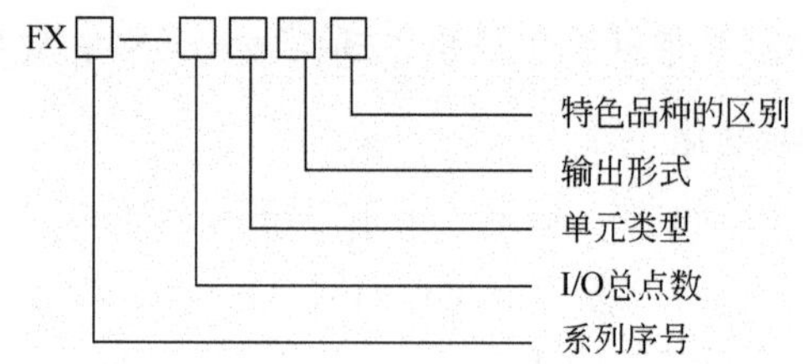

图 1-1-6 三菱 FX 系列 PLC 型号命名的基本格式

（1）序列号：0、0S、0N、2、2C、1S、2N、2NC。

（2）I/O 总点数：10～256。

（3）单元类型：M 代表基本单元，E 代表输入/输出混合扩展单元及扩展模块，EX 代表输入专用扩展模块，EY 代表输出专用扩展模块。

（4）输出形式：R 代表继电器输出，T 代表晶体管输出，S 代表晶闸管输出。

（5）特殊品种区别：D—DC 电源，DC 输入，A1—AC 电源，AC 输入。

若特殊品种一项无符号，通常指 AC 电源、DC 输入、横排端子排；继电器输出：2A/点；晶体管输出：0.5A/点；晶闸管输出：0.3A/点。

例如，FX2N-48MRD 含义为 FX2N 系列，I/O 总点数为 48 点，继电器输出，DC 电源，DC 输入的基本单元。又如 FX-4EYSH 的含义为 FX 系列，输入点数为 0 点，输出 4 点，晶闸管输出，大电流输出扩展模块。

三、认识 PLC 的状态指示灯

三菱 FX 系列 PLC 的状态指示灯如图 1-1-7 所示。

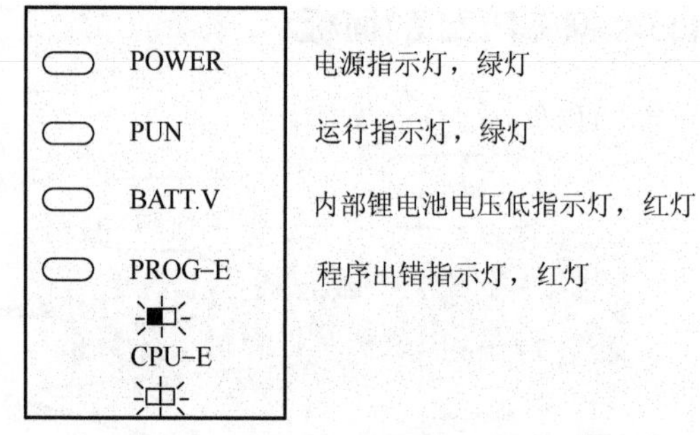

图 1-1-7 三菱 FX 系列 PLC 的状态指示灯

三菱 FX 系列 PLC 的状态指示灯具体含义见表 1-1-1。

表 1-1-1 三菱 FX 系列 PLC 的状态指示灯具体含义

指示灯	指示灯的状态与当前运行的状态
电源指示灯	PLC 接通 220V 交流电源后，该灯点亮，正常时仅有该灯点亮表示 PLC 处于编辑状态
运行指示灯	当 PLC 处于正常运行状态时，该灯点亮
内部锂电池指示灯	如果该指示灯点亮，说明锂电池电压不足，应更换
程序出错指示灯	如果该指示灯闪烁，说明出现以下类型的错误： （1）程序语法错误 （2）锂电池电压不足

续表

指示灯	指示灯的状态与当前运行的状态
程序出错指示灯	（3）定时器或计数器未设置常数 （4）干扰信号使程序出错 （5）程序执行时间超出允许时间，此灯连续亮

四、认识 PLC 的模式转换开关及通信接口

模式转换开关用来改变 PLC 的工作模式，PLC 电源接通后，将转换开关打到 RUN 位置上，则 PLC 的运行指示灯（RUN）发光，表示 PLC 正处于运行状态；将转换开关打到 STOP 位置上，则 PLC 的运行指示灯（RUN）熄灭，表示 PLC 正处于停止状态。如图 1-1-8（a）所示为 FX 系列 PLC 的模式转换开关及通信接口的位置，如图 1-1-8（b）所示为 FX 系列 PLC 的模式转换开关及通信接口。

（a）模式转换开关及通信接口端盖的位置

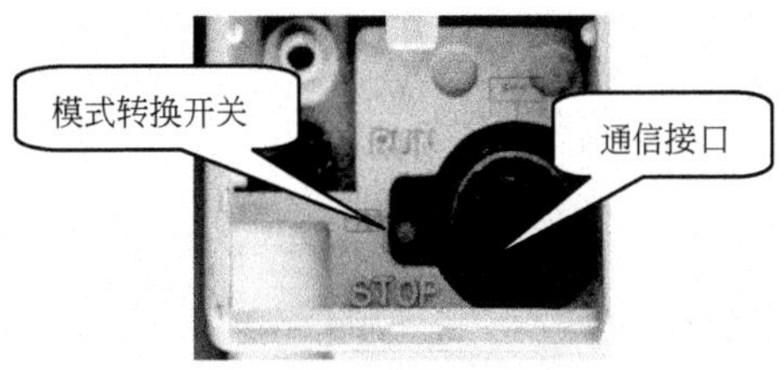

（b）模式转换开关及通信接口

图 1-1-8　FX 系列 PLC 的模式转换开关及通信接口

通信接口用来连接手持式编程器或计算机，通信线一般有手持式编程器通信线和计算机通信线两种，通信线与 PLC 连接时，务必注意通信线接口内的“针”与 PLC 上的接口正确对应后才可将通信线接口用力插入 PLC 的通信接口，否则容易损坏接口。如图 1-1-9（a）所示为 PLC 与计算机通信线的 PLC 端接口，如图 1-1-9（b）所示为 PLC 与通信线的连接。

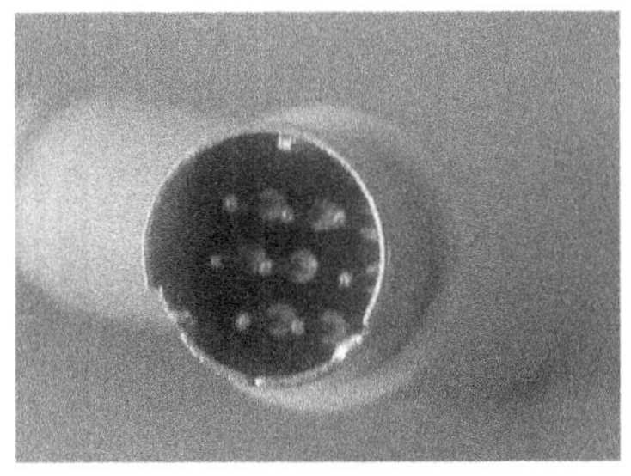

（a）通信线接口

（b）PLC 与通信线的连接

图 1-1-9　三菱 FX2N PLC 与通信线的连接

五、认识 PLC 的电源端子、I/O 端子与 I/O 信号指示灯

PLC 的电源端子、输入端子、输出端子与相应的信号指示灯如图 1-1-5 所示。

1. 输入接口接线端子及信号指示灯

（1）外部电源端子（L、N、地）：通过外部电源端子外接 PLC 的外部电源（AC 220V），

为 PLC 供电。

（2）输入公共端子 COM：PLC 在外接传感器、按钮、行程开关等外部信号元件时必须连接此端子。

（3）+24V 电源端子：PLC 自身为外部设备提供的直流 24V 电源，多用于三线传感器，如图 1-1-10 所示。

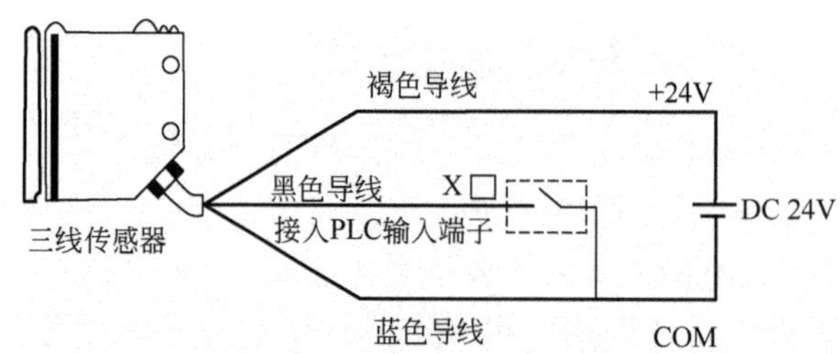

图 1-1-10　三线式传感器的接线图

（4）X 端子：X 端子为输入（IN）继电器的接线端子，是将外部信号引入 PLC 的必经通道。

（5）“.”端子：带有“.”符号的端子表示该端子未被使用，不具功能。

（6）输入指示灯：PLC 的输入（IN）指示灯，PLC 有信号输入时，对应输入点的指示灯亮。

2．输出接口接线端子及信号指示灯

（1）输出公共端子 COM：此端子为 PLC 输出公共端，在 PLC 连接交流接触器线圈、电磁阀线圈、指示灯等负载时必须连接此端子。在负载使用相同电压类型和等级时，将 COM1、COM2、COM3、COM4 用导线短接起来即可。

在负载使用不同的电压类型和等级时，Y0～Y3 共用 COM1，Y4～Y7 共用 COM2，Y10～Y13 共用 COM3，Y14～Y17 共用 COM4，Y20～Y27 共用 COM5。对于共用一个公共端子的同一组输出，必须用同一电压类型和同一电压等级，但不同的公共端子组可使用不同的电压类型和电压等级。

（2）Y 端子：Y 端子为 PLC 的输出（OUT）继电器的接线端子，是将 PLC 指令执行结果传递到负载侧的必经通道。

（3）输出指示灯：当某个输出继电器被驱动后，则对应的 Y 指示灯就会点亮。

任务评价

对任务实施的完成情况进行检查，并将结果填入表 1-1-2 内。

表 1-1-2　任务测评表

序号	主要内容	考核要求	评分标准	配分	扣分	得分
1	认识三菱 PLC 的型号	掌握 PLC 型号的含义	1．能识别 PLC 的型号得 5 分 2．理解 PLC 型号含义得 10 分	15		
2	认识状态指示灯	识别各种状态指示灯的含义	1．能识别各种状态指示灯得 5 分 2．理解各种状态指示灯的功能及含义得 15 分	20		

续表

序号	主要内容	考核要求	评分标准	配分	扣分	得分
3	认识模式转换开关及通信接口	识别 PLC 转换开关及通信接口	1. 能在 PLC 上找到模式转换开关及通信接口的位置得 5 分 2. 理解模式转换开关与状态指示灯的关系得 10 分 3. 能正确插拔通信电缆得 10 分	25		
4	认识 PLC 的电源端子、I/O 端子与 I/O 信号指示灯	识别 I/O 端子与 I/O 信号指示灯及其所代表的含义	1. 正确区分 PLC 的信号输入端和信号输出端得 5 分 2. 正确区分 PLC 的信号输入指示灯和信号输出指示灯得 5 分 3. 正确理解信号输入指示灯的功能及含义得 10 分 4. 正确理解信号输出指示灯的功能及含义得 10 分	30		
5	职业素养	工位清洁等	1. 任务完成后，将 PLC 放回原位得 5 分 2. 任务完成后，清理工位得 5 分	10		
合 计				100		
开始时间：			结束时间：			
学习者姓名：			指导教师：	任务实施日期：		

任务 2 认识 PLC 控制系统的硬件

任务目标

知识目标：1. 了解 PLC 硬件系统的组成及各组成部分的主要功能。
2. 理解 PLC 输入继电器和输出继电器的等效电路。
3. 掌握三菱 PLC 输入/输出端的编号方法。
4. 掌握 PLC 常用输入元件及执行元件的功能及使用方法。

能力目标：1. 能识别 YL-235A 光机电一体化实训设备的主要机构及主要功能。
2. 能识别 YL-235A 光机电一体化实训设备的输入元件及执行元件。
3. 理解 YL-235A 光机电一体化实训设备的整机工作流程。

素质目标：1. 养成独立思考和动手操作的习惯。
2. 培养小组协调能力和合作学习的精神。

任务呈现

YL-235A 光机电一体化实训设备模拟一条自动生产线的结构，配置了生产实际中典型的皮带输送机、圆盘送料机构、机械手、物料检测、物料分拣装置，综合了光电控制、PLC 控制、变频器控制、触摸屏控制等控制技术，反映了真实的生产控制功能。该实训装置由铝合金导轨式实训台、典型的机电一体化设备的机械部件、PLC 模块单元、触摸屏模块单元、变频器模块单元、按钮模块单元、电源模块单元、模拟生产设备实训模块、接线端子排和各种传感器等组成。实训项目主要包含机电类专业学习中所涉及的诸如电动机驱动、机械传动、气动、触摸屏控制、可编程控制器、传感器、变频调速等多项技术，提供了一个典型的综合实训环境（图 1-2-1）。

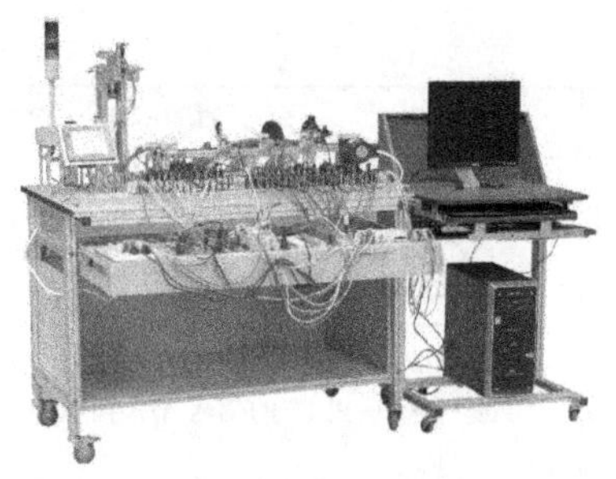

图 1-2-1　YL-235A 光机电一体化实训设备

本次任务的主要内容：观察如图 1-2-1 所示的 YL-235A 光机电一体化实训设备的实体装置，完成下列任务要求。

（1）认识 YL-235A 光机电一体化实训设备的整机机构与工作流程。

（2）认识电源模块、按钮与指示灯模块、PLC 控制模块、变频器控制模块、触摸屏控制模块，掌握各电气控制模块的主要作用。

（3）认识送料机构、搬运机构、传送及分拣机构的组成结构，掌握其工作原理及主要功能。

（4）认识 YL-235A 光机电一体化实训设备上的各类传感器，掌握光电传感器、光纤传感器、电感传感器、磁性开关的主要作用。

知识解析

一、PLC 硬件系统的组成

PLC 控制系统的硬件由主机系统、输入/输出扩展环节及外部设备组成。PLC 的构成框图和计算机是一样的，都由中央处理器（CPU）、存储器和输入/输出接口等构成。因此，从硬件结构来说，可编程控制器实际上就是计算机，如图 1-2-2 所示是 PLC 硬件结构示意图。

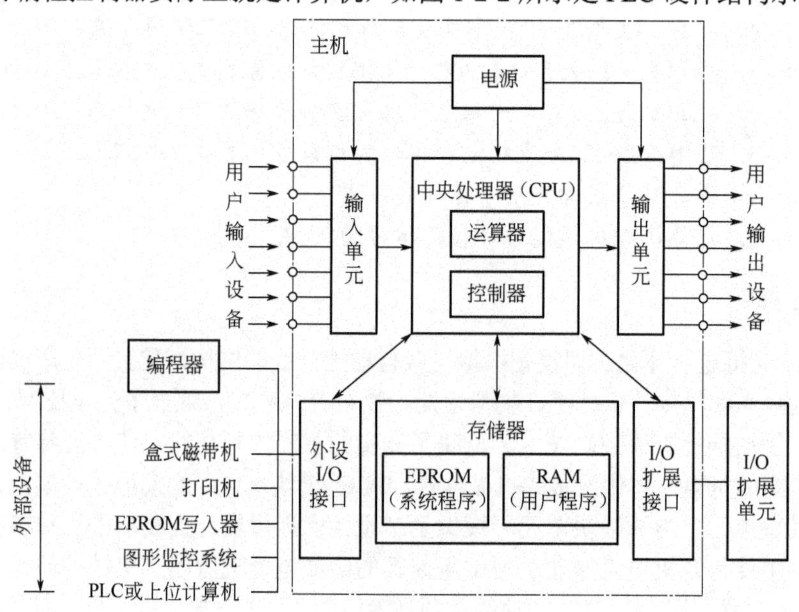

图 1-2-2　PLC 硬件结构示意图

PLC 内部主要部件如下。

1. 中央处理器（CPU）

一般由控制器、运算器和寄存器组成，这些电路都集成在一个芯片内。CPU 通过数据总线、地址总线和控制总线与存储器、输入/输出接口电路相连接。与一般的计算机一样，CPU 是整个 PLC 的控制中枢，主要完成以下工作。

（1）接收、存储用户通过编程器等输入设备输入的程序和数据。

（2）用扫描的方式通过 I/O 部件接收现场信号的状态或数据，并存入输入映象寄存器或数据存储器中。

（3）诊断 PLC 内部电路的工作故障和编程中的语法错误等。

（4）PLC 进入运行状态后，执行用户程序，完成各种数据的处理、传输和存储相应的内部控制信号，以完成用户指令规定的各种操作。

（5）响应各种外围设备（如编程器、打印机等）的请求。

PLC 采用的 CPU 随机型的不同而不同，小型 PLC 为单 CPU 系统，中型及大型则采用双 CPU 甚至多 CPU 系统。目前，PLC 通常采用的中央处理器有三种：通用微处理器、单片微处理器（即单片机）、位片式微处理器。

2. 存储器

（1）系统程序存储器，它用以存放系统工作程序（监控程序）、模块化应用功能子程序、命令解释功能子程序的调用管理程序，以及对应定义（I/O、内部继电器、计时器、计数器、移位寄存器等存储系统）参数等功能。

（2）用户存储器，用以存放用户程序，即存放通过编程器输入的用户程序，常用的用户存储方式及容量型存储方式有 CMOSRAM，EPROM 和 EEPROM，信息存储常用盒式磁带和磁盘。

3. 输入/输出组件（I/O 模块）

I/O 模块是 CPU 与现场 I/O 装置或其他外部设备之间的连接部件。I/O 模块将外界输入信号变成 CPU 能接受的信号，或将 CPU 的输出信号变成需要的控制信号去驱动控制对象，确保整个系统的正常工作。

输入的开关量信号接在 IN 端和 0V 端之间，PLC 内部提供 24V 电源，输入信号通过光电隔离，通过 R/C 滤波进入 CPU 控制板，CPU 发出输出信号至输出端。

4. 电源部分

PLC 内部配有一个专用开关型稳压电源，它将交流/直流供电电源变换成系统内部各单元所需的电源，即为 PLC 各模块的集成电路提供工作电源。许多 PLC 都向外提供直流 24V 稳压电源，用于对外部传感器供电。

对于整体式结构的 PLC，通常电源封装在机壳内部；对于模块式 PLC，有的采用单独电源模块，有的将电源与 PLC 封装到一个模块中。

5. 编程器

编程器用于用户程序的编制、编辑、调试检查和监视等，还可以通过其键盘去调用和显示 PLC 的一些内部状态和系统参数。它通过通信端口与 CPU 联系，完成人机对话连接。编程器上有供编程使用的各种功能键和显示灯以及编程、监控转换开关。编程器的键盘采用梯形图语言键符式命令语言助记符，也可以采用软件指定的功能键符，通过屏幕对话方式进行编程（图 1-2-3）。

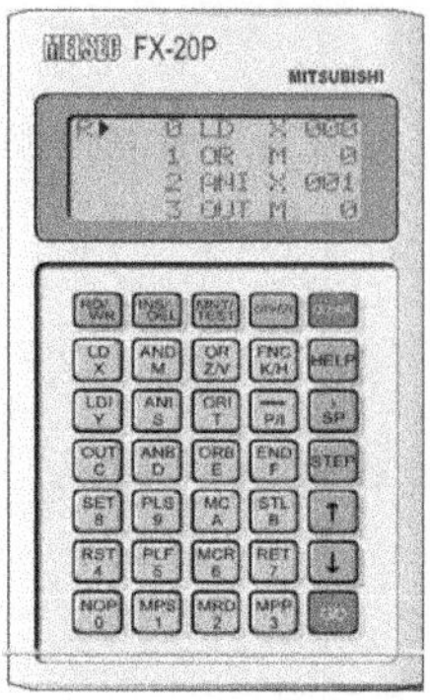

编程器分为简易型和智能型两类。前者只能联机编程，而后者既可联机编程又可脱机编程。同时前者输入梯形图的语言键符，后者可以直接输入梯形图。根据不同档次的 PLC 产品选配相应的编程器。

6．外部设备

一般 PLC 都配有盒式录音机、打印机、EPROM 写入器、高分辨率屏幕彩色图形监控系统等外部设备。

图 1-2-3　三菱 PLC 手持编程器 FX-20P

二、PLC 的输入继电器

PLC 的输入端主要用于接收外部开关信号，PLC 内部与输入端子连接的输入继电器采用的是光电隔离的电子继电器，它们的编号与接线端子编号一致（按八进制输入），为 X000～X007，X010～X017，X020～X027。如图 1-2-4 所示为输入继电器的等效电路。

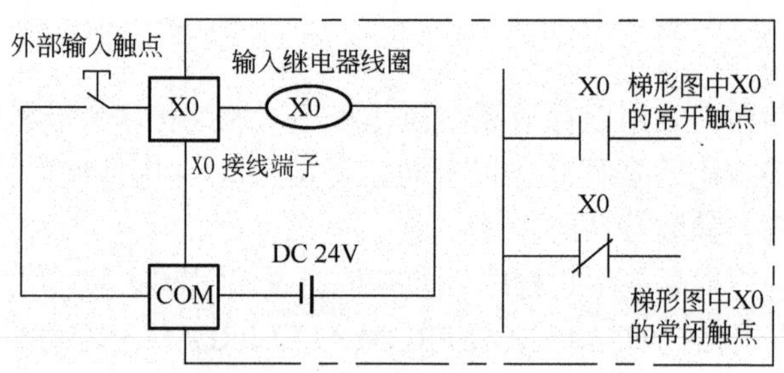

图 1-2-4　输入继电器的等效电路

输入继电器线圈的状态只取决于 PLC 外部输入触点的状态，如图 1-2-4 所示，当外部输入触点闭合，则 X0 线圈得电，梯形图中 X0 的常开触点闭合，X0 的常闭触点断开；当外部输入触点断开，则 X0 线圈失电，梯形图中 X0 的常开触点断开，X0 的常闭触点闭合。

三、输出继电器（Y）

PLC 的输出端主要用于向外部输出信号，PLC 内部与输出端子连接的输出继电器用于将 PLC 内部信号输出并传送给外部负载（用户输出设备）。输出继电器线圈由 PLC 内部程序的指令驱动，输出继电器的外部输出主触点接到 PLC 的输出端子上供外部负载使用，其余常开/常闭触点供内部程序使用。输出继电器的电子常开/常闭触点使用次数不限。

输出电路的时间常数是固定的。各基本单元都是八进制输出，输出编号为 Y000～Y007，Y010～Y017，Y020～Y027。它们一般位于机器的下端。如图 1-2-5 所示为输出继电器 Y1 的等效电路。

输出公共端的类型是若干输出端子构成一组，共用一个输出公共端，各组的输出公共端用 COM1，COM2，……表示，各组公共端之间相互独立，可使用不同的电源类型和电压等级负载驱动电源。

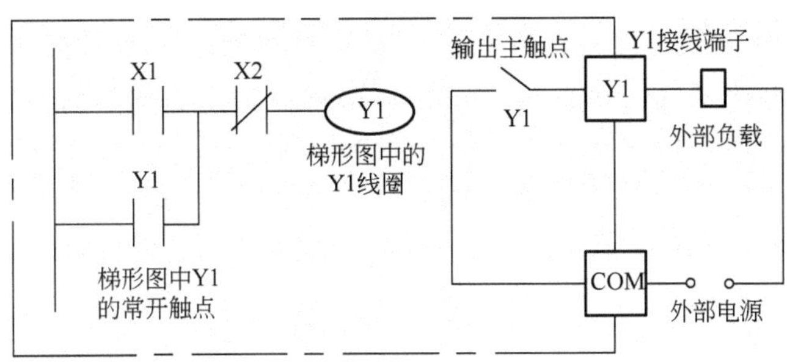

图 1-2-5 输出继电器 Y1 的等效电路

任务实施

一、认识 YL-235A 光机电一体化实训设备的整机构成

YL-235A 光机电一体化实训设备主要由物料传送与分拣机构、机械手搬运机构、送料机构及电气控制模块等几部分构成，其中电气控制部分又由电源模块、按钮与指示灯模块、PLC 控制模块、变频器模块、触摸屏模块等几部分构成，YL-235A 光机电一体化实训设备整机外观及构成如图 1-2-6 所示。

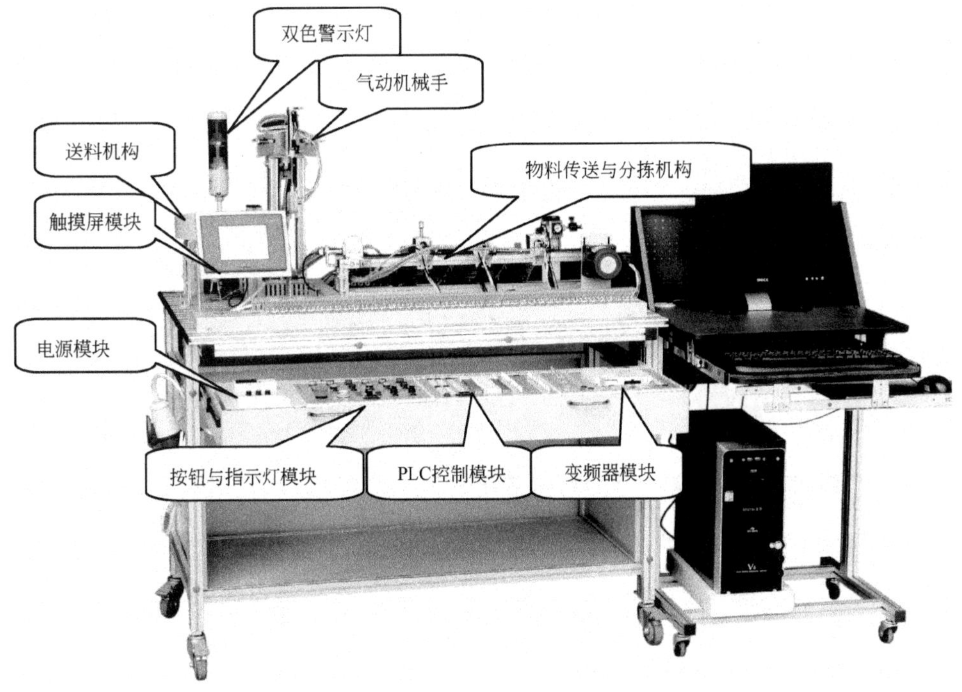

图 1-2-6 YL-235A 光机电一体化实训设备整机外观及构成

二、认识 YL-235A 光机电一体化实训设备的工作流程

YL-235A 光机电一体化实训设备的工作流程如图 1-2-7 所示。

按下 YL-235A 光机电一体化实训设备按钮模块上的复位按钮或者单击触摸屏组态画面上的复位按钮，使装置进行复位，当装置复位完成后，由 PLC 启动送料机构驱动送料盘旋转，物料由送料盘滑到物料检测位置，物料检测光电传感器检测；如果送料机构运行若干秒后，物料检测光电传感器仍未检测到物料，则说明送料机构已经无物料或故障，这时要停机并报警；当物料检测光电传感器检测到有物料，将给 PLC 发出信号，由 PLC 驱动机械手臂伸出手爪下降抓物，然后手爪提升臂缩回，手臂向右旋转到右限位，手臂伸出，手爪下降，将物料放到传送带上，落料口的物料检测传感器检测到物料后启动传送带输送物料，同时机械手按原来的位置返回，进行下一个流程；传感器则根据物料的材料特性、颜色等特性进行辨别，分别由 PLC 控制相应的电磁阀使气缸动作，对物料进行分拣。

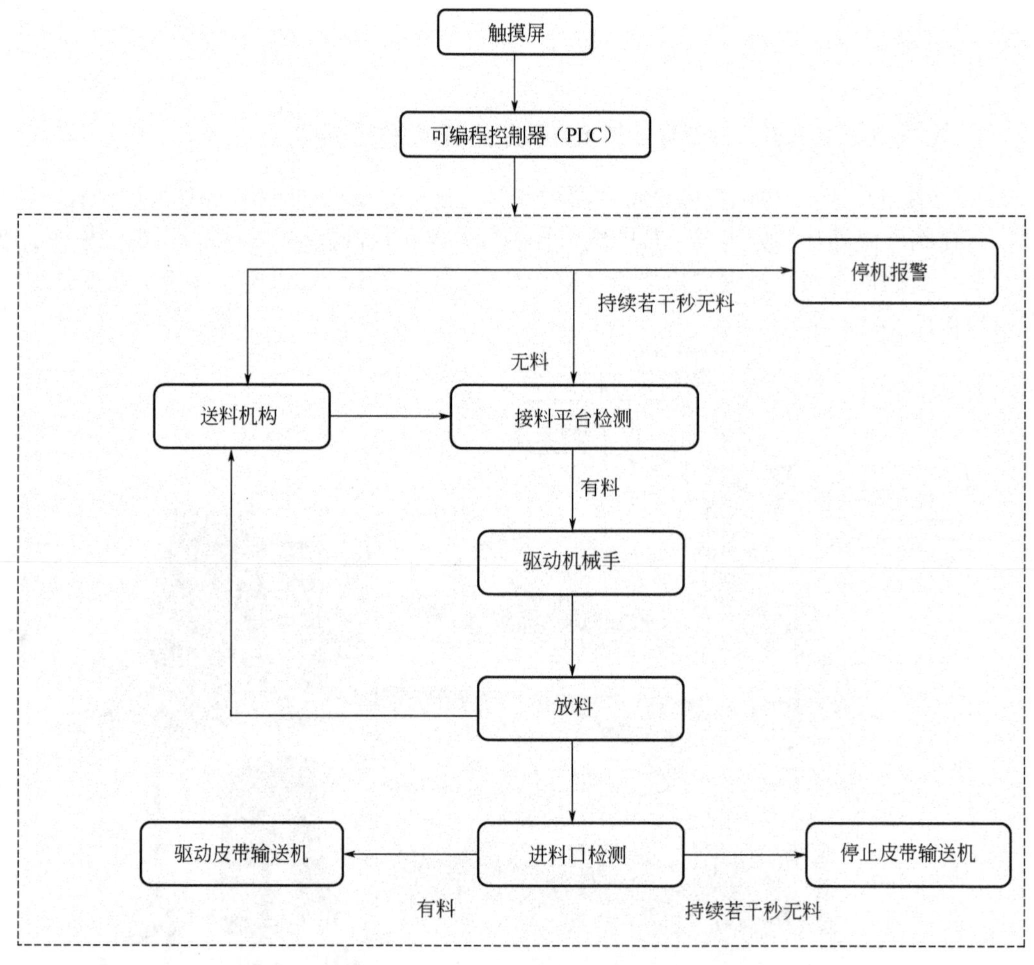

图 1-2-7　YL-235A 光机电一体化实训设备的工作流程

三、了解 YL-235A 光机电一体化实训设备的气动原理

YL-235A 光机电一体化实训设备的气动原理如图 1-2-8 所示。

如图 1-2-8 所示，气动机械手的控制主要通过 4 个双电控电磁阀分别控制机械手的手臂气缸、悬臂气缸、旋转气缸和手爪气缸来实现手臂上升/下降、悬臂伸出/缩回、机械手左旋/右旋、手爪夹紧/松开一共 4 个自由度动作。物料分拣系统的控制主要通过 3 个单电控电磁阀来实现 3 个推料气缸的伸出与缩回，即电磁阀得电时，推料气缸伸出，电磁阀失电时，推料气缸缩回。

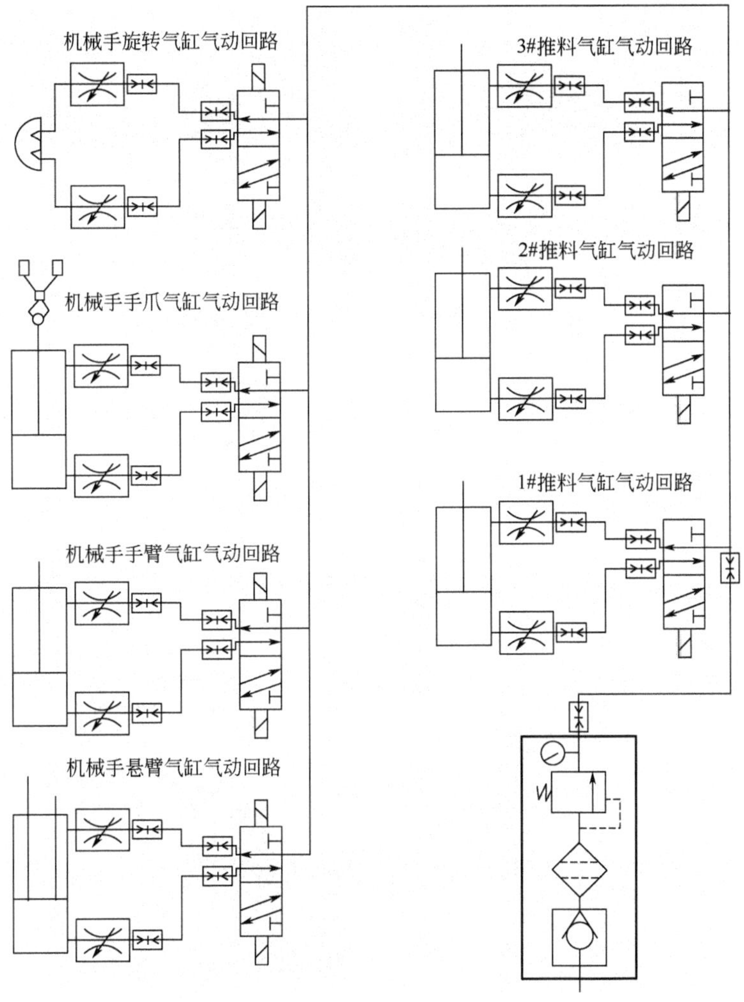

图 1-2-8 YL-235A 光机电一体化实训设备的气动原理图

四、认识 YL-235A 光机电一体化实训设备的主要组成机构

1. 认识送料机构

送料机构由放料转盘（料盘）、驱动电机、调节支架及出料口的光电传感器等几部分构成。料盘中共放三种物料：金属物料、白色非金属物料、黑色非金属物料。当需要送料时，由 PLC 控制 DC 24V 驱动电机转动，驱动料盘中的拨料杆转动，将物料推出到出料口。当出料口的光电传感器检测到物料时，驱动电机停止。送料机构的外形结构及各部件名称如图 1-2-9 所示。

2. 认识机械手搬运机构

机械手搬运机构主要由气动手爪、手臂气缸、悬臂气缸、旋转气缸、磁性传感器（磁性开关）、电感传感器、缓冲阀、安装支架等几部分构成。机械手搬运机构的外形结构及各部件名称如图 1-2-10 所示。

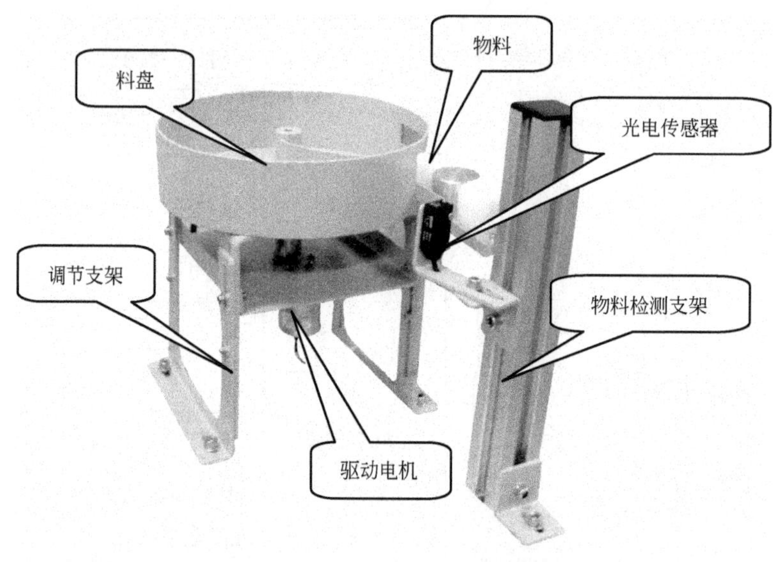

图 1-2-9　送料机构的外形结构及各部件名称

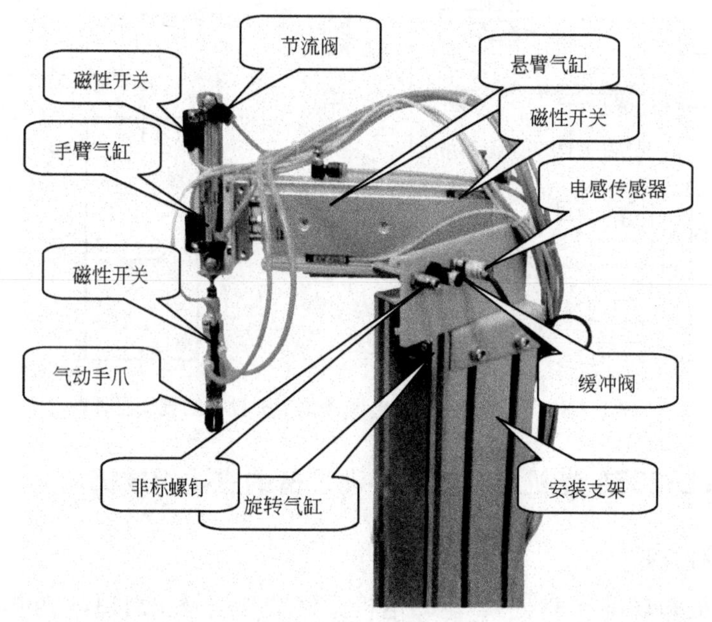

图 1-2-10　机械手搬运机构的外形结构及各部件名称

PLC 通过控制电磁阀实现对气缸的控制，从而完成四个自由度动作，悬臂伸缩、机械手旋转、手臂上下、手爪松紧。安装在气缸两端的磁性开关用于检测气缸活塞杆位置，安装在机械手左右两侧限止位置的接近开关用于机械手左旋到位检测和右旋到位检测。

3．认识物料传送与分拣机构

物料传送与分拣机构主要由皮带输送机、料槽、推料气缸等几部分构成。物料传送与分拣机构的外形结构及各部件名称如图 1-2-11 所示。

当料口光电传感器检测到物料时，PLC 通过控制变频器启动三相异步电动机，使皮带输送

机开始工作。当安装在三个推料气缸上方位置的传感器检测到物料时，根据具体的物料分拣要求，向 PLC 发送信号，PLC 通过控制电磁阀动作，从而控制推料气缸的推出与缩回，实现物料分拣。安装在推料气缸首尾两端的磁性开关用于检测气缸活塞杆所处的位置。

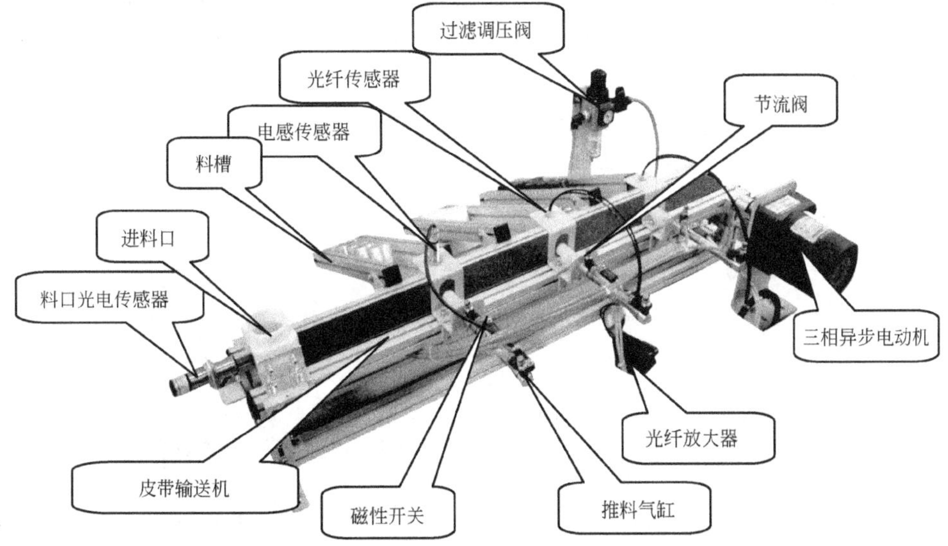

图 1-2-11　物料传送与分拣机构外形及各部件名称

五、认识 YL-235A 光机电一体化实训设备的电气控制模块

YL-235A 光机电一体化实训设备的电气控制模块主要包括电源模块、按钮与指示灯模块、可编程控制器（PLC）模块、变频器模块等几部分。所有的电气元件均连接到接线端子排上，通过接线端子排连接到安全插孔，由安全插孔连接至各个模块。

1．认识电源模块及按钮与指示灯模块

（1）电源模块包括三相电源总开关（带漏电和短路保护）、熔断器等。单相电源插座用于模块电源连接和给外部设备提供电源，模块之间的电源采用安全导线方式连接。电源模块如图 1-2-12（a）所示。

（2）按钮与指示灯模块的电气元件主要有三个自锁型按钮、三个复位型按钮、一个急停按钮、两个转换开关、六个指示灯和一个用于报警提示的蜂鸣器，如图 1-2-12（b）所示。

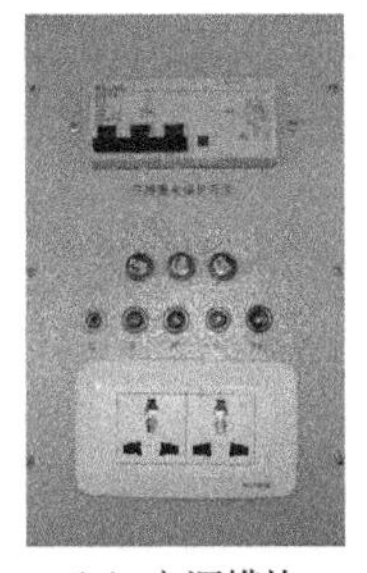

（a）电源模块

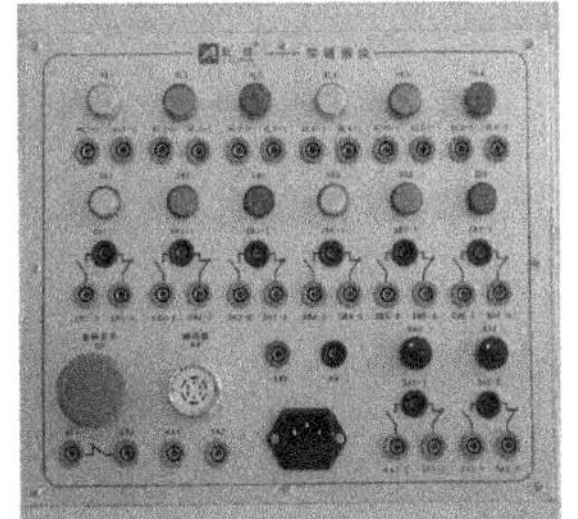

（b）按钮与指示灯模块

图 1-2-12　YL-235A 实训设备上的电源模块及按钮与指示灯模块

2．认识 PLC 控制模块与变频器控制模块

（1）PLC 控制模块采用三菱 FX2N-48MR 继电器输出，所有接口采用带安全插头的导线连接，有 24 个输入口，24 个输出口。PLC 上各动作指示灯的含义：POWER 表示电源指示，RUN 表示运行指示；BATT.V 表示电池电压下降指示，CPU-E 表示出错指示。PLC 控制模块如图 1-2-13（a）所示。

（2）三菱 E540-0.75kW 变频器模块控制皮带输送机的三相异步电动机转动，从而控制皮带输送机。所有接口采用带安全插头的导线连接，如图 1-2-13（b）所示。

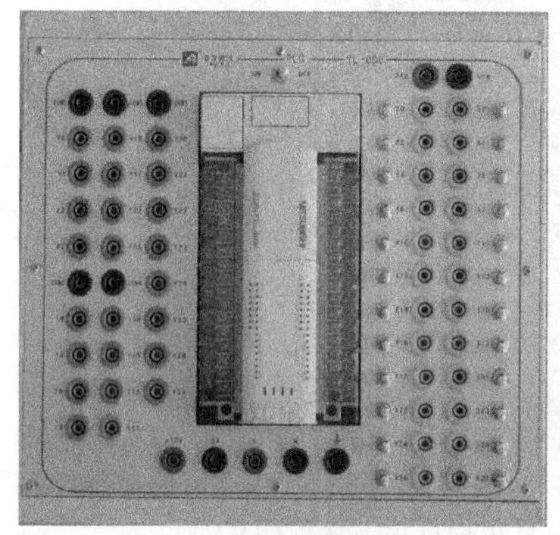

（a）PLC 控制模块

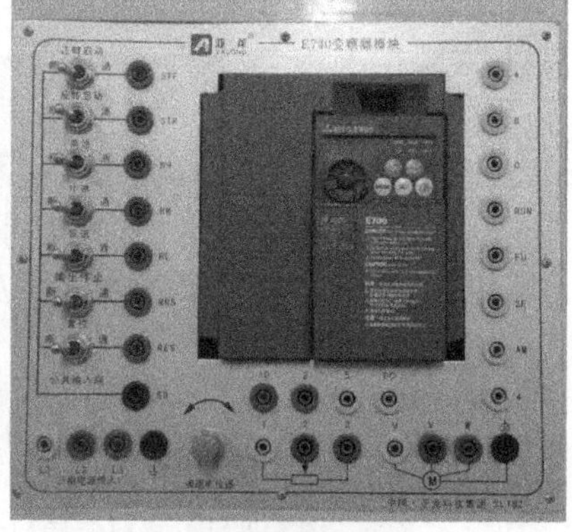

（b）变频器控制模块

图 1-2-13　YL-235A 实训设备上的 PLC 模块及变频器模块

3．认识触摸屏模块

触摸屏作为一种最新的输入设备，是目前最简单、方便、自然的一种人机交互方式。用专业的组态软件在触摸屏上建立组态画面，通过 PLC 与触摸屏的通信，可以在触摸屏上向 PLC 发送控制信号，从而控制设备的运行。触摸屏模块如图 1-2-14 所示。

图 1-2-14　触摸屏模块

4．认识电磁阀

电磁阀是用电磁控制的工业设备，是用来控制流体的自动化基础元件，属于执行器，并不限于液压、气动，主要用于在工业控制系统中调整介质的方向、流量、速度和其他参数。电磁阀可以配合不同的电路来实现预期的控制。YL-235A 光机电一体化实训设备中的电磁阀主要用于控制分拣机构上推料气缸的三个单电控电磁阀和控制搬运机构（机械手）上的悬臂气缸、手臂气缸、旋转气缸和气动手爪的四个双电控电磁阀，如图 1-2-15 所示。

（1）单电控电磁阀。

单电控电磁阀用于控制气缸单向运动，实现气缸的伸出、缩回运动。它与双电控电磁阀的区别在于双电控电磁阀的初始位置是任意的，可以随意控制两个位置，而单电控电磁阀的初始位置是固定的，只能控制一个方向（图 1-2-16）。

（2）双电控电磁阀。

双电控电磁阀用于控制气缸的进气和出气，从而实现气缸的伸出、缩回运动。双电控电磁阀内装的红色指示灯有正负极性，如果极性接反了也能正常工作，但指示灯不会亮（图 1-2-17）。

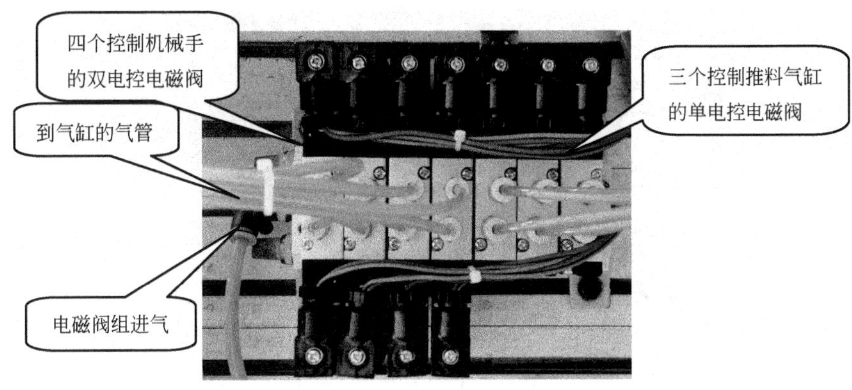

图 1-2-15　YL-235A 光机电一体化实训设备的电磁阀组

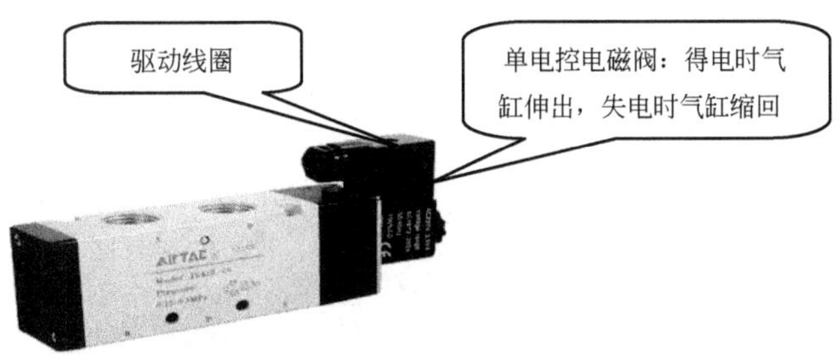

图 1-2-16　生产中常见的单电控电磁阀

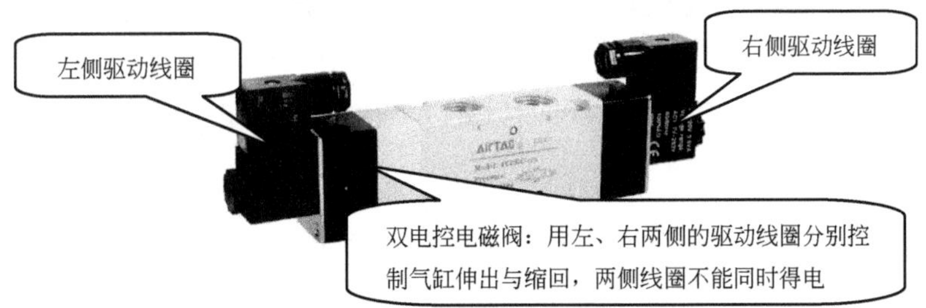

图 1-2-17　生产中常见的双电控电磁阀

六、认识 YL-235A 光机电一体化实训设备的传感器

1. 认识用于气缸活塞位置检测的磁性开关

磁性传感器又称磁性开关，是一种利用磁场信号来控制的线路开关器件，也叫磁控开关，主要用于检测液压与气动系统中气缸或油缸活塞的位置，即主要用于检测活塞的运动行程。YL-235A 光机电一体化实训设备上用于检测气缸活塞位置的磁性开关有三种。

图 1-2-18　D-C73 磁性开关

（1）D-C73 磁性开关（图 1-2-18）。

D-C73 磁性开关分别安装在三个推料气缸的首尾两端及机械手手臂气缸的首尾两端，用于检测推料气缸伸出/缩回，机械手手臂气缸上升到位/下降到位（图 1-2-19）。

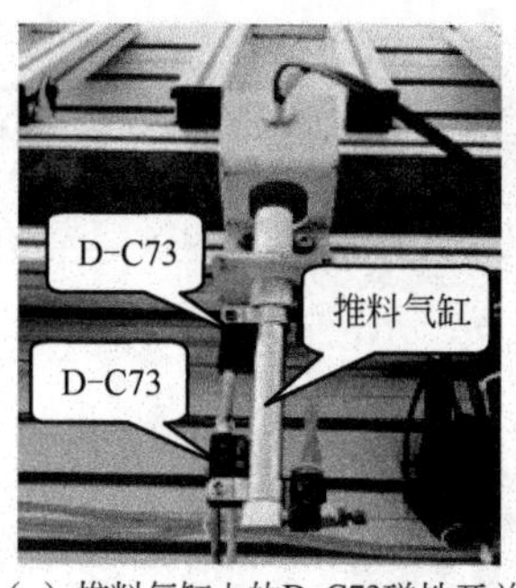

（a）推料气缸上的D-C73磁性开关

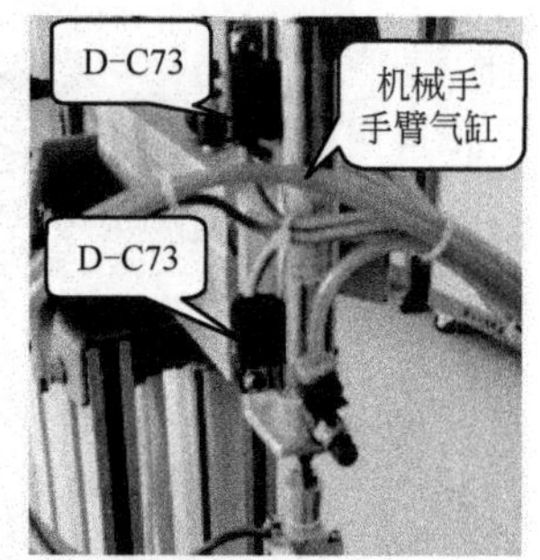

（b）手臂气缸上的D-C73磁性开关

图 1-2-19　D-C73 磁性开关的作用

（2）D-Z73 磁性开关。

D-Z73 磁性开关安装在机械手悬臂气缸的首尾两端，分别用于检测机械手悬臂气缸伸出到位/缩回到位（图 1-2-20）。

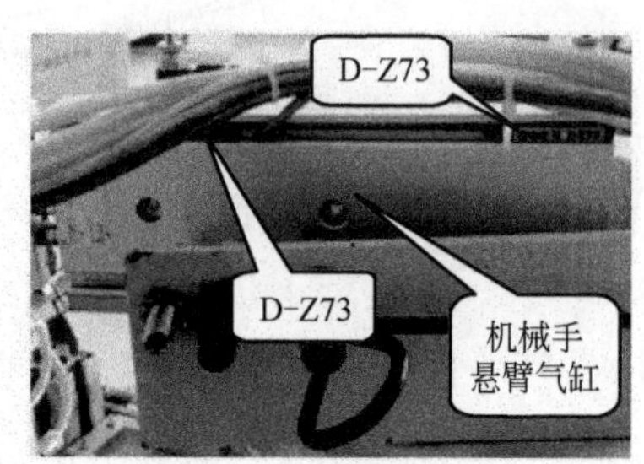

（a）D-Z73磁性开关　（b）悬臂气缸上的D-Z73磁性开关

图 1-2-20　D-Z73 磁性开关的外观及作用

（3）D-Y59B 磁性开关。

D-Y59B 磁性开关安装在机械手手爪气缸上，用于检测机械手手爪夹紧/松开，当磁性开关有信号时，代表手爪夹紧，当磁性开关无信号时，代表手爪松开（图 1-2-21）。

（a）D-Y59B磁性开关

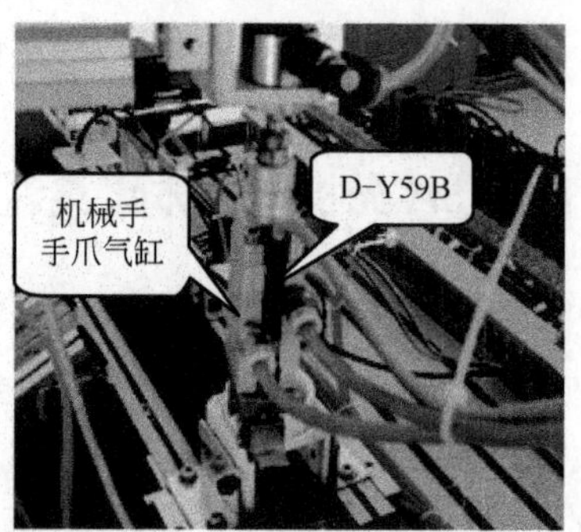

（b）手爪气缸上的D-Y59B磁性开关

图 1-2-21　D-Y59B 磁性开关的外观及作用

2．认识光电传感器

光电传感器是采用光电元件作为检测元件的传感器，通过把光强度的变化转换成电信号的变化实现控制，在生产中常用来做有料检测，配合 PLC 的功能也可以实现物料计数、物料停

留时间检测等功能。YL-235A 光机电一体化实训设备上用于检测气缸活塞位置的光电传感器有三种。

（1）E3Z-LS61 漫反射式光电传感器。

E3Z-LS61 漫反射式光电传感器安装在圆盘送料机构出口处的接料平台上，用于圆盘送料机构出料检测。当传感器有信号时，说明接料平台上有物料，当传感器没有信号时，说明接料平台上没有物料。E3Z-LS61 漫反射式光电传感器的外观及作用如图 1-2-22 所示。

（a）E3Z-LS61漫反射式光电传感器

（b）接料平台上的E3Z-LS61光电传感器

图 1-2-22　E3Z-LS61 漫反射式光电传感器的外观及作用

（2）M18 圆柱型光电开关。

M18 圆柱型光电开关安装在皮带输送机的进料口处，用于皮带输送机的进料检测。当进料口进料时，传感器有信号。由于光电开关对不同材质、不同颜色物料的感光度不同，因此光电开关对不同材质或不同颜色物料的检测距离是不同的，可利用光电开关的这一特性来分辨物料的种类。M18 圆柱型光电开关的外观及作用如图 1-2-23 所示。

（a）M18圆柱型光电开关

（b）进料口处的M18圆柱型光电开关

图 1-2-23　M18 圆柱型光电开关的外观及作用

3. 认识 E3X-NA11 光纤传感器

光纤传感器的基本工作原理是将来自光源的光经过光纤送入调制器，使待测参数光与进入调制区的光相互作用后，导致光的光学性质（如光的强度、波长、频率、相位、偏振态等）发生变化，成为被调制的信号源，再经过光纤送入光探测器，利用被测量参数对光的传输特性产生的影响完成测量。在 YL-235A 光机电一体化实训设备中使用 E3X-NA11 光纤传感器主要用来检测识别物料颜色，配合PLC实现物料计数等功能，光纤传感器主要由光纤放大器、光纤、光纤探头三部分组成（图1-2-24）。

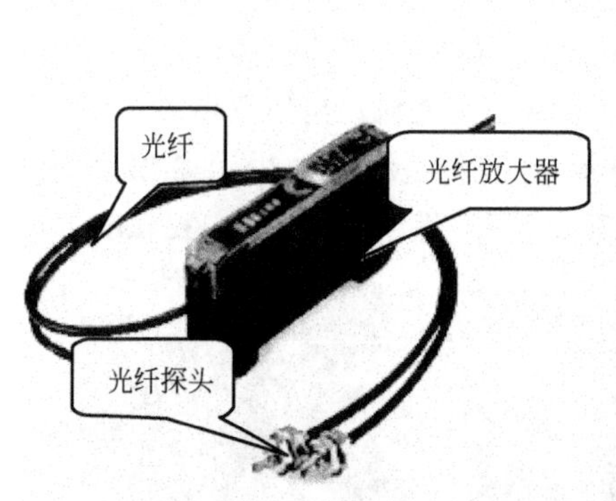

（a）E3X-NA11光纤传感器

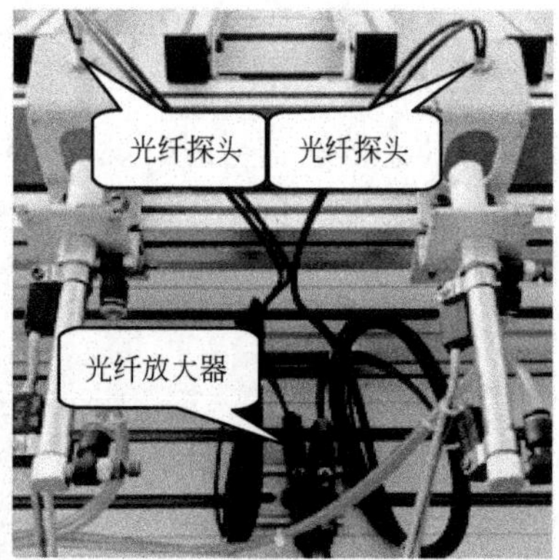

（b）推料气缸上方的E3X-NA11光纤传感器

图1-2-24　E3X-NA11光纤传感器的外观及作用

4．认识电感传感器

电感传感器利用电磁感应原理将被测非电量如位移、压力、流量、振动等转换成线圈自感系数或互感系数的变化，再由测量电路转换为电压或电流的变化量输出，实现非电量到电量的转换（图1-2-25）。

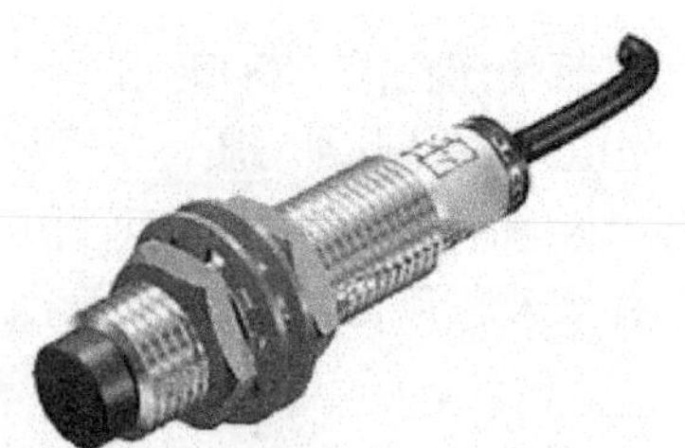

图1-2-25　电感式传感器的外观

在YL-235A光机电一体化实训设备中电感传感器主要用来检测识别金属物料，以及机械手旋转气缸左右限位（图1-2-26）。

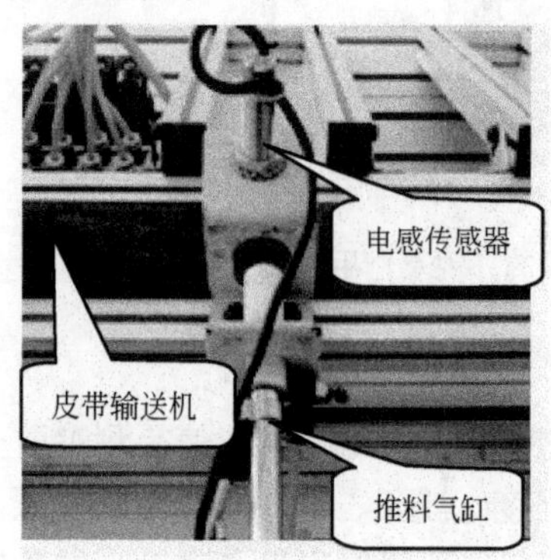

（a）推料气缸上方的电感传感器

（b）机械手左右限止位置的电感传感器

图1-2-26　电感传感器的作用

任务评价

对任务实施的完成情况进行检查，并将结果填入表1-2-1。

表1-2-1　任务测评表

序号	主要内容	考核要求	评分标准	配分	扣分	得分
1	组成机构识别	根据任务，识别YL-235A光机电一体化实训设备的主要组成机构	1. 不能正确识别送料机构扣5分 2. 不能正确识别机械手搬运机构扣5分 3. 不能正确识别物料传送与分拣机构扣5分	15		
2	电气控制模块识别	根据任务，识别YL-235A光机电一体化实训设备的主要电气控制模块	1. 不能正确识别电源模块扣5分 2. 不能正确识别按钮与指示灯模块扣5分 3. 不能正确识别PLC控制模块扣5分 4. 不能正确识别变频器模块扣5分 5. 不能正确识别电磁阀、双色警示灯、直流电机、交流电机每处扣5分	30		
3	传感器识别	根据任务，识别YL-235A光机电一体化实训设备的各类传感器	1. 不能正确识别各类磁性开关扣10分 2. 不能正确识别各类光电传感器扣10分 3. 不能正确识别光纤传感器扣10分 4. 不能正确识别电感传感器扣10分	40		
4	安全文明生产	劳动保护用品穿戴整齐；电工工具佩带齐全；遵守操作规程；尊重考评员，讲文明礼貌；考试结束要清理现场	1. 考试中，违反安全文明生产考核要求的任何一项扣2分，扣完为止 2. 当考评员发现考生有重大事故隐患时，要立即予以制止，并每次扣安全文明生产总分15分	15		
合计				100		
开始时间：			结束时间：			
学习者姓名：			指导教师：	任务实施日期：		

任务3　认识PLC控制系统的软件

任务目标

知识目标：1. 了解PLC软件系统的基本组成。
2. 理解梯形图、指令表和流程图等基本概念。
3. 掌握三菱FX2N系列PLC编程软件FXGP_WIN-C的安装方法。
4. 认识FX编程软件，掌握FX编程软件的编程方法。

能力目标：1. 能利用FX编程软件正确编辑PLC控制程序。
2. 能利用FX编程软件改写、转换、保存PLC控制程序。
3. 能利用FX编程软件向PLC写入、读取控制程序。

素质目标：1. 学习过程中要善于发现问题，逐步培养解决问题的能力。
2. 学习过程中要培养勤学苦练，精益求精的工匠精神。

任务呈现

在编程软件FXGP_WIN-C中编写如图1-3-1所示的梯形图控制程序，编写完成后将梯形图转换成如图1-3-2所示的指令表程序，并保存程序。

```
0   X000                    ( Y000 )
2   X001                    ( Y001 )
4   X001 (常闭)             ( Y002 )
6   X002                    ( Y003 )
8   X002 (常闭)             ( Y004 )
                            ( Y005 )
11                          [ END ]
```

图 1-3-1　梯形图控制程序

0	LD	X000
1	OUT	Y000
2	LD	X001
3	OUT	Y001
4	LDI	X001
5	OUT	Y002
6	LD	X002
7	OUT	Y003
8	LDI	X002
9	OUT	Y004
10	OUT	Y005
11	END	

图 1-3-2　指令表程序

知识解析

一、PLC 软件系统的组成

PLC 的软件系统由系统程序（又称系统软件）和用户程序（又称应用软件）两大部分组成。

1．系统程序

系统程序由 PLC 的制造企业编制，固化在 PROM 或 EPROM 中，安装在 PLC 上，随产品提供给用户。系统程序包括系统管理程序、用户指令解释程序和供系统调用的标准程序模块等。

系统管理程序：用于系统管理，包括 PLC 的运行管理（各种操作的时间分配），存储空间的管理（生成用户数据区）和系统自诊断管理（如电源、系统出错、程序语法等）。

用户指令解释程序：用于将编程语言转变成机器语言，以便 CPU 操作。

标准子程序模块：为提高运行速度，在程序执行中，某些信息处理（如 I/O 处理）或特殊运算等，是通过调用标准子程序来完成的。

2．用户程序

用户程序是根据生产过程控制的要求由用户使用制造企业提供的编程语言自行编制的应用程序。用户程序包括开关量逻辑控制程序、模拟量运算程序、闭环控制程序和操作站系统应用程序等。

PLC的编程语言多种多样，不同的PLC厂家，不同系列的PLC采用的编程语言不尽相同，常用的编程语言有梯形图、指令表、顺序功能图等几种。用户程序是通过专业的编程软件编写的，各PLC厂商均开发了针对自己产品的专业编程软件，如西门子公司的STEP 7软件、ABB公司的Freelance 800F软件、三菱公司的FXGP_WIN-C软件和GX Developer软件等。

二、PLC的工作过程

当PLC投入运行后，其工作过程一般分为三个阶段，即输入采样、程序处理和输出刷新三个阶段。完成上述三个阶段称为一个扫描周期。在整个运行期间，PLC的CPU以一定的扫描速度重复执行上述三个阶段，如图1-3-3所示。

1. 输入采样阶段

PLC以扫描方式依次读入所有输入状态和数据，并将它们存入I/O映象区中的相应单元内。输入采样结束后，转入程序处理和输出刷新阶段。在这两个阶段中，即使输入状态和数据发生变化，I/O映象区中的相应单元的状态和数据也不会改变。因此，如果输入是脉冲信号，则该脉冲信号的宽度必须大于一个扫描周期，才能保证在任何情况下，该输入均能被读入。

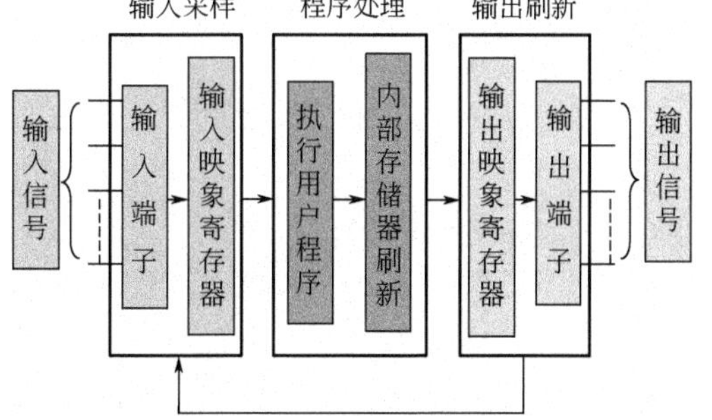

图1-3-3 PLC的工作过程示意图

2. 程序处理阶段

PLC按由上而下的顺序依次地扫描用户程序（梯形图）。在扫描每一条梯形图时，又总是先扫描梯形图左边的由各触点构成的控制线路，并按先左后右、先上后下的顺序对由触点构成的控制线路进行逻辑运算，然后根据逻辑运算的结果，刷新该逻辑线圈在系统RAM存储区中对应位的状态；或者刷新该输出线圈在I/O映象区中对应位的状态；或者确定是否要执行该梯形图所规定的特殊功能指令。即，在用户程序执行过程中，只有输入点在I/O映象区内的状态和数据不会发生变化，而其他输出点和软设备在I/O映象区或系统RAM存储区内的状态和数据都有可能发生变化，而且排在上面的梯形图，其程序执行结果会对排在下面的凡是用到这些线圈或数据的梯形图起作用；相反，排在下面的梯形图，其被刷新的逻辑线圈的状态或数据只能到下一个扫描周期才能对排在其上面的程序起作用。

3. 输出刷新阶段

当扫描用户程序结束后，PLC就进入输出刷新阶段。在此期间，CPU按照I/O映象区内对应的状态和数据刷新所有的输出锁存电路，再经输出电路驱动相应的外设。这时，才是PLC的真正输出。

同样的若干条梯形图，其排列次序不同，执行的结果也不同。

三、PLC的编程语言

根据国际电工委员会制定的工业控制编程语言标准（IEC1131—3），PLC的编程语言包括以下五种：梯形图语言（LD）、指令表语言（IL）、功能模块图语言（FBD）、顺序功能流程图语言（SFC）及结构化文本语言（ST）。

1. 梯形图语言（LD）

梯形图语言是 PLC 程序设计中最常用的编程语言。它是与继电器线路类似的一种编程语言。由于电气设计人员对继电器控制较为熟悉，梯形图编程语言得到了广泛的欢迎和应用。梯形图编程语言与原有的继电器控制的不同点是：梯形图中的电流不是实际意义的电流，内部的继电器也不是实际存在的继电器，是虚拟的继电器，但功能与继电器相同，应用时，需要与原有继电器控制的概念区别对待。

梯形图编程语言的特点：与电气操作原理图相对应，具有直观性和对应性；与原有继电器控制相一致，电气设计人员易于掌握。如图 1-3-4 所示，为三菱 FX2N PLC 的梯形图示例。

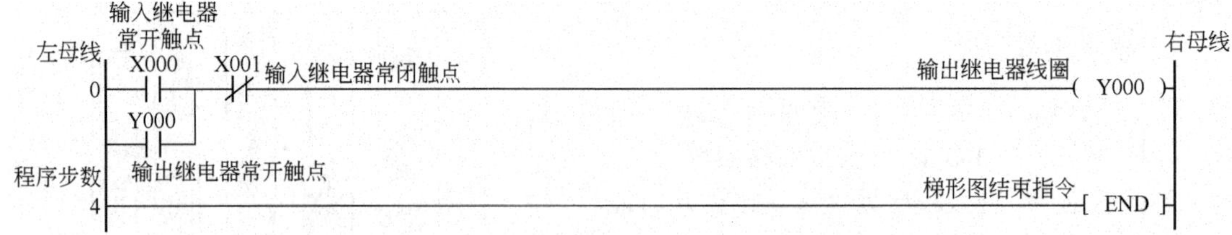

图 1-3-4　三菱 FX2N PLC 的梯形图示例

2. 指令表语言（IL）

指令表编程语言是与汇编语言类似的一种助记符编程语言，和汇编语言一样由操作码和操作数组成。在无计算机的情况下，适合采用 PLC 手持编程器对用户程序进行编制。同时，指令表编程语言与梯形图编程语言一一对应，在 PLC 编程软件中可以相互转换。例如图 1-3-4 所示的梯形图相对应的指令表如图 1-3-5 所示。

程序步数	操作码	操作数
0	LD	X000
1	OR	Y000
2	ANI	X001
3	OUT	Y000
4	END	

图 1-3-5　三菱 FX2N PLC 的指令表示例

指令表编程语言的特点：采用助记符来表示操作功能，容易记忆，便于掌握；在手持编程器的键盘上采用助记符表示，便于操作，可在无计算机的场合进行编程设计；与梯形图有一一对应关系。其特点与梯形图语言基本一致。

3. 功能模块图语言（FBD）

功能模块图语言是与数字逻辑电路类似的一种 PLC 编程语言。采用功能模块图的形式来表示模块所具有的功能，不同的功能模块有不同的功能。

功能模块图编程语言的特点：以功能模块为单位，控制方案简单；功能模块用图形的形式表达，直观性强，对于具有数字逻辑电路基础的设计人员很容易掌握；对规模大、控制逻辑关系复杂的控制系统，由于功能模块图能够清楚表达功能关系，使编程调试时间大大减少。

4．顺序功能流程图语言（SFC）

顺序功能流程图语言是为了满足顺序逻辑控制而设计的编程语言。编程时将顺序流程动作的过程分成步和转换条件，根据转换条件对控制系统的功能流程顺序进行分配，一步一步地按照顺序动作。每一步代表一个控制功能任务，用方框表示。在方框内含有用于完成相应控制功能任务的梯形图逻辑。这种编程语言使程序结构清晰，易于阅读及维护，大大减轻编程的工作量、缩短编程和调试时间，用于规模校大、程序关系较复杂的系统中。顺序功能流程图的表示方法如图 1-3-6 所示。

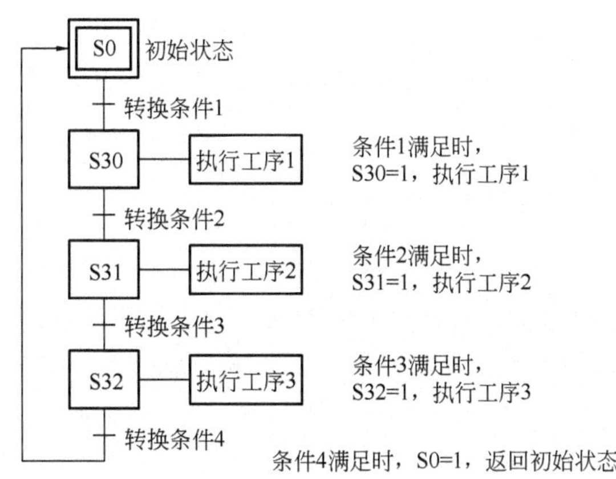

图 1-3-6　顺序功能流程图的表示方法

顺序功能流程图编程语言的特点：以功能为主线，按照功能流程的顺序分配，条理清楚，便于理解用户程序；避免梯形图或其他语言不能顺序动作的缺点，同时也避免了用梯形图语言对顺序动作编程时，由于机械互锁造成用户程序结构复杂、难以理解的缺点；用户程序扫描时间也大大缩短。

5．结构化文本语言（ST）

结构化文本语言是用结构化的描述文本来描述程序的一种编程语言。它是类似于高级语言的一种编程语言。在大中型的 PLC 系统中，常采用结构化文本语言来描述控制系统中各个变量的关系，主要用于其他编程语言较难实现的用户程序的编制。

结构化文本编程语言采用计算机的描述方式来描述系统中各种变量之间的各种运算关系，完成所需的功能或操作。大多数 PLC 制造商采用的结构化文本编程语言与 BASIC 语言、PASCAL 语言或 C 语言等高级语言类似，但为了应用方便，在语句的表达方法及语句的种类等方面都进行了简化。

结构化文本编程语言的特点：采用高级语言进行编程，可以完成较复杂的控制运算；需要有一定的计算机高级语言的知识和编程技巧，对工程设计人员的要求较高，直观性和操作性较差。

四、PLC 使用的数据结构

在 PLC 内部结构和用户应用程序中使用着大量的数据。这些数据从结构或数制上具有以下几种形式。

1．十进制数

十进制数在三菱 PLC 中又称字数据。它主要用于表示定时器和计数器的设定值 K，辅助继电器、定时器、计数器、状态继电器等的编号，定时器和计数器当前值等。

2．二进制数

一位二进制数在 PLC 中又称位数据。它主要用于表示各类继电器、定时器、计数器的触点及线圈。

3．八进制数

FX 系列 PLC 的输入继电器、输出继电器的地址编号采用八进制数表示。

4．十六进制数

十六进制数用于指定应用指令中的操作数或指定动作。

5．BCD 码

BCD 码是以 4 位二进制数表示 1 位十进制数中的 0～9 这 10 个数码的方法。在三菱 PLC 中常将十进制数以 BCD 码的形式表示，它还常用于 BCD 输出形式的数字开关或七段码的显示器控制等方面。

6．常数 K、H

常数是三菱 PLC 内部定时器、计数器、应用指令不可分割的一部分。十进制常数 K 是定时器、计数器的设定值，十进制常数 K 与十六进制常数 H 也是应用指令的操作数。

五、软元件（继电器）

1．软元件的概念

软元件简称元件。三菱 PLC 的输入/输出端子及内部存储器的每一个存储单元均称元件。当元件产生的是继电器功能时，称这类元件为软继电器，简称继电器。其他各类继电器、定时器、计数器、指针均为此类软元件。

2．软元件的分类

（1）位元件。

X：输入继电器，输入 PLC 的物理信号。

Y：输出继电器，从 PLC 输出的物理信号。

M（辅助继电器）和 S（状态继电器）：PLC 内部的运算标志。

位元件说明：

位元件只有 ON 和 OFF 两种状态，可用“0”和“1”表示。

位元件可以组合使用，4 个位元件为一个单元，通用表示方法是由 Kn 加起始的软元件号组成，n 为单元数。

例如 K2 M0 表示 M0～M7 组成两个位元件组（K2 表示 2 个单元），它是一个 8 位数据，M0 为最低位。

（2）字元件。

数据寄存器 D：模拟量检测及位置控制等场合存储数据和参数，有字节（BYTE）、字

（WORD）、双字（DOUBLE WORD）。

六、PLC 内部编程元件

三菱 FX2N 系列 PLC 内部编程元件按通俗叫法分别称为继电器、定时器、计数器等，但它们与真实元件有很大的差别，一般称之为“软继电器”。这些编程用的继电器在不同的指令操作下，其工作状态可以无记忆，也可以有记忆，还可以作为脉冲数字元件使用。一般情况下，X 代表输入继电器，Y 代表输出继电器，M 代表辅助继电器，T 代表定时器，C 代表计数器，S 代表状态继电器，D 代表数据寄存器。输入/输出继电器在任务 2 中已经做了介绍，不再重复。

1．辅助继电器（M）

PLC 内有很多的辅助继电器，也称中间继电器，是一种虚拟的继电器。它有常开、常闭触点，可以无数次使用，但线圈只有一个，它与外部无任何联系，只供内部编程使用。它不是物理实体，不能用于直接驱动外部负载。

FX2N 系列 PLC 辅助继电器主要有通用辅助继电器、断电保持辅助继电器、特殊辅助继电器等几种。

（1）通用辅助继电器（M0～M499）。

FX2N 系列 PLC 共有 500 点通用辅助继电器。通用辅助继电器在 PLC 运行时，如果电源突然断电，则全部线圈均 OFF。当电源再次接通时，除了因外部输入信号而变为 ON 状态的以外，其余的仍将保持 OFF 状态，它们没有断电保护功能。通用辅助继电器常在逻辑运算中用作辅助运算、状态暂存、移位等。根据需要可通过程序设定，将 M0～M499 变为断电保持辅助继电器。

（2）断电保持辅助继电器（M500～M3071）。

FX2N 系列 PLC 共有 2572 个断电保持辅助继电器。它与普通辅助继电器不同的是具有断电保护功能，即能记忆电源中断瞬时的状态，并在重新通电后再现其状态。其中 M500～M1023 可由软件将其设定为通用辅助继电器。

（3）特殊辅助继电器。

FX2N 系列中有 256 个特殊辅助继电器，它们用来表示 PLC 的某些状态，可分成触点型和线圈型两大类。

① 触点型。特殊辅助继电器其线圈由 PLC 自动驱动，用户只可使用其触点。

M8000：运行监视，当 PLC 执行用户程序时为 ON，停止执行时为 OFF。

M8002：初始脉冲（仅在运行开始时瞬间接通），M8003 与 M8002 相反逻辑。

M8011、M8012、M8013 和 M8014 分别是产生 10ms、100ms 、1s 和 1min 时钟脉冲的特殊辅助继电器。

M8000、M8002、M8012 的波形图如图 1-3-7 所示。

② 线圈型。由用户程序驱动其线圈，使 PLC 执行特定的操作，用户并不使用它们的触点。

M8033：线圈“通电”时，PLC 进入 STOP 状态后，所有输出继电器的状态保持不变。

M8034：线圈“通电”时，禁止所有的输出。

2．数据寄存器（D）

PLC 在进行输入/输出处理、模拟量控制、位置控制时，需要许多数据寄存器存储数据和参数。数据寄存器为 16 位，最高位为符号位。可用两个数据寄存器来存储 32 位数据，最高位仍为符号位。数据寄存器有以下几种类型。

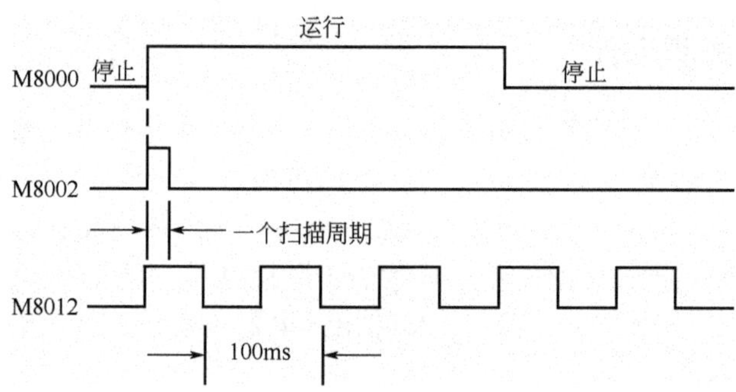

图 1-3-7 特殊辅助继电器 M8000、M8002、M8012 的波形图

（1）通用数据寄存器（D0～D199）。

共 200 点。当 M8033 为 ON 时，D0～D199 有断电保护功能；当 M8033 为 OFF 时它们无断电保护功能，这种情况 PLC 由 RUN→STOP 或停电时，数据全部清零。

（2）断电保持数据寄存器（D200～D7999）。

共 7800 点，其中 D200～D211（共 12 点）有断电保持功能，可以利用外部设备的参数设定改变通用数据寄存器与具有断电保持功能的数据寄存器的分配。D490～D509 供通信用；D512～D7999 的断电保持功能不能用软件改变，但可用指令清除它们的内容。根据参数设定可以将 D1000 以上作为文件寄存器。

（3）特殊数据寄存器（D8000～D8255）。

共 256 点。特殊数据寄存器的作用是监控 PLC 的运行状态，如扫描时间、电池电压等。

3．变址寄存器（V/Z）

FX2N 系列 PLC 有 V0～V7 和 Z0～Z7 共 16 个变址寄存器，它们都是 16 位的寄存器。变址寄存器 V/Z 实际上是一种特殊用途的数据寄存器，其作用相当于微机中的变址寄存器，用于改变元件的编号（变址），例如 V0=5，则执行 D20V0 时，被执行的编号为 D25（D20+5）。变址寄存器可以像其他数据寄存器一样进行读写，需要进行 32 位操作时，可将 V、Z 串联使用（Z 为低位，V 为高位）。

4．状态寄存器（S）

状态寄存器用来记录系统运行中的状态，是编制顺序控制程序的重要编程元件，它与步进顺序控制指令 STL 配合应用。状态寄存器有五种类型：初始状态寄存器 S0～S9，共 10 点；回零状态寄存器 S10～S19，共 10 点；通用状态寄存器 S20～S499，共 480 点；具有状态断电保持的状态寄存器有 S500～S899，共 400 点；供报警用的状态寄存器（可用作外部故障诊断输出）S900～S999，共 100 点。

在使用用状态寄存器时应注意以下几点。

（1）状态寄存器与辅助继电器一样有无数的常开和常闭触点。

（2）状态寄存器不与步进顺序控制指令 STL 配合使用时，可作为辅助继电器 M 使用。

（3）FX2N 系列 PLC 可通过程序设定将 S0～S499 设置为有断电保持功能的状态寄存器。

5. 定时器（T）

PLC 内的定时器根据时钟脉冲的累积形式，当所计时间达到设定值时，其输出触点动作，时钟脉冲有 1ms、10ms、100ms。定时器可以用用户程序存储器内的常数 K 作为设定值，也可以用数据寄存器（D）的内容作为设定值。在后一种情况下，一般使用有断电保持功能的数据寄存器。

6. 计数器（C）

FX2N 中的 16 位增计数器，是 16 位二进制加法计数器，它是在计数信号的上升沿进行计数，它有两个输入，一个用于复位，一个用于计数。每一个计数脉冲上升沿使原来的数值减 1，当现时值减到零时停止计数，同时触点闭合。直到复位控制信号的上升沿输入时，触点才断开，设定值又写入，再又进入计数状态。其设定值在 K1～K32767 有效。

七、三菱 FX2N 系列 PLC 编程软件 FXGP_WIN-C

1. 认识编程软件 FXGP_WIN-C 的编程界面

FX 系列 PLC 编程软件 FXGP_WIN-C 只适用 FX2N 及以下系列的 PLC 编程和与 PLC 进行通信，该软件可以脱机独立编制 PLC 用户程序，如图 1-3-8 所示，为编程软件 FXGP_WIN-C 的编程界面。

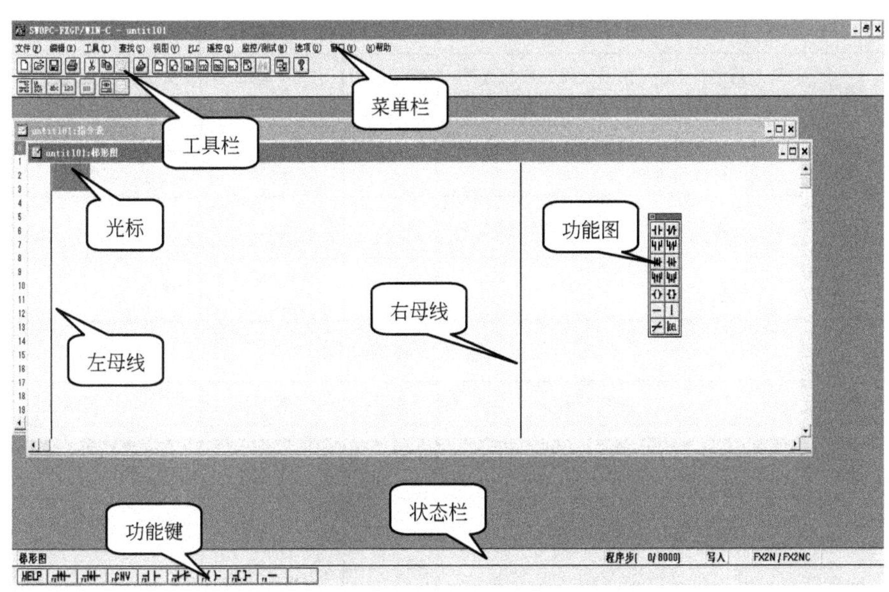

图 1-3-8 编程软件 FXGP_WIN-C 的编程界面

（1）菜单栏。

FXGP_WIN-C 编程软件的菜单栏如图 1-3-9 所示，软件的各种操作主要靠菜单来选择，当文件处于编辑状态时，用鼠标单击想要选择的菜单项，单击弹出该菜单项的子菜单，鼠标下移，根据要求选择子菜单项，单击即执行命令。

文件(F) 编辑(E) 工具(T) 查找(S) 视图(V) PLC 遥控(R) 监控/测试(M) 选项(O) 窗口(W) (H)帮助

图 1-3-9 FXGP_WIN-C 编程软件的菜单栏

（2）工具栏。

工具栏上共有两类工具，如图 1-3-10 所示。

图 1-3-10　FXGP_WIN-C 编程软件的工具栏

其中，上面一排是梯形图的编辑及操作工具，名称及功能见表 1-3-1；下面一排是视图工具，名称及功能见表 1-3-2。

表 1-3-1　梯形图的编辑及操作工具的功能

序号	工具图标	功能及说明	序号	工具图标	功能及说明
1		新建文件	2		打开已有文件
3		保存	4		打印
5		剪切	6		复制
7		粘贴	8		转换：将梯形图转换成指令语句表
9		到顶：光标跳到最顶端	10		到底：光标跳到最底端
11		元件名查找：按照元件名查找元件，光标跳转到元件所在位置或者所在行	12		元件查找：按照元件号查找，光标跳转到所查找的元件
13		指令查找：按照指令查找，光标跳转到所查找的指令	14		触点/线圈查找：按照触点或线圈以及元件名查找
15		到指定程序步：跳转到指定程序步	16		下一个
17		刷新	18		帮助

表 1-3-2　视图工具的功能

序号	工具图标	功能及说明	序号	工具图标	功能及说明
1		梯形图视图：显示梯形图编程界面	2		指令表视图：显示指令语句表编程界面
3		注释视图：显示注释界面	4		寄存器视图：显示寄存器视图界面
5		注释显示设置：显示注释显示设置界面	6		开始监控：监控 PLC 运行状态
7		停止监控：停止监控 PLC 运行状态			

（3）功能图。

功能图主要包含梯形图编程时的各类软元件、功能指令符号及梯形图连线，如图 1-3-11 所示。

单击其中的对象，可在光标处放置元件和指令，相当于梯形图的工具框，详细说明见表 1-3-3。

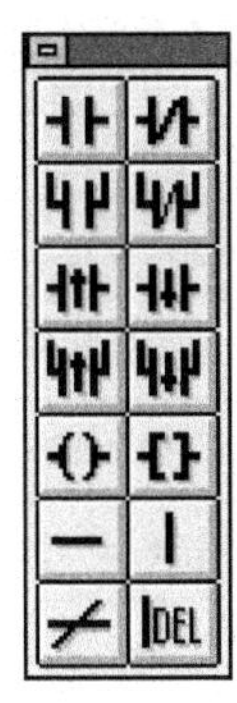

图 1-3-11 FXGP_WIN-C 编程软件的功能图

表 1-3-3 梯形图的编辑及操作工具的功能

序号	工具图标	功能及说明	序号	工具图标	功能及说明
1		串联常开触点	2		串联常闭触点
3		并联常开触点	4		并联常闭触点
5		串联前沿有效常开触点	6		串联后沿有效常开触点
7		并联前沿有效常开触点	8		并联后沿有效常开触点
9		放置线圈	10		放置指令
11		水平线	12		垂直线
13		运算结果取反	14		垂直线删除

（4）功能键。

功能键又称快捷键、热键，是利用计算机键盘的 F1～F10 功能按键，分别定义一个功能，可快速放置元件、指令。功能键分为梯形图功能键和指令表功能键。

梯形图功能键如图 1-3-12 所示。

图 1-3-12 梯形图功能键

指令表功能键如图 1-3-13 所示。

图 1-3-13 指令表功能键

功能键对应的梯形图及指令表见表 1-3-4。

表 1-3-4　功能键一览表

序号	功能键	梯形图功能	指令表功能
1	F1	显示帮助	显示帮助
2	F2	放置前沿有效常开触点	—
3	F3	放置后沿有效常开触点	—
4	F4	梯形图转换指令表	—
5	F5	放置常开触点	输入 LD 指令
6	F6	放置常闭触点	输入 AND 指令
7	F7	放置线圈	输入 OR 指令
8	F8	放置指令	输入 OUT 指令
9	F9	放置水平线段	—

2．编程软件“FXGP_WIN-C”的使用

（1）软件的安装。

首先找到编程软件“FXGP_WIN-C”的安装包，依次双击打开“FX 编程软件中文版”→“disk1”→“SETUP32.EXE”，进入软件安装向导，如图 1-3-14 所示。

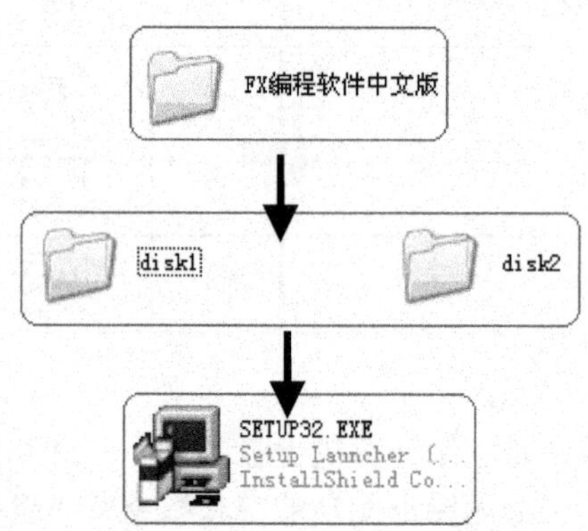

图 1-3-14　软件安装

进入软件安装向导后，依次是“欢迎”界面，“用户信息”界面，“选择目标位置”界面，“选择目标文件夹”界面，“开始复制文件”界面，如果不改变默认信息，只需要直接单击“下一步”即可。若需要改变安装信息，则可以在相应的安装界面进行选择，例如，改变软件的目标位置，可在“选择目标位置”界面进行选择，如图 1-3-15 所示。

安装完成后，弹出如图 1-3-16 所示的应用程序文件夹。

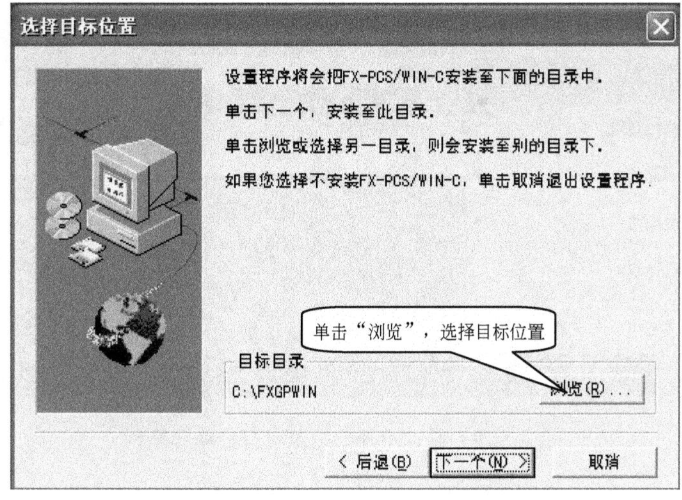

图 1-3-15　选择软件安装的目标位置

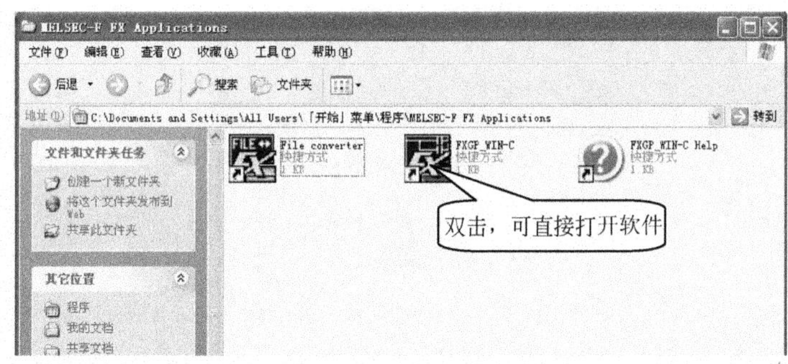

图 1-3-16　应用程序文件夹

（2）软件的启动。

在桌面上找到“FXGP_WIN-C”图标，双击打开软件，如图 1-3-17 所示。

也可以通过单击“开始”→“程序”→“MELSEC-F FX Applications”→“FXGP_WIN-C”打开软件，如图 1-3-18 所示。

图 1-3-17　通过桌面图标打开编程软件

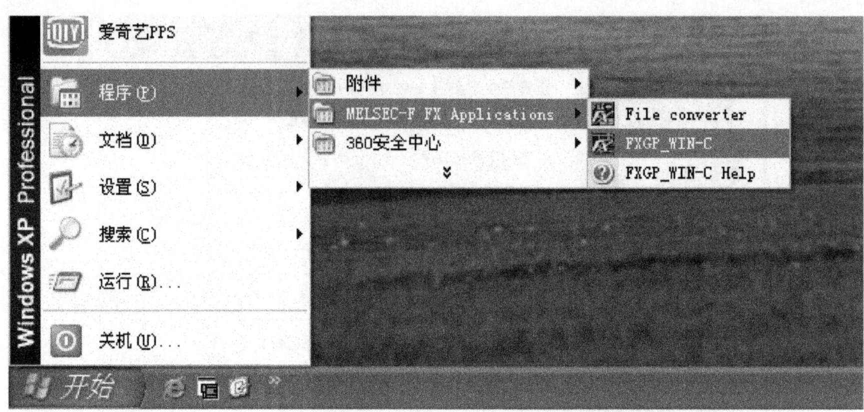

图 1-3-18　通过“开始”菜单打开编程软件

编程软件“FXGP_WIN-C”打开后的初始界面如图 1-3-19 所示。

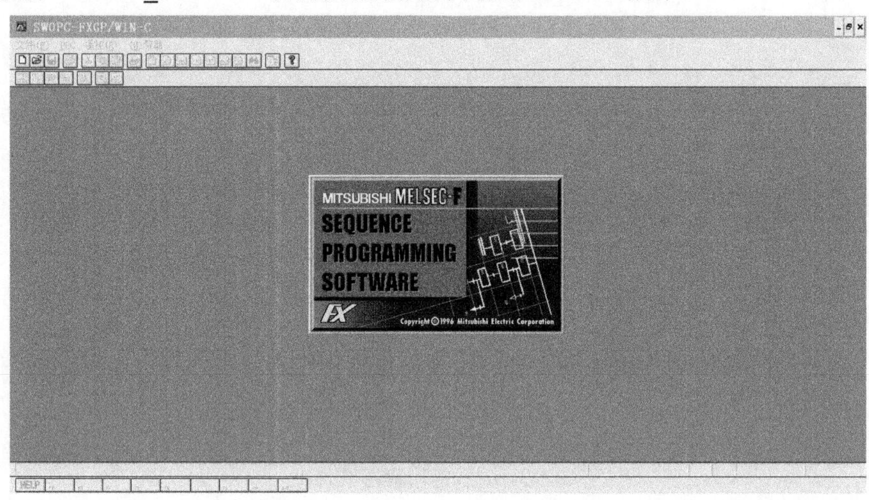

图 1-3-19　编程软件打开后的初始界面

（3）新建文件。

单击菜单栏上的“文件”→“新文件”，在弹出的“PLC 类型设置”对话框中选择 PLC 的型号。这里，根据我们所用的 PLC 型号，选择“FX2N/FX2NC”→单击“确认”按钮，如图 1-3-20 所示。

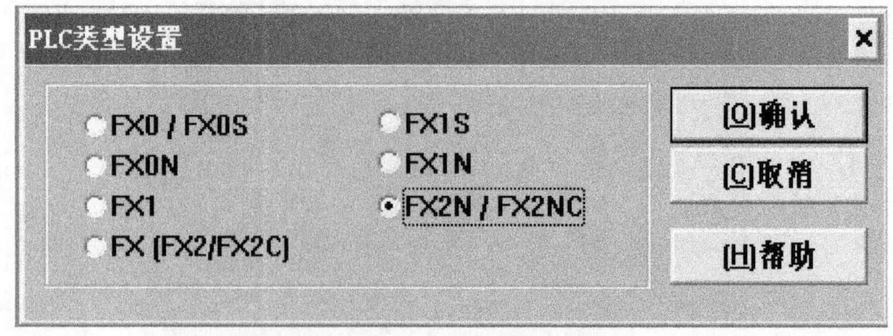

图 1-3-20　PLC 类型设置

单击确认后进入编辑界面。程序编辑可用两种编辑状态：一种是指令表编辑界面，如图 1-3-21 所示，另一种是梯形图编辑界面，如图 1-3-22 所示。

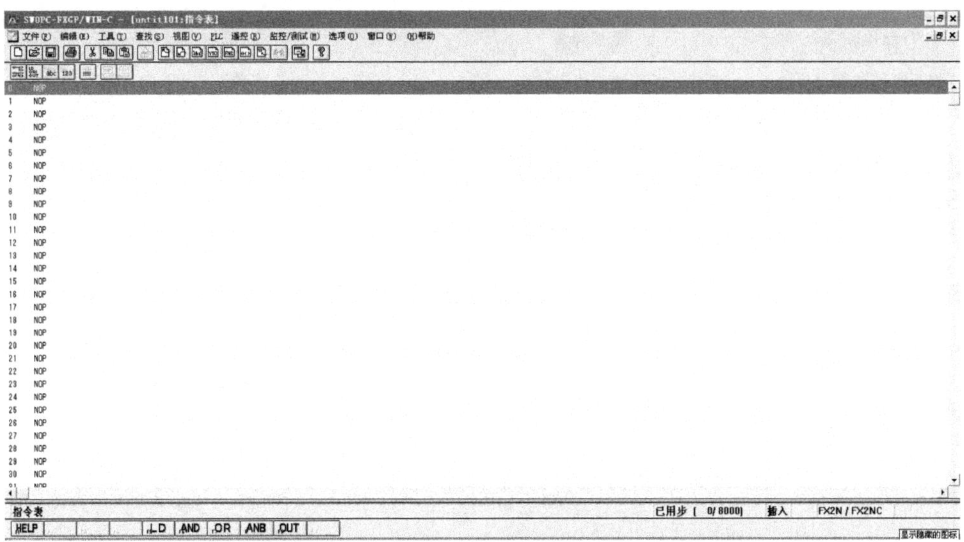

图 1-3-21　编程软件 FXGP_WIN-C 的指令表编辑界面

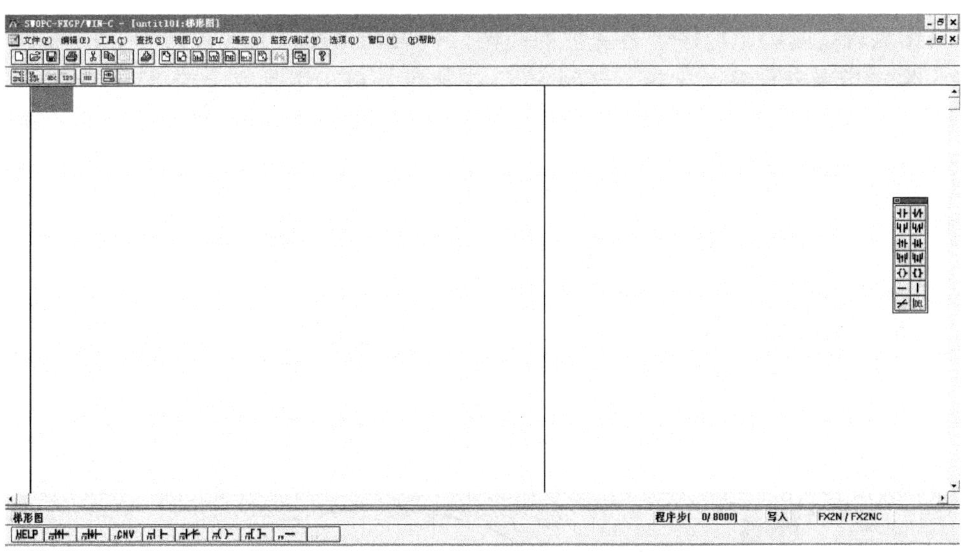

图 1-3-22　编程软件 FXGP_WIN-C 的梯形图编辑界面

梯形图编程界面和指令表编程界面可以通过菜单栏上的“视图”菜单或者工具栏上的“”图标进行切换。

（4）程序编辑。

以图 1-3-23 所示的梯形图程序为例，介绍梯形图程序的编辑方法（图 1-3-23）。

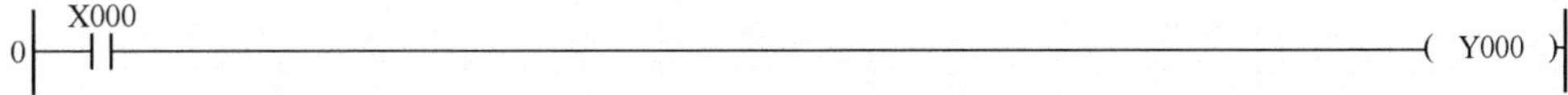

图 1-3-23　梯形图编辑示例

梯形图程序的编辑步骤及方法见表 1-3-5。

表 1-3-5　梯形图程序的编辑步骤及方法

步骤	操作内容	操作方法	完成过程及效果
1	打开梯形图编辑界面	将小光标移到左边母线最上端处	参见图 1-3-22 所示
2	输入“X000 常开触点”	单击右侧的功能图中的“”图标或者单击菜单栏“工具”→“触点”中的常开触点或者按 F5 键，弹出“输入元件”对话框。在对话框中输入“X0”，单击“确认”按钮	
3	输入“线圈 Y000”	单击功能图中的“”图标或者单击菜单栏“工具”→“线圈” 或者按 F7 键，弹出“输入元件”对话框，在对话框中输入“Y0”，单击“确认”按钮	
4	输入梯形图结束指令	直接输入“END”（可以不分大小写），也可以单击功能图中“”图标，再输入“END”，单击“确认”按钮。注：灰色阴影代表梯形图没有经过转换	

（5）梯形图的转换。

梯形图编辑完成后，程序带有灰色的阴影，代表梯形图没有经过转换。梯形图需要经过转换，生成指令表程序，才能下载到 PLC 中执行。单击工具栏上的“”图标，或者单击菜单栏上的“工具”→“转换”或者按下键盘上的功能键 F4，将编辑完成的梯形图转换为指令表，转换完成后梯形图上的阴影部分消失了，说明梯形图已经成功转换为指令表，如图 1-3-24 所示。

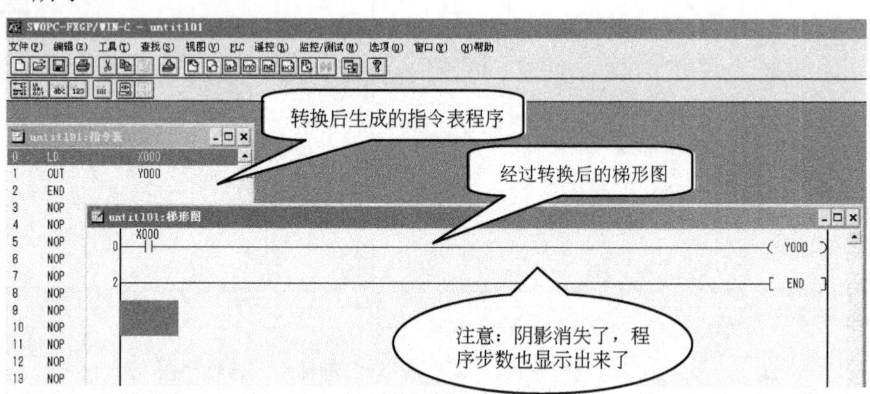

图 1-3-24　梯形图的转换

（6）保存程序。

梯形图编辑完成并经过转换后，单击菜单栏上的“文件”→“保存”，或者单击工具栏上的“”图标，弹出保存对话框，如图 1-3-25 所示。

单击保存对话框中的“确定”按钮后，自动弹出“另存为”对话框，如图 1-3-26 所示，输入文件题头名后单击“确认”按钮，程序保存完毕。

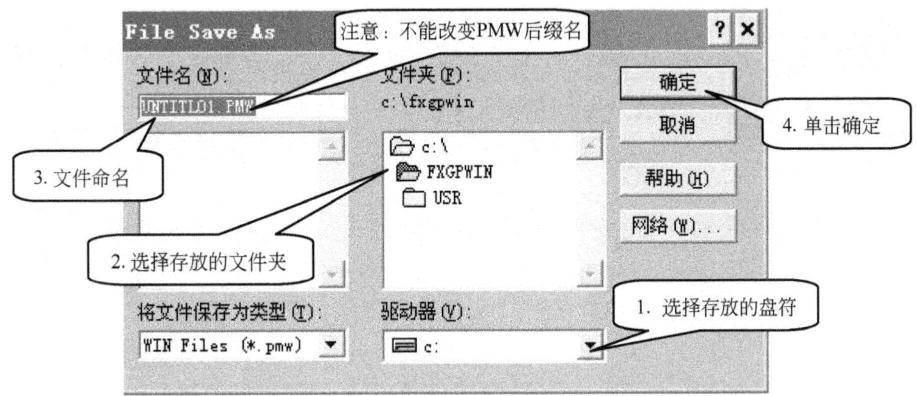

图 1-3-25 保存文件

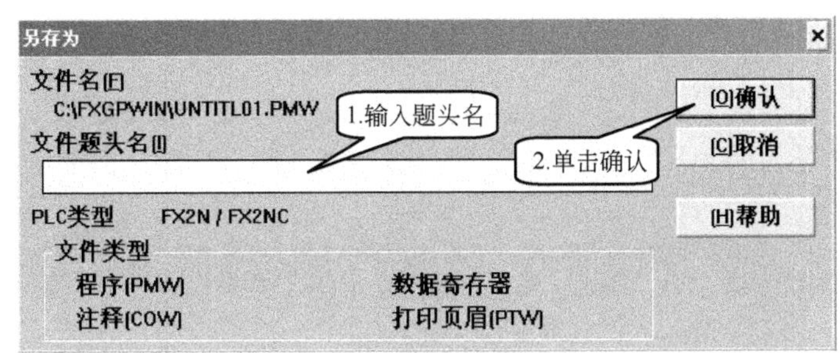

图 1-3-26 输入文件题头名

（7）改写程序。

在编辑梯形图的过程中，有时会碰到因输入错误需要改写程序的情况，例如改变某个常开触点或常闭触点的软元件地址编号，或者删除某个指令，具体操作方法如图 1-3-27 所示。

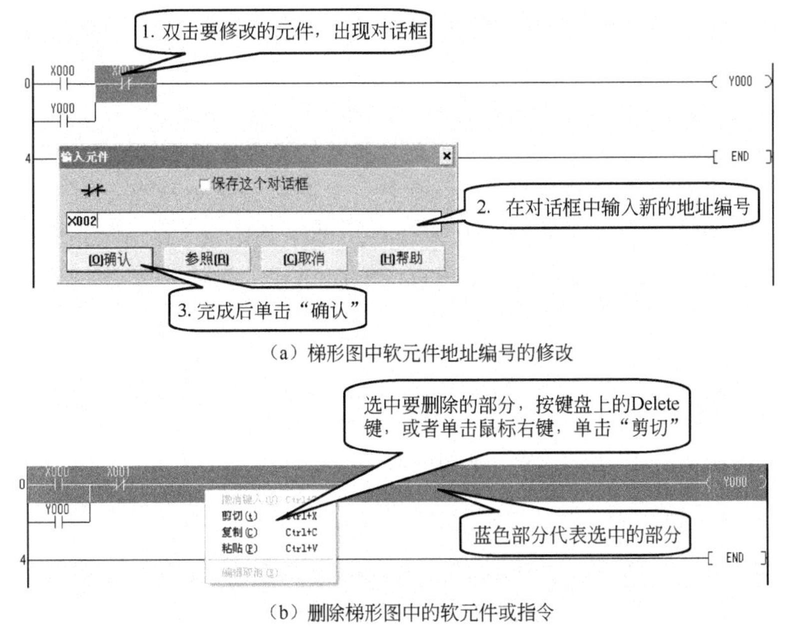

（a）梯形图中软元件地址编号的修改

（b）删除梯形图中的软元件或指令

图 1-3-27 改写程序

（8）下载程序。

程序编辑好并保存后，要把程序下载到PLC中。当计算机已经与PLC通信成功，就可以直接下载程序。程序下载的步骤及方法见表1-3-6。

表1-3-6　程序下载的步骤及方法

步骤	操作内容	操作方法	完成过程及效果
1	遥控停止PLC	单击菜单栏上的“PLC”→“遥控运行/停止”，在弹出的对话框中选择“中止”，单击“确认”按钮，使PLC处于停止状态	遥控运行/中止 运行[R] 中止[S] [O]确认 [C]取消 [H]帮助
2	程序下载	单击菜单栏上的“PLC”→“传送”→“写出”，在弹出的对话框中选择“范围设置”，并填写好程序步数，单击“确认”按钮，开始下载程序	PC程序写入 所有范围[A] 范围设置[g] 起始步[S] 0 终止步[E] 3 [O]确认 [C]取消 核对... 程序 0/4
3	遥控运行PLC	单击菜单栏上的“PLC”→“遥控运行/停止”，在弹出的对话框中选择“运行”，单击“确认”按钮，使PLC处于运行状态	遥控运行/中止 运行[R] 中止[S] [O]确认 [C]取消 [H]帮助

【注意】

“写入结束” 后自动“核对”，核对正确才能运行。这时的“核对”只是核对程序是否写入了PLC，对电路的正确与否由PLC判定，与通信无关。

若“通信错误” 提示符出现，可能有两个问题需要检查。

第一，在状态检查中查看“PLC类型”是否正确。例如，运行机型是FX2N，但设置的是FXON，就要更改成FX2N。

第二，PLC的“端口设置”是否正确，即COM口。

排除以上两个问题后，重新“写入”直到“核对”完成表示程序已输送到PLC中。

若要把PLC中的程序读回FXGP软件中，首先要设置好通信端口，单击菜单栏上的“PLC”→“读入”弹出“PLC类型设置”对话框，选择PLC类型，单击“确认”按钮，读入开始。结束后状态栏中显示程序步数。这时在FXGP中可以阅读PLC中的运行程序。

任务实施

1. 启动FXGP软件

双击“FXGP_WIN-C”图标启动FXGP软件。

2. 选择PLC的型号

单击工具栏上的□图标，在弹出的“PLC类型设置”对话框中选择PLC型号为FX2N/FX2NC，单击“确认”按钮进入梯形图编程界面。

3. 编辑程序

在编程软件中输入如图1-3-1所示的梯形图控制程序。

梯形图控制程序的编辑步骤见表 1-3-7。

表 1-3-7　梯形图控制程序的编辑步骤

步骤	操作内容	操作方法
1	打开梯形图编辑界面	将光标移到如图 1-3-22 所示的左边母线最上端处
2	输入“X000 常开触点”	方法参见程序编辑（表 1-3-5）
3	输入线圈 Y0	方法参见程序编辑
4	输入“X001 常开触点”	方法参见程序编辑
5	输入线圈 Y1	方法参见程序编辑
6	输入“X001 常闭触点”	单击右侧的功能图中的“ ”图标，弹出“输入元件”对话框，在对话框中输入“X1”，单击“确认”按钮
7	输入线圈 Y2	方法参见程序编辑
8	输入“X002 常开触点”	方法参见程序编辑
9	输入线圈 Y3	方法参见程序编辑
10	输入“X002 常闭触点”	方法参见程序编辑
11	输入线圈 Y4	方法参见程序编辑
12	输入垂直线	将光标移动到 X002 常闭触点右边，单击功能图上的“ ”图标
13	在垂直线右下方输入线圈 Y5	方法参见程序的编辑
14	输入梯形图结束指令“END”	方法参见程序的编辑

4．梯形图转换

将梯形图转换成指令表，单击工具栏上的“ ”图标，梯形图上的阴影部分消失说明梯形图已经成功转换为指令表，如图 1-3-28 所示。

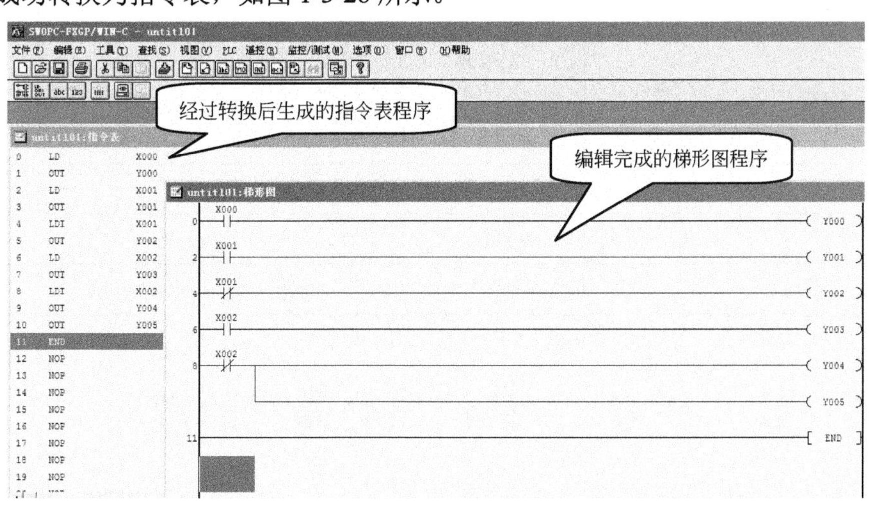

图 1-3-28　梯形图的转换

5．程序保存

当梯形图编辑完成并经过转换后，单击工具栏上的“ ”图标，弹出保存对话框，输入文件名后单击“确定”按钮，在弹出的“另存为”对话框中输入文件题头名后单击“确认”按钮，程序保存完毕。

任务评价

对任务实施的完成情况进行检查，并将结果填入表 1-3-8 内。

表 1-3-8　任务测评表

序号	主要内容	考核要求	评分标准	配分	扣分	得分
1	软件启动	能正确启动软件	1. 能够用不同的方法启动软件得 4 分	4		
2	PLC 类型选择	能正确选择 PLC 的型号	1. 掌握新建文件的方法得 5 分 2. 掌握 PLC 型号的选择得 5 分	10		
3	编辑界面转换	能完成梯形图编程界面和指令表编程界面的相互转换	1. 能设置界面为梯形图编程界面得 2 分 2. 能设置界面为指令表编程界面得 2 分 3. 能在两个编程界面间转换得 2 分	6		
4	程序编辑	能正确使用快捷键、功能图、菜单栏进行程序编辑；能在梯形图编程界面正确输入触点，指令	1. 能正确并熟练使用工具栏按钮进行程序编辑得 10 分 2. 能正确并熟练使用功能图按钮进行程序编辑得 20 分 3. 能正确并熟练使用快捷键进行程序编辑得 10 分	40		
5	程序修改	能正确改写程序，删除出错的程序	1. 能够进行程序改写得 5 分 2. 能够删除指定的程序得 5 分	10		
6	程序保存	能按要求保存程序，保存后能打开已经保存的程序	1. 掌握程序保存的步骤得 5 分 2. 掌握程序命名的要求得 2 分 3. 能够打开已经保存的程序得 3 分	10		
7	程序转换	能将编辑完成的梯形图程序转换成语句表程序	掌握梯形图转换的方法得 5 分	5		
8	程序下载	能正确操作，进行程序的下载	1. 能正确连接通信电缆得 6 分 2. 能进行 PLC 遥控停止得 3 分 3. 能进行 PLC 程序下载得 3 分 4. 能进行 PLC 遥控运行得 3 分	15		
合 计				100		
开始时间：			结束时间：			
学习者姓名：			指导教师：	任务实施日期：		

任务 4　认识昆仑通态触摸屏

任务目标

知识目标：1. 了解触摸屏的功能、安装与连接方式。

2. 了解 MCGS 嵌入式组态软件的安装、功能及软件的结构。

3. 掌握 MCGS 软件启动、工程建立与进行设备组态的方法。

4. 掌握 MCGS 用户窗口的动画组态操作方法。

能力目标：1. 能正确安装 MCGS 嵌入式组态软件。

2. 能应用 MCGS 组态软件正确进行设备组态。

3. 能应用 MCGS 组态软件建立简单的组态画面。

4. 能进行组态检查、工程下载并进入运行环境。

素质目标：1. 能够独立思考，在教师的引导下实现自主学习和合作学习。

2. 能够规范操作，逐渐形成良好的职业素养。

任务呈现

如图 1-4-1 所示为一个简单的触摸屏组态画面。

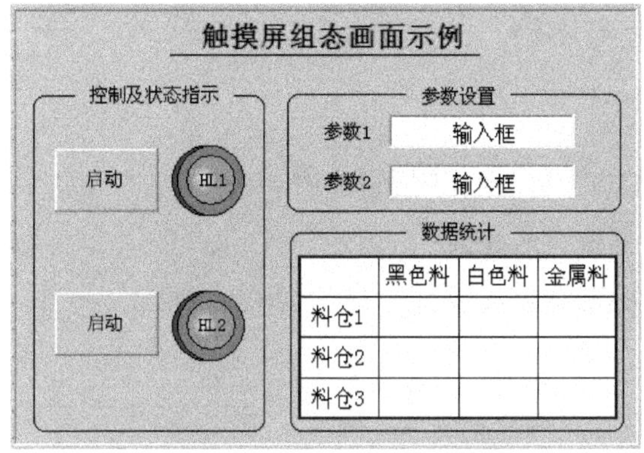

图 1-4-1 触摸屏组态画面示例

（1）利用触摸屏组态软件 MCGS 制作如图 1-4-1 所示的组态画面。

（2）正确连接计算机与触摸屏的通信电缆，组态画面制作完成后，将该画面下载到触摸屏中。

（3）通过制作该组态画面，了解 MCGS 软件，掌握 MCGS 软件操作方法。

知识解析

一、触摸屏的作用与功能

触摸屏全称触摸式图形显示终端，是一种人机交互装置，又称人机界面。触摸屏是在显示器屏幕上加了一层具有检测功能的透明薄膜，使用者只要用手指轻轻地碰触摸屏上的图形符号或文字，就能实现对主机的操作和信息显示，使人机交互更为简捷方便。

触摸屏一般通过串行接口与个人计算机、PLC 及其他外部设备连接通信、传输数据信息，由专用软件完成画面制作和传输，实现其作为图形操作和显示终端的功能。在控制系统中，触摸屏常作为 PLC 输入和输出设备，通过使用相关软件设计适合用户要求的控制画面，实现对控制对象的操作和显示。

目前市场触摸屏的种类较多，如三菱公司的 GOT 系列、松下公司生产的 GT 系列、欧姆龙公司 NT 系列、昆仑通态 TPC7062 系列等。在本次任务中，以昆仑通态 TPC7062K 为例，介绍其使用方法（图 1-4-2）。

（a）正面

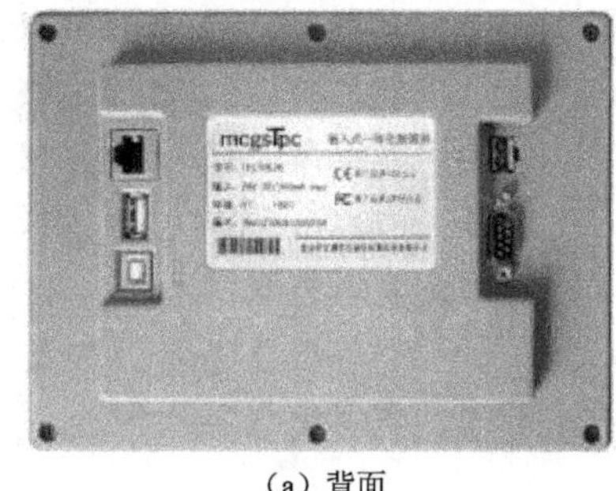

（a）背面

图 1-4-2　MCGS TPC7062K 触摸屏外观

二、触摸屏的安装与连接

1．触摸屏的安装

触摸屏的安装角度为 0～30°，如图 1-4-3 所示。

2．触摸屏电源线及通信线的连接

昆仑通态 TPC7062K 系列触摸屏的主要接口有 LAN 口，2 个 USB 口和 1 个串口，如图 1-4-4 所示。

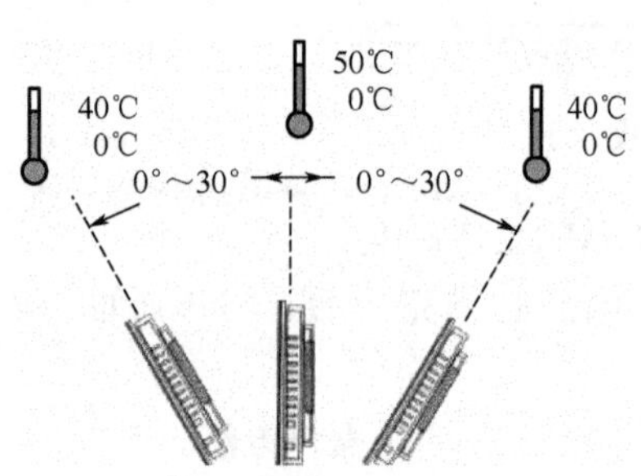

图 1-4-3　触摸屏的安装角度示意图

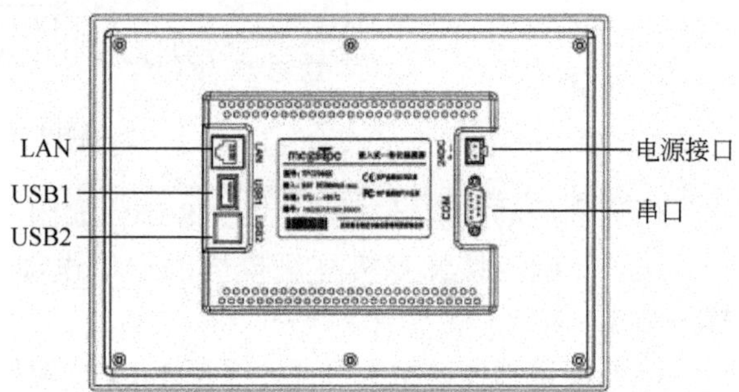

图 1-4-4　TPC7062K 系列触摸屏的接口

TPC7062K 系列触摸屏的接口说明见表 1-4-1。

表 1-4-1　TPC7062K 系列触摸屏的接口说明

项目	TPC7062KS	TPC7062K	TPC1062KS	TPC1062K
LAN（RJ45）	无	有	无	有
串口（DB9）	1×RS232，1×RS485			
USB1	主口，兼容 USB1.1 标准			
USB2	从口，用于下载工程			
电源接口	DC 24V ±20%			

（1）电源线的连接。

接线步骤如下。

步骤 1，将 DC 24V 电源线剥线后插入电源插头接线端子中。

步骤 2，使用一字螺丝刀将电源插头螺钉拧紧。

步骤 3，将电源插头插入产品的电源插座。

建议采用截面为 $1.25mm^2$ 的电源线。

电源插头示意图及引脚定义如图 1-4-5 所示。

（2）触摸屏与计算机的连接。

触摸屏与计算机的连接采用 USB 连接方式，如图 1-4-6 所示。

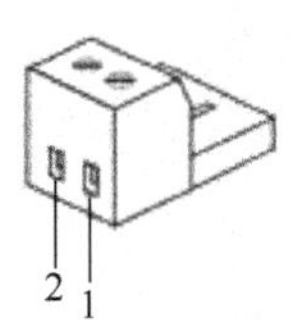

PIN	定义
1	+
2	−

图 1-4-5　触摸屏的电源插头示意图及引脚定义

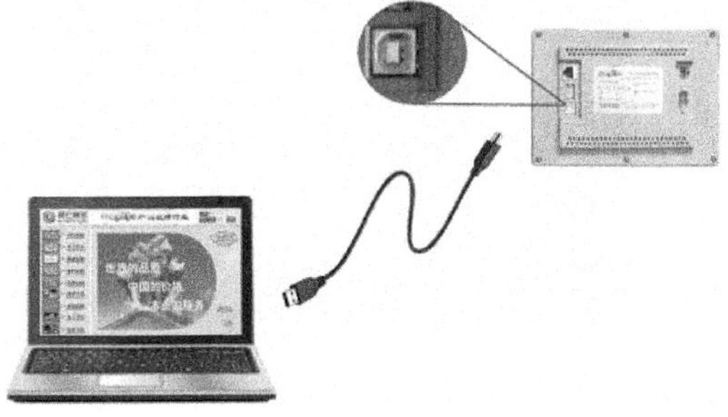

图 1-4-6　触摸屏与计算机的连接

（3）触摸屏与 PLC 的连接。

触摸屏与 PLC 的连接采用专用的连接线，PLC 端为 8 针 DIN 圆形公头，触摸屏端采用 9 针 D 形母头，如图 1-4-7 所示。

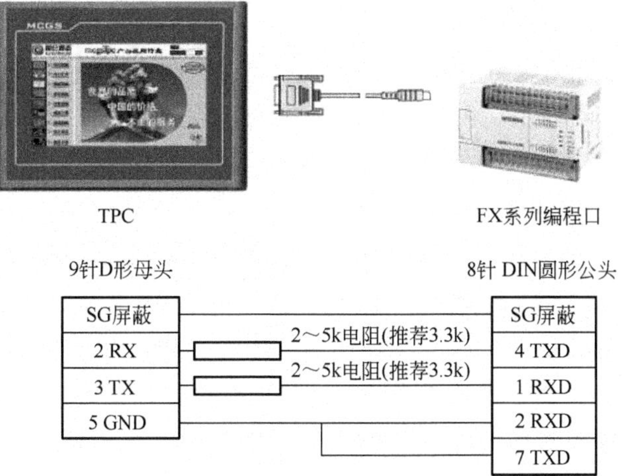

图 1-4-7　触摸屏与 PLC 的连接

三、MCGS 嵌入版组态软件的主要功能

MCGS 嵌入版组态软件是专门为 MCGS 触摸屏开发的一套组态软件。它包括组态环境和运行环境两部分：组态环境是基于 Microsoft 的各种 32 位 Windows 平台上的运行环境，运行环境应用在 MCGS 触摸屏的实时多任务嵌入式操作系统 Windows CE 运行的环境中。MCGS

嵌入版组态软件为用户提供了解决实际工程问题的完整方案和开发平台，能够完成现场数据采集、实时和历史数据处理、报警和安全机制、程序控制、动画显示、趋势曲线和报表输出及企业监控网络等功能，如图 1-4-8 所示。

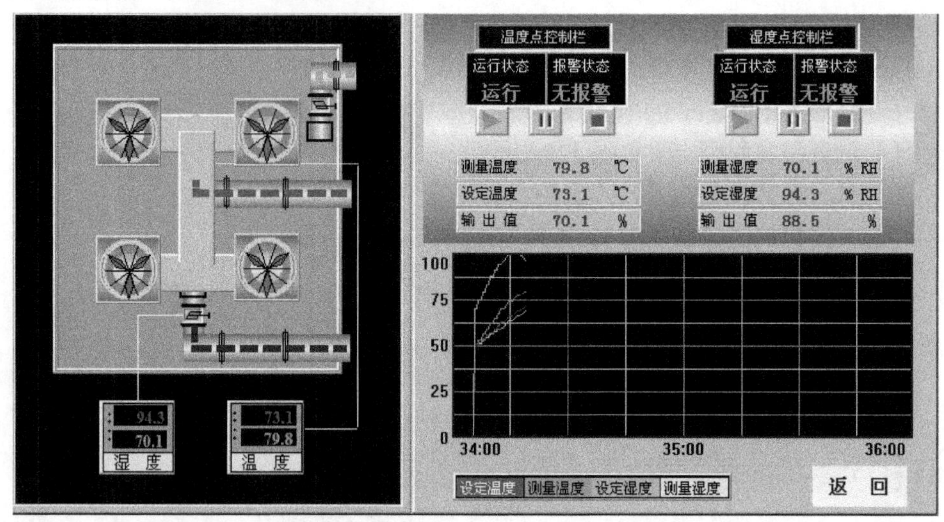

图 1-4-8　MCGS 组态画面示例

应用 MCGS 嵌入版组态软件开发出来的 MCGS 触摸屏监控系统适用于对功能、可靠性、成本、体积、功耗等综合性能有严格要求的数据采集监控系统。通过对现场数据采集处理，以动画显示、报警处理、流程控制和报表输出等多种方式向用户提供解决实际工程问题的方案，在自动化领域有着广泛的应用。

1．简单灵活的可视化操作界面

MCGS 嵌入版组态软件采用全中文、可视化、面向窗口的开发界面，符合中国人的使用习惯和要求。以窗口为单位，构造用户运行系统的图形界面，使得 MCGS 嵌入版组态软件的组态工作既简单直观，又灵活多变。

2．实时性强具有良好的并行处理性能

MCGS 嵌入版组态软件是 32 位系统，充分利用了 MCGS 触摸屏 32 位 Windows CE 操作平台的多任务、按优先级分时操作的功能，以线程为单位对在工程作业中实时性强的关键任务和实时性不强的非关键任务进行分时并行处理，使嵌入式触摸屏应用于工程测控领域成为可能。例如，嵌入式触摸屏在处理数据采集、设备驱动和异常处理等关键任务时，可在 MCGS 触摸屏的运行周期时间内插入数据、打印数据一类的非关键性工作上实现并行处理。

3．丰富和生动的动态画面

MCGS 嵌入版组态软件以图像、图符、报表、曲线等多种形式，为操作员及时提供系统运行中的状态、品质及异常报警等相关信息；用大小变化、颜色改变、明暗闪烁、移动翻转等多种手段，增强画面的动态显示效果；对图元、图符对象定义相应的状态属性，实现动画效果。MCGS 嵌入版组态软件还为用户提供了丰富的动画构件，每个动画构件都对应一个特定的动画功能，如图 1-4-9 所示。

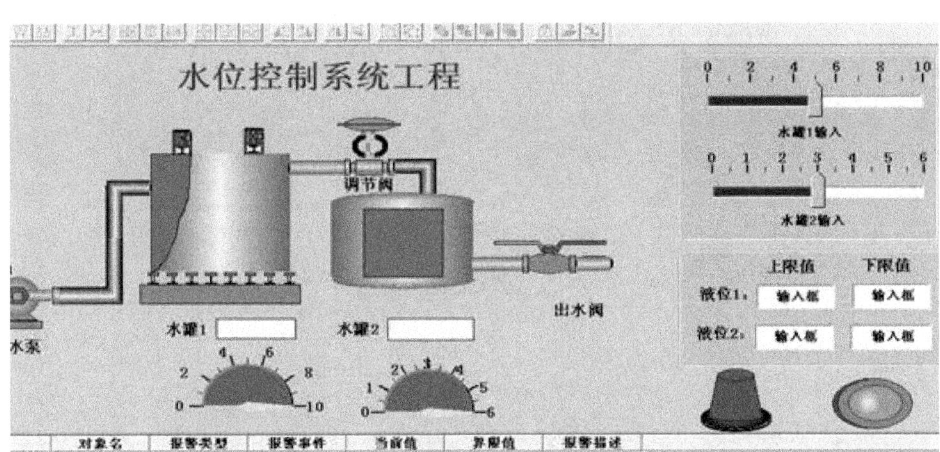

图 1-4-9　MCGS 嵌入版组态软件组态画面示例

4．完善用户的安全机制

MCGS 嵌入版组态软件提供了良好的安全机制，可以为多个不同级别用户设定不同的操作权限，如图 1-4-10 所示。此外，MCGS 嵌入版组态软件还提供了工程密码功能，以保护组态开发者的成果。

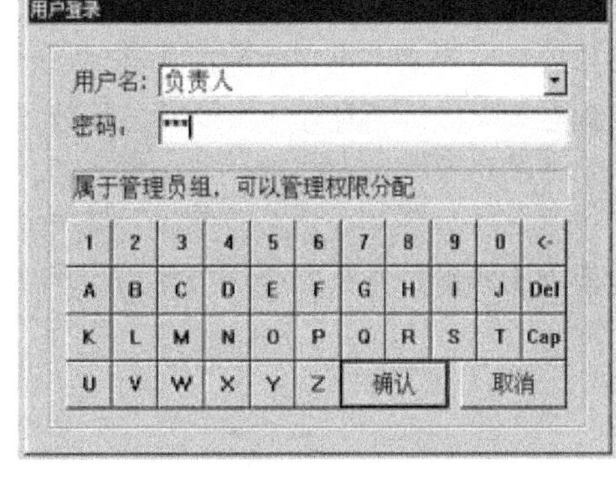

图 1-4-10　MCGS 嵌入版组态软件安全机制示例

5．强大的网络功能

MCGS 嵌入版组态软件具有强大的网络通信功能，支持串口通信、Modem 串口通信、以太网 TCP/IP 通信，不仅可以方便快捷地实现远程数据传输，还可以与网络版相结合通过 Web 浏览功能，在整个企业范围内浏览、监测所有生产信息，实现设备管理和企业管理的集成。

6．多样化的报警功能

MCGS 嵌入版的组态软件提供多种不同的报警方式，具有丰富的报警类型，方便用户进行报警设置，并且系统能够实时显示报警信息，对报警数据进行应答，为工业现场安全可靠地生产运行提供有力的保障，如图 1-4-11 所示。

综上所述，MCGS 嵌入版组态软件具有强大的功能，操作简单，易学易用，普通工程人员经过短时间的培训就能迅速掌握多数工程项目的设计和运行操作。同时使用 MCGS 嵌入版的组态软件能够避开复杂的嵌入版计算机软、硬件问题，而将精力集中于解决工程问题本身，根据工程的需要和特点来组态配置出高性能、高可靠性和高度专业化的触摸屏控制监控系统。

四、MCGS 组态软件的体系结构

MCGS 嵌入版组态软件还包括组态环境和模拟运行环境。模拟运行环境用于对组态后的工程进行模拟测试，方便用户对组态过程的调试。组态环境和模拟运行环境相当于一套完整的工具软件，可以在计算机上运行。它帮助工程人员设计和构造自己的组态工程并进行功能测试。

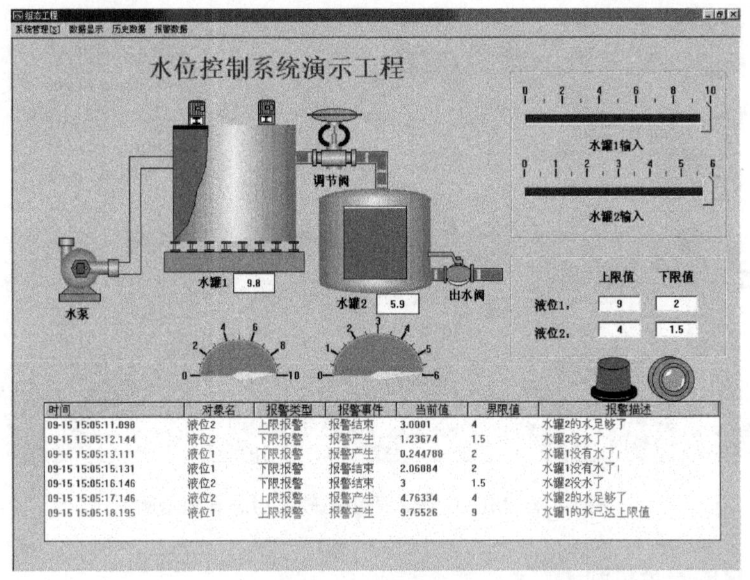

图 1-4-11　MCGS 嵌入版的组态软件报警示例

运行环境则是一个独立的运行系统，它按照组态工程中用户指定的方式进行各种处理，完成工程人员组态设计的目标和功能。运行环境本身没有任何意义，必须与组态工程一起作为一个整体才能构成一个完整的应用系统。组态工作完成并且将组态好的工程通过串口或以太网下载到触摸屏的运行环境中，组态工程就可以离开组态环境而独立运行在触摸屏上，从而实现控制系统的可靠性、实时性、确定性和安全性。

MCGS 嵌入版组态软件生成的用户应用系统其结构由主控窗口、设备窗口、用户窗口、实时数据库和运行策略 5 个部分构成，如图 1-4-12 所示。

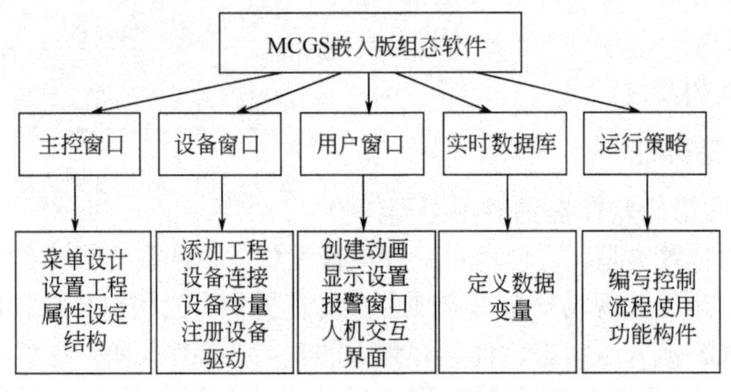

图 1-4-12　组态环境结构示意图

1．主控窗口

它是工程的主窗口或主框架。在主控窗口中可以放置一个设备窗口和多个用户窗口，负责调度和管理这些窗口的打开或关闭。主要的组态操作包括：定义工程的名称，编制工程菜单，设计封面图形，确定自动启动的窗口，设定动画刷新周期，指定数据库存盘文件名称及存盘时间等。

2．设备窗口

它是连接和驱动外部设备的工作环境。在本窗口内配置数据采集与控制输出设备，注册设备驱动程序，定义连接与驱动设备用的数据变量。

3．用户窗口

本窗口主要用于设置工程中人机交互的界面，诸如：生成各种动画显示画面、报警输出、数据与曲线图表等。

4．实时数据库

它是工程各部分的数据交换与处理中心，它将 MCGS 工程的各个部分连接成有机的整体。在本窗口内定义不同类型和名称的变量，作为数据采集、处理、输出控制、动画连接及设备驱动的对象。

5．运行策略

本窗口主要完成工程运行流程的控制。包括编写控制程序（if...then 脚本程序），选用各种功能构件，如数据提取、历史曲线、定时器、配方操作、多媒体输出等。

MCGS 嵌入版组态软件的运行环境应用最多的是窗口，窗口直接提供给用户使用。在窗口内用户可以放置不同的构件和创建图形对象并调整画面布局，还可以组态配置不同的参数以完成不同的功能。

在 MCGS 嵌入版组态软件中每个应用系统只能有一个主控窗口和一个设备窗口，但可以有多个用户窗口和多个运行策略，实时数据库中也可以有多个数据对象。MCGS 嵌入版组态软件用主控窗口、设备窗口和用户窗口来构成一个应用系统的人机交互图形界面，组态配置各种不同类型和功能的对象或构件，同时可以对实时数据进行可视化处理。

五、MCGS 软件的启动及新建工程设置

1．软件的启动

MCGS 嵌入版组态软件的组态环境和模拟运行环境安装在计算机中，运行环境安装在 MCGS 的触摸屏中。组态环境是用户组态工程的平台，模拟运行环境在计算机上模拟工程的运行情况，可以不必连接触摸屏对工程进行运行和检查。运行环境是组态软件安装到触摸屏内存中的运行环境。单击桌面上的“MCGS 组态环境”快捷图标，即可进入 MCGS 嵌入版组态软件的环境界面，如图 1-4-13 所示。

图 1-4-13　MCGS 嵌入版组态软件的环境界面

2．新建工程及设置

工程是用户应用系统的简称。引入工程的概念，可使复杂的计算机专业技术更贴近于普通

工程用户。在 MCGS 组态环境中生成的文件称为工程文件，后缀为.mcg，存放于 MCGS 目录的 WORK 子目录中，例如：“D：\MCGS\WORK\水位控制系统.mcg”。

单击 MCGS 软件启动界面的菜单栏“文件”→“新建”，建立新工程，弹出如图 1-4-14 所示的“新建工程设置”对话框。

在“新建工程设置”对话框中，可以选择触摸屏的型号，例如在图 1-4-14 中，选择的触摸屏型号为 TPC 7062K，还可以设置背景色、列宽、行高等。工程设置完成后，单击“确定”按钮，进入工作台，如图 1-4-15 所示。

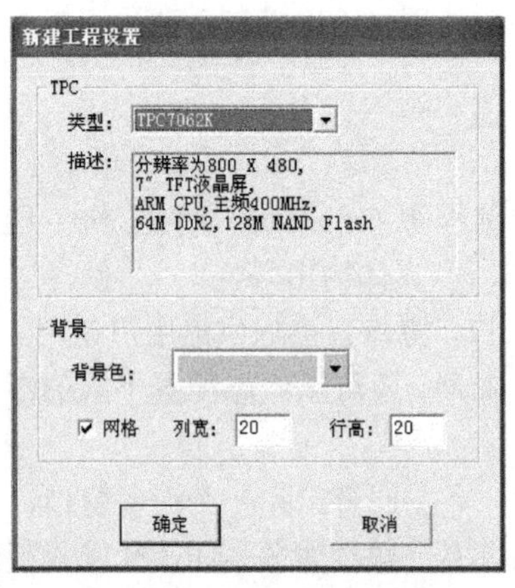

图 1-4-14　新建工程设置

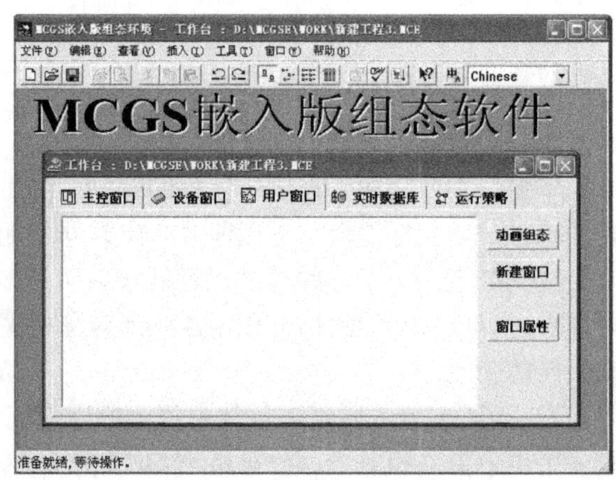

图 1-4-15　MCGS 组态操作的工作台

工作台的主要作用是进行组态操作和属性设置。上部设有五个窗口标签，分别对应主控窗口、设备窗口、用户窗口、实时数据库和运行策略五大窗口。分别完成工程命名和属性设置、动画设计、设备连接、定义数据变量、编写控制流程等组态操作。单击“标签”按钮，即可激活相应的窗口，进行组态操作；工作台右侧还设有创建对象和对象组态用的功能按钮。

六、设备组态

在工作台中激活设备窗口，鼠标单击设备窗口→“设备组态”按钮进入设备组态窗口，如图 1-4-16 所示。

图 1-4-16　设备窗口

设备组态窗口如图 1-4-17 所示。

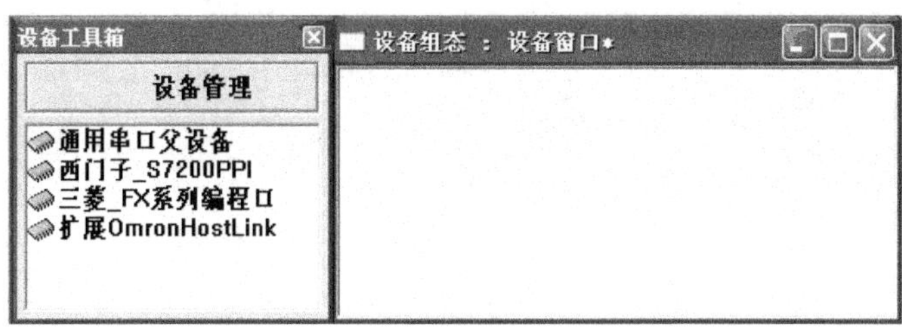

图 1-4-17 设备组态窗口（设置前）

在设备工具箱中，按顺序先后双击“通用串口父设备”和“三菱_FX 系列编程口”添加至设备组态窗口，如图 1-4-18 所示。在添加“三菱_FX 系列编程口”时，提示是否使用三菱 FX 系列编程口驱动的默认通信参数设置父设备，选择“是”。

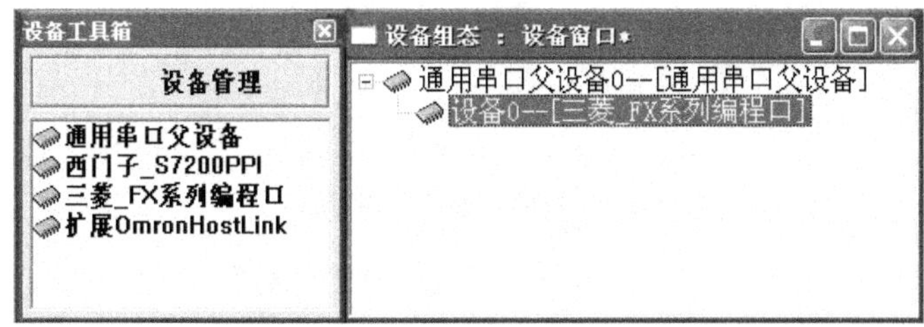

图 1-4-18 设备组态窗口（设置后）

设置完成后，双击如图 1-4-18 所示设备组态窗口中的“通用串口父设备 0—［通用串口父设备］”，弹出如图 1-4-19 所示的“通用串口设备属性编辑”窗口，在该窗口中可以设置串口端口号、波特率等通信参数，一般情况下均使用系统默认参数，有时也可根据选用串口的实际情况设置串口端口号为 1-COM2 或者 2-COM3。

通用串口设备属性编辑

基本属性 | 电话连接

设备属性名	设备属性值
设备名称	通用串口父设备0
设备注释	通用串口父设备
初始工作状态	1 - 启动
最小采集周期(ms)	1000
串口端口号(1~255)	0 - COM1
通讯波特率	6 - 9600
数据位位数	0 - 7位
停止位位数	0 - 1位
数据校验方式	2 - 偶校验

检查(K) 确认(Y) 取消(C) 帮助(H)

图 1-4-19 “通用串口设备属性编辑”窗口

通用串口设备属性编辑完成以后，双击如图 1-4-18 所示设备组态窗口中的“设备 0—［三菱_FX 系列编程口］”，弹出如图 1-4-20 所示的设备编辑窗口。

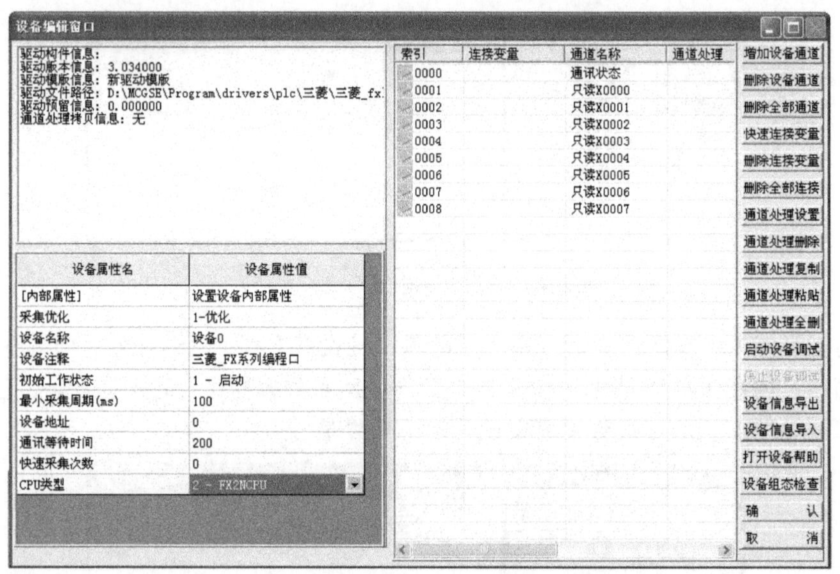

图 1-4-20　设备编辑窗口

在该窗口中，可以设置 PLC 的 CPU 类型等设备属性参数，例如选择 CPU 类型为“2-FX2NCPU”，也可以在该窗口中进行增加设备通道及连接变量等操作，具体内容可以参考项目 6，本次任务中不再详细介绍。设备组态设置完成后，单击工具栏上的“保存”按钮，然后关闭设备组态窗口，返回 MCGS 软件的工作台。

任务实施

一、MCGS 软件的启动及新建工程设置

1．MCGS 软件的启动

打开 MCGS 软件，进入 MCGS 嵌入版组态环境，单击菜单栏上的“文件”→“新建工程”，弹出新建工程设置窗口，选择触摸屏的型号为 TPC 7062K，其他参数保持默认值，设置完成后单击“确认”后进入 MCGS 组态操作的工作台界面。

2．设备组态

在工作台界面，单击“设备窗口”→“设备组态”按钮，进入设备组态窗口，在设备工具箱中，按顺序先后双击“通用串口父设备”和“三菱_FX 系列编程口”添加至设备组态窗口，双击设备组态窗口中的“设备 0—［三菱_FX 系列编程口］”，进入设备编辑窗口，选择 PLC 的 CPU 类型为 2-FX2NCPU，设置完成后保存设置并返回工作台界面。

二、建立触摸屏组态画面

1．建立用户窗口并进行属性设置

在工作台界面，单击“用户窗口”→“新建窗口”按钮，在用户窗口中建立“窗口 0”，选中窗口 0，单击“窗口属性”按钮，进入用户窗口属性设置窗口，在该窗口中，修改窗口名称、窗口标题等属性，如图 1-4-21 所示。

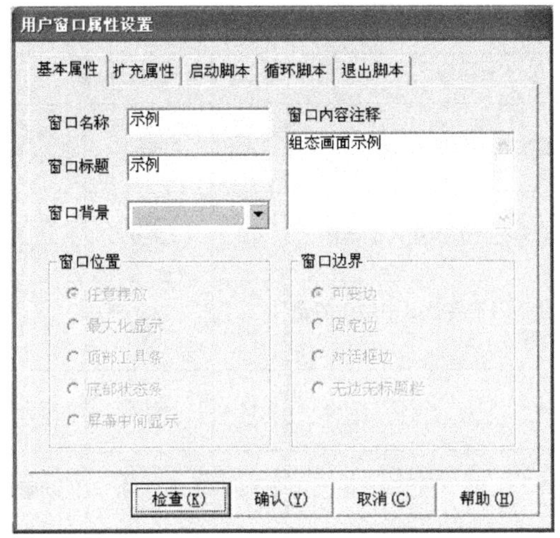

图 1-4-21 用户窗口属性设置

用户窗口属性设置完成以后，返回工作台界面，在用户窗口中双击新建立的“示例”窗口，进入该窗口的动画组态界面，如图 1-4-22 所示。

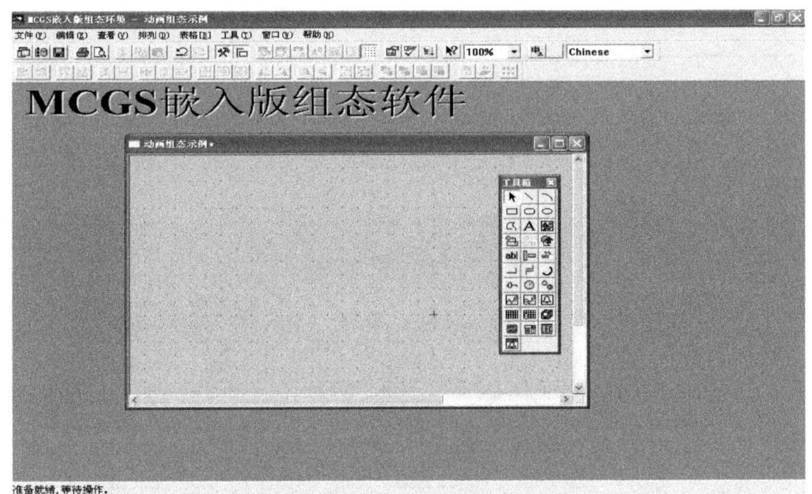

图 1-4-22 动画组态界面

2. 用绘图工具箱中的工具制作组态画面

MCGS 绘图工具箱中各种常用工具的功能见表 1-4-2。

表 1-4-2 MCGS 绘图工具箱中各工具的功能

序号	工具图标	功能及说明	序号	工具图标	功能及说明
1		选择器，点选该工具，在画面中拖动时可选中多个组件	2		直线工具，点选该工具，可在画面中画直线
3		弧线工具，点选该工具，可在画面中画弧线	4		矩形工具，点选该工具，可在画面中画矩形
5		圆角矩形工具，点选该工具，可在画面中画圆角矩形	6		椭圆工具，点选该工具，可在画面中画圆形或椭圆

续表

序号	工具图标	功能及说明	序号	工具图标	功能及说明
7		多边形或折线工具，用于画不规则图形	8		标签工具，用于在画面中添加文字或者动态图形
9		位图工具，用于在画面中插入位图	10		插入元件工具，用于向画面中插入元件库中的元件
11		保存元件工具，用于将画面中制作的元件保存到元件库中	12		常用符号工具，包括 27 种常用图形符号
13		自由表格工具	14		历史表格工具
15		标准按钮工具	16		动画显示工具
17		动画按钮工具	18		报警滚动条工具
19		报警显示工具	20		报警浏览工具
21		输入框工具	22		组合框工具

本次任务要求建立如图 1-4-1 所示的组态画面，该画面的构成如图 1-4-23 所示。

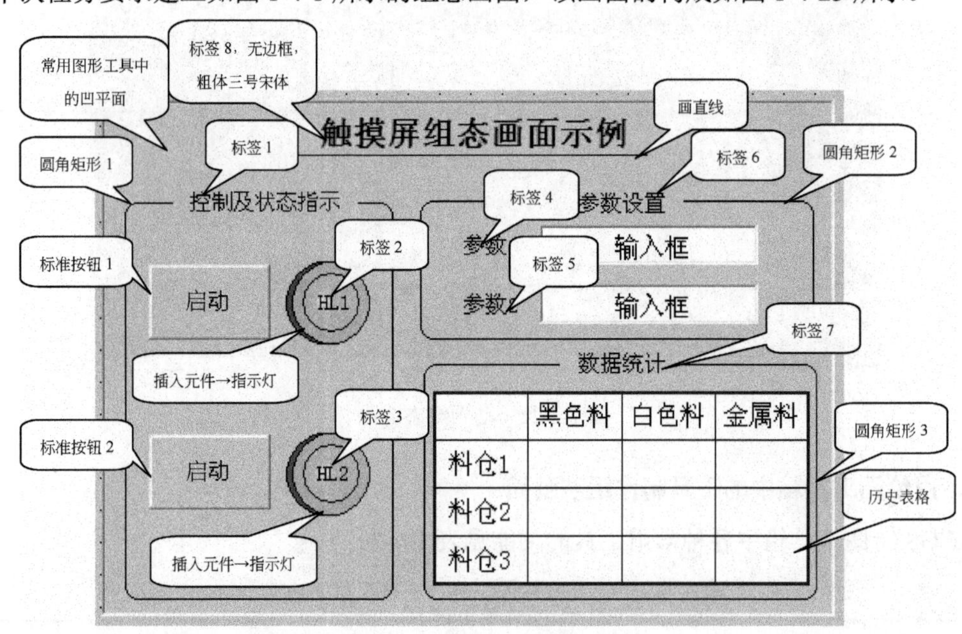

图 1-4-23　示例组态画面的构成

绘制该组态画面的操作步骤及方法见表 1-4-3。

表 1-4-3 操作步骤及方法

步骤	操作内容	操作方法
1	绘制组态画面的边界	绘图工具箱→常用符号工具→常用符号列表中“凹平面”→参照图 1-4-23，在画面中拖动到合适大小
2	绘制圆角矩形框	绘图工具箱→圆角矩形工具→参照图 1-4-23，在画面中拖动到合适大小，共绘制三个圆角矩形框，并拖动到合适位置
3	画直线	绘图工具箱→直线工具→参照图 1-4-23，在画面中拖动到合适长度、合适位置
4	绘制两个标准按钮	绘图工具箱→标准按钮工具→参照图 1-4-23，在画面上拖动到合适大小，并移动到合适位置，双击插入的按钮，在基本属性设置的文本中输入“启动”
5	插入 2 个指示灯	绘图工具箱→插入元件工具→指示灯→指示灯 3，插入完成后缩放到合适大小，移动到合适位置
6	插入 2 个输入框	绘图工具箱→输入框工具→参照图 1-4-23，在画面上拖动到合适大小，并移动到合适位置
7	插入 8 个标签	绘图工具箱→标签工具→参照图 1-4-23，在画面上拖动到合适大小，并移动到合适位置，双击插入的标签，在属性设置中将边线颜色设置为“没有边线”，其中标签 2 和标签 3 还需要将填充颜色设置为“没有填充”，在扩展属性设置中输入相应的文本内容
8	插入历史表格	绘图工具箱→历史表格工具→参照图 1-4-23，在画面上移动到相应的位置，并在第一行和第一列的单元格中输入相应的静态显示内容

在绘制组态画面的过程中，有时需要用到工具栏编辑条上的对齐、旋转及图层等绘图工具，编辑条（绘图工具栏）上常用工具的功能见表 1-4-4。

表 1-4-4 编辑条（绘图工具栏）上常用工具的功能

序号	工具图标	功能及说明	序号	工具图标	功能及说明
1		左边界对齐	2		右边界对齐
3		顶边界对齐	4		底边界对齐
5		纵向等间距	6		横向等间距
7		等高宽	8		等高
9		等宽	10		中心对齐
11		纵向对中	12		横向对中
13		左转 90°	14		右转 90°
15		Y 翻转	16		X 翻转
17		构成图符	18		分解图符
19		置于最前	20		置于最后
21		向前一层	22		向后一层
23		锁定/解锁	24		固化
25		多重复制			

本次任务只要求绘制组态画面，不进行数据对象连接及其他设置，因此，组态画面绘制完成后即可进行组态检查及工程下载。

三、组态检查及工程下载

在组态检查及工程下载的过程中，需要用到工具栏上的组态检查和工程下载等操作工具，工具栏上常用工具的功能见表 1-4-5。

表 1-4-5　工具栏上常用工具的功能

序号	工具图标	功能及说明	序号	工具图标	功能及说明
1		返回工作台界面	2		数据对象浏览
3		保存	4		剪切
5		拷贝（复制）	6		粘贴
7		撤销操作	8		恢复操作
9		打开/关闭绘图工具箱	10		编辑条（绘图工具栏）
11		填充颜色	12		线条颜色
13		字体颜色	14		字符字体
15		线型	16		对齐
17		打开/关闭网格	18		显示属性
19		组态检查	20		工程下载并进入运行环境

组态画面绘制完成以后，单击工具栏上的组态检查工具，会弹出提示框，提示组态是否正确，若组态正确，则单击“确定”按钮完成组态检查，若不正确，则重新检查组态画面的各项设置。

组态检查完成后，保存工程，单击工具栏上的工程下载工具，弹出“下载配置”窗口，如图 1-4-24 所示。

在“下载配置”窗口中，有下列几个参数需要进行选择或设置。

1．连接方式

用于设置计算机与触摸屏的连接方式，包括两个选项。

（1）TCP/IP 网络：通过 TCP/IP 网络连接。下方有“目标机名”输入框，用于指定触摸屏的 IP 地址。

（2）USB 通信：通过 USB 口进行连接。

2．功能按钮

（1）通信测试：用于测试通信情况。

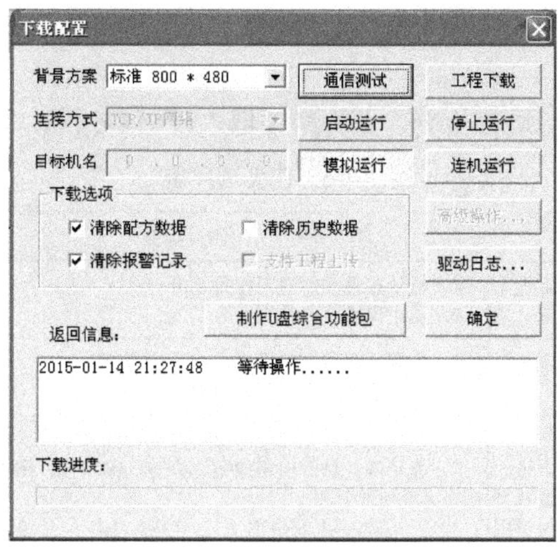

图 1-4-24 “下载配置”窗口

（2）工程下载：用于将工程下载到模拟运行环境或触摸屏的运行环境中。

（3）启动运行：启动嵌入式系统中的工程。

（4）停止运行：停止嵌入式系统中的工程运行。

（5）模拟运行：工程在模拟运行环境下运行。在线模拟运行并不是把工程下载到触摸屏中，而是将工程载入 MCGS 软件的模拟运行环境中进行仿真模拟。

（6）连机运行：工程在实际的触摸屏中运行。

在本次任务中，要求将工程下载到触摸屏中运行。将连接方式设置为：USB；单击“连机运行”→“工程下载”，即可将工程下载到触摸屏中，用于工程实践，如图 1-4-25 所示。下载完成以后单击“启动运行”→“确定”，即可查看触摸屏上的画面。若画面不符合任务要求，则返回 MCGS 组态环境中修改，直至符合要求为止。

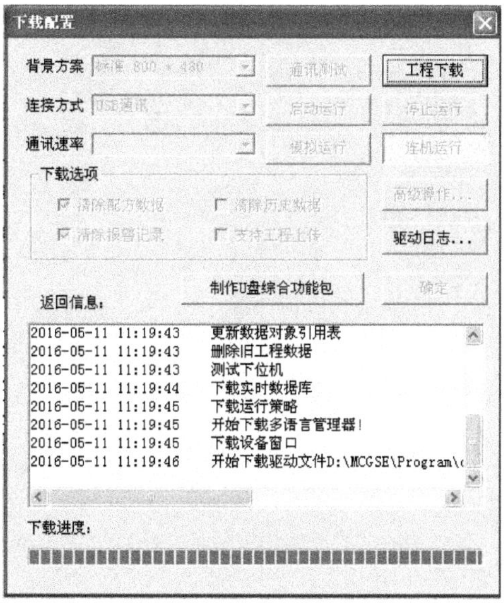

图 1-4-25 工程下载

任务评价

对任务实施的完成情况进行检查，并将结果填入表 1-4-6 内。

表 1-4-6　任务测评表

序号	主要内容	考核要求	评分标准	配分	扣分	得分
1	新建工程	能正确新建工程，并进行参数设置	1．打开软件并新建工程得 5 分 2．能正确设置参数得 5 分	10		
2	设备组态	能正确进行设备组态	1．掌握设备组态的操作方法及步骤得 5 分 2．掌握设备组态参数设置得 5 分	10		
3	动画组态	能建立窗口，修改窗口属性；熟练掌握常用绘图工具的使用方法	1．能建立窗口并修改窗口的参数得 5 分 2．能正确并熟练使用按钮、标签、输入框，常用符号工具，插入元件等工具得 40 分 3．能正确使用 MCGS 的工具栏，编辑条（绘图工具栏）得 10 分 4．能合理布局组态画面得 10 分	65		
4	工程下载	能正确操作，进行模拟下载和联机下载	1．能正确连接通信电缆得 6 分 2．能进行组态检查得 3 分 3．能进行模拟下载并运行得 3 分 4．能进行联机下载并运行得 3 分	15		
合 计				100		
开始时间：			结束时间：			
学习者姓名：			指导教师：	任务实施日期：		

项目 2 信号指示灯控制电路的连接、编程与触摸屏组态

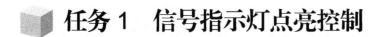

任务 1　信号指示灯点亮控制

任务目标

知识目标：1. 掌握取指令、取反指令与输出指令的功能及用法。
　　　　　2. 理解取上升沿指令与取下降沿指令的功能，掌握指令的用法。

能力目标：1. 根据任务要求，正确选用 YL-235A 光机电一体化实训设备的电气控制模块。
　　　　　2. 能正确使用取指令、取反指令、输出指令、上升沿指令与取下降沿指令编写控制程序。
　　　　　3. 能正确使用 MCGS 组态软件中的标准按钮工具及图形工具，建立组态画面。

素质目标：养成独立思考和动手操作的习惯，培养小组协调能力和合作学习的精神。

任务呈现

如图 2-1-1 所示为信号灯点亮控制电路图。

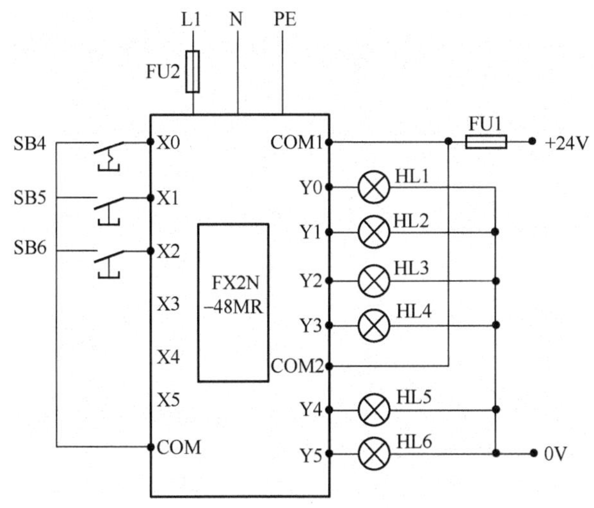

图 2-1-1　信号灯点亮控制电路图

（1）利用 YL-235A 光机电一体化实训设备上的按钮与指示灯模块、PLC 模块，或者利用同类型的其他 PLC 实训设备，完成信号灯点亮控制电路的连接。

（2）根据下面的要求，编写信号灯点亮的控制程序，并将程序下载到 PLC 中，调试该控制系统，使之符合控制要求。

① 初始状态时，SB4～SB6 三个按钮均断开时，信号灯 HL3、HL5、HL6 亮，其余三个信号灯灭。

② 按钮 SB4 接通时，信号灯 HL1 亮，按钮 SB4 断开时，信号灯 HL1 灭。在这个过程中，其他信号指示灯状态保持不变。

③ 按钮 SB5 接通，信号灯 HL2 亮、HL3 灭，按钮 SB5 断开时，信号灯 HL2 灭、HL3 亮。在这个过程中，其他信号指示灯状态保持不变。

④ 按钮 SB6 接通时，信号灯 HL4 亮、HL5 和 HL6 灭，按钮 SB6 断开时，信号灯 HL4 灭、HL5 和 HL6 亮。在这个过程中，其他信号指示灯状态保持不变。

（3）完成 PLC 程序调试并符合控制要求后，运用 MCGS 组态软件，建立如图 2-1-2 所示的组态工程画面，并进行数据对象连接，最后将组态工程下载到触摸屏中，使画面中的按钮与 YL-235A 设备上的按钮具有相同的控制作用，画面上的图形用颜色填充代表灯亮，使之与 YL-235A 设备上的指示灯具有相同的显示效果。图中所示的六个圆代表六个信号指示灯，其排列顺序从左到右依次为 HL1～HL6，其点亮时的颜色与 YL-235A 设备上按钮与指示灯模块上的六个指示灯的颜色相对应。

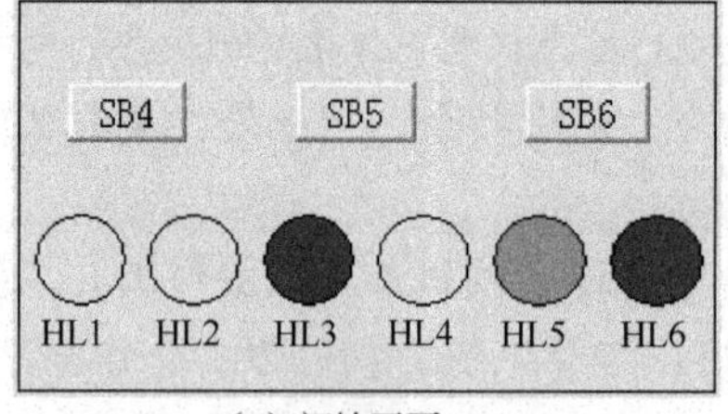

（a）初始画面

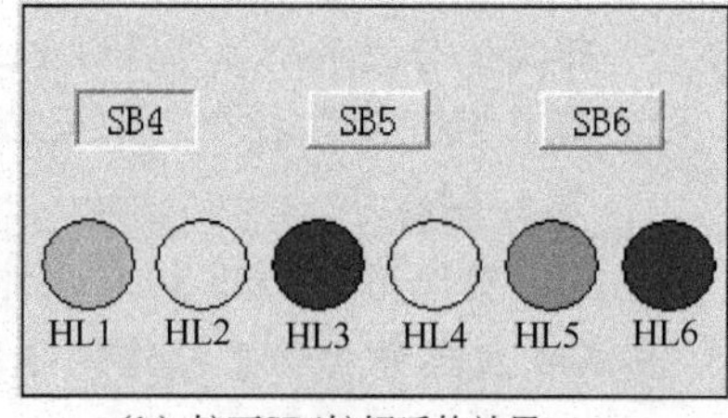

（b）按下SB4按钮后的效果

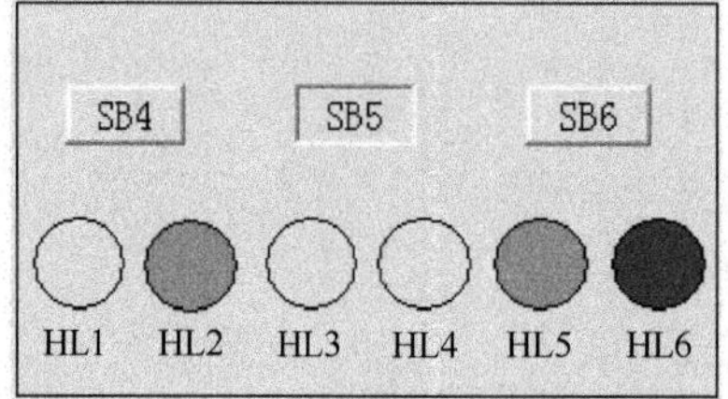

（c）按下SB5按钮后的效果

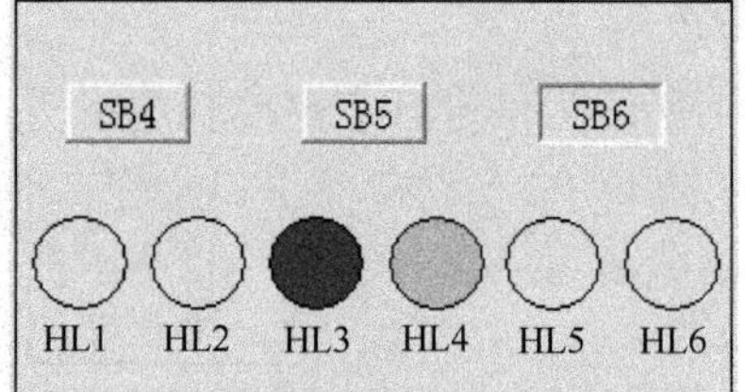

（d）按下SB6按钮后的效果

图 2-1-2　信号灯点亮控制组态工程画面

知识解析

一、取指令、取反指令及输出指令

1．取指令、取反指令及输出指令的使用要素

取指令、取反指令及输出指令的使用要素见表 2-1-1。

表 2-1-1　取指令、取反指令及输出指令的使用要素

梯形图	指令	功　能	操 作 元 件	程 序 步
─┤├─	LD	读取第一个常开触点	X、Y、M、S、T、C	1
─┤/├─	LDI	读取第一个常闭触点	X、Y、M、S、T、C	1
─(　　)	OUT	驱动输出线圈	Y、M、S、T、C	Y、M：1；特殊 M：2；T：3；C：3～5

2. 取指令、取反指令及输出指令的应用

取指令、取反指令及输出指令的梯形图用法如图 2-1-3 所示。

```
0  X000  LD X000      OUT Y000   ( Y000 )
2  Y000  LD Y000      OUT M1     ( M1 )
                      OUT M2     ( M2 )
5  M1    LDI M1       OUT Y001   ( Y001 )
```

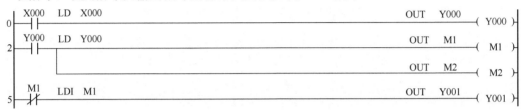

图 2-1-3　取指令、取反指令及输出指令的梯形图用法示例

该梯形图指令对应的指令表程序如图 2-1-4 所示。

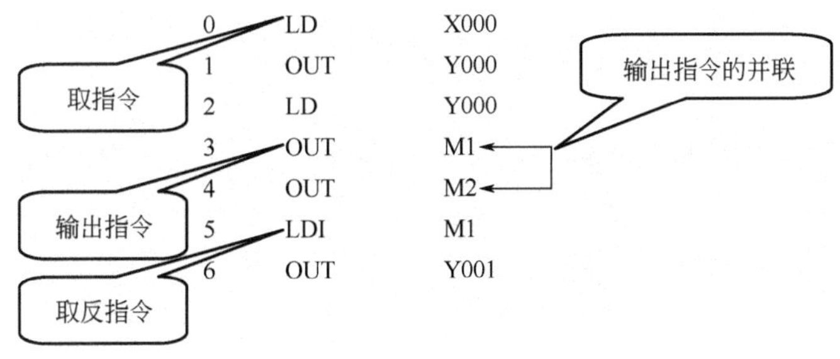

图 2-1-4　取指令、取反指令及输出指令的指令表用法示例

（1）取指令（LD），一个常开触点与左母线连接的指令，每一个以常开触点开始的逻辑行都用此指令。

（2）取反指令（LDI），一个常闭触点与左母线连接指令，每一个以常闭触点开始的逻辑行都用此指令。

（3）输出指令（OUT）对线圈进行驱动的指令，也称输出指令。

3. 取指令与输出指令的使用说明

（1）LD、LDI 指令既可用于输入左母线相连的触点，也可与 ANB、ORB 指令配合实现块逻辑运算。

（2）LD、LDI 指令的目标元件为 X、Y、M、T、C、S。

（3）OUT 指令可以连续使用若干次（相当于线圈并联），对于定时器和计数器，在 OUT 指令之后应设置常数 K 或数据寄存器。

（4）OUT 指令可用于驱动输出继电器（Y）、辅助继电器（M）、定时器（T）、计数器（C）、状态寄存器等（S），但不能用于输入继电器（X）。

二、取上升沿指令与取下降沿指令

1．取上升沿指令与取下降沿指令的要素

取上升沿指令与取下降沿指令的要素见表 2-1-2。

表 2-1-2　取上升沿指令与取下降沿指令的要素

梯形图	指令	功　能	操 作 元 件	程 序 步
—|↑|—	LDP	上升沿检测	X、Y、M、S、T、C	1
—|↓|—	LDF	下降沿检测	X、Y、M、S、T、C	1

2．取上升沿指令与取下降沿指令的应用

（1）取上升沿指令（LDP），与左母线连接的常开触点的上升沿检测指令，仅在指定位元件的上升沿（由 OFF→ON）时接通一个扫描周期。取上升沿指令与取指令的区别如图 2-1-5 所示。

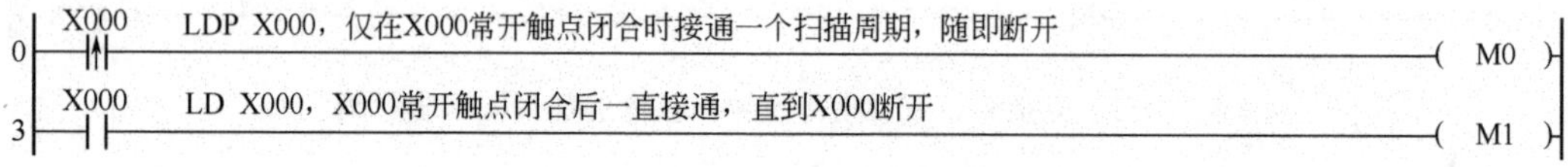

X000
LDP X000，仅在X000常开触点闭合时接通一个扫描周期，随即断开
0
M0
X000
LD X000，X000常开触点闭合后一直接通，直到X000断开
3
M1

图 2-1-5　取上升沿指令与取指令的梯形图

该梯形图程序对应的指令表程序如图 2-1-6 所示。

0 LDP X000
2 OUT M0
3 LD X000
4 OUT M1
取上升沿
取指令

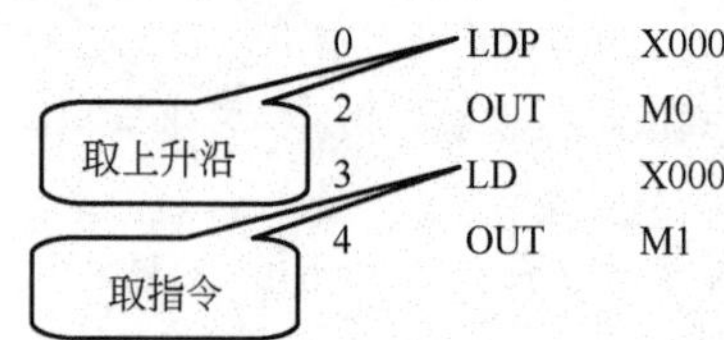

图 2-1-6　取上升沿指令与取指令的指令表

（2）取下降沿指令（LDF），与左母线连接的常闭触点的下降沿检测指令。仅在指定位元件的下降沿（由 ON→OFF）时接通一个扫描周期。取下降沿指令与取指令的区别如图 2-1-7 所示。

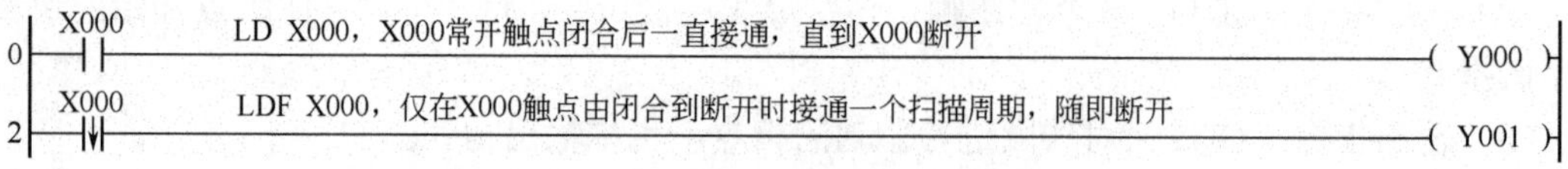

X000
LD X000，X000常开触点闭合后一直接通，直到X000断开
0
Y000
X000
LDF X000，仅在X000触点由闭合到断开时接通一个扫描周期，随即断开
2
Y001

图 2-1-7　取下降沿指令与取指令的梯形图

该梯形图程序对应的指令表程序如图 2-1-8 所示。

3．取上升沿指令与取下降沿指令的用法说明

（1）LDP、LDF 指令仅在对应元件有效时维持一个扫描周期的接通。如图 2-1-5 中，当 X0 接通，上升沿控制的 M0 只有一个扫描周期为 ON。如图 2-1-7 中，当 X0 接通，下降沿控制的 Y001 只有一个扫描周期为 ON。

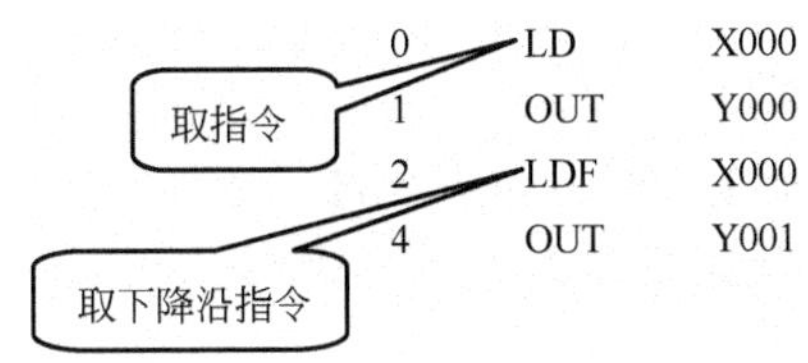

图 2-1-8　取下降沿指令与取指令的指令表

（2）LDP、LDF 指令常与置位指令、复位指令及部分功能指令配合使用。

任务实施

一、清点器材

对照表 2-1-3，清点信号灯控制电路所需的设备、工具及材料。

表 2-1-3　信号灯控制电路所需的设备、工具及材料

序　号	名　称	型　号	数　量	作　　用
1	PLC 模块	FX2N-48MR	1 块	控制灯的运行
2	按钮与指示灯模块	专配	1 个	提供 DC 24V 电源、操作按钮及指示灯
4	安全插接导线	专配	若干	电路连接
6	扎带	ϕ20mm	若干	电路连接工艺
7	斜口钳或者剪刀	—	1 把	剪扎带
8	电源模块	专配	1 个	提供三相五线电源
9	计算机	安装有编程软件	1 台	用于编写、下载程序等
10	220V 电源连接线	专配	2 条	供按钮模块和 PLC 模块用

二、建立 I/O 分配表

根据控制要求，分析任务并编制输入/输出（I/O）分配表，见表 2-1-4。

表 2-1-4　输入/输出（I/O）分配表

输　入			输　出		
输入元件	功能作用	输入继电器	输出元件	控制对象	输出继电器
SB4	控制按钮	X0	HL1	信号指示灯 1	Y0
SB5	控制按钮	X1	HL2	信号指示灯 2	Y1
SB6	控制按钮	X2	HL3	信号指示灯 3	Y2
			HL4	信号指示灯 4	Y3
			HL5	信号指示灯 5	Y4
			HL6	信号指示灯 6	Y5

三、控制电路连接

按照给定电路和接线要求，在断开设备电源的情况下，完成 PLC 输入和输出电路的连接。

1. 完成PLC输入电路的连接

按照接线要求，使用安全插接导线，完成SB4、SB5、SB6按钮与PLC模块的连接，信号指示灯控制电路的PLC输入电路连接示意如图2-1-9所示。

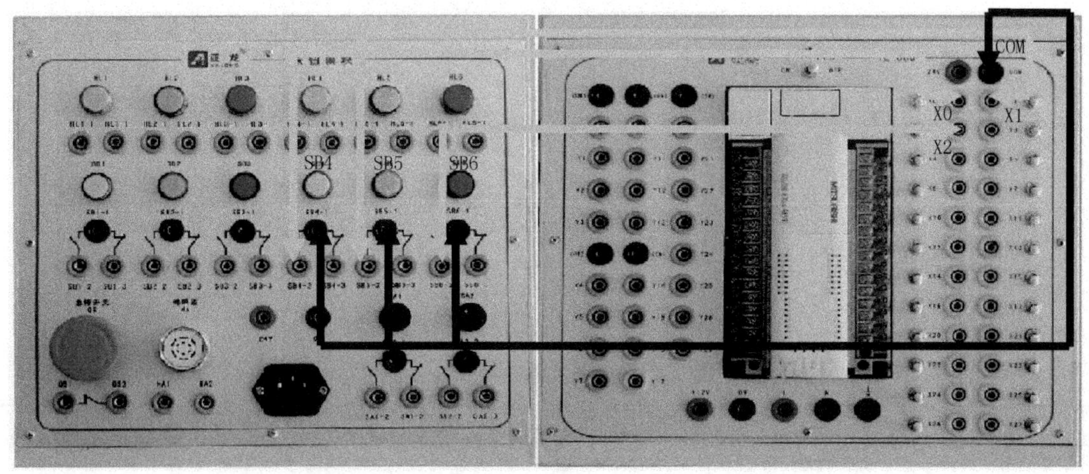

图2-1-9　PLC输入（按钮）电路连接示意图

2. 完成PLC输出电路的连接

按照接线要求，使用安全插接导线，完成指示灯与PLC的连接，按钮模块的六个指示灯与PLC连接示意如图2-1-10所示。

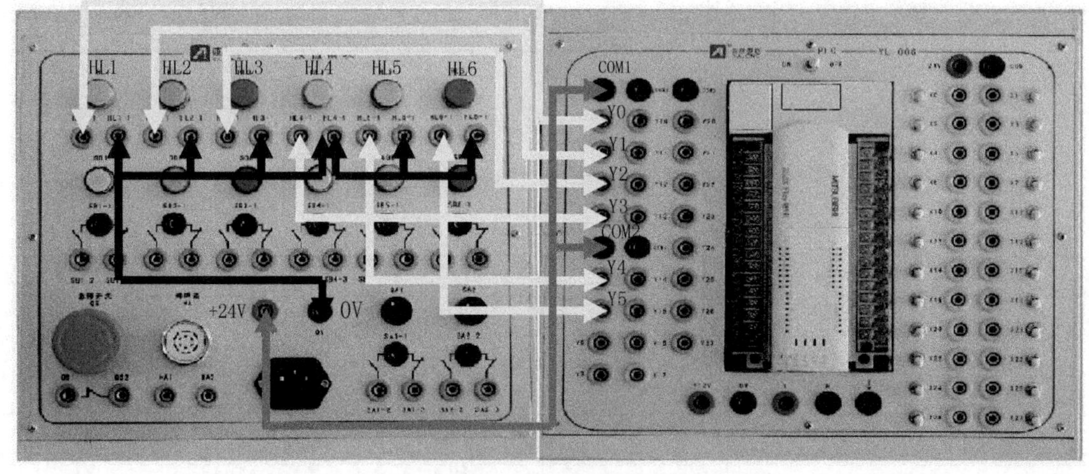

图2-1-10　PLC输出（指示灯）电路的连接示意图

3. 电路检测及工艺整理

电路安装结束后，一定要进行通电前的检查，保证电路连接正确，没有不符合工艺要求的现象。还要进行通电前的检测，确保电路中没有短路现象，否则通电后可能损坏设备。

（1）用万用表检测按钮SB4、SB5、SB6按钮的常开触点是否正常，将万用表打在欧姆挡的蜂鸣器挡位上，将表笔分别插入按钮的公共端与常开触点出线端，不按下按钮时蜂鸣器没有

鸣响，按下按钮时，蜂鸣器鸣响，说明按钮的常开触点动作正常。

（2）用万用表检测 HL1～HL6 六个信号指示灯是否短路。

（3）用万用表检测按钮到 PLC 的输入端的连接是否有断路，用万用表检测信号指示灯到 PLC 的输出段是否有断路，检测电源连接是否有断路。

在检查电路连接正确、无短路故障后，进行连接线路的工艺整理。

四、程序编写与下载

1. 信号灯 HL1 的控制程序

按钮 SB4 接通，信号灯 HL1 亮，按钮 SB4 断开时，信号灯 HL1 灭。说明当 X0=0 时，Y0=0，当 X0=1 时，Y0=1，可利用取指令及输出指令编程实现控制功能，信号灯 HL1 的梯形图控制程序如图 2-1-11 所示。

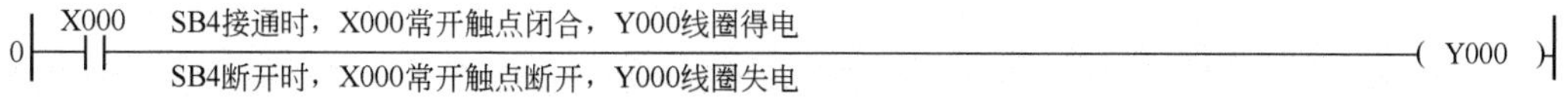

0 X000 SB4接通时，X000常开触点闭合，Y000线圈得电 (Y000)
SB4断开时，X000常开触点断开，Y000线圈失电

图 2-1-11 信号灯 HL1 的梯形图控制程序

信号灯 HL1 的指令表控制程序如图 2-1-12 所示。

```
0    LD     X000
1    OUT    Y000
```

图 2-1-12 信号灯 HL1 的指令表控制程序

2. 信号灯 HL2 和 HL3 的控制程序

按钮 SB5 接通时，信号灯 HL2 亮、HL3 灭，按钮 SB5 断开时，信号灯 HL2 灭、HL3 亮。说明当 X1=0 时，Y1=0，Y2=1，当 X1=1 时，Y1=1，Y2=0。可利用取指令、取反指令及输出指令编程实现控制功能，信号灯 HL2、HL3 的梯形图控制程序如图 2-1-13 所示。

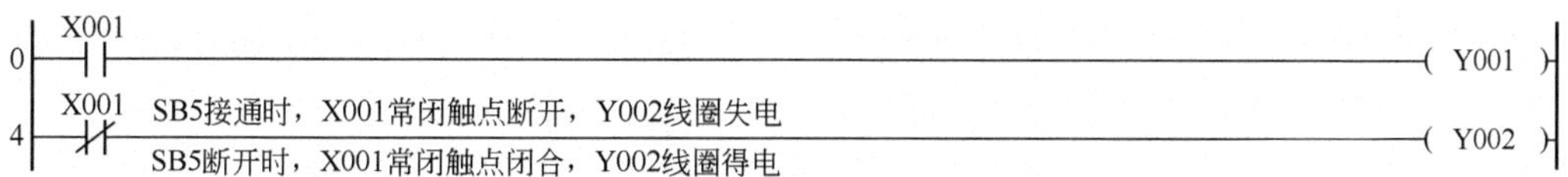
0 X001 (Y001)
4 X001 SB5接通时，X001常闭触点断开，Y002线圈失电 (Y002)
SB5断开时，X001常闭触点闭合，Y002线圈得电

图 2-1-13 信号灯 HL2、HL3 的梯形图控制程序

信号灯 HL2、HL3 的指令表控制程序如图 2-1-14 所示。

```
2    LD     X001
3    OUT    Y001
4    LDI    X001
5    OUT    Y002
```

图 2-1-14 信号灯 HL2、HL3 的指令表控制程序

3. 信号灯 HL4、HL5、HL6 的控制程序

按钮 SB6 接通时，信号灯 HL4 亮、HL5 和 HL6 灭，松开按钮 SB6，信号灯 HL4 灭、HL5 和 HL6 亮。说明当 X2=0 时，Y3=0，Y4=1，Y5=1，当 X2=1 时，Y3=1，Y4=0，Y5=0。可利用取指令、取反指令及输出指令编程实现控制功能，信号灯 HL4、HL5、HL6 的梯形图控制程序如图 2-1-15 所示。

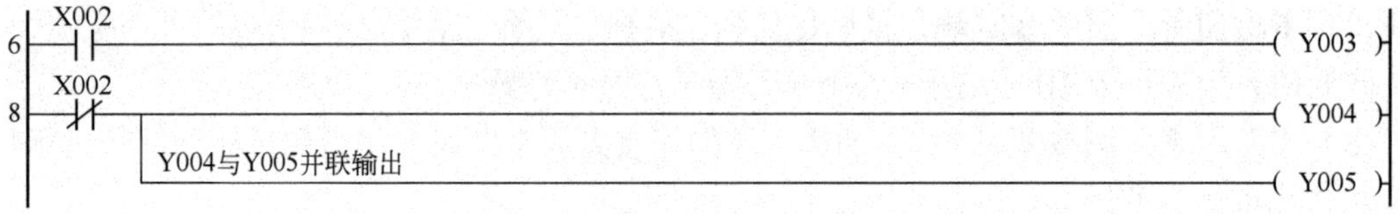

```
   X002
6 ─┤ ├──────────────────────────────( Y003 )
   X002
8 ─┤/├──┬───────────────────────────( Y004 )
        │ Y004与Y005并联输出
        └───────────────────────────( Y005 )
```

图 2-1-15　信号灯 L4、HL5、HL6 的梯形图控制程序

信号灯 HL4、HL5、HL6 的指令表控制程序如图 2-1-16 所示。

```
6    LD     X002
7    OUT    Y003
8    LDI    X002
9    OUT    Y004
10   OUT    Y005
```

图 2-1-16　信号灯 HL4、HL5、HL6 的指令表控制程序

综上所述，信号灯点亮控制的梯形图程序如图 2-1-17 所示。

```
    X000
0  ─┤ ├──────────────────────────────( Y000 )
    X001
2  ─┤ ├──────────────────────────────( Y001 )
    X001
4  ─┤/├──────────────────────────────( Y002 )
    X002
6  ─┤ ├──────────────────────────────( Y003 )
    X002
8  ─┤/├──┬───────────────────────────( Y004 )
         │
         └───────────────────────────( Y005 )

11 ──────────────────────────────────[ END ]
```

图 2-1-17　信号灯点亮控制的梯形图程序

信号灯点亮控制的指令表程序如图 2-1-18 所示。

```
0    LD     X000
1    OUT    Y000
2    LD     X001
3    OUT    Y001
4    LDI    X001
5    OUT    Y002
6    LD     X002
7    OUT    Y003
8    LDI    X002
9    OUT    Y004
10   OUT    Y005
11   END
```

图 2-1-18　信号灯点亮控制的指令表程序

五、建立触摸屏组态

1．新建工程，并进行硬件设备组态

请参照项目 1 的任务 4 中的操作步骤新建工程，并进行硬件组态，今后的项目中不再列出

具体的操作步骤。

2. 动画组态

（1）新建窗口。

在 MCGS 工作台上单击“用户窗口”→ “新建窗口”，新建“窗口 0”，接下来选中“窗口 0”，单击“窗口属性”按钮，进入“用户窗口属性设置”对话框，在基本属性页，将窗口名称修改为“信号指示灯点亮控制”，窗口标题修改为“信号指示灯点亮控制”，单击“确认”返回工作台，如图 2-1-19 所示。

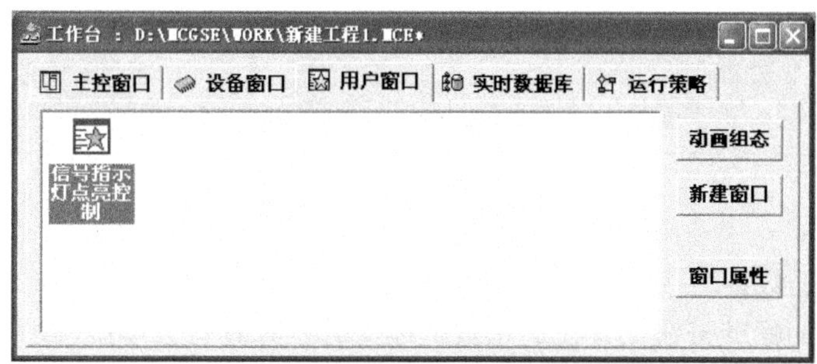

图 2-1-19　新建用户窗口“信号指示灯点亮控制”

（2）建立画面。

双击新建的“信号指示灯点亮控制”窗口，进入动画组态界面，利用工具箱中的“矩形”图形工具在组态界面上画出一个矩形，选中该矩形，并单击工具栏上的“置于最后面”，如图 2-1-20 所示。

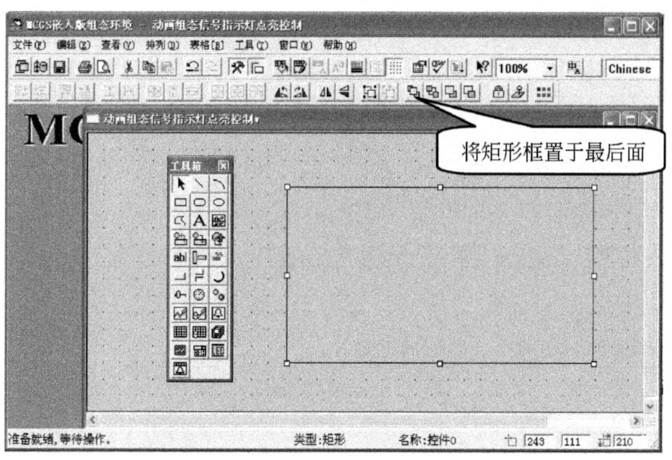

图 2-1-20　画矩形并置于最后面

单击工具箱中的“标准按钮”工具，在界面上的矩形框中画三个按钮，并修改按钮的名称分别为 SB4～SB6；利用工具箱中的“椭圆”工具画六个圆，从左到右依次代表 HL1～HL6 六个信号指示灯，利用工具栏上的“顶边界对齐”、“等宽”等调整工具，使画面布局合理美观，画面如图 2-1-21 所示。

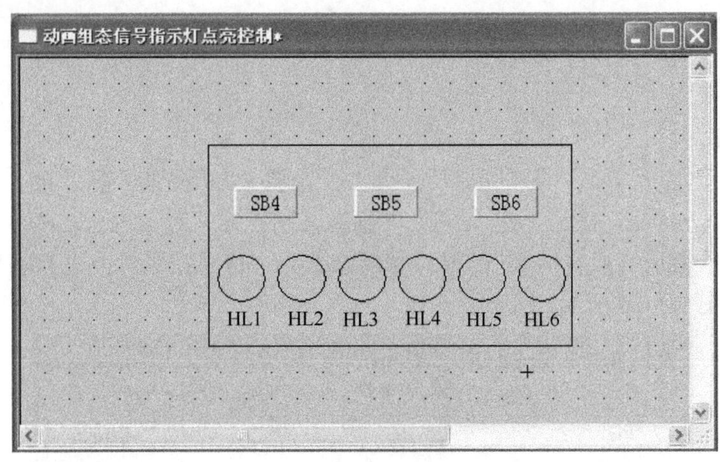

图 2-1-21　建立控制画面

（3）建立按钮的数据连接。

由于触摸屏上的标准按钮工具在进行数据连接时，只具有只读属性，也就是只能从 PLC 的输入寄存器 X 读入数据，而不能向 PLC 的输入寄存器写入数据，为了使触摸屏上的按钮与设备上的实际按钮具有相同的控制效果，应在原来的 PLC 控制程序中创建 X 输入寄存器的同位触点，同位触点的创建方法是：在原控制程序中，在某个 X 输入寄存器的常开触点上并联一个中间继电器 M 的常开触点，在该 X 输入寄存器的常闭触点上串联同一个中间继电器 M 的常闭触点，该中间继电器 M 的触点就是这个 X 输入寄存器的同位触点。如图 2-1-22 所示为同位触点创建完成以后的梯形图程序。

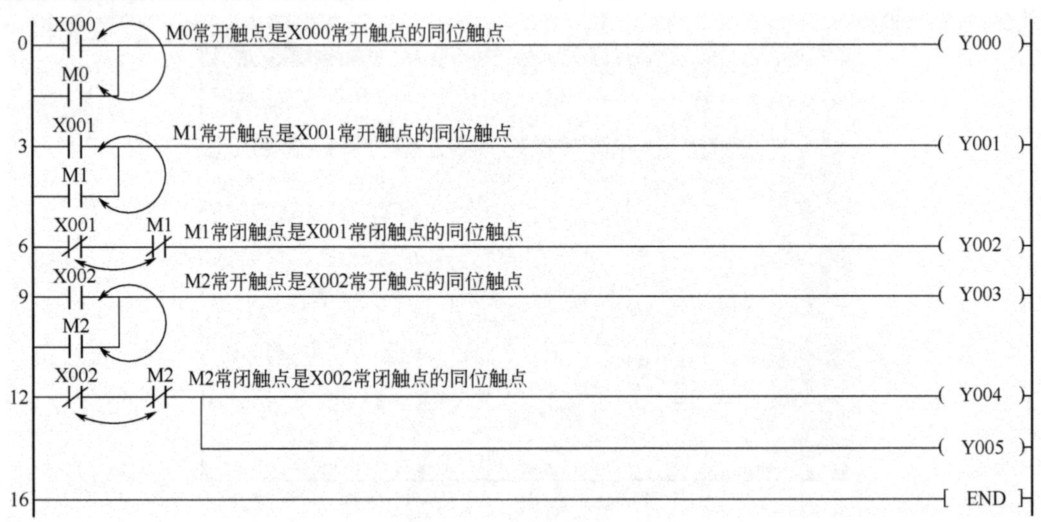

图 2-1-22　建立同位触点以后的 PLC 梯形图程序

程序编辑完成后，对编写程序进行转换，并保存文件。然后，完成 PLC 程序的写入。

双击按钮 SB4，在操作属性设置中，勾选“数据对象值操作”，设置方法如图 2-1-23 所示。

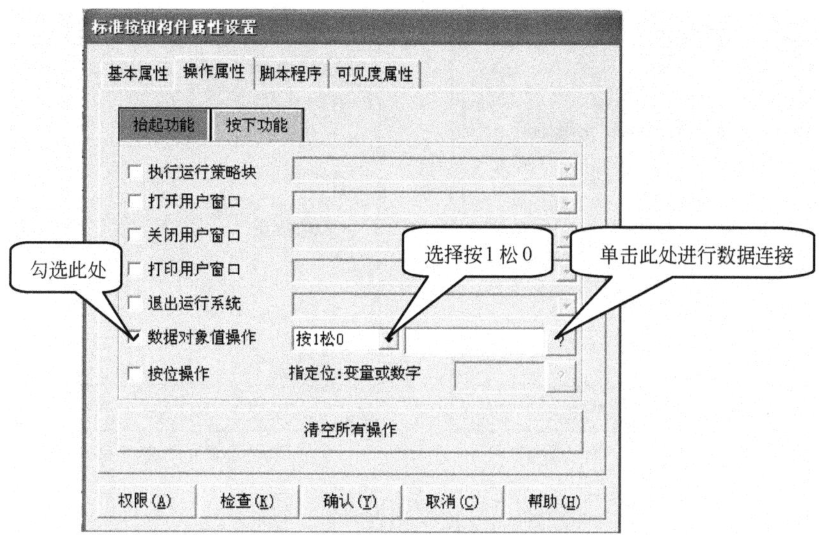

图 2-1-23　按钮操作属性设置

设备上的按钮 SB4 接在 PLC 的 X000 上，X000 的同位触点是 M0，对应 PLC 程序中的 M0 辅助寄存器，其数据连接如图 2-1-24 所示。

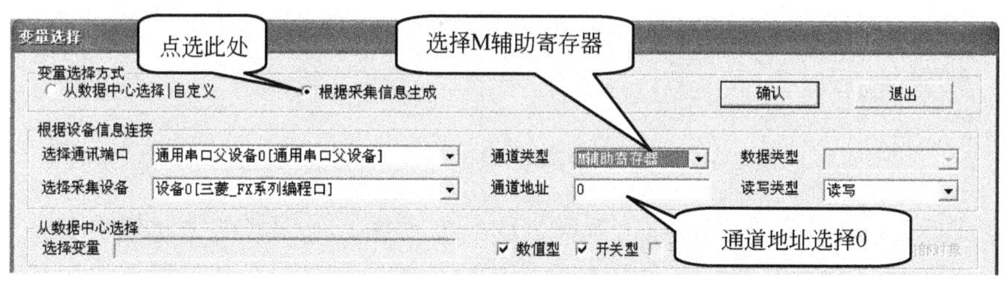

图 2-1-24　变量选择

变量选择设置完成后，单击“确认”按钮，返回画面组态界面，用同样的方法对按钮 SB5、SB6 进行数据连接，SB5 对应 PLC 控制程序中的 M1，SB6 对应 PLC 控制程序中的 M2。

（4）建立图形的数据连接。

双击画面中第一个圆，进入动画组态设置界面，勾选“填充颜色”，如图 2-1-25（a）所示，勾选填充颜色以后，进入“填充颜色”设置窗口，在该窗口中将 0 分段点对应的颜色设为银色，代表 HL1 灯灭时的颜色，将 1 分段点对应的颜色设置为黄色，代表 HL1 灯亮时的颜色，如图 2-1-25（b）所示。用该方法设置其余 5 个信号灯的填充颜色，六个信号灯灭时均显示为银色，灯亮时显示的颜色与设备上按钮指示灯模块上的六个信号指示灯的颜色相对应。

图形的填充颜色设置完成以后，在如图 2-1-25（b）所示的“填充颜色”设置窗口中单击“表达式”右侧的“？”按钮，进入数据连接窗口，由于画面中的第一个圆与设备模块上的灯 HL1 显示效果同步，因此第一个图形的数据对象与 PLC 程序中的 Y0 相对应，如图 2-1-26 所示。

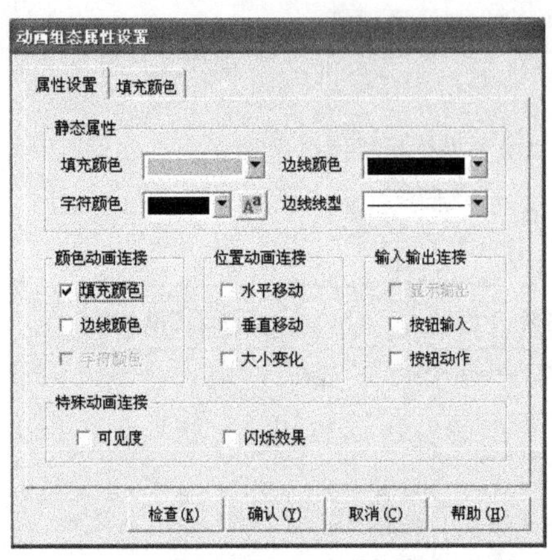

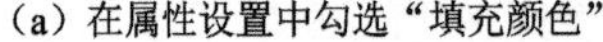
（a）在属性设置中勾选“填充颜色”

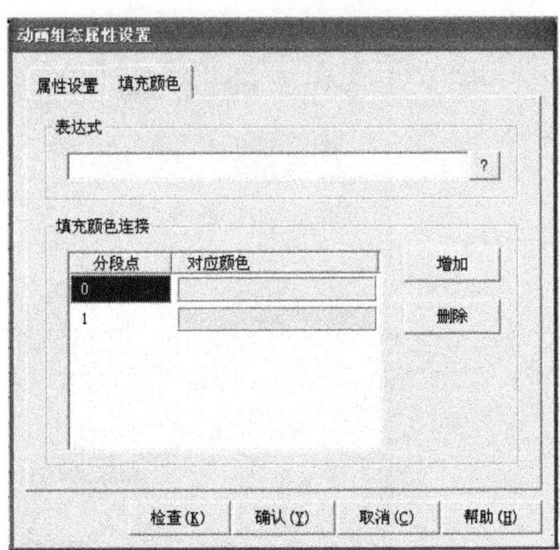

（b）设置分段点对应的颜色

图 2-1-25　设置图形的填充颜色

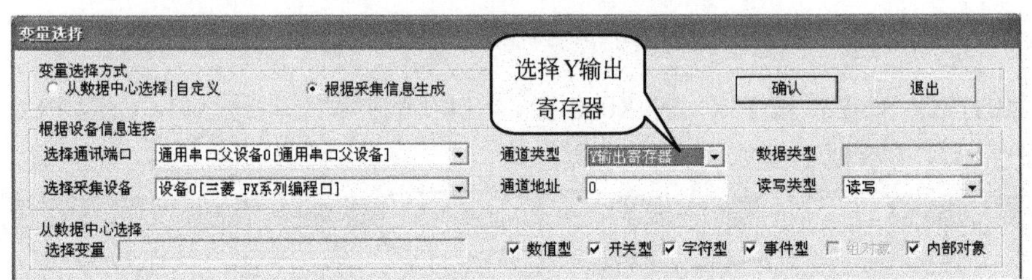

图 2-1-26　第一个图形（HL1）的数据连接设置

设置完成后，单击“确认”按钮，返回画面组态界面，用同样的方法设置其余五个圆的数据连接，六个圆对应的数据连接对象从左到右依次为 Y0～Y5，全部设置完成以后保存工程，并将工程下载到触摸屏中，调试并查看控制效果。

六、运行调试

按照表 2-1-5 进行操作，观察系统运行情况并做好记录。如出现故障，应立即切断电源，分析原因、检查电路或梯形图，排除故障后，方可进行重新调试，直到系统功能符合控制要求为止。

表 2-1-5　设备调试记录表

步骤	调试流程	正确现象	观察结果及解决措施
1	初始状态	按钮模块上的按钮及触摸屏上的按钮均没有按下时，按钮模块上的灯 HL3、HL5、HL6 亮，其余三个灯灭，触摸屏上 HL3、HL5、HL6 对应的图形填充颜色为红色、绿色、红色，其余三个灯对应的图形均为银色	
2	按下按钮模块或触摸屏上的按钮 SB4	按钮模块上的灯 HL1、HL3、HL5、HL6 亮，其余两个灯灭，触摸屏上的图形效果同步显示	
3	按下按钮模块或触摸屏上的按钮 SB5	按钮模块上的灯 HL2、HL5、HL6 亮，其余三个灯灭，触摸屏上的图形效果同步显示	
4	按下按钮模块或触摸屏上的按钮 SB6	按钮模块上的灯 HL3、HL4 亮，其余四个灯灭，触摸屏上的图形效果同步显示	

任务评价

对任务实施的完成情况进行检查，并将结果填入表 2-1-6 内。

表 2-1-6　任务测评表

序号	主要内容	考核要求	评分标准	配分	扣分	得分
1	控制电路的连接	根据任务，连接控制电路	1. 不能正确连接指示灯扣 5 分 2. 不能正确连接按钮扣 5 分 3. 不能正确连接 PLC 供电回路扣 10 分 4. 不能正确连接 PLC、触摸屏通信电缆扣 10 分	30		
2	编写控制程序	根据任务要求编写控制程序	六个信号指示灯不能按要求点亮，每出错一次扣 10 分，共 40 分，扣完为止	40		
3	触摸屏组态	根据任务要求，进行触摸屏组态	1. 硬件组态正确得 5 分，错误不得分 2. 画面设计完成得 5 分，没有完成不得分 3. 触摸屏画面中的按钮与按钮模块上的按钮控制效果相同得 5 分，不正确或部分正确不得分 4. 触摸屏画面中的图形颜色填充与按钮模块上的信号指示灯效果同步得 5 分，不同步或部分同步不得分	20		
4	安全文明生产	遵守操作规程；尊重考评员，讲文明礼貌；考试结束要清理现场	1. 考试中，违反安全文明生产考核要求的任何一项扣 2 分，扣完为止 2. 当教师发现学生有重大事故隐患时，要立即予以制止，并每次扣安全文明生产分 5 分 3. 小组协作不和谐、效率低扣 5 分	10		
合计				100		
开始时间：			结束时间：			
学习者姓名：			指导教师：	任务实施日期：		

任务 2　信号指示灯常亮控制

任务目标

知识目标：1. 掌握触点串联指令的功能及用法。

2. 掌握触点并联指令的功能及用法。

能力目标：1. 能正确使用触点并联指令，能使用触点并联指令编写程序。

2. 能正确使用触点串联指令，能使用触点串联指令编写程序。

3. 能正确使用 MCGS 组态软件中的标签工具及常用符号工具，建立组态画面。

素质目标：养成独立思考和动手操作的习惯，培养小组协调能力和合作学习的精神。

任务呈现

如图 2-2-1 所示为信号灯常亮控制电路图。

（1）利用 YL-235A 光机电一体化实训设备上的按钮模块、PLC 模块，或者利用同类型的其他 PLC 实训设备，完成信号灯常亮控制电路的连接。

（2）根据下面的要求，编写信号灯常亮的控制程序，并将程序下载到 PLC 中，调试该控制系统，使之符合控制要求。

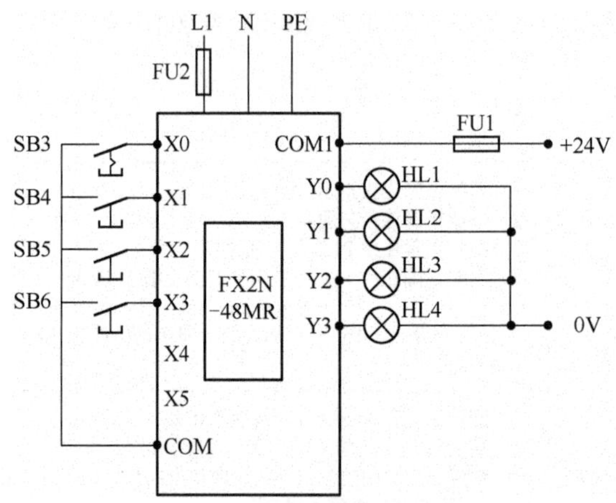

图 2-2-1　信号灯常亮控制电路图

① 初始状态时，四个控制按钮均没有按下时，四个信号灯 HL1～HL4 全灭。

② 按钮 SB4、SB5 分别是信号灯 HL1 的启动按钮和停止按钮，按下按钮 SB4，信号灯 HL1 常亮。当按下按钮 SB5，信号灯 HL1 熄灭。

③ 按钮 SB5、SB6 分别是信号灯 HL2 和 HL3 的启动按钮和停止按钮，当按下按钮 SB5，信号灯 HL2、HL3 常亮。当按下按钮 SB6，信号灯 HL2、HL3 熄灭。

④ 信号灯 HL4 也是常亮控制模式，有两个启动按钮和两个停止按钮，SB5、SB6 是 HL4 的两个启动按钮，任意按下一个即可启动 HL4（灯亮且保持），SB3、SB4 是 HL4 的两个停止按钮，任意按下一个时灯可停止 HL4（灯灭且保持）。

【注意】YL-235A 设备的按钮模块上的 SB1～SB3 按钮为自锁型按钮，按下时不能自复位，需要再按一次才能复位。

（3）完成 PLC 程序调试并符合控制要求后，运用 MCGS 组态软件，建立如图 2-2-2 所示的组态工程画面，并将组态工程下载到触摸屏中，使画面中的按钮与 YL-235A 设备上的按钮具有相同的控制作用，画面上的图形用颜色进行填充代表灯亮，使之与 YL-235A 设备上的指示灯具有相同的显示效果。

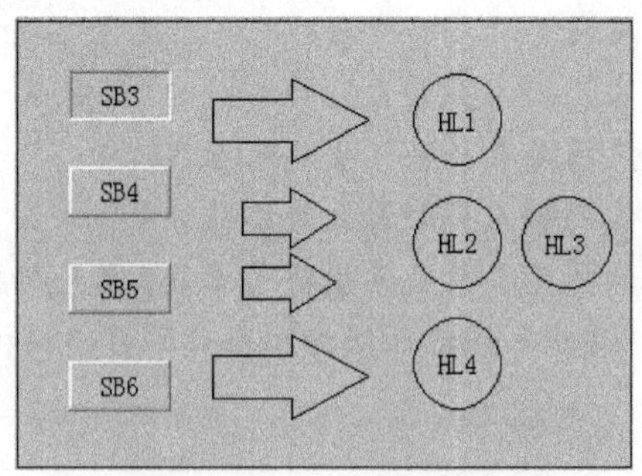

（a）初始画面或按下 SB3 按钮后的效果

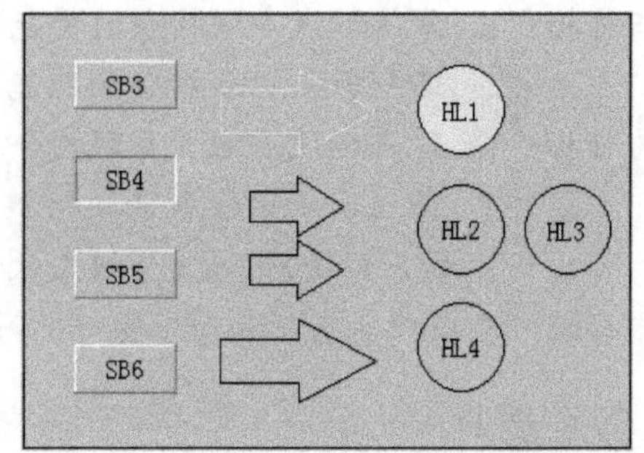

（b）按下 SB4 按钮后的效果

图 2-2-2　信号灯点亮控制组态工程画面

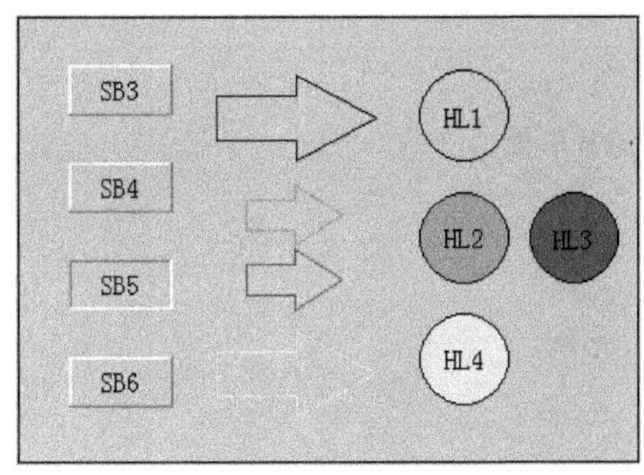

（c）按下 SB5 按钮后的效果

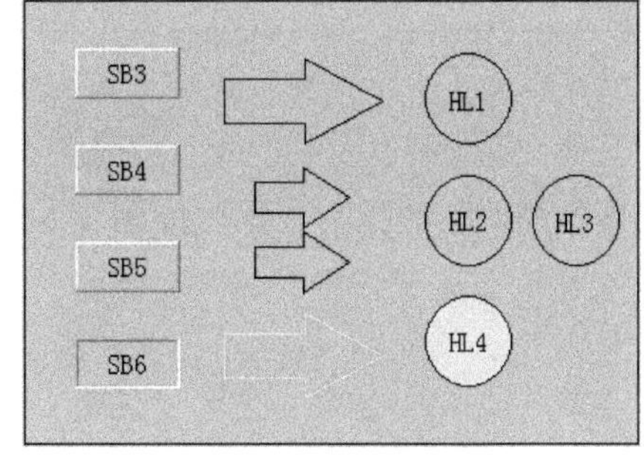

（d）按下 SB6 按钮后的效果

图 2-2-2　信号灯点亮控制组态工程画面（续）

一、触点串、并联指令的要素

触点串联指令包括与指令（AND）、与反指令（ANI）、上升沿检测串联连接指令（ANDP）及下降沿检测串联连接指令（ANDF），共四种。触点并联指令包括或指令（OR）、或非指令（ORI）、上升沿检测并联连接指令（ORP）及下降沿检测并联连接指令（ORF），共四种。触点串、并联指令和触点并联指令的使用要素见表 2-2-1。

表 2-2-1　触点串、并联指令的使用要素

梯 形 图	指令	功　能	操 作 元 件	程 序 步
	AND	串联一个常开触点	X、Y、M、S、T、C	1
	ANI	串联一个常闭触点	X、Y、M、S、T、C	1
	OR	并联一个常开触点	X、Y、M、S、T、C	1
	ORI	并联一个常闭触点	X、Y、M、S、T、C	1
	ANDP	上升沿检测串联连接	X、Y、M、S、T、C	2
	ANDF	下降沿检测串联连接	X、Y、M、S、T、C	2
	ORP	上升沿检测并联连接	X、Y、M、S、T、C	2
	ORF	下降沿检测并联连接	X、Y、M、S、T、C	2

二、触点串、并联指令的应用

1．与指令（AND）

与指令是常开触点串联连接指令，完成逻辑“与”运算。与指令梯形图用法示例如图 2-2-3 所示，图中的三个常开触点是串联关系。

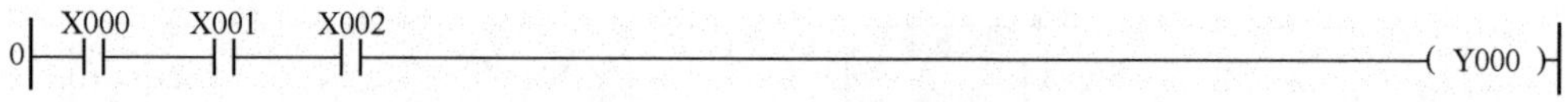

```
0  X000   X001   X002
 ─┤ ├────┤ ├────┤ ├──────────────( Y000 )
```

图 2-2-3　与指令的梯形图

梯形图程序对应的指令表程序如图 2-2-4 所示。

0	LD	X000
1	AND	X001
2	AND	X002
3	OUT	Y000

图 2-2-4　与指令的指令表

2．与反指令（ANI）

与反指令是与常闭触点串联连接的指令，完成逻辑“与非”运算。与反指令的梯形图用法示例如图 2-2-5 所示。

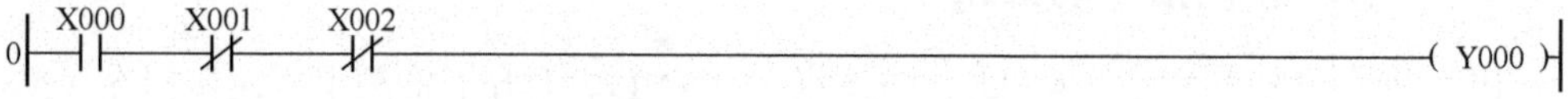

```
0  X000   X001   X002
 ─┤ ├────┤/├────┤/├──────────────( Y000 )
```

图 2-2-5　与反指令的梯形图

梯形图程序对应的指令表程序如图 2-2-6 所示。

0	LD	X000
1	ANI	X001
2	ANI	X002
3	OUT	Y000

图 2-2-6　与反指令的指令表

综上所述，与指令（AND）和与反指令（ANI）的区别在于，若串联常开触点则使用 AND 指令，若串联常闭触点则使用 ANI 指令。

3．或指令（OR）

这是一个常开触点并联连接指令，完成逻辑“或”运算。或指令的梯形图用法示例如图 2-2-7 所示。

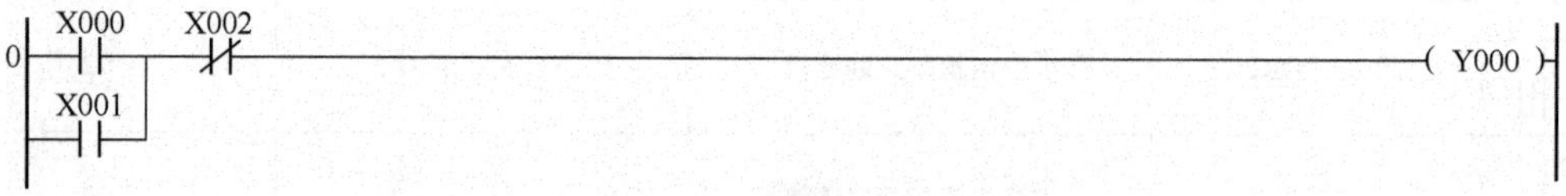

```
0  X000     X002
 ─┬┤ ├─┬───┤/├──────────────( Y000 )
  │X001│
  └┤ ├─┘
```

图 2-2-7　或指令的梯形图

梯形图程序对应的指令表程序如图 2-2-8 所示。

4．或非指令（ORI）

或非指令是与一个常闭触点并联连接的指令，完成逻辑“或非”运算。或非指令的梯形图用法示例如图 2-2-9 所示。

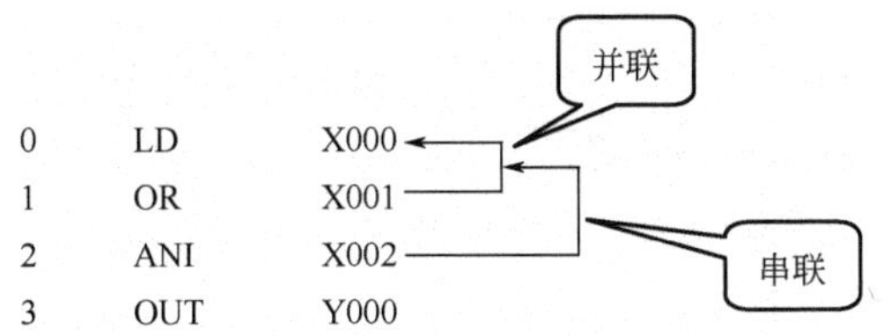

图 2-2-8 或指令的指令表

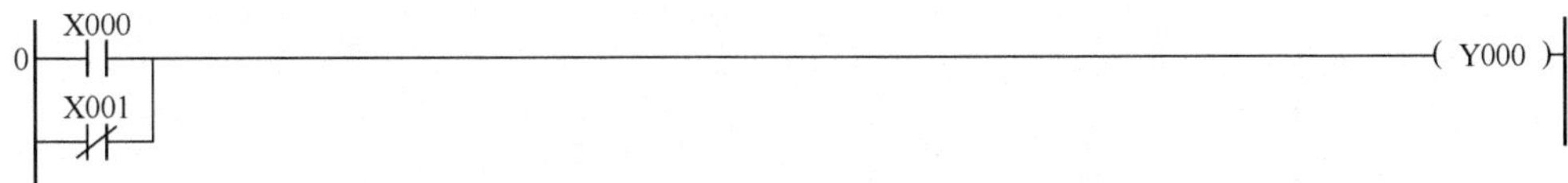

图 2-2-9 或非指令的梯形图

梯形图程序对应的指令表程序如图 2-2-10 所示。

0	LD	X000
1	ORI	X001
2	OUT	Y000

图 2-2-10 或非指令的指令表

综上所述，或指令（OR）与或非指令（ORI）的区别在于，若并联常开触点则使用 OR 指令，若并联常闭触点则使用 ORI 指令。

5．上升沿检测串联连接指令（ANDP）

ANDP 指令是上升沿检测的串联连接指令，仅在指定的位元件上升沿（OFF→ON 变化）时，接通一个扫描周期，操作的目标元件是 X、Y、M、S、T、C。上升沿检测的串联连接指令（ANDP）的梯形图示例如图 2-2-11 所示。

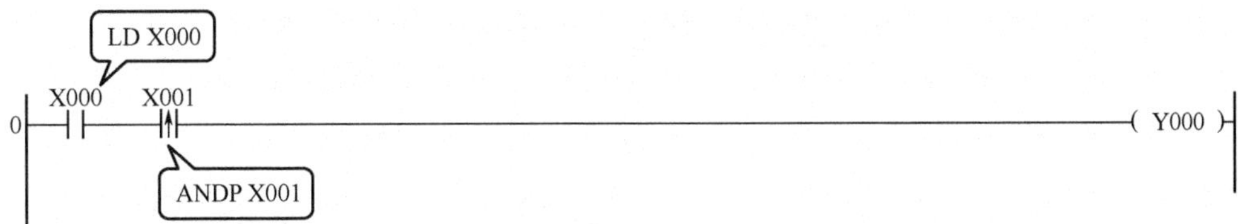

图 2-2-11 上升沿检测的串联连接指令的梯形图

上升沿检测的串联连接指令（ANDP）的指令表示例如图 2-2-12 所示。

0	LD	X000
1	ANDP	X001
3	OUT	Y000

图 2-2-12 上升沿检测的串联连接指令的指令表

该控制程序的动作时序图如图 2-2-13 所示。

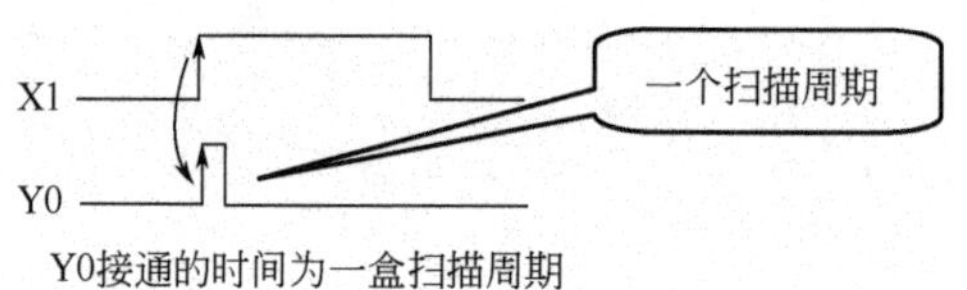

图 2-2-13　上升沿检测的串联连接指令的动作时序图

6．下降沿检测串联连接指令（ANDF）

ANDF 指令是下降沿检测的串联连接指令，仅在指定的位元件下降沿（ON→OFF 变化）时，接通一个扫描周期，操作的目标元件是 X、Y、M、S、T、C。下降沿检测的串联连接指令（ANDF）的梯形图示例如图 2-2-14 所示。

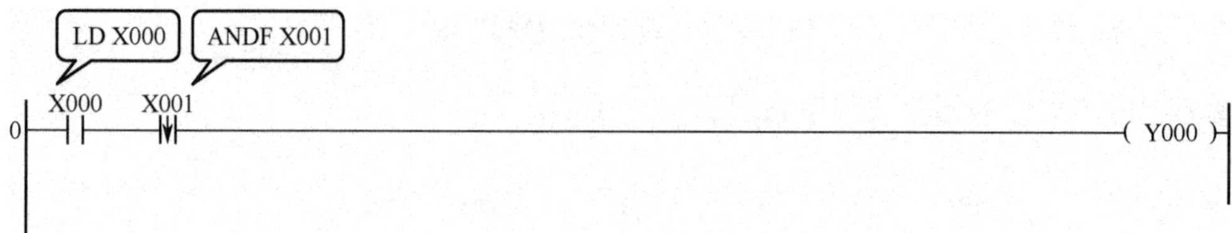

图 2-2-14　下降沿检测的串联连接指令的梯形图

梯形图程序对应的指令表程序如图 2-2-15 所示。

0	LD	X000
1	ANDF	X001
3	OUT	Y000

图 2-2-15　下降沿检测的串联连接指令的指令表

该控制程序的动作时序图如图 2-2-16 所示。

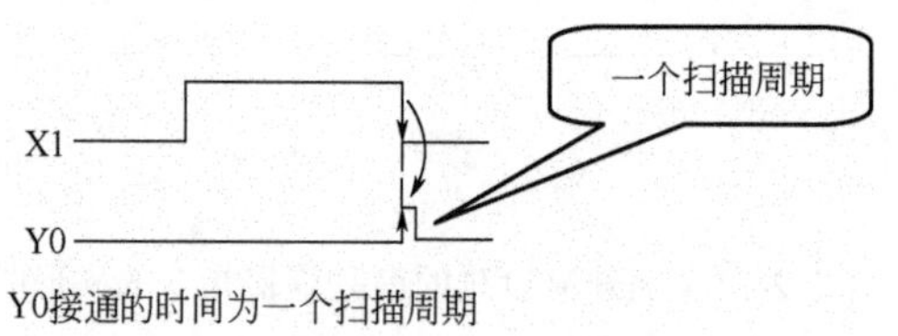

图 2-2-16　下降沿检测的串联连接指令的动作时序图

7．上升沿检测并联连接指令（ORP）

ORP 指令是上升沿检测的并联连接指令，仅在指定的位元件上升沿（OFF→ON 变化）时，接通一个扫描周期，操作的目标元件是 X、Y、M、S、T、C。上升沿检测的并联连接指令（ORP）的梯形图示例如图 2-2-17 所示。

梯形图程序对应的指令表程序如图 2-2-18 所示。

该控制程序的动作时序图如图 2-2-19 所示。

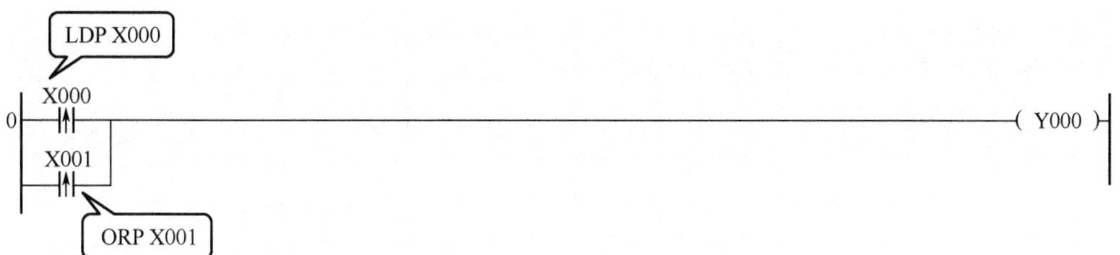

图 2-2-17　上升沿检测的并联连接指令的梯形图

0	LDP	X000
2	ORP	X001
4	OUT	Y000

图 2-2-18　上升沿检测的并联连接指令的指令表

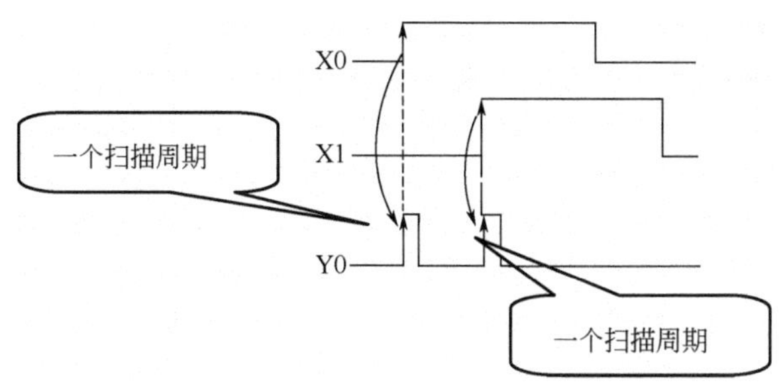

图 2-2-19　上升沿检测的并联连接指令的动作时序图

8. 下降沿检测并联连接指令（ORF）

ORF 指令是下降沿检测的并联连接指令，仅在指定的位元件下降沿（ON→OFF 变化）时，接通一个扫描周期，操作的目标元件是 X、Y、M、S、T、C。下降沿检测的并联连接指令（ORF）的梯形图示例如图 2-2-20 所示。

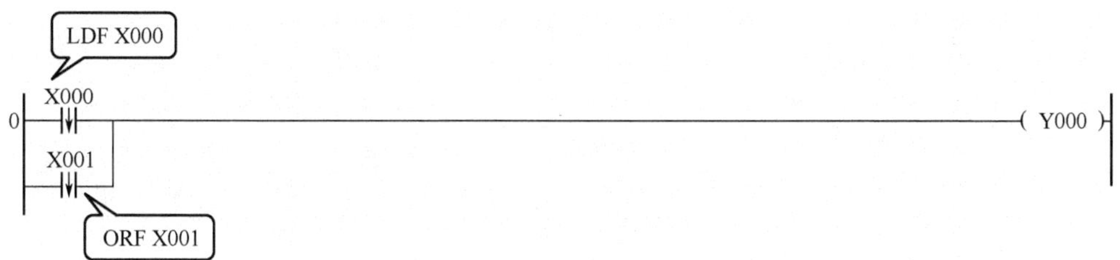

图 2-2-20　下降沿检测的并联连接指令的梯形图

梯形图程序对应的指令表程序如图 2-2-21 所示。

0	LDF	X000
2	ORF	X001
4	OUT	Y000

图 2-2-21　下降沿检测的并联连接指令的指令表

该控制程序的动作时序图如图 2-2-22 所示。

三、触点串联、并联指令的用法说明

（1）AND、ANI、ANDP、ANDF 都是单个触点串联连接的指令，串联次数没有限制，可反复使用。

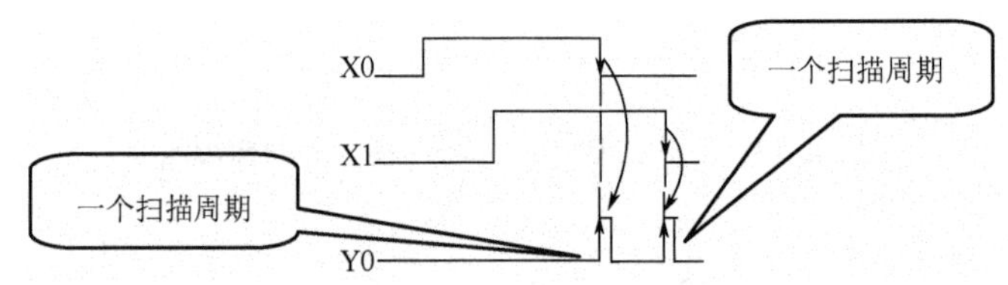

图 2-2-22 下降沿检测的并联连接指令的动作时序图

（2）OR、ORI、ORP、ORF 都是单个触点的并联指令，并联触点的左端接到 LD、LDI、LDP 或 LPF 处，右端与前一条指令对应触点的右端相连。触点并联指令连续使用的次数不限。

（3）AND、ANI、ANDP、ANDF、OR、ORI、ORP、ORF 指令可操作的元件为 X、Y、M、T、C 和 S。

任务实施

一、清点器材

对照表 2-2-2，清点信号灯控制电路所需的设备、工具及材料。

表 2-2-2 信号灯控制电路所需的设备、工具及材料

序号	名 称	型号	数量	作 用
1	PLC 模块	FX2N-48MR	1 块	控制灯的运行
2	按钮模块	专配	1 个	提供 DC 24V 电源、操作按钮及指示灯
4	安全插接导线	专配	若干	电路连接
6	扎带	ϕ120mm	若干	电路连接工艺
7	斜口钳或者剪刀	—	1 把	剪扎带
8	电源模块	专配	1 个	提供三相五线电源
9	计算机	安装有编程软件	1 台	用于编写、下载程序等
10	220V 电源连接线	专配	2 条	供按钮模块和 PLC 模块用

二、建立 I/O 分配表

根据控制要求，分析任务并编制输入/输出（I/O）分配表，见表 2-2-3。

表 2-2-3 输入/输出（I/O）分配表

输入			输出		
输入元件	功能作用	输入继电器	输出元件	控制对象	输出继电器
SB3	控制按钮	X0	HL1	信号指示灯 1	Y0
SB4	控制按钮	X1	HL2	信号指示灯 2	Y1
SB5	控制按钮	X2	HL3	信号指示灯 3	Y2
SB6	控制按钮	X3	HL4	信号指示灯 4	Y3

三、控制电路连接

1. 完成 PLC 输入电路的连接

按照接线要求，使用安全插接导线，完成 SB3、SB4、SB5、SB6 按钮与 PLC 模块的连接，信号指示灯控制电路的 PLC 输入电路连接示意图如图 2-2-23 所示。

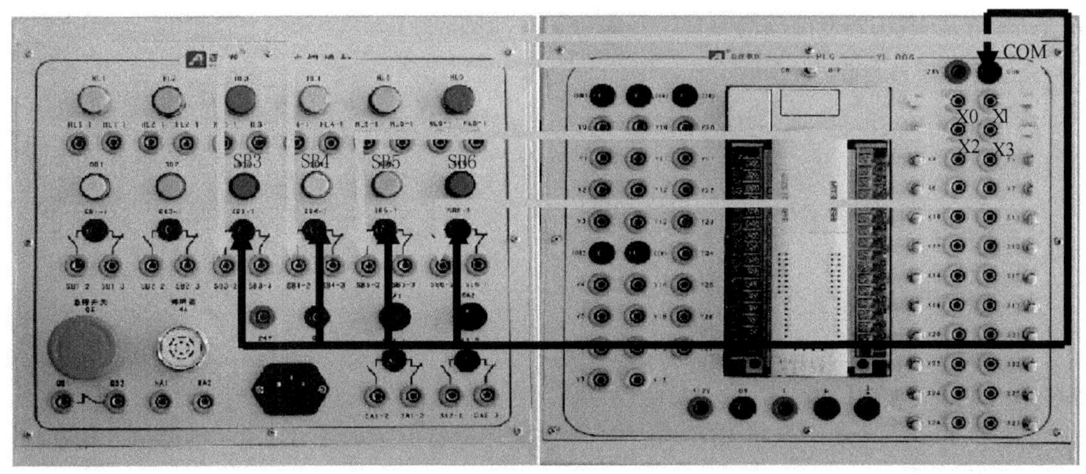

图 2-2-23 PLC 输入（按钮）电路连接示意图

2. 完成 PLC 输出电路的连接

按照接线要求，使用安全插接导线，完成指示灯与 PLC 的连接，按钮模块的指示灯与 PLC 连接示意图如图 2-2-24 所示。

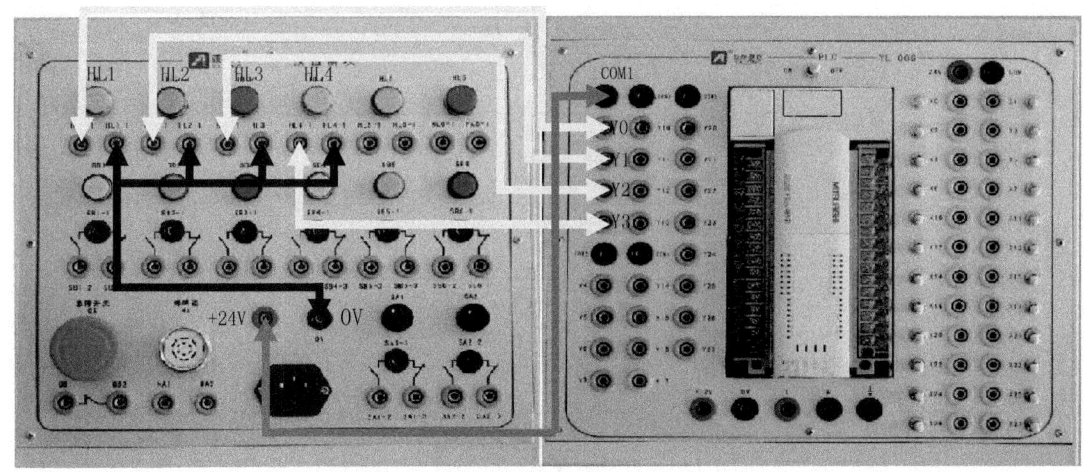

图 2-2-24 PLC 输出（指示灯）电路的连接示意图

3. 电路检测及工艺整理

电路安装结束后，一定要进行通电前的检查，保证电路连接正确，没有不符合工艺要求的现象。还要进行通电前的检测，确保电路中没有短路现象，否则通电后可能损坏设备。

在检查电路连接正确、无短路故障后，进行连接电路的工艺整理。

四、程序编写与下载

1．信号灯 HL1 的控制程序

按下按钮 SB4，信号灯 HL1 常亮，按下按钮 SB5，信号灯 HL1 灭。说明当 X1=1 时，Y0=1，且实现自锁，当 X2=1 时，Y0=0，可利用取指令、与非指令、或指令及输出指令编程实现控制功能，信号灯 HL1 的梯形图控制程序如图 2-2-25 所示。

2．信号灯 HL2 和 HL3 的控制程序

按下按钮 SB5，信号灯 HL2 、HL3 常亮，按下按钮 SB6 时，信号灯 HL2 、HL3 灭。说明当 X2=1 时，Y1=1，Y2=1，且实现自锁，当 X3=1 时，Y1=0，Y2=0。可利用取指令、与非指令、或指令及输出指令编程实现控制功能，信号灯 HL2、HL3 的梯形图控制程序如图 2-2-25 所示。

3．信号灯 HL4 的控制程序

任意按下按钮 SB5、SB6，信号灯 HL4 亮，任意按下一个按钮 SB3、SB4，信号灯 HL4 灭。说明当 X2=1 或 X3=1 时，Y3=1，且实现自锁，当 X0=1 或 X1=1 时，Y3=0。可利用取指令、与非指令、或指令及输出指令编程实现控制功能，信号灯 HL4、HL5、HL6 的梯形图控制程序如图 2-2-25 所示。

【注意】按钮 SB3 是自锁按钮，复位需要再次按下。

综上所述，信号灯常亮控制的梯形图程序如图 2-2-25 所示。

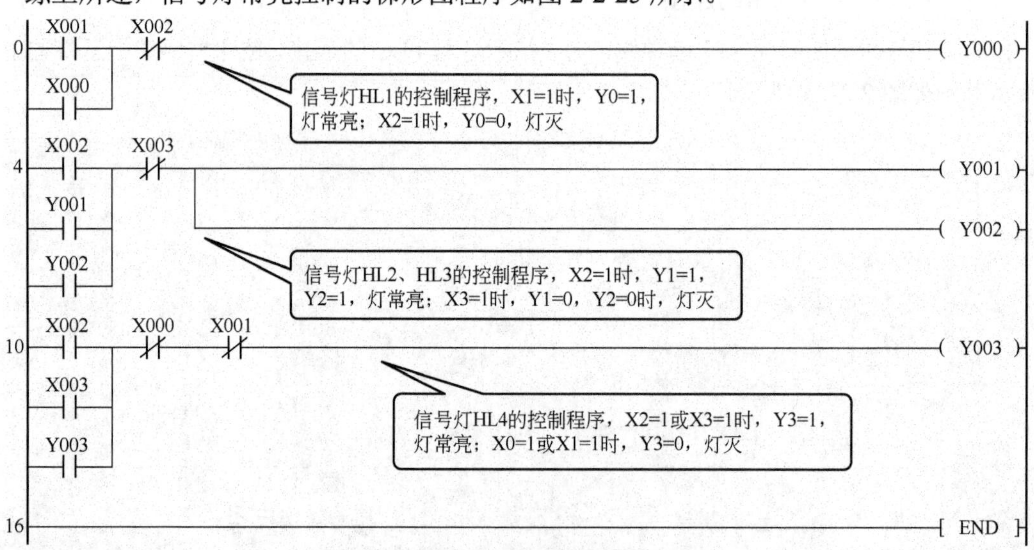

图 2-2-25　信号灯常亮控制的梯形图程序

信号灯点亮控制的指令表程序如图 2-2-26 所示。

五、建立触摸屏组态

1．新建工程，并进行硬件设备组态

请参照项目 1 任务 4 中的操作步骤新建工程，并进行硬件组态。

2．动画组态

（1）新建窗口。

请参照项目 2 任务 1 中的操作步骤新建窗口，并进行窗口属性设置。

（2）建立画面。

双击新建的“信号指示灯常亮控制”窗口，进入动画组态界面，参照项目 2 任务 1 中的操作步骤设置画面，如图 2-2-27 所示。

0	LD	X001
1	OR	Y000
2	ANI	X002
3	OUT	Y000
4	LD	X002
5	OR	Y001
6	OR	Y002
7	ANI	X003
8	OUT	Y001
9	OUT	Y002
10	LD	X002
11	OR	X003
12	OR	Y003
13	ANI	X000
14	ANI	X001
15	OUT	Y003
16	END	

图 2-2-26　信号灯点亮控制的指令表程序

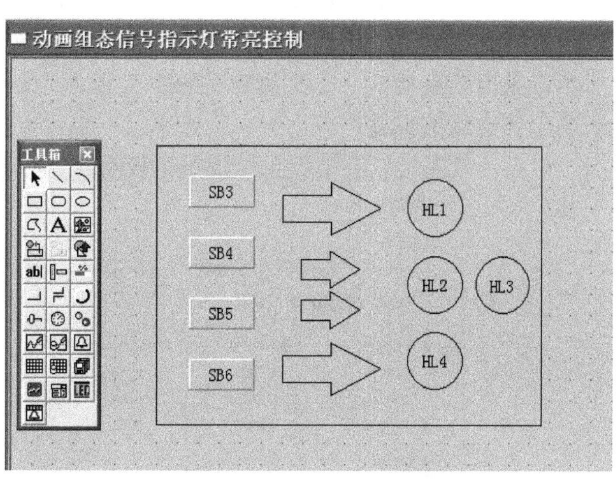

图 2-2-27　建立控制画面

（3）建立按钮的数据连接。

如图 2-2-28 所示为同位触点创建完成以后的梯形图程序。

```
    X001   X002   M2
0 ──┤├──┬──┤/├────┤/├──────────────────────────────( Y000 )
    M1  │
  ──┤├──┤
    Y000│
  ──┤├──┘
    X002   X003   M3
6 ──┤├──┬──┤/├────┤/├──┬───────────────────────────( Y001 )
    M2  │               │
  ──┤├──┤               └───────────────────────────( Y002 )
    Y001│
  ──┤├──┤
    Y002│
  ──┤├──┘
    X002   X000   M0     X001   M1
14──┤├──┬──┤/├────┤/├────┤/├────┤/├────────────────( Y003 )
    X003│
  ──┤├──┤
    M2  │
  ──┤├──┤
    M3  │
  ──┤├──┤
    Y003│
  ──┤├──┘
24─────────────────────────────────────────────────[ END ]
```

图 2-2-28　建立同位触点以后的 PLC 梯形图程序

程序编辑完成后，对程序进行转换、保存文件并完成 PLC 程序的写入操作。参照项目 2 任务 1 中的操作步骤设置按钮数据连接，SB3 对应 PLC 控制程序中的 M0，SB4 对应 PLC 控制程序中的 M1，SB5 对应 PLC 控制程序中的 M2，SB6 对应 PLC 控制程序中的 M3。

（4）建立图形的数据连接。

参照项目 2 任务 1 中的操作步骤设置图形数据连接。

（5）建立指示灯的标签。

单击工具箱中的“标签”工具，在界面上的圆形中拉出标签框。双击标签框，进入标签属性设置界面，设置“填充颜色”为没有填充，设置“边线颜色”为没有边线，如图 2-2-29（a）所示。单击扩展属性，在文本内容输入处输入 HL1，如图 2-2-29（b）所示。用该方法设置其余三个信号灯的标签。

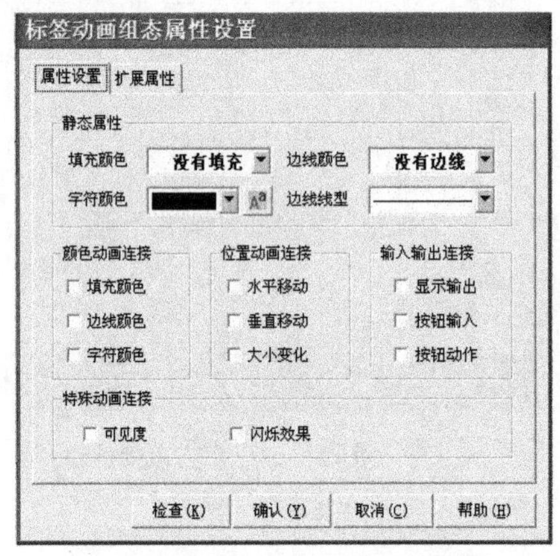

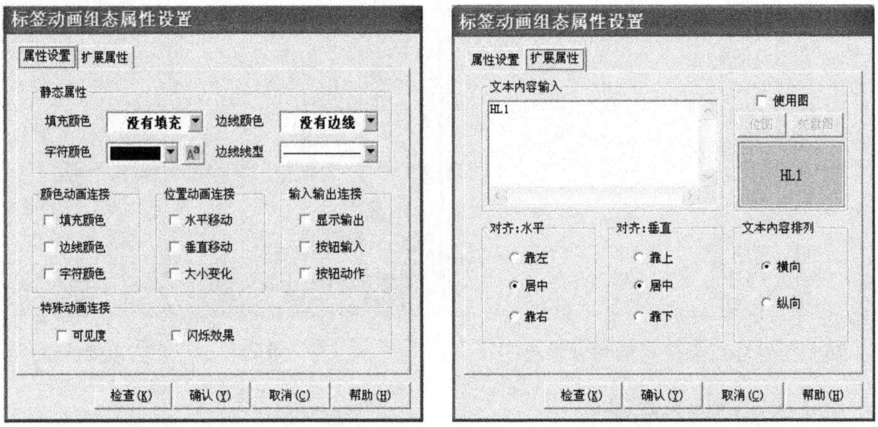

（a）在属性设置中设置无边线无填充颜色　　（b）设置文本内容

图 2-2-29　设置指示灯的标签属性

（6）建立符号。

单击工具箱中的“符号”工具，选择“细箭头”工具，在界面上的画出合适大小的箭头。双击箭头，进入动画组态属性设置界面，勾选“边线颜色”，如图 2-2-30（a）所示。进入“边线颜

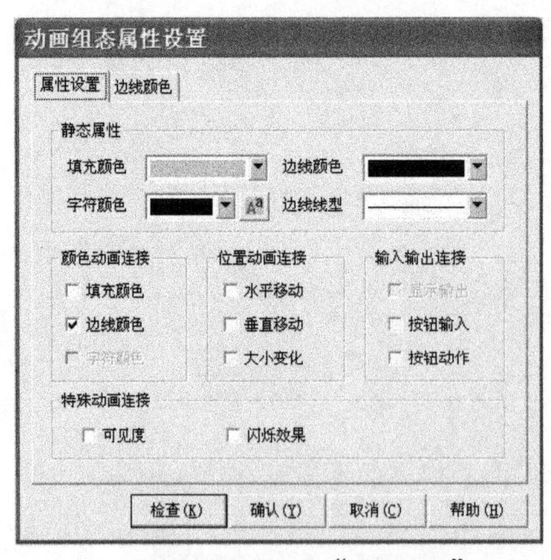

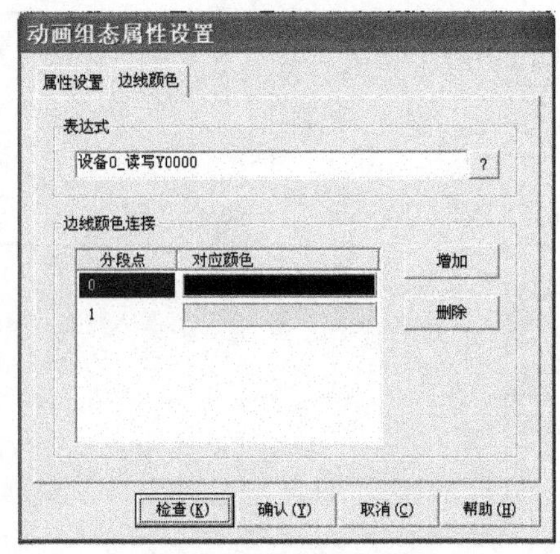

（a）在属性设置中勾选“边线颜色”　　（b）设置分段点对应的颜色

图 2-2-30　设置指示灯的标签属性

色”设置窗口，在该窗口中将 0 分段点对应的颜色设为黑色，代表 HL1 灯灭时的颜色，将 1 分段点对应的颜色设置为黄色，代表 HL1 灯亮时的颜色，如图 2-2-30（b）所示。用相同的方法设置其余三个信号灯的填充颜色，信号灯灭时均显示为黑色，灯亮时显示的颜色与设备上按钮指示灯模块上的四个信号指示灯的颜色相对应。

全部设置完成以后保存工程，并将工程下载到触摸屏中，调试并查看控制效果。

六、运行调试

按照表 2-2-4 进行操作，观察系统运行情况并做好记录。如出现故障，应立即切断电源，分析原因、检查电路或梯形图，排除故障后，方可进行重新调试，直到系统功能符合控制要求为止。

表 2-2-4　设备调试记录表

步骤	调试流程	正确现象	观察结果及解决措施
1	初始状态	按钮模块及触摸屏上的按钮均没有按下时，按钮模块上的灯 HL1、HL2、HL3、HL4 灭，触摸屏上指示灯对应的图形均为银色，指示灯标签显示黑色，箭头符号边线为黑色	
2	按下按钮模块或触摸屏上的 SB4 按钮	按钮模块上的灯 HL1 亮，其余灯灭，触摸屏上的图形效果和箭头符号效果同步显示	
3	按下按钮模块或触摸屏上的 SB5 按钮	按钮模块上的灯 HL2、HL3、HL4 亮，HL1 灯灭，触摸屏上的图形效果和箭头符号效果同步显示	
4	按下按钮模块或触摸屏上的 SB6 按钮	按钮模块上的灯 HL4 亮，其余灯灭，触摸屏上的图形效果和箭头符号效果同步显示	
5	按下按钮模块或触摸屏上的 SB3 按钮	按钮模块上的灯全灭，触摸屏上的图形效果和箭头符号效果同步显示	
6	再次按下按钮模块或触摸屏上的 SB3 按钮	按钮模块上的灯全灭，触摸屏上的图形效果和箭头符号效果同步显示	

任务评价

对任务实施的完成情况进行检查，并将结果填入表 2-2-5 内。

表 2-2-5　任务测评表

序号	主要内容	考核要求	评分标准	配分	扣分	得分
1	控制电路的连接	根据任务要求，连接控制电路	1．不能正确连接指示灯扣 5 分 2．不能正确连接按钮扣 5 分 3．不能正确连接 PLC 供电回路扣 10 分 4．不能正确连接 PLC、触摸屏通信电缆扣 10 分	20		
2	编写控制程序	根据任务要求，编写控制程序	四个信号指示灯不能按要求点亮，每出现一次扣 10 分，共 40 分，扣完为止	40		
3	触摸屏组态	根据任务要求，进行触摸屏组态	1．硬件组态正确得 5 分，错误不得分 2．画面设计完成得 5 分，没有完成不得分 3．触摸屏画面中的按钮与模块上的按钮控制效果相同得 5 分，不正确或部分正确不得分 4．触摸屏画面中的图形颜色填充与模块上的信号指示灯效果同步得 5 分，不同步或部分同步不得分	30		

续表

序号	主要内容	考核要求	评分标准	配分	扣分	得分
4	安全文明生产	遵守操作规程；尊重考评员，讲文明礼貌；考试结束要清理现场	1. 考试中，违反安全文明生产考核要求的任何一项扣2分，扣完为止 2. 当教师发现学生有重大事故隐患时，要立即予以制止，并每次扣安全文明生产分5分 3. 小组协作不和谐、效率低扣5分	10		
合　计				100		
开始时间：			结束时间：			
学习者姓名：			指导教师：	任务实施日期：		

任务3　多个按钮组合控制信号指示灯

任务目标

知识目标：1. 掌握电路块或操作指令（ORB）的功能及用法。

2. 掌握电路块与操作指令（ANB）的功能及用法。

能力目标：1. 根据任务要求，正确选用电器元件。

2. 能正确连接电路，编写控制程序。

3. 能正确使用电路块或操作指令、电路块与操作指令编写程序。

4. 能正确使用MCGS组态软件中的插入元件工具及标签等基本工具，建立组态画面，并进行数据连接。

素质目标：养成独立思考和动手操作的习惯，培养小组协调能力和合作学习的精神。

任务呈现

如图2-3-1所示为多个按钮组合控制信号灯的PLC控制电路图。

（1）利用YL-235A光机电一体化实训设备上的按钮与指示灯模块、PLC模块，或者利用同类型的其他PLC实训设备，完成多个按钮组合控制信号灯控制电路的连接。

（2）根据下面的要求，编写控制程序，并将程序下载到PLC中，调试该控制系统，使之符合控制要求。

① 信号灯HL1的点亮条件为：当按钮SB1、SB2、SB5都接通时，灯HL1亮，或者SB3、SB5都接通且SB4断开时，灯HL1亮，这两个条件满足任意一个，灯HL1亮。

② 信号灯HL2的点亮条件为：当同时满足以下三个条件时灯HL2亮。

- 按钮SB1或SB2接通；
- 按钮SB3或SB4接通；
- 按钮SB5或SB6接通；

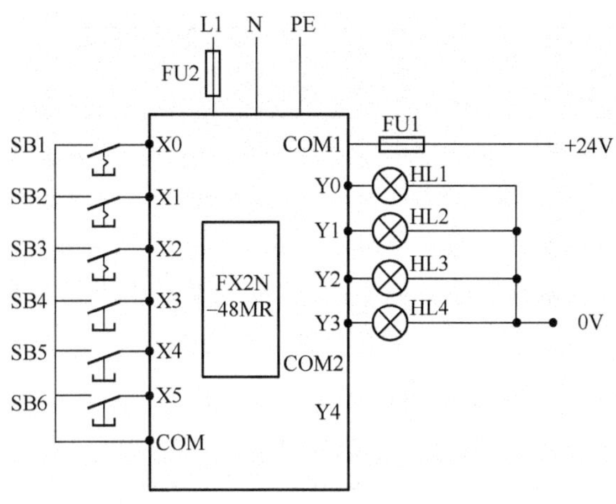

图 2-3-1 多个按钮组合控制信号灯控制电路图

③ 信号灯 HL3 的点亮条件为：当 SB1、SB2、SB3 三个按钮中只有一个接通，并且 SB4、SB5 两个按钮中也只有一个接通时，信号灯 HL3 亮，不满足该条件则 HL3 灭。

④ HL1、HL2、HL3 三个信号灯至少有一个点亮时，灯 HL4 亮。

（3）完成 PLC 程序调试并符合控制要求后，运用 MCGS 组态软件，建立如图 2-3-2 所示的组态工程画面，并将组态工程下载到触摸屏中，在触摸屏画面上对按钮及指示灯的状态进行监控。用标签显示按钮的状态，当松开按钮时，标签显示为“按钮断开”，并用红色填充标签，当接通按钮时，标签显示为“按钮接通”，并用绿色填充标签。利用工具箱中的“插入元件”工具插入如图 2-3-2 所示的信号指示灯，当灯灭时显示为红色，灯亮时显示为绿色。

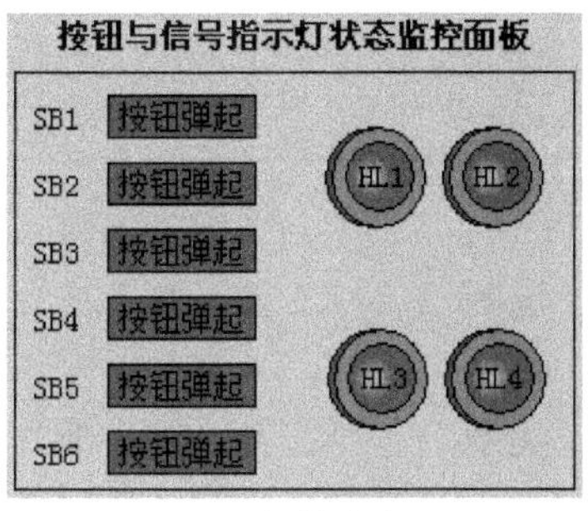

（a）初始画面

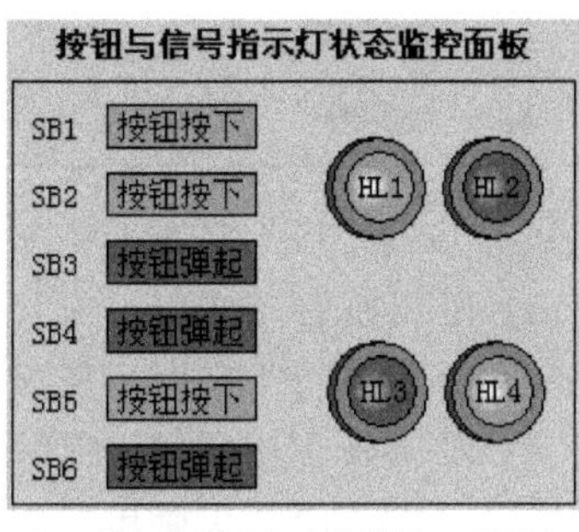

（b）按钮接通及灯亮的效果（示例）

图2-3-2 多个按钮组合控制信号灯触摸屏监控画面

知识解析

一、电路块“或”操作指令（ORB）

在梯形图中，当出现电路块与电路块并联的情况时，就要使用电路块“或”操作指令——ORB 指令。

1. 电路块“或”操作指令的使用要素

电路块“或”操作指令的使用要素见表 2-3-1。

表 2-3-1　电路块“或”操作指令的使用要素

梯形图	指令	功　能	操 作 元 件	程 序 步
	ORB	串联电路块的并联	Y、M、S、T、C	1

电路块或操作又称串联电路的并联连接，其梯形图是一个由多个触点串联构成一条支路，一系列这样的支路再互相并联构成的复杂电路。电路块或操作的指令表是在两个与逻辑的语句后面用操作码“ORB”连接起来，表示上面两个与逻辑之间是“或”的关系。

2．电路块“或”操作指令的应用示例

【例 2-1】按钮 SB1 和 SB2 都接通时，信号灯 HL1 亮，或者按钮 SB3 和 SB4 都接通，信号灯 HL1 也亮，两个条件任意满足一个或者两个条件均满足时，信号灯 HL1 亮，若两个条件均不满足时，HL1 灭。

（1）建立 I/O 分配表。

根据控制要求，分析任务并编制输入/输出（I/O）分配表，见表 2-3-2。

表 2-3-2　输入/输出（I/O）分配表

输　入			输　出		
输入元件	功能作用	输入继电器	输出元件	控制对象	输出继电器
SB1	控制按钮	X0	HL1	信号指示灯1	Y0
SB2	控制按钮	X1			
SB3	控制按钮	X2			
SB4	控制按钮	X3			

（2）案例分析。

① 按钮 SB1 和 SB2 都接通时，信号灯 HL1 亮，说明 X0、X1 是“与”的关系，表现在电路形式上为串联，X0 与 X1 串联后形成电路块 A。

② 按钮 SB3 和 SB4 都接通时，信号灯 HL1 亮，说明 X2、X3 是“与”的关系，表现在电路形式上为串联，X2 与 X3 串联后形成电路块 B。

③ 电路块 A 和电路块 B 任意接通一个或两个都接通时，信号灯 HL1 亮，说明两个电路块为“或”的关系，表现在电路形式上为并联。

（3）编写控制程序。

根据案例分析，编写梯形图程序如图 2-3-3 所示。

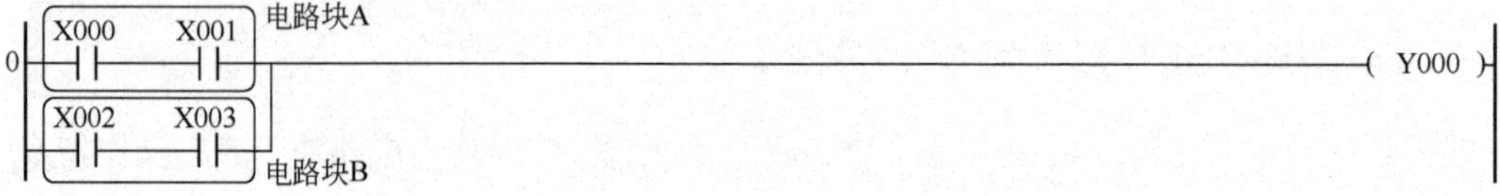

图 2-3-3　电路块“或”操作指令（ORB）的梯形图

该梯形图程序对应的指令表程序如图 2-3-4 所示。

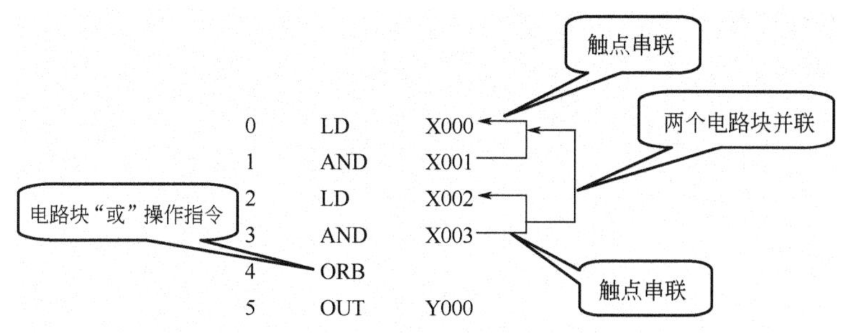

图 2-3-4 电路块“或”操作指令（ORB）的指令表

【例 2-2】SB1 和 SB2 两个控制按钮只有一个接通时，蜂鸣器 HA1 开始鸣响，若两个控制按钮均断开或者两个按钮都接通时，蜂鸣器 HA1 停止鸣响。

（1）建立 I/O 分配表。

根据控制要求，分析任务并编制输入/输出（I/O）分配表，见表 2-3-3。

表 2-3-3 输入/输出（I/O）分配表

输 入			输 出		
输入元件	功能作用	输入继电器	输出元件	控制对象	输出继电器
SB1	控制按钮	X0	HA1	蜂鸣器	Y0
SB2	控制按钮	X1			

（2）案例分析。

根据控制要求，用数字 1 代表按钮接通或蜂鸣器鸣响，用数字 0 代表按钮断开或蜂鸣器停止鸣响，分析任务并做出控制真值表，见表 2-3-4。

表 2-3-4 控制真值表

序号	输 入		输 出	控制描述
	X0	X1	Y0	
1	0	0	0	SB1、SB2两个按钮均断开时，蜂鸣器停止
2	0	1	1	SB1断开并且SB2接通时，蜂鸣器鸣响
3	1	0	1	SB1接通并且SB2断开时，蜂鸣器鸣响
4	1	1	0	SB1、SB2两个按钮均接通时，蜂鸣器停止

根据表 2-3-4 所列的控制真值表可知，在蜂鸣器的控制过程中，有两种情况可以使蜂鸣器鸣响，这两种情况任意满足一种即可使蜂鸣器鸣响，因此这两种情况在电路上的表现形式为电路块的并联。

（3）编写控制程序。

梯形图程序如图 2-3-5 所示。

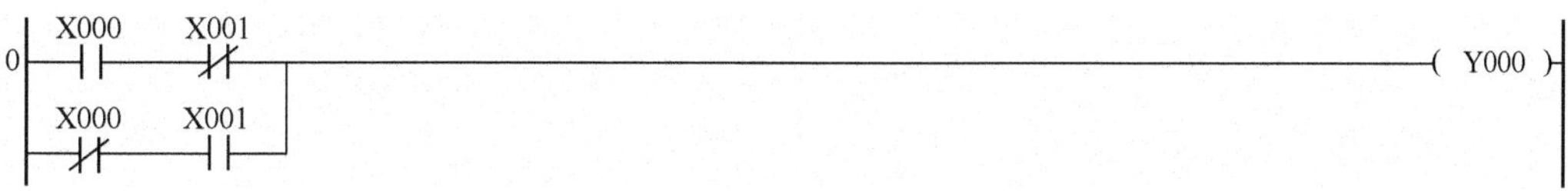

图 2-3-5 电路块“或”操作指令（ORB）的梯形图

该梯形图程序对应的指令表程序如图 2-3-6 所示。

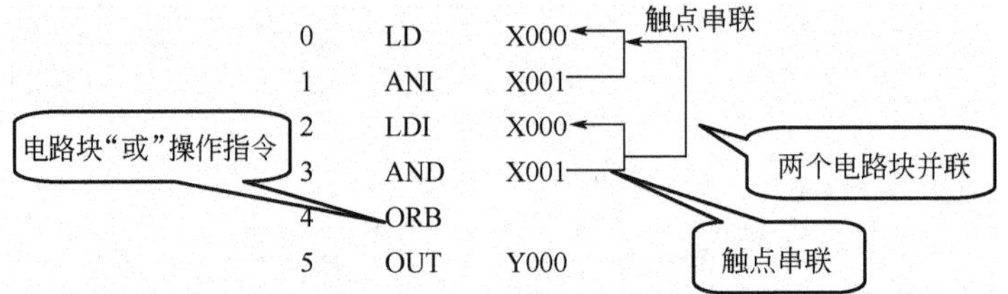

图 2-3-6　电路块“或”操作指令（ORB）的指令表

3．电路块“或”操作指令的用法说明

（1）几个串联电路块并联连接时，每个串联电路块开始时应该用 LD 或 LDI 指令。

（2）有多个电路块并联回路，如对每个电路块使用 ORB 指令，则并联的电路块数量没有限制。

（3）ORB 指令也可以连续使用，但这种程序写法不推荐使用，LD 或 LDI 指令的使用次数不得超过 8 次，也就是 ORB 只能连续使用 8 次以下。

（4）单个触点与前面电路并联时不能用电路块“或”操作指令（图 2-3-7）。

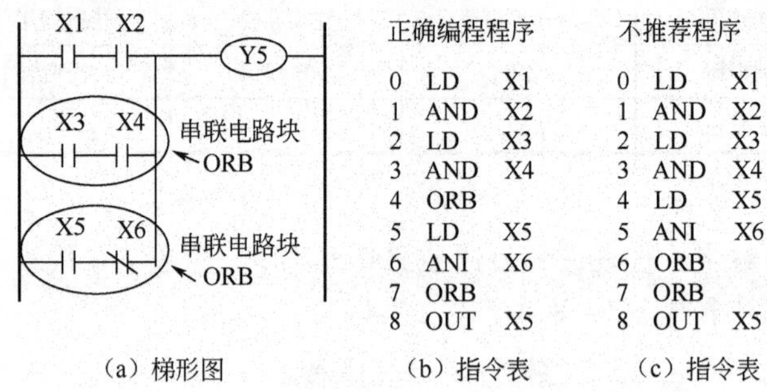

图 2-3-7　电路块“或”操作指令用法说明

二、电路块“与”操作指令（ANB）

在梯形图中，当出现电路块与电路块串联的情况时，就要使用电路块“与”操作指令——ANB 指令。

电路块“与”操作指令的使用要素见表 2-3-5。

表 2-3-5　电路块“与”操作指令的使用要素

梯形图	指令	功　能	操 作 元 件	程 序 步
	ANB	并联电路块的串联	Y、M、S、T、C	1

电路块与操作又称并联电路的串联连接，其梯形图是一个由多个触点并联构成一个局部电路，一系列这样的局部电路再互相串联构成的复杂电路。电路块与操作的指令表是在两个或逻辑的语句后面用操作码“ANB”连接起来的，表示上面两个或逻辑之间是“与”的关系。

三、电路块"与"操作指令的应用示例

【例 2-3】当按钮 SB1 或 SB2 接通，并且 SB3 或 SB4 接通时，信号灯 HL2 亮，两个条件均满足时，信号灯 HL2 亮，若两个条件只满足一个或者两个都不满足时，HL2 灭。

（1）建立 I/O 分配表。

根据控制要求，分析任务并编制输入/输出（I/O）分配表，见表 2-3-6。

表 2-3-6 输入/输出（I/O）分配表

输入			输出		
输入元件	功能作用	输入继电器	输出元件	控制对象	输出继电器
SB1	控制按钮	X0	HL2	信号指示灯2	Y1
SB2	控制按钮	X1			
SB3	控制按钮	X2			
SB4	控制按钮	X3			

（2）案例分析。

① 电路块 A：SB1 和 SB2 两个按钮至少接通一个，是信号灯 HL2 亮的必要条件之一，至少接通一个的意思是 SB1 和 SB2 两个按钮接通一个也可以，接通两个也可以。说明 X0、X1 是"或"的关系，表现在电路形式上为并联，X0 与 X1 并联后形成电路块 A。

② 电路块 B：SB3 和 SB4 两个按钮至少接通一个，是信号灯 HL2 亮的必要条件之一，说明 X2、X3 是"或"的关系，表现在电路形式上为并联，X2 与 X3 并联后形成电路块 B。

③ 电路块 A 和电路块 B 必须都接通，信号灯 HL2 亮，说明两个电路块为"与"的关系，表现在电路形式上为串联。

（3）编写控制程序。

根据案例分析，编写梯形图程序如图 2-3-8 所示。

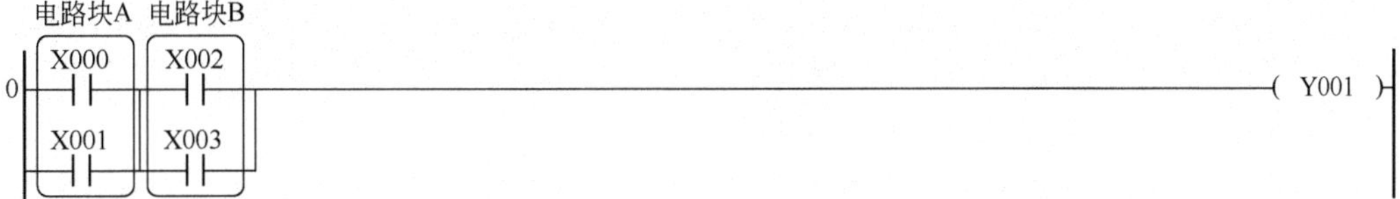

图 2-3-8 电路块"与"操作指令（ANB）的梯形图

该梯形图程序对应的指令表程序如图 2-3-9 所示。

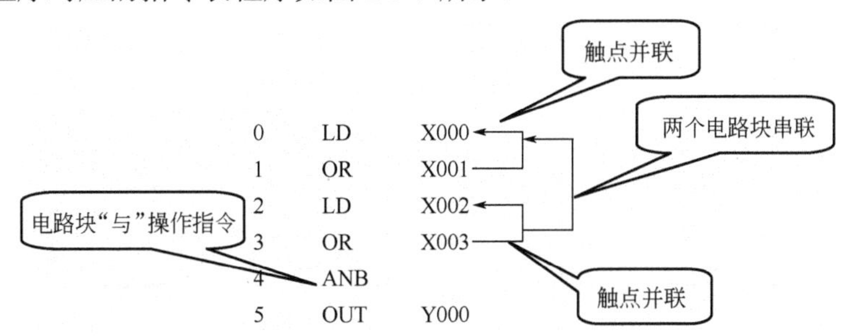

图 2-3-9 电路块"与"操作指令（ANB）的指令表

【例 2-4】SB1 和 SB2 两个控制按钮只有一个接通，并且 SB3 或 SB4 接通时，蜂鸣器 HA2 开始鸣响，若两个条件中有一个不满足或者两个都不满足时，蜂鸣器 HA2 停止鸣响。

（1）建立 I/O 分配表。

根据控制要求，分析任务并编制输入/输出（I/O）分配表，见表 2-3-7。

表 2-3-7　输入/输出（I/O）分配表

输　入			输　出		
输入元件	功能作用	输入继电器	输出元件	控制对象	输出继电器
SB1	控制按钮	X0	HA2	蜂鸣器	Y1
SB2	控制按钮	X1			
SB3	控制按钮	X2			
SB4	控制按钮	X3			

（2）案例分析。

根据控制要求，分析任务如下。

① 用数字 1 代表按钮接通或条件 1 成立，用数字 0 代表按钮断开或条件 1 不成立，分析任务并做出条件 1 的控制真值表，见表 2-3-8。

表 2-3-8　条件 1 控制真值表

序号	输入		条件1	控制描述
	X0	X1	M02	
1	0	0	0	SB1、SB2两个按钮均断开时，条件1不成立
2	0	1	1	SB1断开并且SB2接通时，条件1成立
3	1	0	1	SB1接通并且SB2断开时，条件1成立
4	1	1	0	SB1、SB2两个按钮均接通时，条件1不成立

根据表 2-3-8 所列的控制真值表可知，在条件 1 的控制过程中，有两种情况可以使得条件 1 成立，这两种情况任意满足一种即可使条件 1 成立，因此这两种情况在电路上的表现形式为电路块的并联，用辅助继电器 M0 代表条件 1。

② 用数字 1 代表按钮接通或条件 2 成立，用数字 0 代表按钮断开或条件 2 不成立，分析任务并做出条件 2 的控制真值表，见表 2-3-9。

表 2-3-9　条件 2 控制真值表

序号	输入		条件2	控制描述
	X2	X3	M1	
1	0	0	0	SB3、SB4两个按钮均断开时，条件2不成立
2	0	1	1	SB3断开并且SB4接通时，条件2成立
3	1	0	1	SB3接通并且SB4断开时，条件2成立
4	1	1	1	SB3、SB4两个按钮均接通时，条件2成立

根据表 2-3-9 所列的控制真值表可知，在条件 2 的控制过程中，有三种情况可以使得条件 2 成立，这三种情况满足任意一种即可使条件 2 成立，因此这三种情况在电路上的表现形式为

电路块的并联，用辅助继电器 M1 来表示条件二，则：$M1=\overline{X2}X3+X2\overline{X3}+X2X3=X2+X3$，即条件二在逻辑上的表现形式为 X2、X3 相或，在电路上的表现形式为 X2 常开触点和 X3 常开触点并联。

③ 若两个条件都满足时，蜂鸣器 HA2 鸣响，若两个条件中有一个不满足或者两个都不满足时，蜂鸣器 HA2 停止鸣响。说明条件一和条件二在逻辑上的表现形式为相与，在电路上的表现形式为串联。

（3）编写控制程序。

方法一：用辅助继电器编程

根据案例分析，用 0 代表常闭触点，用 1 代表常开触点，编写梯形图程序如图 2-3-10 所示。

图 2-3-10　利用辅助继电器编程的梯形图程序

该梯形图程序对应的指令表程序如图 2-3-11 所示。

0	LD	X000
1	ANI	X001
2	LDI	X000
3	AND	X001
4	ORB	
5	OUT	M0
6	LD	X002
7	OR	X003
8	OUT	M1
9	LD	M0
10	AND	M1
11	OUT	Y001

图 2-3-11　利用辅助继电器编程的指令表程序

方法二：利用电路块“与”操作指令 ANB 编程。

如图 2-3-12 所示的梯形图程序中，可以利用电路块“与”操作指令 ANB 将条件一和条件二直接串联起来，省去辅助继电器 M0 和 M1。

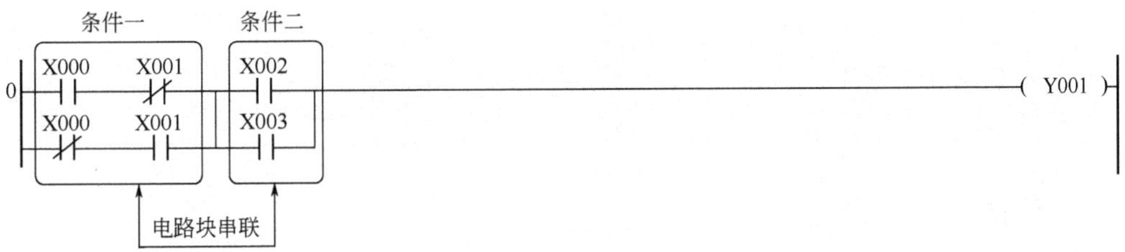

图 2-3-12　利用电路块“与”操作指令 ANB 编程的梯形图程序

该梯形图程序对应的指令表程序如图 2-3-13 所示。

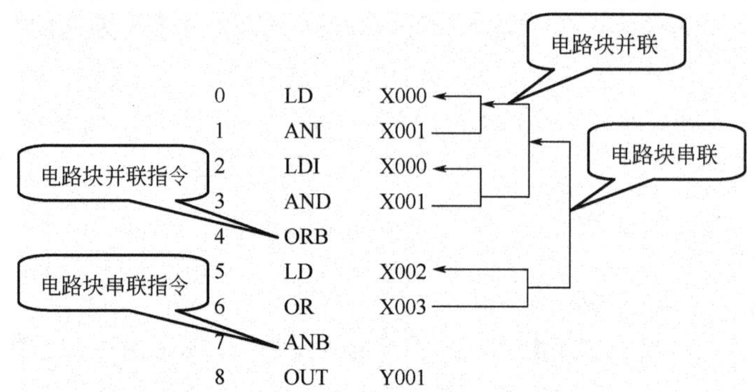

图 2-3-13　利用电路块“与”操作指令 ANB 编程的指令表程序

3. 电路块“与”操作指令的用法说明

（1）并联电路块串联连接时，并联电路块的开始均用 LD 或 LDI 指令。

（2）多个并联回路块连接按顺序和前面的回路串联时，ANB 指令的使用次数没有限制。也可连续使用 ANB，但与 ORB 一样，使用次数在 8 次以下。

（3）应注意 ANB 指令与 AND 指令之间的区别，能不用 ANB 指令时，尽量不用。

（4）单个触点与前面电路串联时不能用电路块“与”操作指令。

任务实施

一、清点器材

对照表 2-3-10，清点信号灯控制电路所需的设备、工具及材料

表 2-3-10　信号灯控制电路所需的设备、工具及材料

序号	名　称	型号	数量	作　　用
1	PLC 模块	FX2N-48MR	1 块	控制灯的运行
2	按钮与指示灯模块	专配	1 个	提供 DC 24V 电源、操作按钮及指示灯
4	安全插接导线	专配	若干	电路连接
6	扎带	ϕ120mm	若干	电路连接工艺
7	斜口钳或者剪刀	—	1 把	剪扎带
8	电源模块	专配	1 个	提供三相五线电源
9	计算机	安装有编程软件	1 台	用于编写、下载程序等
10	220V 电源连接线	专配	2 条	供按钮模块和 PLC 模块用

二、建立 I/O 分配表

根据控制要求，分析任务并编制输入/输出（I/O）分配表，见表 2-3-11。

表 2-3-11 输入/输出（I/O）分配表

输入			输出		
输入元件	功能作用	输入继电器	输出元件	控制对象	输出继电器
SB1	控制按钮	X0	HL1	信号指示灯1	Y0
SB2	控制按钮	X1	HL2	信号指示灯2	Y1
SB3	控制按钮	X2	HL3	信号指示灯3	Y2
SB4	控制按钮	X3	HL4	信号指示灯4	Y3
SB5	控制按钮	X4			
SB6	控制按钮	X5			

三、控制电路连接

1. 完成 PLC 输入电路的连接

按照接线要求，使用安全插接导线，完成 SB1～SB6 按钮与 PLC 模块的连接，连接示意图如图 2-3-14 所示。

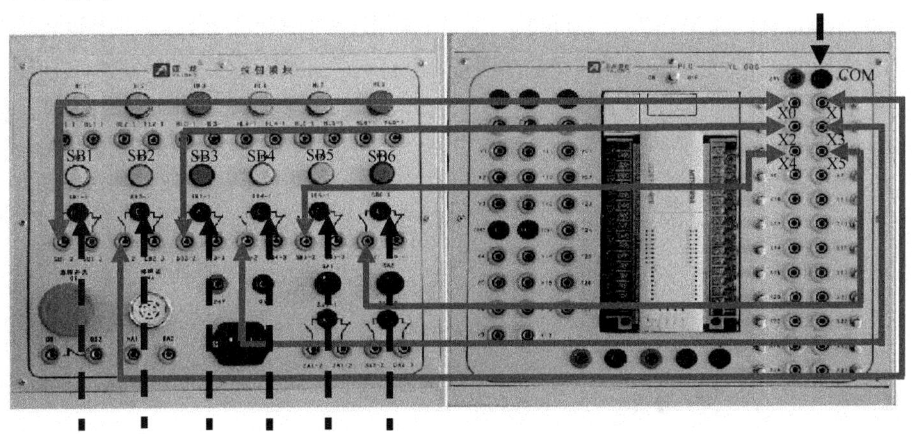

图 2-3-14 PLC 输入电路的连接示意图

2. 完成 PLC 输出电路的连接

按照给定电路和接线要求，在断开电源设备电源的情况下，进行指示灯与 PLC 的连接，连接示意图如图 2-3-15 所示。

3. 电路检测及工艺整理

电路安装结束后，一定要进行通电前的检查，保证电路连接正确，没有不符合工艺要求的现象。还要进行通电前的检测，确保电路中没有短路现象，否则通电后可能损坏设备。在检查电路连接正确、无短路故障后，进行控制电路的工艺整理。

四、程序编写与下载

1. 信号灯 HL1 的控制程序

分析控制要求可知，使 Y000=1 的条件有两个，这两个条件满足任意一个即可使 Y000=1

成立，因此这两个条件为“或”的关系，可利用电路块并联指令实现控制程序。

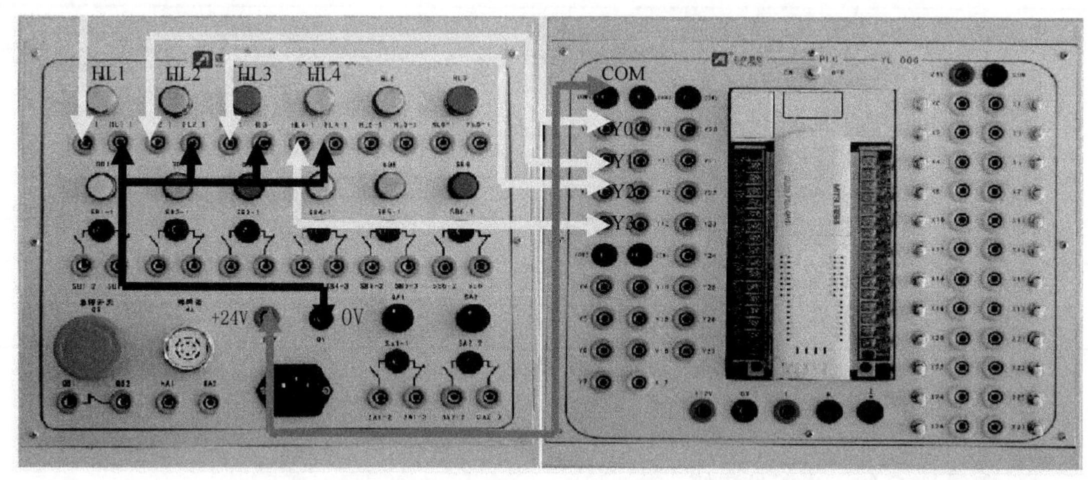

图 2-3-15　PLC 输出电路的连接示意图

条件 1：X000=1，X001=1，X004=1，这几个触点为“与”关系，程序中表现为串联。

条件 2：X002=1，X003=0，X004=1，这三个触点为“与”关系，程序中表现为串联。

由于两个条件中都必须满足 X004=1，所以 X004=1 可以串联在总电路中，作为公共条件，编写程序时，值为 1 的条件用常开触点表示，值为 0 的条件用常闭触点表示，控制程序如图 2-3-16 所示。

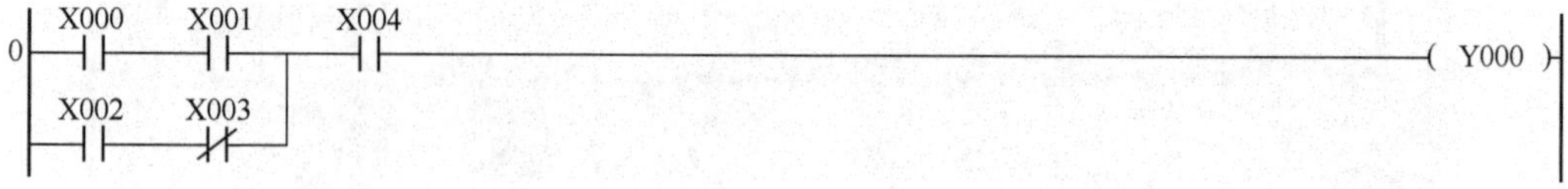

```
   X000    X001      X004
0 ─┤├──────┤├──┬─────┤├──────────────────────( Y000 )
   X002    X003│
  ─┤├──────┤/├─┘
```

图 2-3-16　信号灯 HL1 的控制程序

2．信号灯 HL2 的控制程序

分析控制要求可知，使 Y001=1 的条件有三个，这三个条件必须全部满足才可使 Y001=1 成立，因此这三个条件之间为“与”的关系，可利用电路块串联指令实现控制程序，如图 2-3-17 所示。

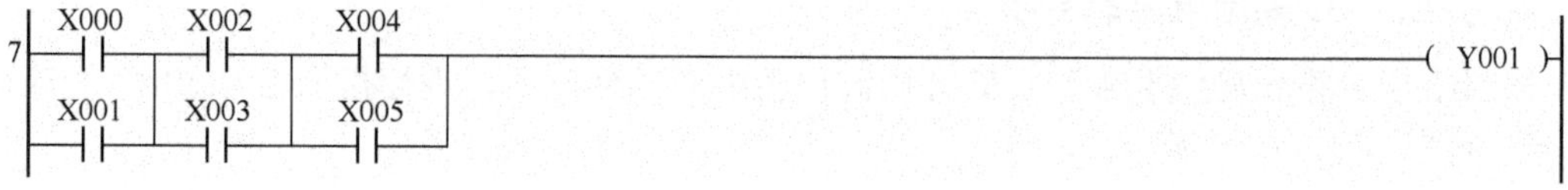

```
   X000      X002       X004
7 ─┤├───┬────┤├───┬─────┤├───┬──────────────( Y001 )
   X001 │    X003 │     X005 │
  ─┤├───┘   ─┤├───┘    ─┤├───┘
```

图 2-3-17　信号灯 HL2 的控制程序

3．信号灯 HL3 的控制程序

分析控制要求可知，使 Y002=1 的条件有两个，这两个条件必须全部满足才可使 Y002=1 成立，因此这两个条件之间为“与”的关系，可利用电路块串联指令实现控制程序。

条件 1：SB1～SB3 三个按钮只有一个接通，可以分为三种情况。

当 X000=1，X001=0，X002=0 时，这三个串联的触点中只有 X000 接通（即 SB1 接通），另外两个按钮断开。

当 X000=0，X001=1，X002=0 时，这三个串联的触点中只有 X001 接通（即 SB2 接通），另外两个按钮断开。

当 X000=0，X001=0，X002=1 时，这三个串联的触点中只有 X002 接通（即 SB3 接通），另外两个按钮断开。

条件 1 包含的三种情况可以用电路块并联指令实现控制程序。

条件 2：SB4～SB5 只有一个接通，可以分为两种情况。

X003=1，X004=0，这两个触点串联说明 SB3 接通，SB4 断开。

X003=0，X004=1，这两个触点串联说明 SB4 接通，SB3 断开。

条件 2 包含的两种情况可以用电路块并联指令实现控制程序，控制程序如图 2-3-18 所示。

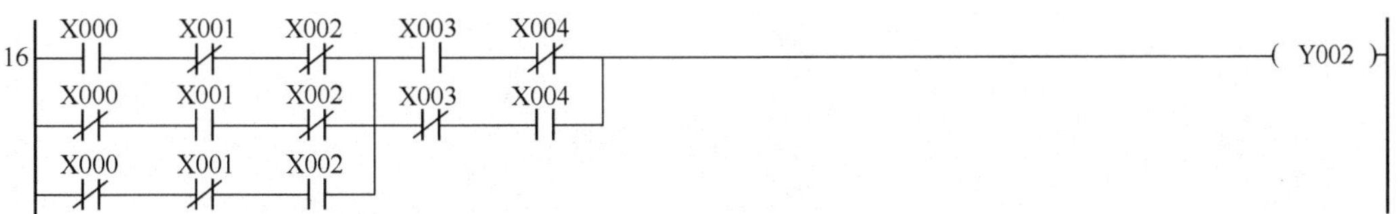

图 2-3-18 信号灯 HL3 的控制程序

4．信号灯 HL4 的控制程序

分析控制要求可知，使 Y003=1 的条件有三个，即 Y000=1 或者 Y001=1 或者 Y002=1，其控制程序如图 2-3-19 所示。

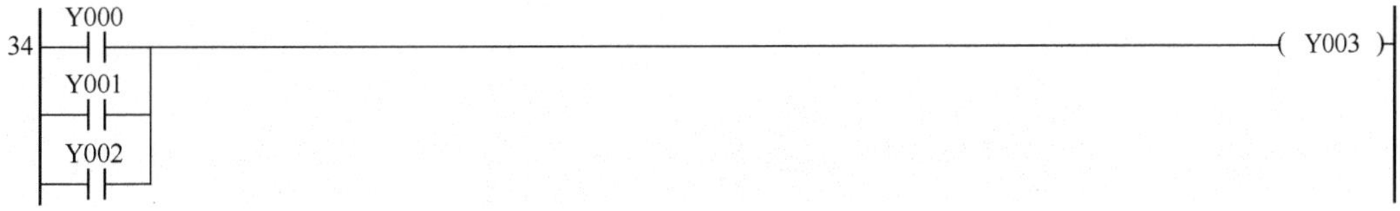

图 2-3-19 信号灯 HL4 的控制程序

综上所述，该任务的梯形图控制程序如图 2-3-20 所示。

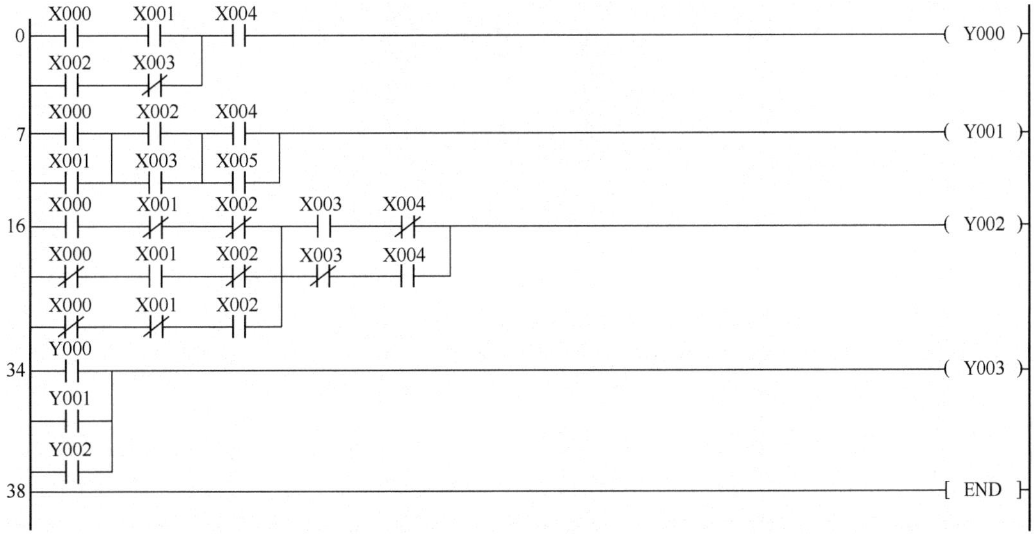

图 2-3-20 多个按钮组合控制信号指示灯的梯形图程序

该任务的指令表程序如图 2-3-21 所示。

```
0   LD    X000        20  AND   X001
1   AND   X001        21  ANI   X002
2   LD    X002        22  ORB
3   ANI   X003        23  LDI   X000
4   ORB               24  ANI   X001
5   AND   X004        25  AND   X002
6   OUT   Y000        26  ORB
7   LD    X000        27  LD    X003
8   OR    X001        28  ANI   X004
9   LD    X002        29  LDI   X003
10  OR    X003        30  AND   X004
11  ANB               31  ORB
12  LD    X004        32  ANB
13  OR    X005        33  OUT   Y002
14  ANB               34  LD    Y000
15  OUT   Y001        35  OR    Y001
16  LD    X000        36  OR    Y002
17  ANI   X001        37  OUT   Y003
18  ANI   X002        38  END
19  LDI   X000
```

图 2-3-21　多个按钮组合控制信号指示灯的指令表程序

程序编辑完成后，对程序进行转换、并保存文件。然后，完成 PLC 程序的写入。

五、建立触摸屏组态

1．新建工程

建立硬件设备组态。

2．动画组态

（1）新建窗口。

修改窗口名称为“多个按钮组合控制信号指示灯”。

（2）建立组态画面。

该组态画面是对控制系统中的按钮状态及指示灯状态进行监控，并没有要求用触摸屏来控制信号指示灯，因此不用在 PLC 程序中创建同位触点，可直接利用输入寄存器 X 的只读属性读取按钮模块上按钮的状态即可，组态画面中用到的工具箱中的工具主要有标签、矩形图形工具及插入元件工具等，画面的组成如图 2-3-22 所示。

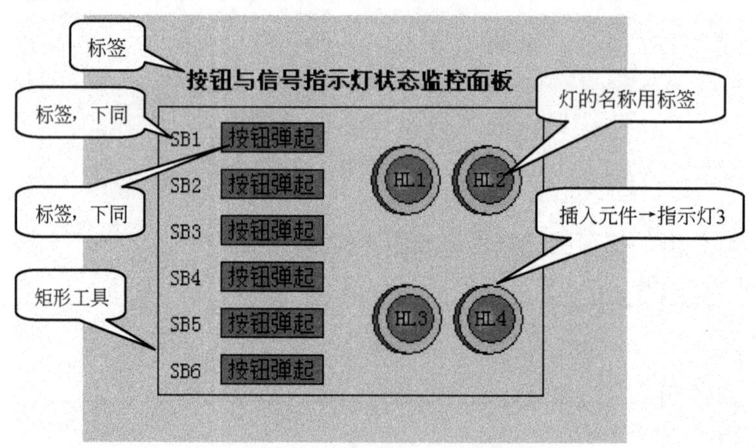

图 2-3-22　触摸屏组态画面的构成

画面中一共用到了 17 个标签，其中，用于显示按钮名称、信号指示灯名称及监控面板名称的 11 个标签均设置为“没有边线”、“没有填充”，设置方法为：双击标签，在弹出的“标签动画组态属性设置”窗口中进行设置，如图 2-3-23 所示。

（3）建立数据对象连接。

画面中用于显示按钮状态的六个标签需要设置“颜色动画连接”及“输入输出连接”，勾选图 2-3-23 中“颜色动画连接”中的“填充颜色”及“输入输出连接”中的“显示输出”，则标签动画组态属性设置面板中会增加“填充颜色”及“显示输出”两种属性设置，以按钮 SB1 的状态显示标签设置为例，其设置方法如图 2-3-24 所示。

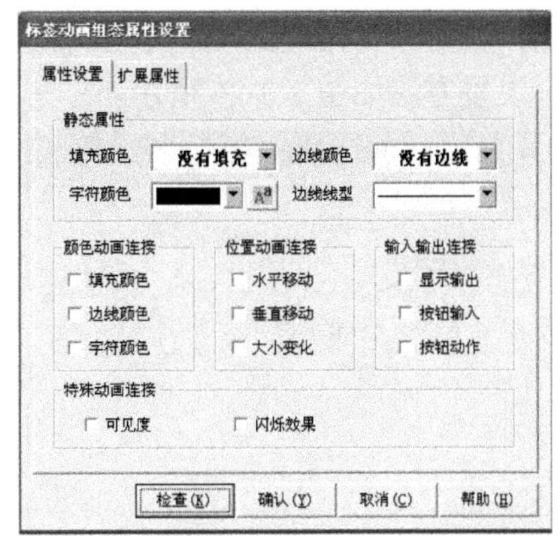

图 2-3-23　标签填充颜色及边线颜色的设置

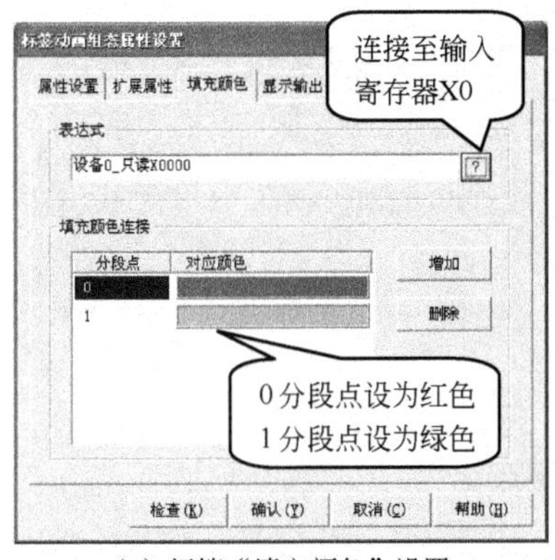

（a）标签“填充颜色”设置

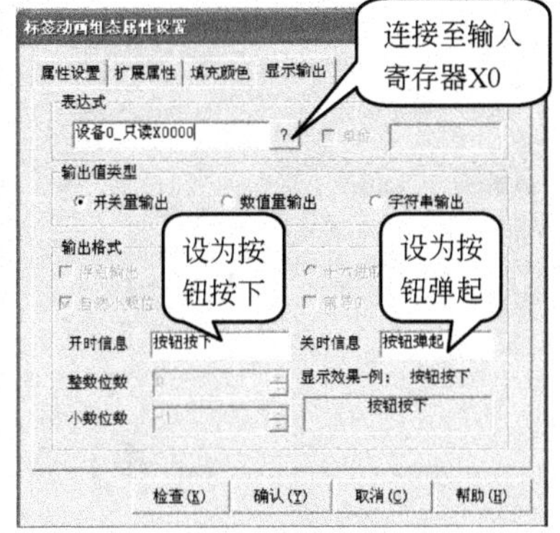

（b）标签“显示输出”设置

图 2-3-24　标签的“填充颜色”及“显示输出”设置

用上述方法对其余五个标签进行设置与数据连接，六个标签对应的数据对象分别为 X0～X5。画面中有四个指示灯，可单击工具箱中的“插入元件”工具，打开“对象元件库管理”工具，找到指示灯大类下的“指示灯 3”，添加到画面中，如图 2-3-25 所示。

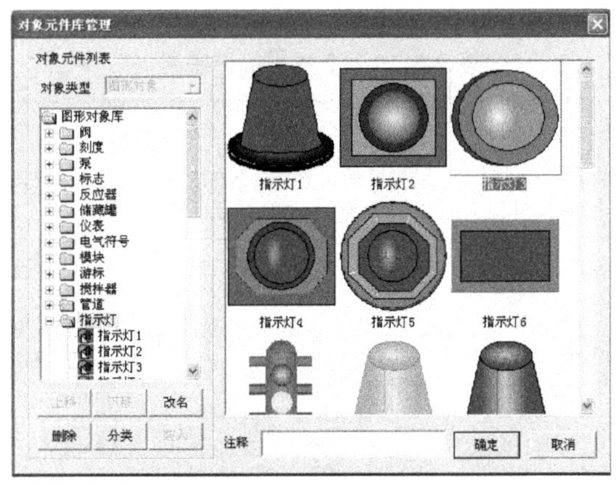

图 2-3-25　向画面中插入元件

触摸屏上的四个指示灯与设备模块上的四个指示灯同步显示，则需要设置指示灯的数据连接，以第一个指示灯（对应 HL1）为例，双击指示灯，弹出单元属性设置面板，在数据对象中将数据连接至输出寄存器 Y0，设置方法如图 2-3-26 所示。

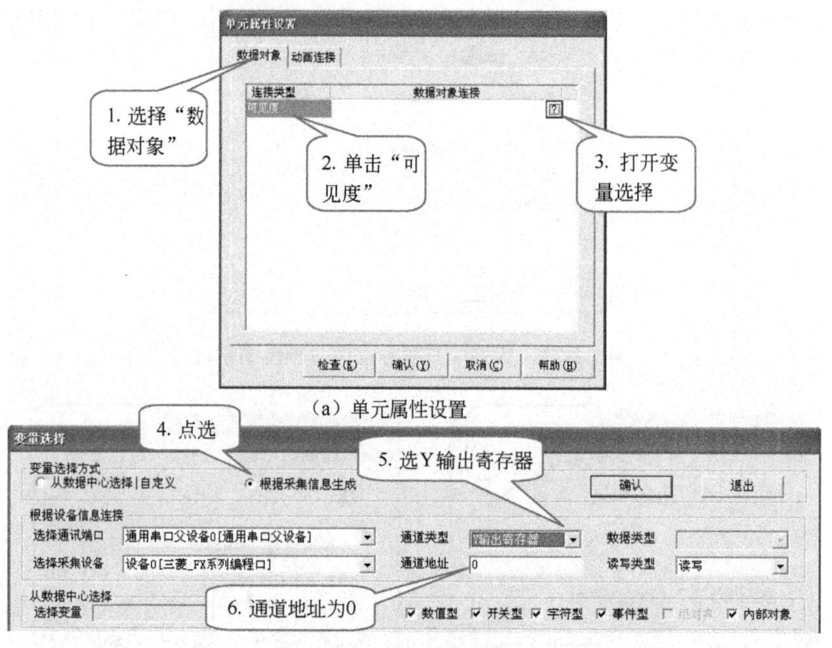

（a）单元属性设置

（b）变量选择设置

图 2-3-26　设置方法

用上述方法对四个指示灯进行数据连接，四个指示灯对应的数据对象分别为 Y0～Y4。全部设置完成以后保存工程，并将工程下载到触摸屏中，调试并查看控制效果。

六、运行调试

按照表 2-3-12 进行操作，观察系统运行情况并做好记录。如出现故障，应立即切断电源，分析原因、检查电路或梯形图，排除故障后，方可进行重新调试，直到系统功能满足控制要求为止。

表 2-3-12　设备调试记录表

步骤	调试流程	正确现象	观察结果及解决措施
1	初始状态	模块上的 HL1～HL4 灭，触摸屏画面上的四个灯均显示为红色，代表灯灭，六个按钮所对应的显示状态的标签均填充为红色，显示字符“按钮弹起”	
2	信号灯 HL1 的调试	当按钮 SB1、SB2、SB5 同时接通，灯 HL1 亮，或者 SB3、SB5 接通，SB4 断开时，灯 HL1 亮，这两个条件满足任意一个，则灯 HL1 亮。触摸屏上的信号指示灯与设备模块上的指示灯同步显示，六个按钮所对应的显示状态与设备模块上的按钮相对应，按钮接通时，标签显示为“按钮按下”，同时填充绿色，按钮断开时，标签显示为“按钮弹起”，同时填充为红色	
3	信号灯 HL2 的调试	当满足按钮 SB1 或 SB2 接通；SB3 或 SB4 接通；SB5 或 SB6 接通三个条件时，灯 HL2 亮。触摸屏上的信号指示灯与设备模块上的指示灯同步显示，六个按钮所对应的显示状态与设备模块上的按钮相对应	

续表

步骤	调试流程	正确现象	观察结果及解决措施
4	信号灯 HL3 的调试	当 SB1、SB2、SB3 三个按钮只接通一个时，并且 SB4、SB5 两个按钮中只接通一个时，信号灯 HL3 亮，不满足该条件则 HL3 灭。触摸屏上的信号指示灯与设备模块上的指示灯同步显示，六个按钮所对应的显示状态与设备模块上的按钮相对应	
5	信号灯 HL4 的调试	HL1、HL2、HL3 三个信号灯至少有一个点亮时，灯 HL4 亮。触摸屏上的信号指示灯与设备模块上的指示灯同步显示	

任务评价

对任务实施的完成情况进行检查，并将结果填入表 2-3-13 内。

表 2-3-13 任务测评表

序号	主要内容	考核要求	评分标准	配分	扣分	得分
1	控制电路的连接	根据任务要求，连接控制电路	1. 不能正确连接指示灯扣 5 分 2. 不能正确连接按钮扣 5 分 3. 不能正确连接 PLC 供电回路扣 5 分 4. 不能正确连接 PLC、触摸屏通信电缆扣 5 分	20		
2	编写控制程序	根据任务的控制要求编写控制程序	HL1～HL3 不能按要求点亮，每出现一次扣 10 分，HL4 不能按要求点亮扣 5 分，共 40 分，扣完为止	40		
3	触摸屏组态	根据任务要求，进行触摸屏组态	1. 硬件组态正确得 2 分，错误不得分 2. 画面设计完成得 8 分，没有完成不得分 3. 触摸屏画面中用于显示按钮状态的标签显示正确得 12 分，不正确或部分正确不得分 4. 触摸屏画面中的指示灯与模块上的信号指示灯效果同步得 8 分，不同步或部分同步不得分	30		
4	安全文明生产	遵守操作规程；尊重考评员，讲文明礼貌；考试结束要清理现场	1. 考试中，违反安全文明生产考核要求的任何一项扣 2 分，扣完为止 2. 当教师发现学生有重大事故隐患时，要立即予以制止，并每次扣安全文明生产分 5 分 3. 小组协作不和谐、效率低扣 5 分	10		
合 计				100		
开始时间：		结束时间：				
学习者姓名：		指导教师：		任务实施日期：		

任务 4 信号指示灯的多挡位组合控制

任务目标

知识目标：1. 掌握主控指令的功能及用法。
2. 掌握堆栈指令的功能及用法。

能力目标：1. 根据任务要求，正确选用正确的电气元件。
2. 能正确连接电路，编写控制程序。
3. 能正确使用主控指令、堆栈指令编写程序。

4. 能正确使用MCGS组态软件中的标准按钮工具、插入元件工具、图形工具及标签等基本工具，建立组态画面，并进行数据连接。

素质目标：养成独立思考和动手操作的习惯，培养小组协调能力和合作学习的精神。

任务呈现

如图 2-4-1 所示为信号指示灯多挡位组合控制系统的 PLC 控制电路图。

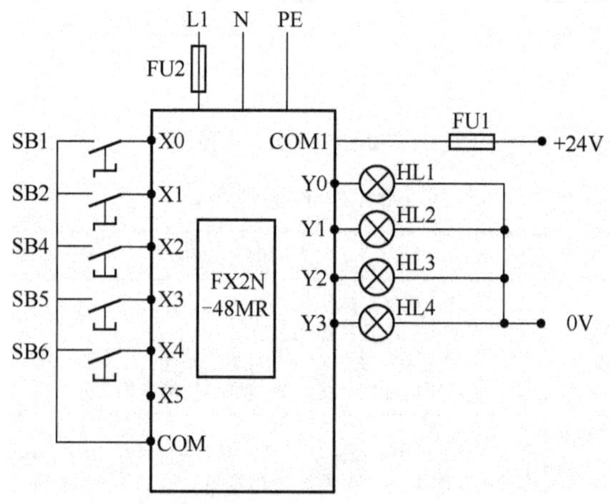

图 2-4-1　信号指示灯多挡位组合控制系统电路图

（1）运用 YL-235A 光机电一体化实训设备上的按钮模块、PLC 模块，或者利用同类型的其他 PLC 实训设备，完成信号指示灯多挡位组合控制电路的连接。

（2）根据下面的要求，编写控制程序，并将程序下载到 PLC 中，调试该控制系统，使之符合控制要求。

① 该系统共有四个控制挡位，用选择开关 SA1、SA2 进行挡位选择，见表 2-4-1。

表 2-4-1　信号指示灯多挡位组合控制系统挡位选择表

挡位	选择开关 SA1	选择开关 SA2
A 挡位	OFF	OFF
B 挡位	OFF	ON
C 挡位	ON	OFF
D 挡位	ON	ON

② 该控制系统的启动按钮为 SB4，停止按钮为 SB5，信号指示灯的操作按钮为 SB6，当系统启动后，按下操作按钮 SB6 有效，系统停止后按下操作按钮 SB6 无效。

③ 系统启动后，若系统控制挡位为 A 挡位，则按下 SB6 时，信号灯 HL1 亮；若系统控制挡位为 B 挡位，SB6 接通时，信号灯 HL2 亮；若系统控制挡位为 C 挡位，则 SB6 接通时，信号灯 HL3 亮；若系统控制挡位为 D 挡位，则 SB6 接通时，信号灯 HL4 亮。

（3）完成 PLC 程序调试并符合控制要求后，运用 MCGS 组态软件，建立如图 2-4-2 所示的组态画面，并进行数据连接，在触摸屏画面上对该控制系统进行监控。组态画面中，当灯灭时显示为红色，灯亮时显示为绿色。

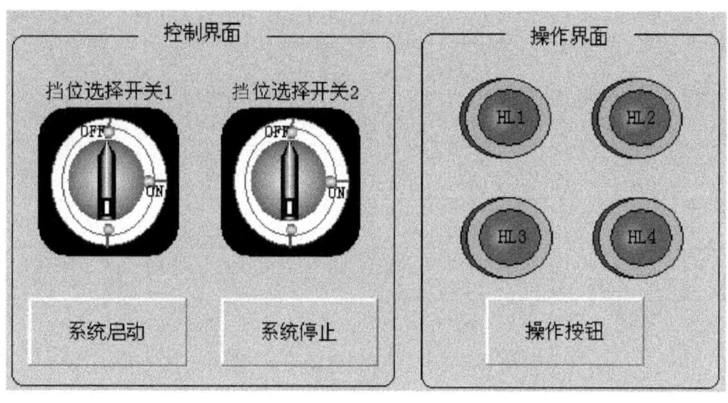

图 2-4-2　信号指示灯多挡位组合控制触摸屏监控画面

一、主控指令（MC/MCR）

1．主控指令的使用要素

主控指令的使用要素见表 2-4-2。

表 2-4-2　主控指令的使用要素

梯形图	指令	功　能	操 作 元 件	程 序 步
MC Nx Y M	MC	主控电路块起点	M 除特殊继电器外	3
MCR Nx	MCR	主控电路块终点	M 除特殊继电器外	2

MC 指令：通过 MC 指令的操作元件 Y 或 M 的常开触点将左母线临时移到一个所需的位置，产生一个临时左母线，形成一个主控电路块。

MCR 指令：取消临时左母线，即将左母线返回到原来位置，结束主控电路块。

2．主控指令的应用示例

【例 2-5】将图 2-4-3 所示的多路输出的梯形图改写成用 MC/MCR 指令编程的梯形图，并写出指令表程序。

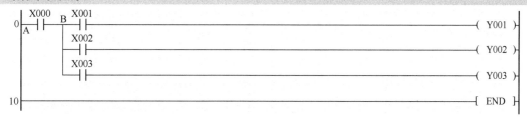

图 2-4-3　多路输出梯形图

用 MC、MCR 主控触点指令对图 2-4-3 所示的多路输出梯形图进行改写，如图 2-4-4 所示。

```
      X000
  0 ──┤ ├──────────────────────────────[MC    N0    M0 ]
N0══M0
      X001
  4 ──┤ ├──────────────────────────────( Y001 )
      X002
  6 ──┤ ├──────────────────────────────( Y002 )
      X003
  8 ──┤ ├──────────────────────────────( Y003 )
 10 ───────────────────────────────────[MCR   N0 ]
 12 ───────────────────────────────────[ END ]
```

图 2-4-4　主控触点指令梯形图

该梯形图对应的语句指令表程序如图 2-4-5 所示。

0	LD	X000	
1	MC	N0	M0
4	LD	X001	
5	OUT	Y001	
6	LD	X002	
7	OUT	Y002	
8	LD	X003	
9	OUT	Y003	
10	MCR	N0	
12	END		

图 2-4-5　主控触点指令指令表

在图 2-4-4 所示梯形图中，当常开触点 X0 闭合时，嵌层数为 N0 的主控指令执行，辅助继电器 M0 线圈被驱动，辅助继电器 M0 常开触点闭合，此时常开触点 M0 称为主控触点，规定主控触点只能画在垂直方向，使其有别于规定画在水平方向的普通触点。当主控触点 M0 闭合后，左母线由 A 的位置，临时移到 B 的位置，接入主控电路块。此时，当 X1 常开触点闭合时，Y1 线圈驱动输出，当 X2 常开触点闭合时，Y2 线圈驱动输出，X3 常开触点闭合时，Y3 线圈驱动输出。当 PLC 逐行对主控电路块所有逻辑行进行扫描，执行到 MCR N0 指令时，嵌套层数为 N0 的主控指令结束，临时左母线由 B 点返回到 A 点。如果 X0 常开触点是断开的，则主控电路块这一段程序不执行。

3．主控指令用法说明

（1）MC 指令的操作元件可以是输出继电器 Y 或辅助继电器 M，在实际使用时，一般都是使用辅助继电器 M。当然，不能使用特殊继电器。

（2）执行 MC 指令后，因左母线移到临时位置，即主控电路块前，所以，主控电路块必须用 LD 指令或 LDI 指令开始写指令语句表，主控电路块中触点之间的逻辑关系可以用触点连接的基本指令表示。

（3）MC 指令后，必须用 MCR 指令使左母线由临时位置返回到原来位置。

（4）MC/MCR 指令可以嵌套使用，即 MC 指令内可以再使用 MC 指令，这时嵌套级编号是从 N0 到 N7 按顺序增加，顺序不能颠倒。最后主控返回用 MCR 指令时，必须从大的嵌套级编号开始返回，也就是按 N7 到 N0 的顺序返回，不能颠倒，最后一定是 MCR N0 指令。

二、堆栈指令（MPS/MRD/MPP）

1. MPS、MRD 和 MPP 堆栈指令的使用要素

在 FX2 系列 PLC 中，有 11 个存储运算中间结果的存储器，称为栈存储器。这个栈存储器将触点之间的逻辑运算结果存储后，就可以用指令将这个结果读出，再参与其他触点之间的逻辑运算。

MPS、MRD 和 MPP 堆栈指令的功能是将连接点的结果（位）按堆栈的形式存储。堆栈指令（MPS/MRD/MPP）的使用要素见表 2-4-3。

表 2-4-3　堆栈指令（MPS/MRD/MPP）的使用要素

梯形图	指令	指令功能	程序步
MPS	MPS	进栈	1
MRD	MRD	读栈	1
MPP	MPP	出栈	1

MPS 进栈指令：将 MPS 指令前的逻辑运算结果送入栈的最上层存储单元中，栈存储器中原来的数据依次向下推移。

MRD 读栈指令：读出栈存储器的最上层存储单元中的数据，栈存储器中每个单元中的内容不发生变化。

MPP 出栈指令：将栈存储器中最上层存储单元中的结果取出，栈存储器中其他单元的数据依次向上推移。

2. MPS、MRD 和 MPP 堆栈指令使用说明及应用示例

（1）MPS 指令和 MPP 指令必须成对使用，缺一不可，MRD 指令有时可以不用。如图 2-4-6 所示为 MPS、MRD 和 MPP 均使用的情况。

图 2-4-6　MPS、MRD 和 MPP 配合使用示例梯形图

该程序对应的指令表如图 2-4-7 所示。

如图 2-4-8 所示为只成对使用了 MPS 指令和 MPP 指令的情况。

该程序对应的指令表如图 2-4-9 所示。

0	LD	X000
1	MPS	
2	AND	X001
3	OUT	Y000
4	MRD	
5	AND	X002
6	OUT	Y001
7	MPP	
8	AND	X003
9	OUT	Y002
10	END	

图 2-4-7　MPS、MRD 和 MPP 配合使用示例指令表

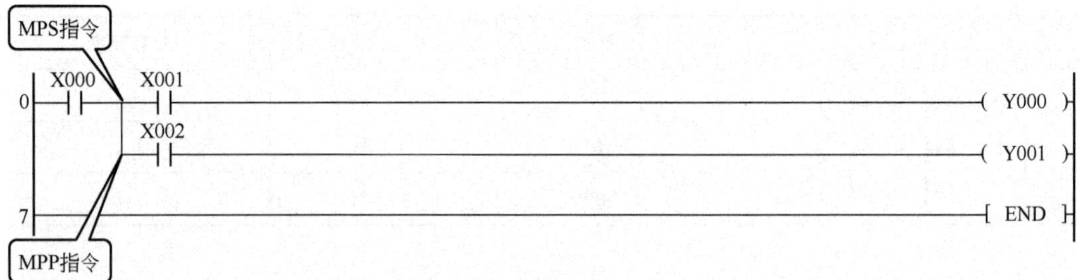

图 2-4-8　MPS 和 MPP 配合使用示例梯形图

0	LD	X000
1	MPS	
2	AND	X001
3	OUT	Y000
4	MPP	
5	AND	X002
6	OUT	Y001
7	END	

图 2-4-9　MPS 和 MPP 配合使用示例指令表

（2）MPS 指令连续使用次数最多不能超过 11 次。如图 2-4-10 所示梯形图中，MPS 指令连续使用 3 次。MPS 指令连续多次使用的情况下，进栈和出栈指令遵循先进后出、后进先出的次序。

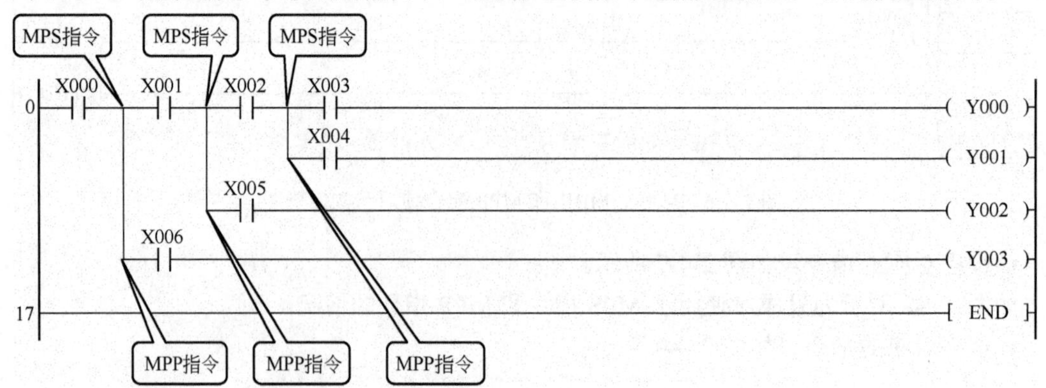

图 2-4-10　MPS 指令连续使用示例梯形图

该程序对应的指令表如图 2-4-11 所示。

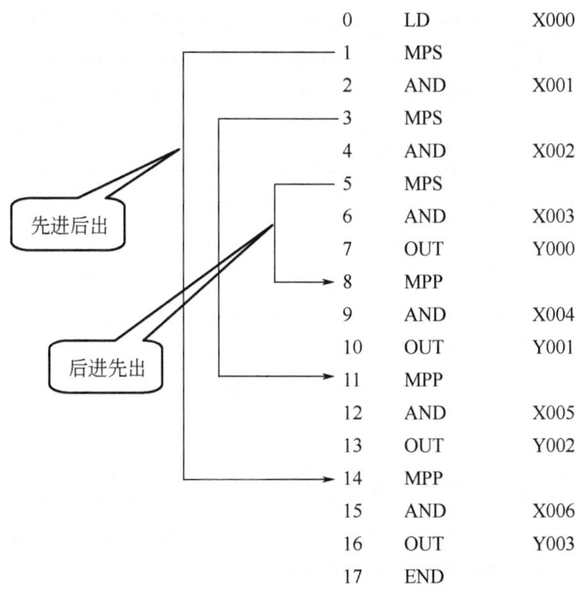

图 2-4-11　MPS 指令连续使用示例指令表

（3）MPS、MRD 和 MPP 堆栈指令之后若有单个常闭触点或常开触点串联，则应该用 ANI 指令或 AND 指令，如图 2-4-11 所示。

（4）MPS、MRD 和 MPP 堆栈指令之后若有触点组成的电路块串联，则应该用 ANB 指令。MPS、MRD 和 MPP 堆栈指令之后若无触点串联，直接驱动线圈，则应该用 OUT 指令，如图 2-4-12 所示。

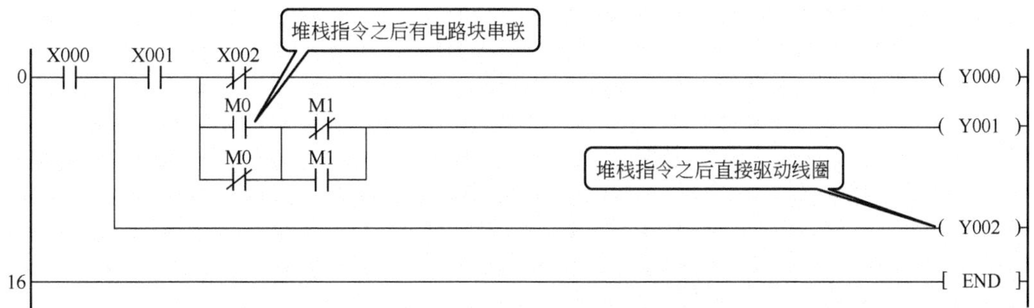

图 2-4-12　堆栈指令之后有电路块串联和直接驱动线圈的示例梯形图

该程序对应的指令表如图 2-4-13 所示。

（5）MPS 与 MPP 指令可以嵌套使用，但嵌套层数应小于等于 11 层，在嵌套使用过程中 MPS 与 MPP 应成对出现，如图 2-4-14 所示。

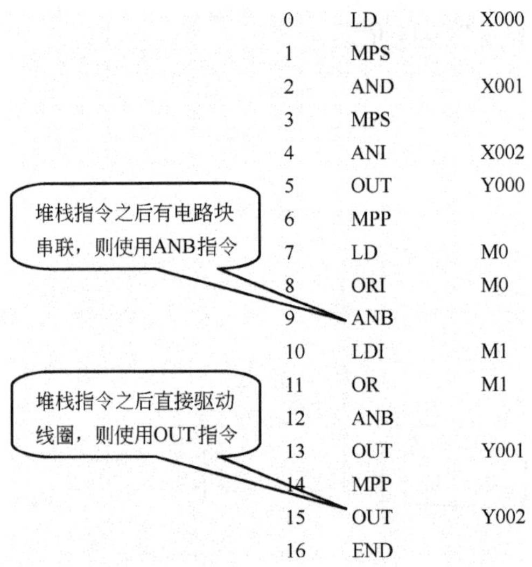

0	LD	X000
1	MPS	
2	AND	X001
3	MPS	
4	ANI	X002
5	OUT	Y000
6	MPP	
7	LD	M0
8	ORI	M0
9	ANB	
10	LDI	M1
11	OR	M1
12	ANB	
13	OUT	Y001
14	MPP	
15	OUT	Y002
16	END	

图 2-4-13　堆栈指令之后有电路块串联和直接驱动线圈的示例指令表

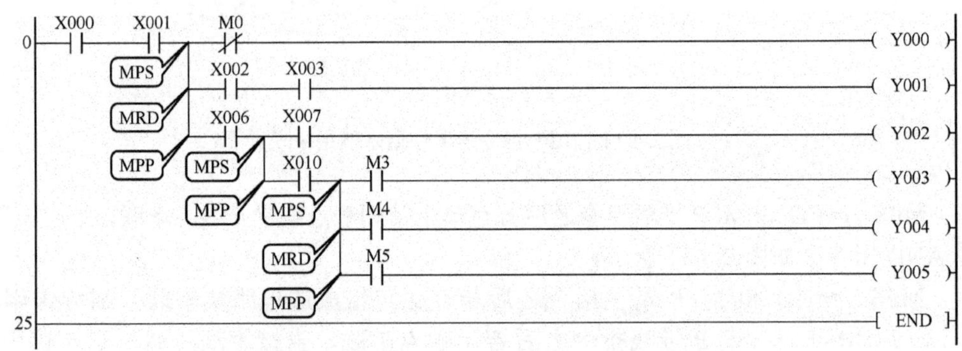

图 2-4-14　堆栈指令的三层嵌套使用示例梯形图

该程序对应的指令表如图 2-4-15 所示。

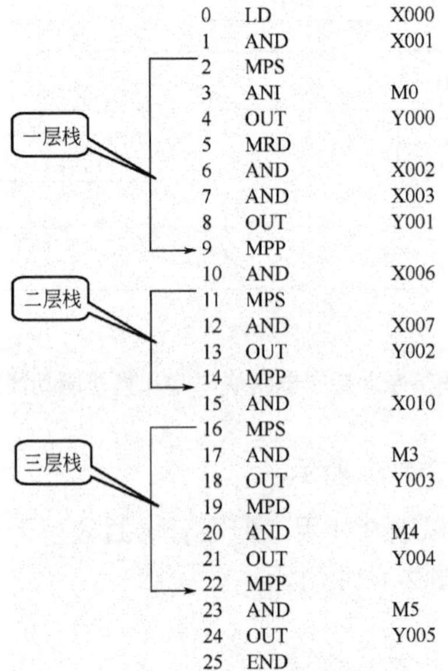

0	LD	X000
1	AND	X001
2	MPS	
3	ANI	M0
4	OUT	Y000
5	MRD	
6	AND	X002
7	AND	X003
8	OUT	Y001
9	MPP	
10	AND	X006
11	MPS	
12	AND	X007
13	OUT	Y002
14	MPP	
15	AND	X010
16	MPS	
17	AND	M3
18	OUT	Y003
19	MPD	
20	AND	M4
21	OUT	Y004
22	MPP	
23	AND	M5
24	OUT	Y005
25	END	

图 2-4-15　堆栈指令的三层嵌套使用示例指令表

任务实施

一、清点器材

对照表 2-4-4，清点信号灯控制电路所需的设备、工具及材料。

表 2-4-4 信号灯控制电路所需的设备、工具及材料

序号	名 称	型号	数量	作 用
1	PLC 模块	FX2N-48MR	1 块	控制灯的运行
2	触摸屏模块	TPC7062KS	1 块	控制灯的运行
3	按钮模块	专配	1 个	提供 DC 24V 电源、操作按钮及指示灯
4	安全插接导线	专配	若干	电路连接
5	扎带	ϕ120mm	若干	电路连接工艺
6	斜口钳或者剪刀	—	1 把	剪扎带
7	电源模块	专配	1 个	提供三相五线电源
8	计算机	安装有编程软件	1 台	用于编写、下载程序等
9	220V 电源连接线	专配	2 条	供按钮模块和 PLC 模块用

二、建立 I/O 分配表

根据控制要求，分析任务并编制输入/输出（I/O）分配表，见表 2-4-5。

表 2-4-5 输入/输出（I/O）分配表

输 入			输 出		
输入元件	功能作用	输入继电器	输出元件	控制对象	输出继电器
SA1	控制按钮	X0	HL1	信号指示灯1	Y0
SA2	控制按钮	X1	HL2	信号指示灯2	Y1
SB3	控制按钮	X2	HL3	信号指示灯3	Y2
SB4	控制按钮	X3	HL4	信号指示灯4	Y3
SB5	控制按钮	X4			

三、控制电路连接

按照给定电路和接线要求，在断开设备电源的情况下，使用安全插接线完成接线。

1. 完成 PLC 输入电路的连接

将按钮模块上的选择开关 SA1、SA2 及按钮 SB4、SB5、SB6 的常开触点出线端（绿色端子）用绿色导线分别接至 PLC 模块输入端的 X0～X4 端子，将选择开关 SA1、SA2 及按钮 SB4、SB5、SB6 的公共出线端（黑色端子）用黑色导线相互并联后连接至 PLC 模块输入端的 COM 端子（黑色端子）。

2. 完成 PLC 输出电路的连接

将按钮模块上的 DC 24V（红色端子）用红色导线连接至 PLC 模块输出端的 COM1 端子（黑色端子），将 HL1～HL4 四个指示灯的进线端分别用黄色导线连接到 PLC 模块输出端的 Y0～Y3

端子，将 HL1～HL4 四个指示灯的出线端用黑色导线相互并联后连接至按钮模块上的 0V 端子。

3．电路检测及工艺整理

电路安装结束后，一定要进行通电前的检查，保证电路连接正确，没有不符合工艺要求的现象。还要进行通电前的检测，确保电路中没有短路现象，否则通电后可能损坏设备。在检查电路连接正确、无短路故障后，进行连接线路的工艺整理。

四、程序编写与下载

信号指示灯多挡位组合控制系统的梯形图控制程序如图 2-4-16 所示。

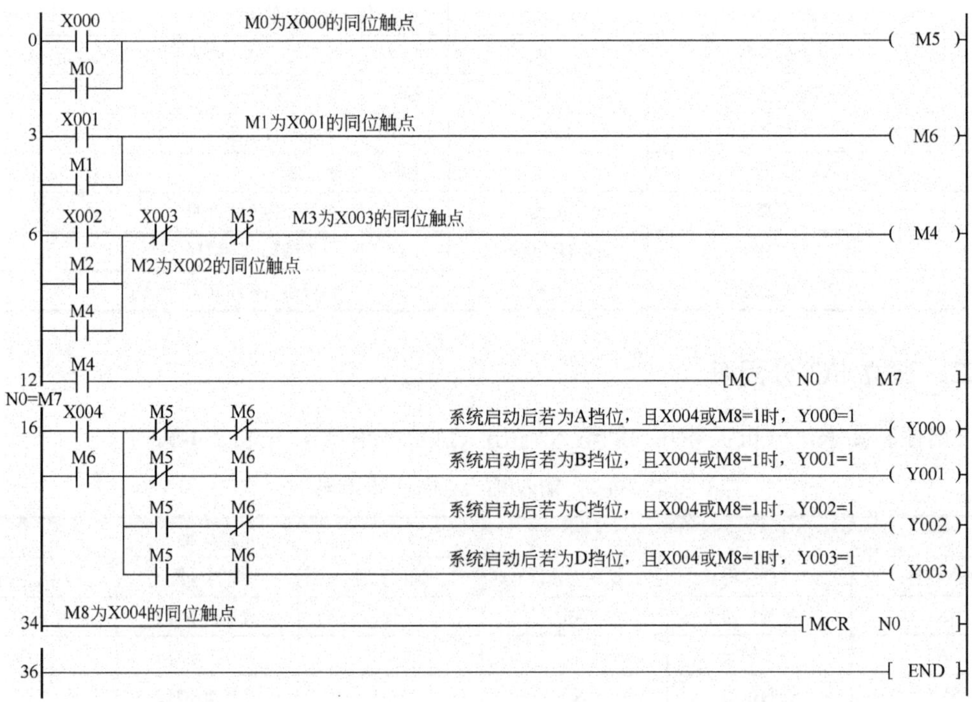

图 2-4-16 信号指示灯多挡位组合控制系统的梯形图控制程序

信号指示灯多挡位组合控制系统的指令表控制程序如图 2-4-17 所示。

步	指令	操作数		步	指令	操作数
0	LD	X000		19	ANI	M5
1	OR	M0		20	ANI	M6
2	OUT	M5		21	OUT	Y000
3	LD	X001		22	MRD	
4	OR	M1		23	ANI	M5
5	OUT	M6		24	AND	M6
6	LD	X002		25	OUT	Y001
7	OR	M2		26	MRD	
8	OR	M4		27	AND	M5
9	ANI	X003		28	ANI	M6
10	ANI	M3		29	OUT	Y002
11	OUT	M4		30	MPP	
12	LD	M4		31	AND	M5
13	MC	N0	M7	32	AND	M6
16	LD	X004		33	OUT	Y003
17	OR	M8		34	MCR	N0
18	MPS			36	END	

图 2-4-17 信号指示灯多挡位组合控制系统的指令表控制程序

程序编辑完成后，对程序进行转换，并保存文件。然后，完成 PLC 程序的写入并调试，直到符合控制要求。

五、建立触摸屏组态

1. 新建工程

建立硬件设备组态。

2. 动画组态

（1）新建窗口。

修改窗口名称为“信号指示灯的多挡位组合控制”。

（2）建立组态画面。

组态画面中用到工具箱中的工具主要有标签、矩形图形工具及插入元件工具等，画面的组成如图 2-4-18 所示。

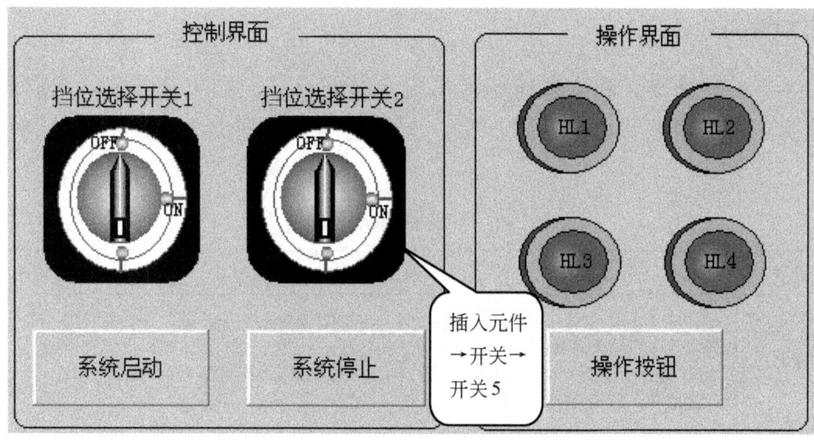

图 2-4-18 触摸屏组态画面的构成

（3）建立数据对象连接。

如图 2-4-18 所示，触摸屏组态画面上的挡位选择开关 1 和挡位选择开关 2 分别对应按钮与触摸屏模块上的选择开关 SA1，SA2；触摸屏组态画面上的系统启动、系统停止、操作按钮三个标准按钮分别对应按钮与触摸屏模块上的 SB4、SB5、SB6 按钮；画面上的四个指示灯分别与模块上的 HL1～HL4 一一对应。组态画面上元件的数据对象连接见表 2-4-6。

表 2-4-6 建立数据对象连接

元件名称	连接类型	数据对象连接	操作方法
挡位选择开关 1	按钮输入	设备 0_读写 M0000	双击元件→数据对象→按钮输入→问号按钮→根据采集信息生成→通道类型：M 辅助寄存器，地址：0
	可见度	设备 0_读写 M0005	双击元件→数据对象→可见度→问号按钮→根据采集信息生成→通道类型：M 辅助寄存器，地址：5
挡位选择开关 2	按钮输入	设备 0_读写 M0001	参照挡位选择开关 1 的设置方法，地址：1
	可见度	设备 0_读写 M0006	参照挡位选择开关 1 的设置方法，地址：6
指示灯（HL1）	可见度	设备 0_读写 Y0000	双击元件→数据对象→可见度→问号按钮→根据采集信息生成→通道类型：Y 输出寄存器，地址：0

续表

元件名称	连接类型	数据对象连接	操作方法
指示灯（HL2）	可见度	设备0_读写Y0001	参照指示灯（HL1）的设置方法，地址1
指示灯（HL3）	可见度	设备0_读写Y0002	参照指示灯（HL1）的设置方法，地址2
指示灯（HL4）	可见度	设备0_读写Y0003	参照指示灯（HL1）的设置方法，地址3
标准按钮（系统启动）	数据对象值操作（按1松0）	设备0_读写M0002	双击元件→操作属性→勾选数据对象值操作→选择按1松0→问号按钮→根据采集信息生成→通道类型：M辅助寄存器，地址：2
标准按钮（系统停止）	数据对象值操作（按1松0）	设备0_读写M0003	参照系统启动按钮的设置方法，地址：3
标准按钮（操作按钮）	数据对象值操作（按1松0）	设备0_读写M0008	参照系统启动按钮的设置方法，地址：8

根据表2-4-6对组态画面中的各元件进行数据连接，全部设置完成以后保存工程，并将工程下载到触摸屏中，调试并查看控制效果。

六、运行调试

按照表2-4-7进行操作，观察系统运行情况并做好记录。如出现故障，应立即切断电源，分析原因、检查电路或梯形图，排除故障后，方可进行重新调试，直到系统功能符合控制要求为止。

表2-4-7　设备调试记录表

步骤	调试流程	正确现象	观察结果及解决措施
1	初始状态	按钮模块上的SB4～SB6按钮均没有按下，同时触摸屏画面上的三个标准按钮均没有按下；触摸屏画面上的两个选择开关均处于OFF状态，按钮模块上的SA1和SA2均处于左侧位置；按钮模块上的HL1～HL4灭，触摸屏画面上的四个灯均显示为红色，代表灯灭	
2	控制系统的启动与停止	按下按钮模块上的SB4按钮或者按一下画面上的“系统启动”按钮，系统启动 按下按钮模块上的SB5按钮或者按一下画面上的“系统停止”按钮，系统停止	
3	信号灯HL1的调试	当控制系统处于启动状态，且按钮模块上的SA1和SA2均处于左侧位置（同时触摸屏画面中的两个选择开关均处于OFF位置）时，按下按钮模块上的SB6按钮或者触摸屏上的“操作按钮”，信号灯HL1亮；若系统处于停止状态，按下按钮模块上的SB6按钮或者触摸屏上的“操作按钮”无效	
3	信号灯HL2的调试	当控制系统处于启动状态，且按钮模块上的SA1处于左侧位置，SA2处于右侧位置（或者触摸屏画面中的选择开关1处于OFF位置，选择开关2处于ON位置）时，按下按钮模块上的SB6按钮或者触摸屏上的“操作按钮”，信号灯HL2亮；若系统处于停止状态，按下按钮模块上的SB6按钮或者触摸屏上的“操作按钮”无效	
4	信号灯HL3的调试	当控制系统处于启动状态，且按钮模块上的SA1处于右侧位置，SA2处于左侧位置（或者触摸屏画面中的选择开关1处于ON位置，选择开关2处于OFF位置）时，按下按钮模块上的按钮SB6或者触摸屏上的“操作按钮”，信号灯HL3亮；若系统处于停止状态，按下按钮模块上的SB6按钮或者触摸屏上的“操作按钮”无效	
5	信号灯HL4的调试	当控制系统处于启动状态，且按钮模块上的SA1、SA2均处于右侧位置（或者触摸屏画面中的两个选择开关均处于ON位置）时，按下按钮模块上的SB6按钮或者触摸屏上的“操作按钮”，信号灯HL4亮；若系统处于停止状态，按下按钮模块上的SB6按钮或者触摸屏上的“操作按钮”无效	

任务评价

对任务实施的完成情况进行检查，并将结果填入表 2-4-8 内。

表 2-4-8 任务测评表

序号	主要内容	考核要求	评分标准	配分	扣分	得分
1	控制电路的连接	根据任务要求，连接控制电路	1. 不能正确连接指示灯扣 5 分 2. 不能正确连接按钮扣 5 分 3. 不能正确连接 PLC 供电回路扣 5 分 4. 不能正确连接 PLC、触摸屏通信电缆扣 5 分	20		
2	编写控制程序	根据任务的控制要求编写控制程序	HL1～HL4 不能按要求点亮，每出现一次扣 10 分，共 40 分，扣完为止	40		
3	触摸屏组态	根据任务要求，进行触摸屏组态	1. 硬件组态正确得 2 分，错误不得分 2. 画面设计完成得 8 分，没有完成不得分 3. 触摸屏组态画面的数据对象连接正确得 20 分，每错一次扣 2 分，扣完为止	30		
4	安全文明生产	遵守操作规程；尊重考评员，讲文明礼貌；考试结束要清理现场	1. 考试中，违反安全文明生产考核要求的任何一项扣 2 分，扣完为止 2. 当教师发现学生有重大事故隐患时，要立即予以制止，并每次扣安全文明生产分 5 分 3. 小组协作不和谐、效率低扣 5 分	10		
合 计				100		
开始时间：			结束时间：			
学习者姓名：			指导教师：	任务实施日期：		

任务 5 单按钮控制两个信号指示灯顺序亮灭

任务目标

知识目标：1. 掌握置位与复位指令的功能及用法。
2. 掌握微分输出指令的功能及用法。

能力目标：1. 根据任务要求，选用正确的电器元件。
2. 能正确连接电路，编写控制程序。
3. 能正确使用置位与复位指令、微分输出指令解决实际问题。
4. 能正确使用 MCGS 组态软件中的标准按钮工具、插入元件工具、图形工具、标签工具、输入框等基本工具，建立组态画面，并进行数据连接。

素质目标：养成独立思考和动手操作的习惯，培养小组协调能力和合作学习的精神。

任务呈现

如图 2-5-1 所示为单按钮控制两个信号指示灯顺序亮灭控制系统的 PLC 控制电路图。

（1）利用 YL-235A 光机电一体化实训设备上的按钮模块、PLC 模块，或者利用同类型的其他 PLC 实训设备，完成单按钮控制两个信号指示灯顺序亮灭控制系统电路的连接。

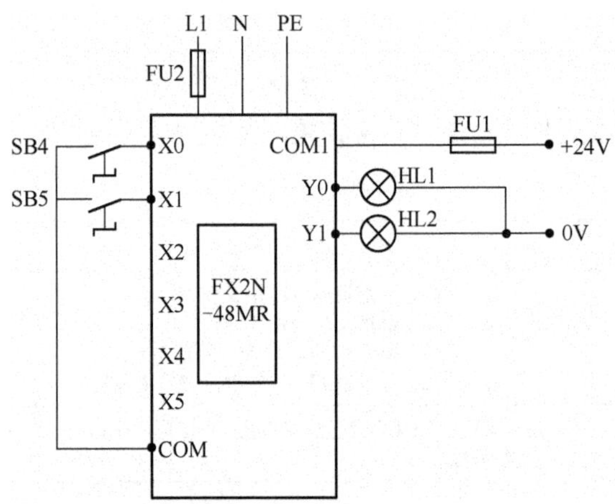

图 2-5-1　单按钮控制两个信号指示灯顺序亮灭控制系统电路图

（2）根据下面的要求，编写控制程序，并将程序下载到 PLC 中，调试该控制系统，使之符合控制要求。

① 该控制系统的操作按钮为 SB4，复位按钮为 SB5，两个受控的信号指示灯分别为 HL1、HL2。

② 初始状态时，HL1、HL2 两个信号指示灯全部熄灭，第一次接通 SB4 时，HL1 常亮，断开 SB4 时，HL2 常亮，再次接通 SB4 时，HL1 熄灭，再次断开 SB4 时，HL2 也熄灭，系统恢复初始状态。第三次按下 SB4 时，HL1 亮，松开 SB4 时，HL2 也亮……，始终按这种规律循环运行。

③ 任意时刻按下复位按钮 SB5 时，两个信号指示灯全部熄灭，系统恢复初始状态。

（3）完成 PLC 程序调试并符合控制要求后，运用 MCGS 组态软件，建立如图 2-5-2 所示的组态画面，并进行数据连接，在触摸屏画面上对该控制系统进行监控。组态画面中，当灯灭时显示为红色，灯亮时显示为绿色。信号指示灯 HL1 和 HL2 的后面各有一个输入框，该输入框可用于显示或者控制两个信号指示灯的状态，用于状态显示时，如果显示为“0”则代表该信号指示灯熄灭，如果显示为“1”时，则代表该信号指示灯亮；用于状态控制时，可手动在输入框中输入数字“0”或者“1”，输入“0”时，控制该信号指示灯熄灭，输入“1”时，控制该信号指示灯亮。

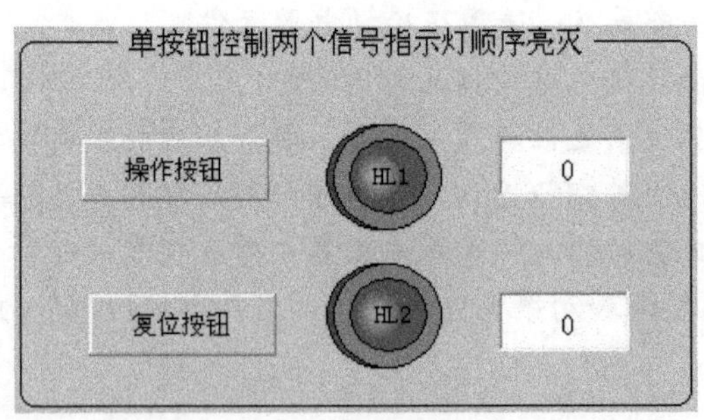

图 2-5-2　单按钮控制两个信号指示灯顺序亮灭控制系统触摸屏组态画面

组态画面中操作按钮的作用等同于模块上的按钮 SB4，组态画面中复位按钮的作用等同于模块上的按钮 SB5。

一、置位与复位指令（SET/RST）

1. 置位与复位指令的使用要素

置位与复位指令的使用要素见表 2-5-1。

表 2-5-1 置位与复位指令的使用要素

梯形图	指令	指令功能	操作数	程序步
─┤├── SET 操作数	SET	置位	Y、M、S	Y，M：1； S，特殊 M：2
─┤├── RST 操作数	RST	复位	Y，M，S，T，C，D，V，Z	Y，M：1； S，特殊 M：2

SET（置位指令）：它的作用是使被操作的目标元件置位并保持。

RST（复位指令）：使被操作的目标元件复位并保持清零状态。

2. 置位与复位指令的应用举例

如图 2-5-3 所示，当 X000=1 时，X000 常开触点闭合，X000 常闭触点断开，此时接通置位指令，使得 Y000 置位，即 Y000=1；当 X000=0 时，X000 常开触点断开，X000 常闭触点闭合，此时接通复位指令，使得 Y000 复位，即 Y000=0。

当 X001=1 时，X001 常开触点闭合，接通置位指令，使得 Y001 置位，即 Y001=1；此时，即使断开 X001 常开触点，Y001 仍然为 1。

当 X002=1 时，X002 常开触点闭合，接通复位指令，使得 Y001 复位，即 Y001=0；此时，即使断开 X002 常开触点，Y001 仍然为 0。

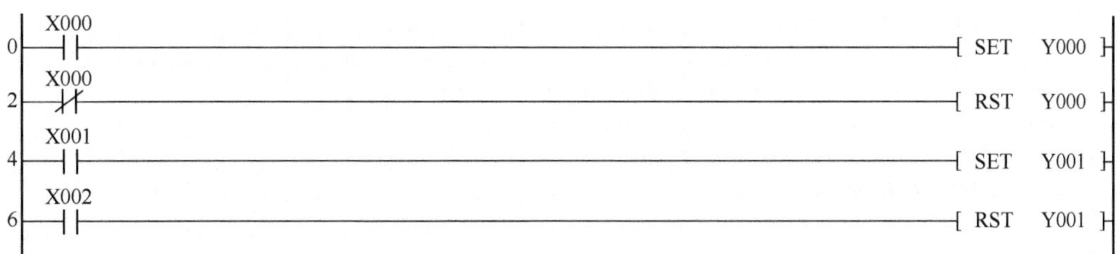

图 2-5-3 置位与复位指令的梯形图程序

该梯形图程序对应的指令表程序如图 2-5-4 所示。

二、区间复位指令（ZRST）

1. 区间复位指令的使用要素

区间复位指令的使用要素见表 2-5-2。

0	LD	X000
1	SET	Y000
2	LDI	X000
3	RST	Y000
4	LD	X001
5	SET	Y001
6	LD	X002
7	RST	Y001

图 2-5-4　置位与复位指令的指令表程序

表 2-5-2　区间复位指令的使用要素

梯形图	指令	指令功能	操作数	程序步
ZRST [D1·] [D2·]	ZRST	区间置位	T、C、D、Y、M、S	5

区间复位指令 ZRST，其功能是将［D1 •］、［D2 •］指定的元件号范围内的同类元件成批复位，［D1 •］、［D2 •］指定的元件应为同类元件，［D1 •］的元件号应小于［D2 •］的元件号。若［D1 •］的元件号大于［D2 •］的元件号，则只有［D1 •］指定的元件被复位。

2．区间复位指令的应用举例

如图 2-5-5 所示，当 X000 闭合时，M0～M20 全部复位。

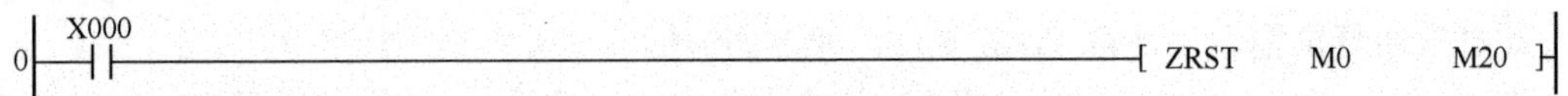

图 2-5-5　区间复位指令的梯形图程序

该梯形图程序对应的指令表程序如图 2-5-6 所示。

0	LD	X000	
1	ZRST	M0	M20

图 2-5-6　区间复位指令的指令表程序

三、微分输出指令（PLS/PLF）

1．微分输出指令的使用要素

微分输出指令的使用要素见表 2-5-3。

表 2-5-3　微分输出指令的使用要素

梯形图	指令	指令功能	操作数	程序步
PLS 操作数	PLS	上升沿微分输出	Y、M	2
PLF 操作数	PLF	下降沿微分输出	Y、M	2

上升沿微分输出指令（PLS）：当输入条件为ON时（上升沿），相应的输出位元件Y或M接通一个扫描周期。

下降沿微分输出指令（PLF）：当输入条件为OFF时（下降沿），相应的输出位元件Y或M接通一个扫描周期。

这两条指令都是两个程序步，它们的目标元件是Y和M，但特殊辅助继电器不能作为目标元件。微分输出指令的示例梯形图如图2-5-7所示。

步	触点	指令	元件
0	X000	PLS	M0
3	M0	SET	Y000
5	X001	PLF	M1
8	M1	RST	Y000

图 2-5-7　微分输出指令的梯形图程序

该梯形图程序对应的指令表程序如图2-5-8所示。

0	LD	X000
1	PLS	M0
3	LD	M0
4	SET	Y000
5	LD	X001
6	PLF	M1
8	LD	M1
9	RST	Y000

图 2-5-8　微分输出指令的指令表程序

该示例程序的动作时序图如图2-5-9所示。

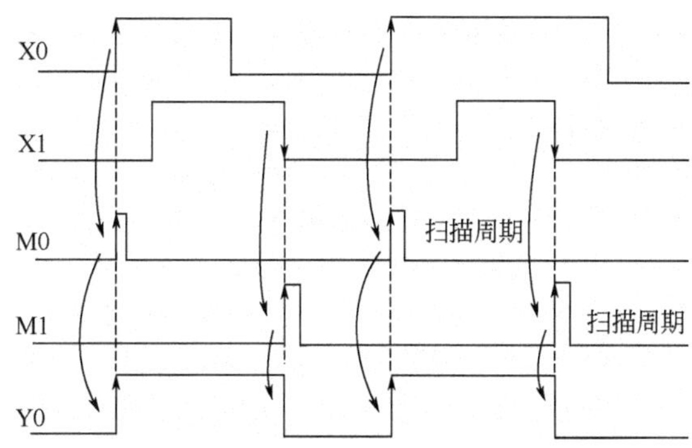

图 2-5-9　微分输出指令示例程序的动作时序图

2．微分输出指令的应用示例

【例 2-6】分析如图 2-5-10 所示的梯形图程序的功能，将梯形图程序转换为指令表程序，并画出动作时序图。

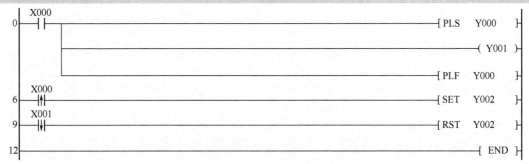

图 2-5-10 微分输出指令的梯形图程序

该梯形图程序对应的指令表程序如图 2-5-11 所示。

```
0    LD     X000
1    PLS    Y000
3    OUT    Y001
4    PLF    Y000
6    LDP    X000
8    SET    Y002
9    LDF    X001
11   RST    Y002
12   END
```

图 2-5-11 微分输出指令的指令表程序

程序分析：

① 当 X000 常开触点由断开到闭合的过程中（上升沿），相应的输出位元件 Y000 接通一个扫描周期，同时 Y002 线圈置位。

② 当 X000 常开触点闭合后，Y001 线圈得电，X000 常开触点断开后，Y001 线圈失电。

③ 当 X000 常开触点由闭合到断开的过程中（下降沿），相应的输出位元件 Y000 再接通一个扫描周期。

④ X001 常开触点由断开到闭合的过程中（上升沿）、X001 闭合后及 X001 断开后均不对 Y002 线圈造成影响，只有在 X001 由闭合到断开的过程中（下降沿），使 Y002 线圈复位。

该程序对应的动作时序图如图 2-5-12 所示。

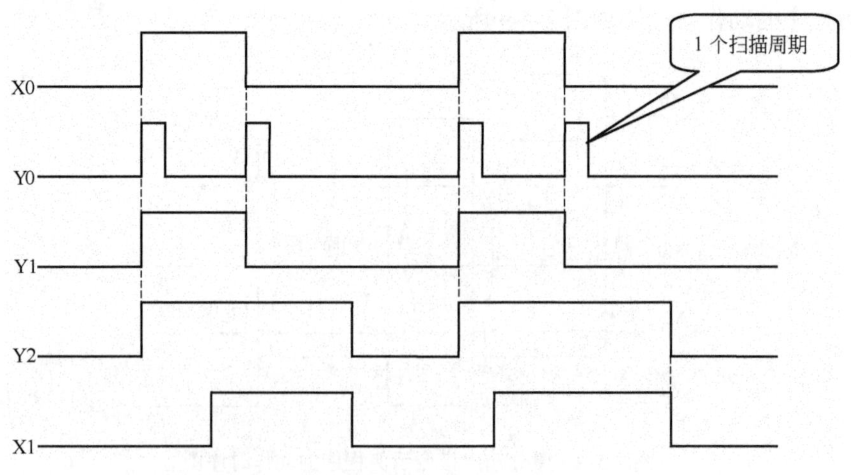

图 2-5-12 微分输出指令示例程序的动作时序图

【例 2-7】用控制按钮 SB1、SB2 实现对信号指示灯 L1、L2 的控制，在 SB1 控制按钮接通时，灯 L1 点亮，在 SB1 控制按钮断开时灯 L2 也点亮；在 SB2 控制按钮接通时，灯 L1 熄灭，在 SB2 控制按钮松开的过程中灯 L2 也熄灭；要求设计 PLC 控制程序。

（1）建立 I/O 分配表。

根据控制要求，分析任务并编制输入/输出（I/O）分配表，见表 2-5-4。

表 2-5-4 输入/输出（I/O）分配表

输入			输出		
输入元件	功能作用	输入继电器	输出元件	控制对象	输出继电器
SB1	控制按钮	X0	HL1	信号指示灯 1	Y0
SB2	控制按钮	X1	HL2	信号指示灯 2	Y1

（2）案例分析。

① 利用 X0 由断开到闭合的过程（上升沿），使中间继电器 M0 接通一个扫描周期，用于置位 Y0。

② 利用 X0 由闭合到断开的过程（下降沿），使中间继电器 M1 接通一个扫描周期，用于置位 Y1。

③ 利用 X1 由断开到闭合的过程（上升沿），使中间继电器 M3 接通一个扫描周期，用于复位 Y0。

④ 利用 X1 由闭合到断开的过程（下降沿），使中间继电器 M4 接通一个扫描周期，用于复位 Y1。

（3）编写控制程序。

根据案例分析，编写梯形图程序如图 2-5-13 所示。

图 2-5-13 微分输出指令梯形图程序

该程序对应的指令表程序如图 2-5-14 所示。

3. 微分输出指令的用法说明

（1）PLS、PLF 指令只能用于输出继电器 Y 和辅助继电器 M（不包括特殊辅助继电器）。

（2）PLC 从 RUN 到 STOP，再从 STOP 到 RUN 时，PLS M0 指令将输出一个脉冲，如果用的是断电保持型的辅助继电器则不会输出脉冲。

0	LD	X000	9	LD	X001
1	PLS	M0	10	PLS	M2
3	PLF	M1	12	PLF	M3
5	LD	M0	14	LD	M2
6	SET	Y000	15	RST	Y000
7	LD	M1	16	LD	M3
8	SET	Y001	17	RST	Y001

图 2-5-14　微分输出指令表程序

四、逻辑反、空操作与结束指令（INV/NOP/END）

1．逻辑反、空操作与结束指令的使用要素

逻辑反、空操作与结束指令的使用要素见表 2-5-5。

表 2-5-5　逻辑反、空操作与结束指令的使用要素

梯形图	指令	指令功能	程序步
	INV	运算结果取反	1
NOP	NOP	无动作	1
END	END	输入/输出处理，程序返回到开始	1

2．逻辑反指令（INV）的应用示例及用法说明

逻辑反指令将执行 INV 指令之前的运算结果取反，是不带操作数的独立指令。逻辑反指令的用法示例如图 2-5-15 所示。

```
   X000     取反指令                          当X0=0时，Y0=1；当X0=1时，Y0=0
0 ─┤├──────/────────────────────────────────────────────────────( Y000 )
   Y000     取反指令                          当Y0=0时，Y1=1；当Y0=1时，Y1=0
3 ─┤├──────/────────────────────────────────────────────────────( Y000 )
```

图 2-5-15　逻辑反指令的梯形图程序

该梯形图程序对应的指令表程序如图 2-5-16 所示。

0	LD	X000
1	INV	
2	OUT	Y000
3	LD	Y000
4	INV	
5	OUT	Y001

图 2-5-16　逻辑反指令的指令表程序

需要注意的是，INV 指令是将 INV 电路之前的运算结果取反；能编制 AND、ANI 指令步的位置可使用 INV 指令；LD、LDI、OR、ORI 指令步的位置不能使用 INV 指令；在含有 ORB、

ANB 指令的电路中，INV 指令将执行 INV 之前的运算结果取反。

3. 空操作指令（NOP）的应用示例及用法说明

空操作指令不执行操作，但占一个程序步。执行 NOP 时并不做任何事，有时可用 NOP 指令短接某些触点或用 NOP 指令将不要的指令覆盖。当 PLC 执行了清除用户存储器操作后，用户存储器的内容全部变为空操作指令。

4. 结束指令（END）的应用示例及用法说明

结束指令表示程序结束。若程序的最后不写 END 指令，则 PLC 不管实际用户程序多长，都从用户程序存储器的第一步执行到最后一步；若有 END 指令，当扫描到 END 时，则结束执行程序，这样可以缩短扫描周期。在程序调试时，可在程序中插入若干 END 指令，将程序划分若干段，在确定前面程序段无误后，依次删除 END 指令，直至调试结束。如果程序结束不用 END，在程序执行时会扫描完整个用户存储器，延长程序的执行时间，有的 PLC 还会提示程序出错，程序不能运行。

结束指令的梯形图应用示例如图 2-5-17 所示。

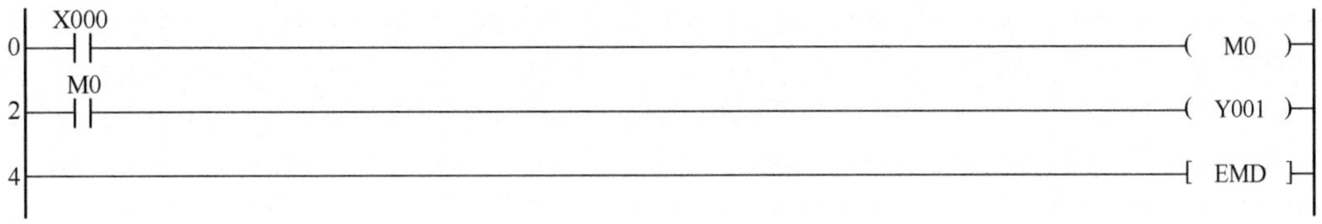

```
   X000
0 ─┤├──────────────────────────( M0 )─
   M0
2 ─┤├──────────────────────────( Y001 )─
4 ─────────────────────────────[ EMD ]─
```

图 2-5-17 结束指令的梯形图程序

该梯形图程序对应的指令表程序如图 2-5-18 所示。

```
0    LD     X000
1    OUT    M0
2    LD     M0
3    OUT    Y001
4    END
```

图 2-5-18 结束指令的指令表程序

任务实施

一、清点器材

对照表 2-5-6，清点信号灯控制电路所需的设备、工具及材料。

表 2-5-6 信号灯控制电路所需的设备、工具及材料

序号	名 称	型号	数量	作 用
1	PLC 模块	FX2N-48MR	1 块	控制灯的运行
2	触摸屏模块	TPC7062KS	1 块	控制灯的运行

续表

序号	名　称	型号	数量	作　　用
3	按钮模块	专配	1个	提供 DC 24V 电源、操作按钮及指示灯
4	安全插接导线	专配	若干	电路连接
5	扎带	ϕ120mm	若干	电路连接工艺
6	斜口钳或者剪刀	—	1把	剪扎带
7	电源模块	专配	1个	提供三相五线电源
8	计算机	安装有编程软件	1台	用于编写、下载程序等
9	220V 电源连接线	专配	2条	供按钮模块和 PLC 模块用

二、建立 I/O 分配表

根据控制要求，分析任务并编制输入/输出（I/O）分配表，见表 2-5-7。

表 2-5-7　输入/输出（I/O）分配表

输　入			输　出		
输入元件	功能作用	输入继电器	输出元件	控制对象	输出继电器
SB4	控制按钮	X0	HL1	信号指示灯1	Y0
SB5	控制按钮	X1	HL2	信号指示灯2	Y1

三、控制电路连接

按照给定电路和接线要求，在断开设备电源的情况下，完成 PLC 输入和输出电路的连接。

1．完成 PLC 输入电路的连接

将按钮模块上的按钮 SB4、SB5 的常开触点出线端（绿色端子）用绿色导线分别接到 PLC 模块输入端的 X0～X1 端子，将按钮 SB4、SB5 的公共出线端（黑色端子）用黑色导线相互并联后连接至 PLC 模块输入端的 COM 端子（黑色端子）。

2．完成 PLC 输出电路的连接

进行指示灯与 PLC 的连接，具体连接方法：将按钮模块上的 DC 24V（红色端子）用红色导线连接至 PLC 模块输出端的 COM1 端子（黑色端子），将 HL1、HL2 两个指示灯的进线端分别用黄色导线连接至 PLC 模块输出端的 Y0～Y1 端子，将 HL1、HL2 的出线端用黑色导线相互并联后连接至按钮模块上的 0V 端子。

3．电路检测及工艺整理

电路安装结束后，一定要进行通电前的检查，保证电路连接正确，没有不符合工艺要求的现象。还要进行通电前的检测，确保电路中没有短路现象，否则通电后可能损坏设备。在检查电路连接正确、无短路故障后，进行连接线路的工艺整理。

四、程序编写与下载

单按钮控制两个信号指示灯顺序亮灭控制系统的梯形图控制程序如图 2-5-19 所示。

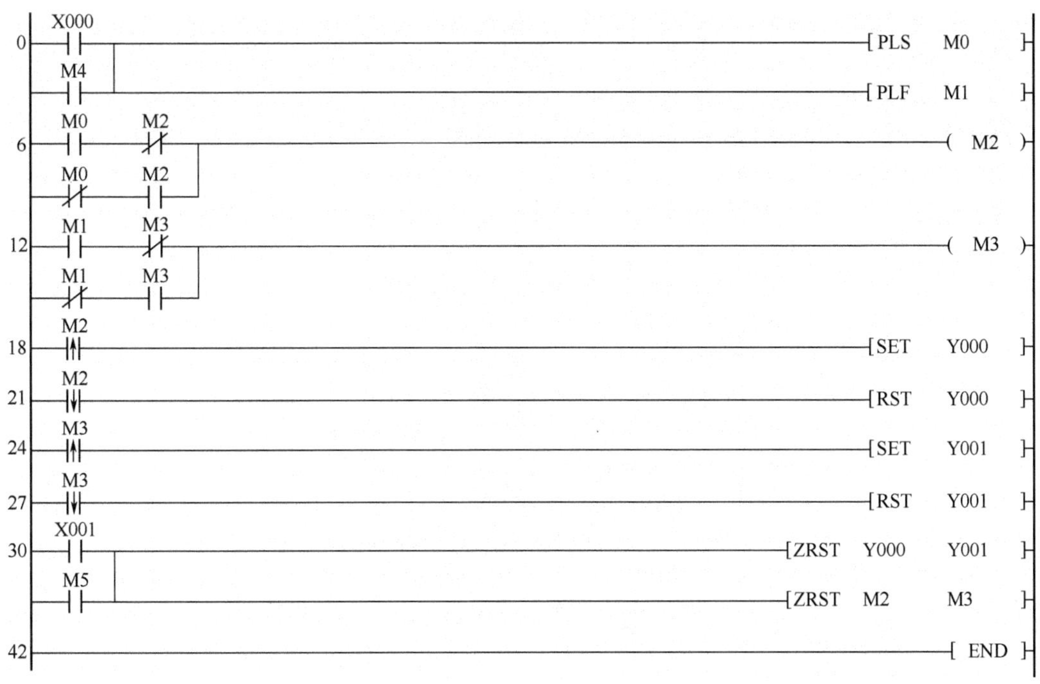

图 2-5-19　单按钮控制两个信号指示灯顺序亮灭梯形图控制程序

该梯形图程序对应的指令表程序如图 2-5-20 所示。

0	LD	X000		17	OUT	M3	
1	OR	M4		18	LDP	M2	
2	PLS	M0		20	SET	Y000	
4	PLF	M1		21	LDF	M2	
6	LD	M0		23	RST	Y000	
7	ANI	M2		24	LDP	M3	
8	LDI	M0		26	SET	Y001	
9	AND	M2		27	LDF	M3	
10	ORB			29	RST	Y001	
11	OUT	M2		30	LD	X001	
12	LD	M1		31	OR	M5	
13	ANI	M3		32	ZRST	Y000	Y001
14	LDI	M1		37	ZRST	M2	M3
15	AND	M3		42	END		
16	ORB						

图 2-5-20　单按钮控制两个信号指示灯顺序亮灭指令表控制程序

五、建立触摸屏组态

1．新建工程

建立硬件设备组态。

2. 动画组态

（1）新建窗口。

修改窗口名称为“信号指示灯的多档位组合控制”。

（2）建立组态画面。

组态画面中用到的工具箱中的工具主要有标签、矩形图形工具及插入元件工具、输入框等，画面的组成如图 2-5-21 所示。

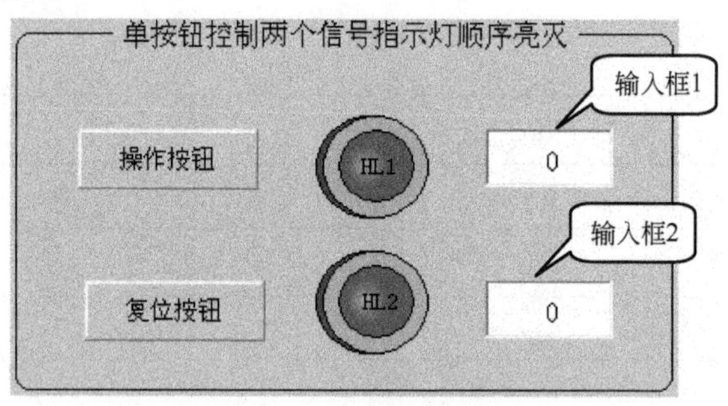

图 2-5-21　触摸屏组态画面

（3）建立数据对象连接。

如图 2-5-21 所示，触摸屏组态画面上的操作按钮和复位按钮分别对应按钮与触摸屏模块上的 SB4、SB5，画面上的两个指示灯分别与模块上的 HL1～HL2 对应。组态画面上元件的数据对象连接见表 2-5-8。

表 2-5-8　建立数据对象连接

元件名称	连接类型	数据对象连接	操作方法
指示灯（HL1）	可见度	设备 0_读写 Y0000	双击元件→数据对象→可见度→问号按钮→根据采集信息生成→通道类型：Y 输出寄存器，地址：0
指示灯（HL2）	可见度	设备 0_读写 Y0001	参照指示灯（HL1）的设置方法，地址：1
标准按钮（操作按钮）	数据对象值操作（按 1 松 0）	设备 0_读写 M0004	双击元件→操作属性→勾选数据对象值操作→选择按 1 松 0→问号按钮→根据采集信息生成→通道类型：M 辅助寄存器，地址：4
标准按钮（复位按钮）	数据对象值操作（按 1 松 0）	设备 0_读写 M0005	参照复位按钮的设置方法，地址：5
输入框 1	数据对象	设备 0_读写 M0002	双击元件→操作属性→问号按钮→根据采集信息生成→通道类型：M 辅助寄存器，地址：2
输入框 2	数据对象	设备 0_读写 M0003	参照输入框 1 的设置方法，地址：3

根据表 2-5-8 对组态画面中的各元件进行数据连接，全部设置完成以后保存工程，并将工程下载到触摸屏中，调试并查看控制效果。

六、运行调试

按照表 2-5-9 进行操作，观察系统运行情况并做好记录。如出现故障，应立即切断电源，分析原因、检查电路或梯形图，排除故障后，方可进行重新调试，直到系统功能调试成功为止。

表 2-5-9 设备调试记录表

步骤	调试流程	正确现象	观察结果及解决措施
1	初始状态	1. 按钮模块上的 SB4、SB5 断开，同时触摸屏画面上的操作按钮和复位按钮均没有按下 2. 触摸屏画面上的两个信号灯 HL1、HL2 均显示为红色，代表灯熄灭 3. 两个输入框中的内容均显示为数字“0”	
2	用按钮模块的SB4按钮或触摸屏上的操作按钮控制两个信号灯亮	1. 按下按钮模块上的 SB4 按钮或者按下画面上的“操作按钮”，按钮模块上的 HL1 亮，同时画面中的指示灯 HL1 变成绿色（代表灯 HL1 亮），输入框 1 中的内容显示为 数字“1”。此时按钮模块上的 HL2、画面中的信号灯 HL2 不亮 2. 松开按钮模块上的 SB4 按钮或者松开画面上的“操作按钮”，按钮模块上的 HL2 也亮，同时画面中的指示灯 HL2 也变成绿色（代表灯 HL2 亮），输入框 2 中的内容显示数字“1”。此时按钮模块上的 HL1、HL2、画面中的信号灯 HL1、HL2 都处于亮灯状态	
3	用按钮模块的SB4按钮或触摸屏上的操作按钮控制两个信号灯灭	1. 再次按下按钮模块上的 SB4 按钮或者按下画面上的“操作按钮”，按钮模块上的 HL1 熄灭，同时画面中的指示灯 HL1 变成红色（代表灯 HL1 熄灭），输入框 1 中的内容显示为 数字“0”。此时按钮模块上的 HL2、画面中的信号灯 HL2 仍然亮，输入框 2 中的内容仍显示为数字“1” 2. 再次松开按钮模块上的 SB4 按钮或者松开画面上的“操作按钮”，按钮模块上的 HL2 也熄灭，同时画面中的指示灯 HL2 也变成红色（代表灯 HL2 熄灭），输入框 2 中的内容也显示数字“0”。此时按钮模块上的 HL1、HL2、画面中的信号灯 HL1、HL2 都处于熄灭状态，两个输入框中的内容均显示为数字“0”	
4	用输入框控制信号指示灯	1. 任意时刻，用手动的方式在输入框 1 中输入数字“1”，则按钮模块上的 HL1 和画面中的 HL1 都亮，若输入数字“0”，则按钮模块上的 HL1 和画面中的 HL1 都熄灭 2. 任意时刻，用手动的方式在输入框 2 中输入数字“1”，则按钮模块上的 HL3 和画面中的 HL3 都亮，若输入数字“0”，则按钮模块上的 HL3 和画面中的 HL3 都熄灭	
5	系统复位	任意时刻，按下按钮模块上的 SB5 按钮或者画面中的复位按钮，则按钮模块上的 HL1、HL2 和画面中的信号指示灯 HL1、HL2 都熄灭，系统回复初始状态	

任务评价

对任务实施的完成情况进行检查，并将结果填入表 2-5-10 内。

表 2-5-10 任务测评表

序号	主要内容	考核要求	评分标准	配分	扣分	得分
1	控制电路的连接	根据任务要求，连接控制电路	1. 不能正确连接指示灯扣 5 分 2. 不能正确连接按钮扣 5 分 3. 不能正确连接 PLC 供电回路扣 5 分 4. 不能正确连接 PLC、触摸屏通信电缆扣 5 分	20		
2	编写控制程序	根据任务的控制要求编写控制程序	HL1～HL2 不能按要求点亮，或者不能按要求熄灭、每出现一次扣 8 分，系统不能复位扣 10 分，共 40 分，扣完为止	40		
3	触摸屏组态	根据任务要求，进行触摸屏组态	1. 硬件组态正确得 2 分，错误不得分 2. 画面设计完成得 8 分，没有完成不得分 3. 触摸屏组态画面的数据对象连接正确得 20 分，每错一次扣 2 分，扣完为止	30		
4	安全文明生产	遵守操作规程；尊重考评员，讲文明礼貌；考试结束要清理现场	1. 考试中，违反安全文明生产考核要求的任何一项扣 2 分，扣完为止 2. 当教师发现学生有重大事故隐患时，要立即予以制止，并每次扣安全文明生产分 5 分 3. 小组协作不和谐、效率低扣 5 分	10		
合 计				100		
开始时间：			结束时间：			
学习者姓名：			指导教师：	任务实施日期：		

项目 3 自动送料装置定时送料控制

任务1 自动送料装置定时送料控制电路的连接、编程与触摸屏组态

任务目标

知识目标：1. 掌握通用定时器指令的功能及用法。
2. 掌握积算定时器指令的功能及用法。

能力目标：1. 根据任务要求，正确选用 YL-235A 光机电一体化实训设备的电气控制模块。
2. 能正确使用通用定时器、积算定时器等编写控制程序。
3. 能正确使用 MCGS 组态软件中的标准按钮工具及图形工具，建立组态画面并进行数据连接。

素质目标：养成独立思考和动手操作的习惯，培养小组协调能力和合作学习的精神。

如图 3-1-1 所示为自动送料装置定时送料控制电路。

（1）利用 YL-235A 设备上的皮带等部件及 PLC 模块，完成自动送料装置定时送料控制电路的连接。

（2）设置变频器的参数 P79、P4、P7、P8，使之能实现从外部端子控制电机运行。

（3）根据下面的要求编写 PLC 控制程序、触摸屏控制界面，调试该控制程序，使之符合控制任务要求。

① 初始状态下，按钮模块启动按钮 SB4 未接通或触摸屏上的启动按钮未按下，三相交流电机和送料直流电机均处于停止状态，触摸屏控制界面时间显示为零。

② 当按下触摸屏上的启动按钮或按钮模块中的启动按钮 SB4，直流电机启动送料、传送带向右运行，当物料检测平台检测到物料时，直流电机停止，10s 后直流电机再次启动送料，以此不断循环。

③ 电机运行过程中，按下触摸屏的停止按钮或面板停止按钮 SB5，直流电机和传送带均停止。

（4）完成 PLC 程序调试并符合控制要求后，运用 MCGS 组态软件，建立如图 3-1-2 所示

的组态工程画面，并进行数据对象连接，最后将组态工程下载到触摸屏中，通过调试，使之符合控制要求。

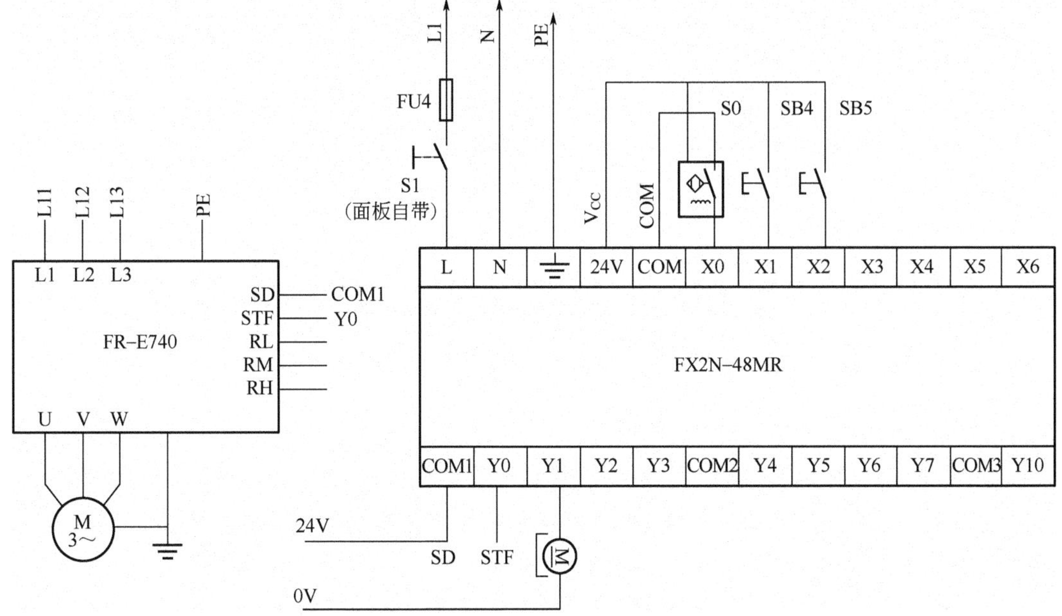

图 3-1-1 自动送料装置定时送料控制电路

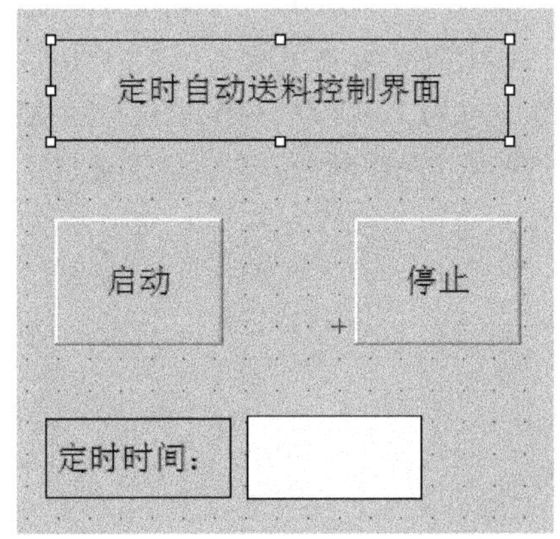

图 3-1-2 定时送料控制触摸屏画面

（5）安装示意图如图 3-1-3 所示。

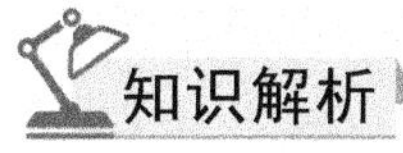

一、通用定时器与积算定时器

1．通用定时器

通用定时器的特点是不具备断电保持的功能，即当输入信号断开或停电时，定时器自动复位。通用定时器有 100ms 和 10ms 两种。

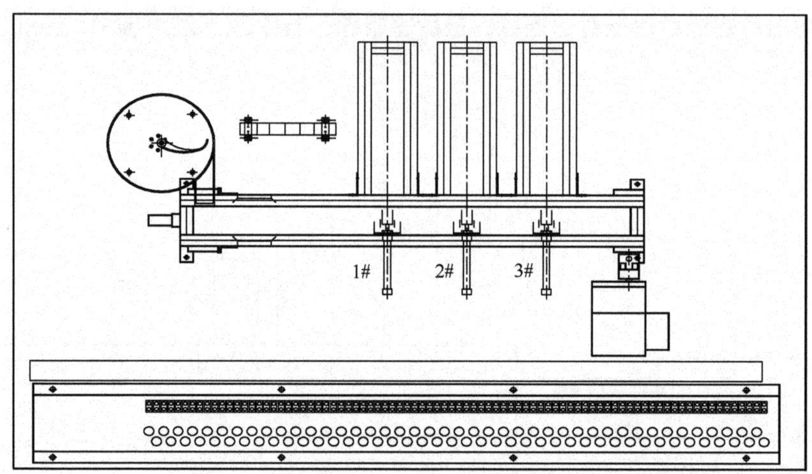

图 3-1-3　安装示意图

（1）100ms 通用定时器（T0～T199）共 200 点，其中 T192～T199 为子程序和中断服务程序专用定时器。这类定时器是对 100ms 时钟累积计数，时间设定值 K 的范围为 1～32767，所以其定时值范围为 0.1～3276.7s。

（2）10ms 通用定时器（T200～T245）共 46 点。这类定时器是对 10ms 时钟累积计数，设定值为 1～32767，所以其定时范围为 0.01～327.67s。

（3）通用定时器应用举例：如图 3-1-4 所示，当输入 X0 接通时，定时器 T200 从 0 开始对 10ms 时钟脉冲进行累积计数，当计数值与设定值 K123 相等时，定时器控制的常开触点 T200 接通，Y0 为 ON，延时定时的时间为 123×0.01s=1.23s。当 X0 断开后定时器复位，计时器复位，计数值变为 0，其常开触点 T200 断开，Y0 也随之 OFF。若外部电源断电，定时器也将复位。

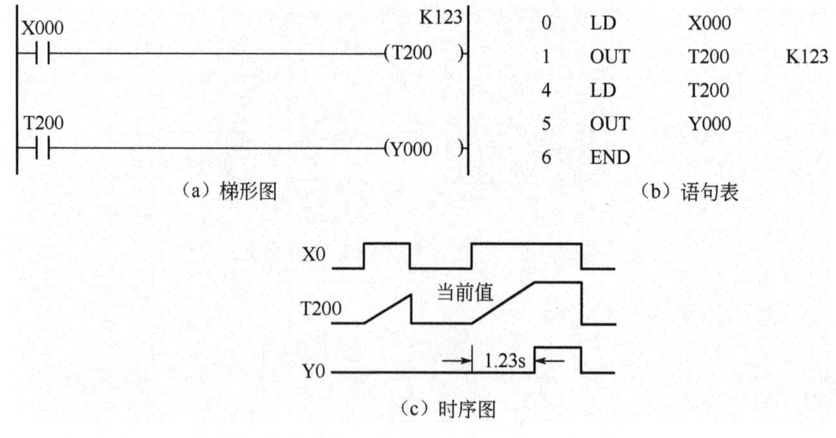

图 3-1-4　通用定时器工作原理

2．积算定时器

积算定时器具有计数累积的功能。在定时过程中如果断电或定时器线圈 OFF，积算定时器将保持当前的计数值（当前值），即其当前值具有保持功能，再次通电或定时器线圈 ON 后定时器继续在原来计数值的基础上继续累加计时。只有通过 RST 指令将积算定时器复位，当前值才变为 0。

（1）1ms 积算定时器（T246～T249）共 4 点，是对 1ms 时钟脉冲进行累积计数，定时值的范围为 0.001～32.767s。

（2）100ms 积算定时器（T250～T255）共 6 点，是对 100ms 时钟脉冲进行累积计数，定时值的范围为 0.1～3276.7s。

（3）积算定时器应用举例：如图 3-1-5 所示，当 X0 接通时，T253 开始计时，当 X0 接通 t0 时间后断开，而 T253 当前值小于设定值 K345，T253 暂停计数并保留当前值。当 X0 再次接通，T253 从保留的当前值开始继续累积，经过 t1 时间，当前值达到 K345 时，定时器的 T253 的常开触点闭合，Y0 为 ON。触点动作。累积的时间为 $t0 + t1 = 0.1 \times 345 = 34.5s$。当 X1 接通时，定时器复位，当前值变为 0，T253 的常开触点断开，Y0 为 OFF。

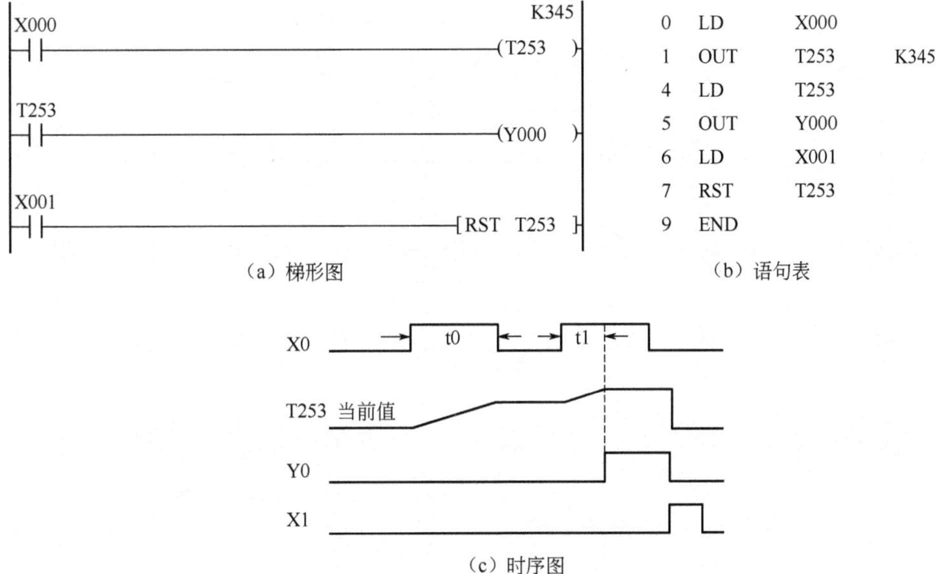

（a）梯形图 （b）语句表

（c）时序图

图 3-1-5 积算定时器工作原理

二、独立定时与叠加定时

1. 独立定时

如图 3-1-6 所示，当 X1 接通时，T5 线圈得电开始计时，当计时当前值等于设定值时， T5 的常开触点接通，使 Y20 接通。当 X1 断开时，T5 线圈失电，定时器复位，输出触点复位，当前值变为 0。

2. 叠加定时

如图 3-1-7 所示，当 X0 接通，T0 线圈得电并开始计时，计时时间达到设定值时 T0 常开触点闭合，又使 T1 线圈得电，T1 开始计时，当定时器 T1 计时时间达到设定值时，其常开触点闭合，使 T2 线圈得电，T2 开始计时，当定时器 T2 延时到，其 T2 常开触点闭合，使 Y0 接通。因此，从 X0 为 ON 开始到 Y0 接通所需要时间为 T0、T1、T2 三个定时器的定时设定值之和，共 9000s。

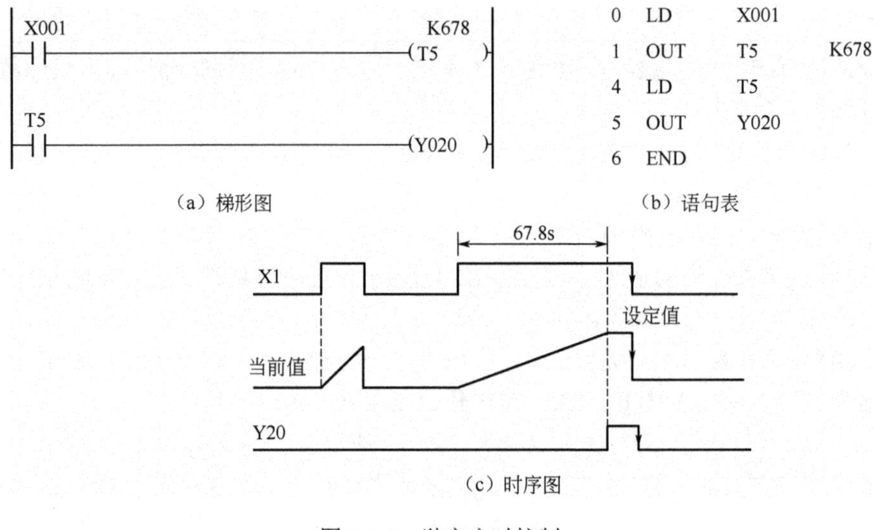

图 3-1-6 独立定时控制

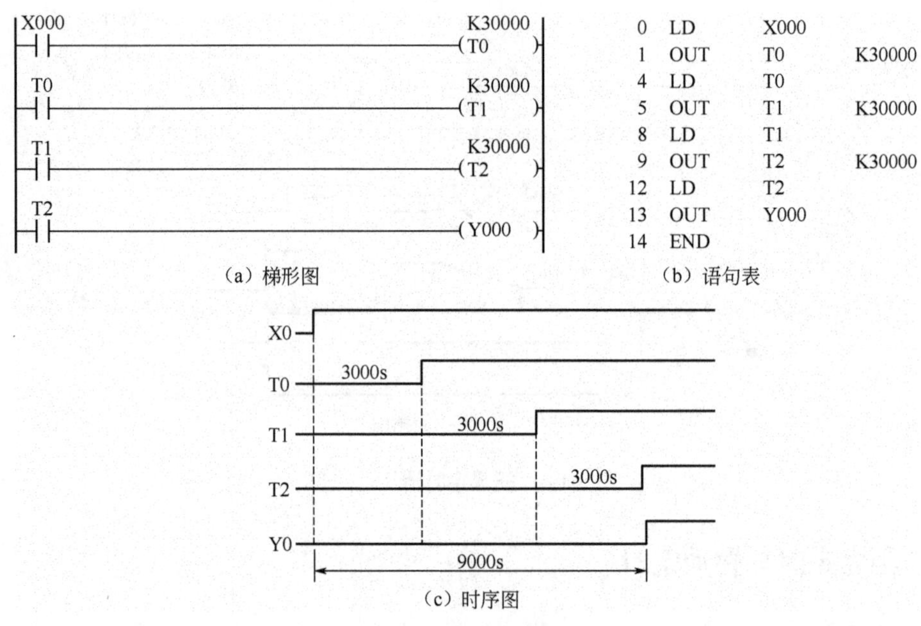

图 3-1-7 叠加定时控制

三、延时接通与延时断开控制

1．延时接通控制

如图 3-1-8 所示，常开触点 X0 接通，M0、T0 线圈得电，M0 常开触点接通实现自锁，T0 开始计时，2s 后 T0 常开触点接通，Y0 线圈得电。

当常闭触点 X2 断开，M0、T0 线圈失电，M0 常开触点断开自锁解除，定时器 T0 复位，TO 常开触点断开，Y0 线圈失电。

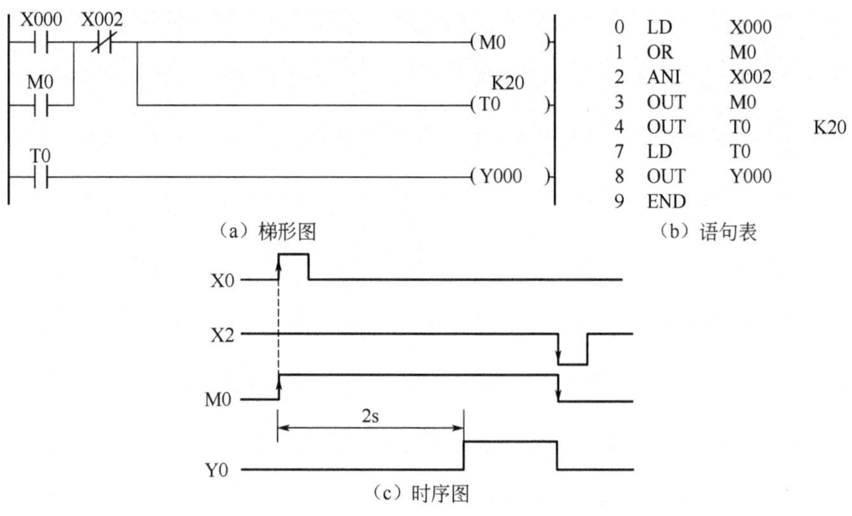

（a）梯形图 （b）语句表

（c）时序图

图 3-1-8 延时接通控制

2．延时断开控制

如图 3-1-9 所示，当 X1 接通，Y0 线圈得电，Y0 常开触点接通实现自锁。当 X1 断开，T1 线圈得电并开始计时，10s 后 T1 常闭触点断开，Y0 线圈失电，Y0 常开触点断开自锁解除，同时定时器 T1 复位。

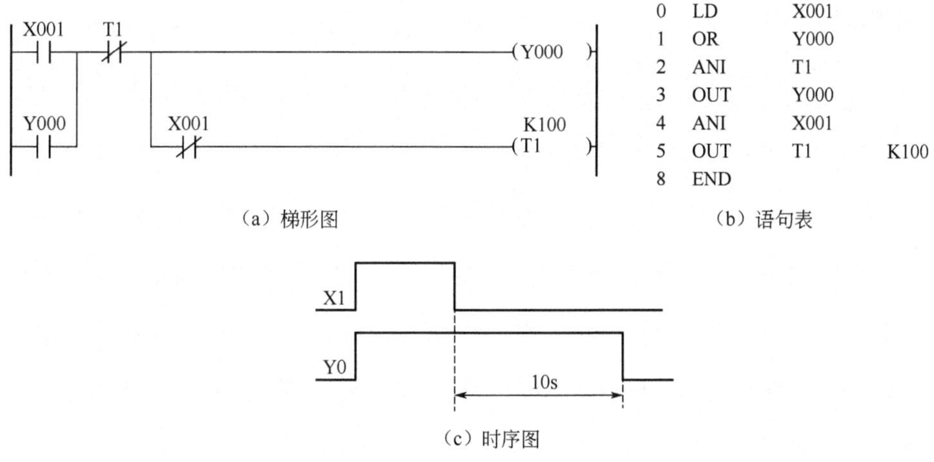

（a）梯形图 （b）语句表

（c）时序图

图 3-1-9 延时断开控制

四、脉冲输出控制

如图 3-1-10 所示，当 X0 接通时，Y0 线圈得电、T0 线圈得电开始计时，1s 后，T0 的常开触点接通、常闭触点断开，Y0 线圈失电，同时 T1 线圈得电开始计时，2s 后，T1 的常闭触点断开，T0 线圈失电，T0 的常开触点、常闭触点复位，Y0 线圈得电，同时 T1 线圈失电，T1 的常闭触点复位，T0 线圈又得电，重复上述工作过程，从而实现 Y0 输出为接通 1s 断开 2s 的脉冲信号，Y0 的接通时间由 T0 控制，断开时间由 T1 控制。

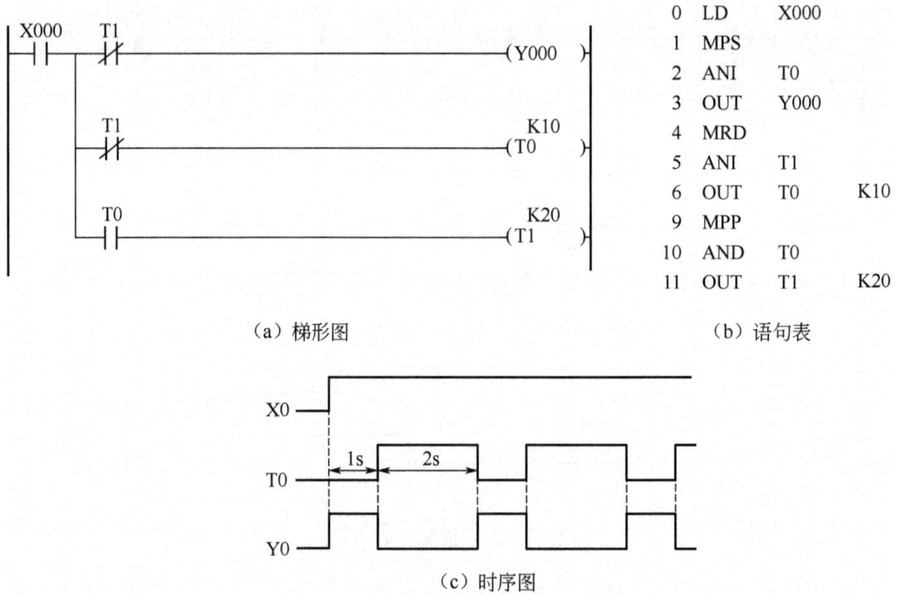

（a）梯形图　　（b）语句表

（c）时序图

图 3-1-10　脉冲输出控制

五、最大限时与最小限时控制

1．最大限时控制

如图 3-1-11 所示，当 X0 接通，Y0 线圈得电、T1 线圈得电，延时 2s 后其常闭触点断开，Y0 断电，Y0 线圈最大得电时间为 2s。Y0 线圈得电时间由 T1 定时器控制。

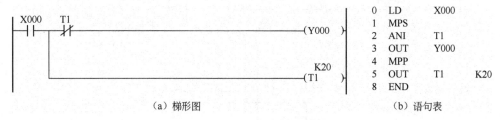

X000　T1　(Y000)

K20 (T1)

```
0 LD   X000
1 MPS
2 ANI  T1
3 OUT  Y000
4 MPP
5 OUT  T1    K20
8 END
```

（a）梯形图　　（b）语句表

图 3-1-11　最大限时控制

2．最小限时控制

如图 3-1-12 所示，当 X1 接通，Y1 线圈得电，其常开触点 Y1 闭合实现自锁、T2 线圈得电开始计时，Y1 线圈得电 2s 内 X1 断开，Y1 线圈因自锁仍保持得电状态直到 T2 触点动作后才断电。所以，Y1 线圈至少工作 2s 才能停止，即 Y1 得电最小限时控制时间为 2s。

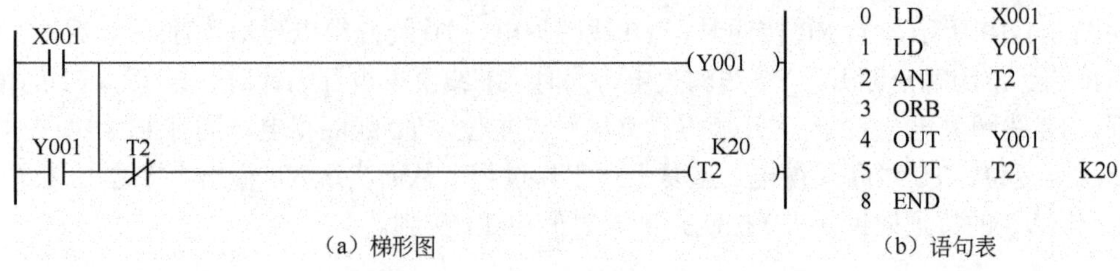

（a）梯形图　　（b）语句表

图 3-1-12　最小限时控制

任务实施

一、清点器材

对照表 3-1-1，清点自动送料控制电路所需的设备、工具及材料。

表 3-1-1 自动送料控制电路所需的设备、工具及材料

序号	名 称	型号	数量	作 用
1	PLC 模块	FX2N-48MR	1 块	控制机械手运行
2	按钮与指示灯模块	专配	1 个	提供 DC 24V 电源、操作按钮及指示灯
3	变频器模块	专配	1 个	用于驱动皮带输送机
4	传送带机构套件	专配	1 套	运输物料
5	安全插接导线	专配	若干	电路连接
6	扎带	ϕ120mm	若干	电路连接工艺
7	斜口钳或者剪刀	—	1 把	剪扎带
8	电源模块	专配	1 个	提供三相五线电源
9	计算机	安装有编程软件	1 台	用于编写、下载程序等
10	220V 电源连接线	专配	2 条	供按钮模块和 PLC 模块用

二、建立 I/O 分配表

根据控制要求，分析任务并编制输入/输出（I/O）分配表，见表 3-1-2。

表 3-1-2 输入/输出（I/O）分配表

输 入			输 出		
输入元件	功能作用	输入继电器	输出元件	控制对象	输出继电器
S0	物料检测传感器	X0	STF	正转信号端子	Y0
SB4	启动按钮	X1	M	直流电机	Y1
SB5	停止按钮	X2			

三、PLC 输入电路、输出电路的连接

在断开电源设备电源的情况下，完成 PLC 输入和输出电路、变频器的连接。

1. 完成 PLC 输入电路的连接

按照接线要求及 I/O 分配表，完成 PLC 电路的连接。对于变频器同 PLC 模块的连接，参照图 3-1-13 所示，完成 S0、SB4、SB5 按钮与 PLC 模块输入电路的连接，直流电机、变频器与 PLC 输出电路连接示意图如图 3-1-13 所示。

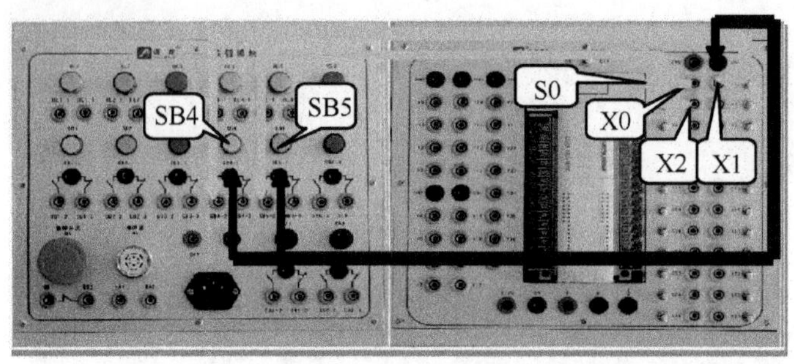

图 3-1-13　PLC 输入电路连接示意图

2. 完成 PLC 输出电路的连接

在断开电源设备电源的情况下，进行变频器与 PLC 的连接，变频器模块的正转 STF、公共输入端 SD 与 PLC 连接示意图如图 3-1-14 所示。

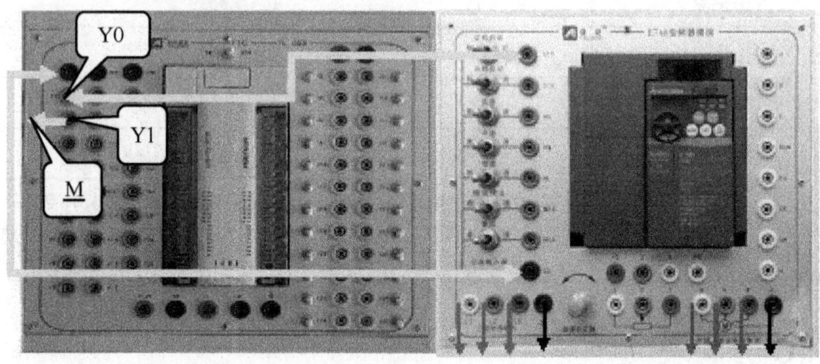

图 3-1-14　PLC 输出电路的连接示意图

3. 电路的检测及工艺整理

电路安装结束后，一定要进行通电前的检查，保证电路连接正确，没有不符合工艺要求的现象。还要进行通电前的检测，确保电路中没有短路现象，避免通电后损坏设备。

（1）用万用表检测三线传感器同 24V 电源之间的连接是否正常，三线传感器的各端子是否连接正确。

（2）PLC 输出的各 COM 端是否连接在开关电源的+24V 端子上。待驱动的负载另一端是否共同连接在 0V 端子上。

（3）上述工作完成，通电调试传感器的功能是否正常工作，设置变频器为 PU 控制模式，调试电机是否正常工作。

（4）用万用表检测按钮到 PLC 输入端的连接是否有断路，用万用表检测 PLC 的输出端是否有断路，检测电源连接是否有断路。

（5）检查电路连接正确后，进行控制线路的工艺整理。

四、程序编写与下载

1. PLC 程序的编写与下载

参考定时自动送料控制程序如图 3-1-15 所示，程序分析：当按下触摸屏上的启动按钮（M0）

或控制面板按钮 SB4（X1），Y1 线圈得电，直流电机启动送料、Y0 线圈得电，传送带运行，当物料检测平台（S0）检测到物料时，T0 线圈得电开始计时、M4 线圈得电，使 Y1 线圈失电导致直流电机停止、T0 线圈得电开始计时，10s 后 T0 常闭触点断开，M4 线圈失电，直流电机再次启动送料，以此不断循环。

停止：电机运行过程中，按下触摸屏的停止按钮（M1）或面板控制按钮 SB5（X2），Y0 线圈失电（传送带停止运行）、Y1 线圈失电（直流电机停止运行）。

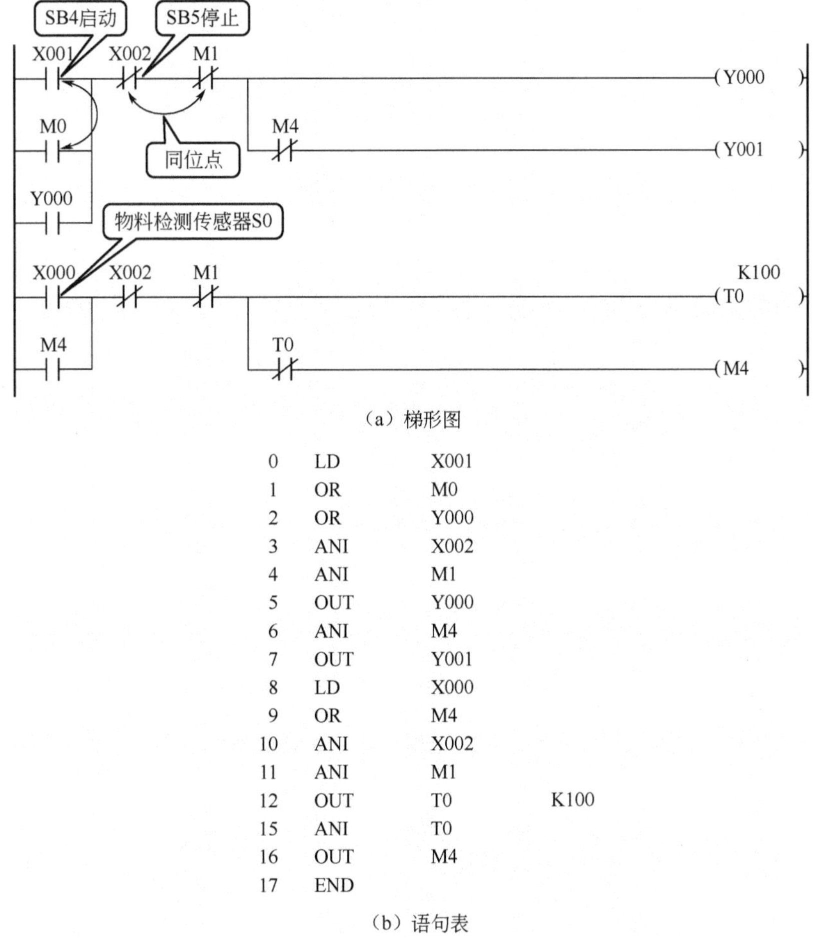

（a）梯形图

```
0    LD     X001
1    OR     M0
2    OR     Y000
3    ANI    X002
4    ANI    M1
5    OUT    Y000
6    ANI    M4
7    OUT    Y001
8    LD     X000
9    OR     M4
10   ANI    X002
11   ANI    M1
12   OUT    T0      K100
15   ANI    T0
16   OUT    M4
17   END
```

（b）语句表

图 3-1-15　参考定时自动送料控制程序

2．变频器参数的设置

变频器参数的设置方法参照知识解析的内容，这里需要设置的参数有：Pr.79=3，电机运行频率由变频器面板上的旋钮设置。

五、建立触摸屏组态

1．新建工程、新建窗口，并进行硬件设备组态

新建窗口如图 3-1-16 所示，请参照前面任务中新建工程和新建窗口的操作步骤，并进行硬件组态，这里不再列出具体的操作步骤。

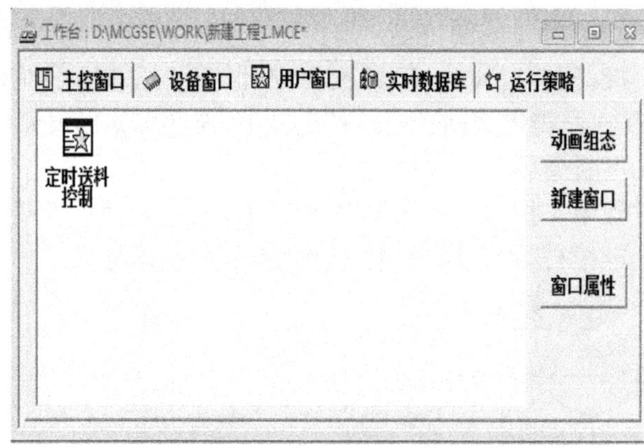

图 3-1-16　新建工程

2. 建立画面

（1）在实时数据库单击“新增对象”按钮，如图 3-1-17 所示。

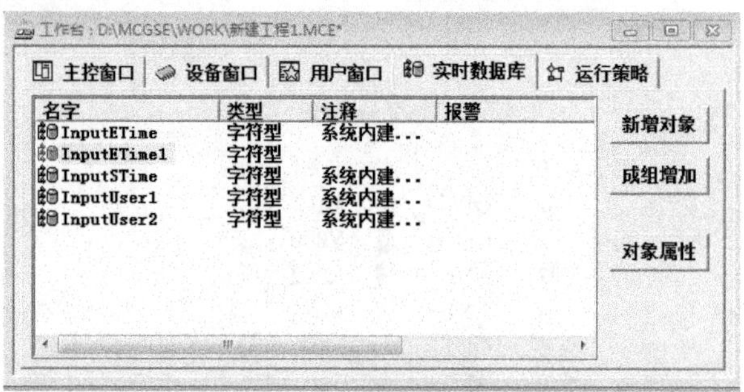

图 3-1-17　实时数据库对话框

设置两个开关量类型，对象名称分别为 M0、M1，再新增一个数值类型，对象名称为定时时间，如图 3-1-18 所示。

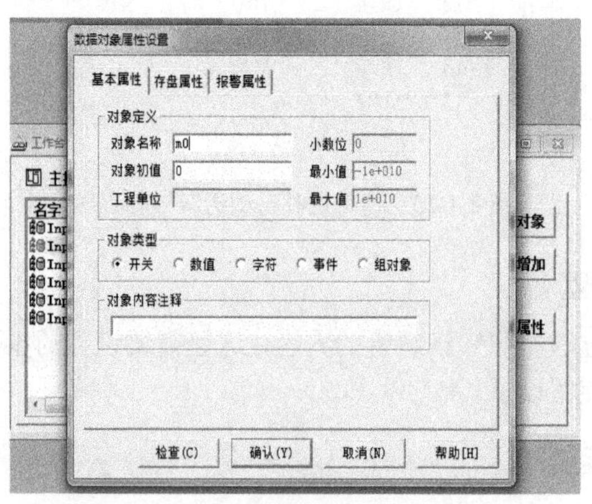

图 3-1-18　数据对象属性设置对话框

（2）双击新建的“定时送料控制”窗口，进入动画组态界面，单击工具箱中的“标准按钮”工具，在界面上画两个按钮，并修改按钮的名称分别为“启动”和“停止”；单击工具箱中的

“标签”工具，输入标签，同时建立定时时间显示。

启动按钮设置如图 3-1-19 所示。

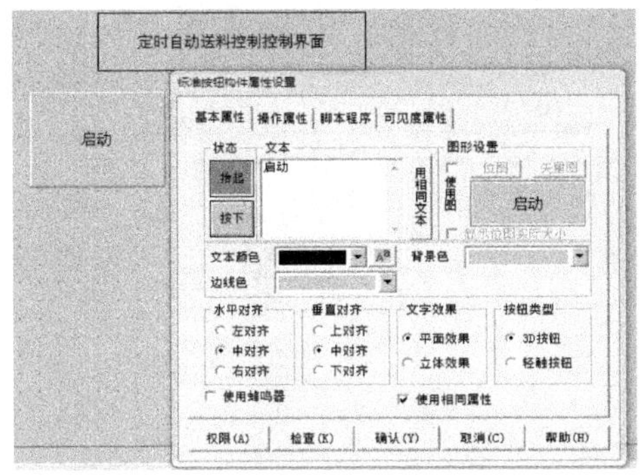

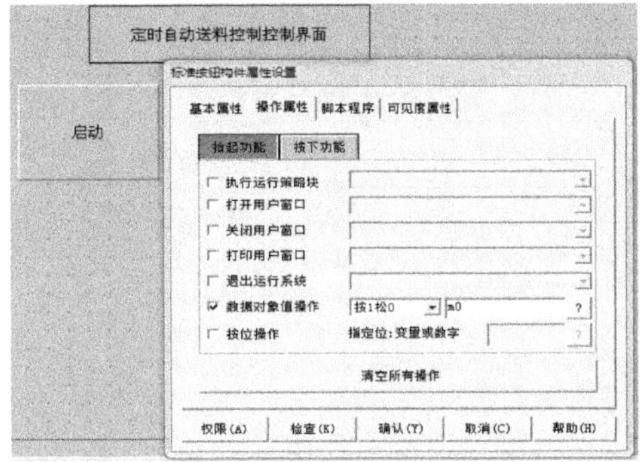

图 3-1-19　启动按钮设置

双击“启动”按钮在“文本”内输入“启动”，然后单击“操作属性”，选择“数据对象值操作”，选择变量，单击“确认”按钮。

停止按钮设置如图 3-1-20 所示。

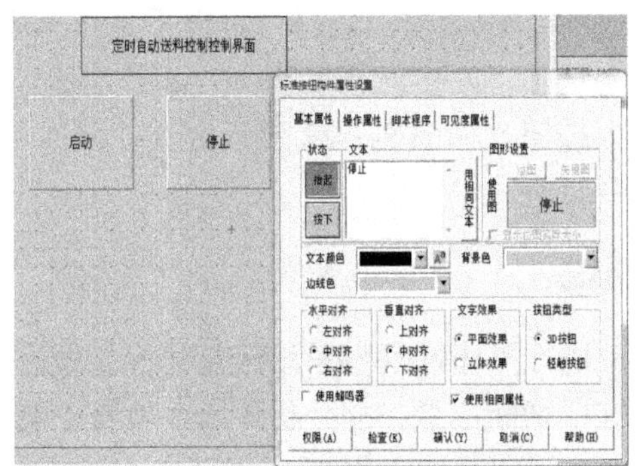

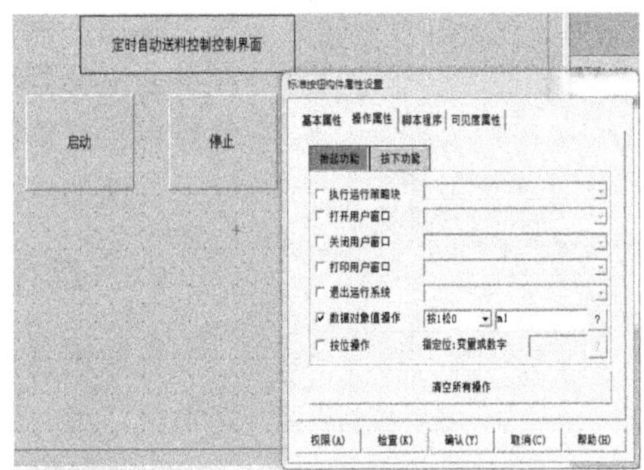

图 3-1-20　停止按钮设置

双击“停止”按钮在“文本”内输入“停止”，然后单击“操作属性”，选择“数据对象值操作”，选择变量，单击“确认”按钮。

定时时间设置如图 3-1-21 所示。

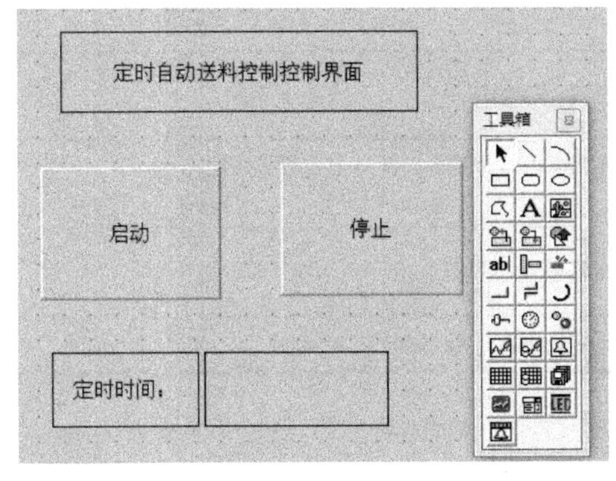

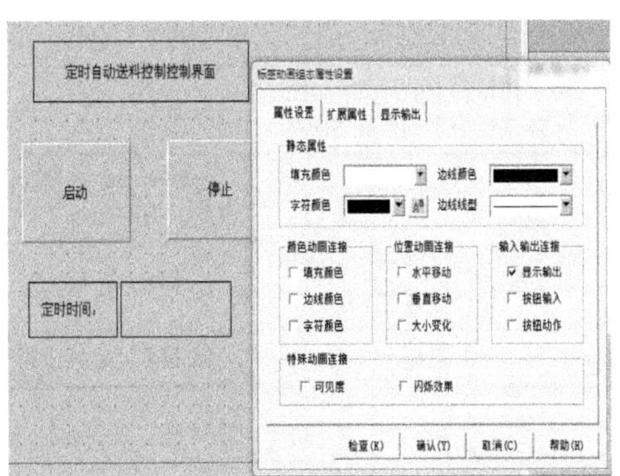

图 3-1-21　定时时间设置

从工具箱中选择标签输入“定时时间”，双击标签，填充颜色选择白色，“输入输出连接”选择“显示输出”。

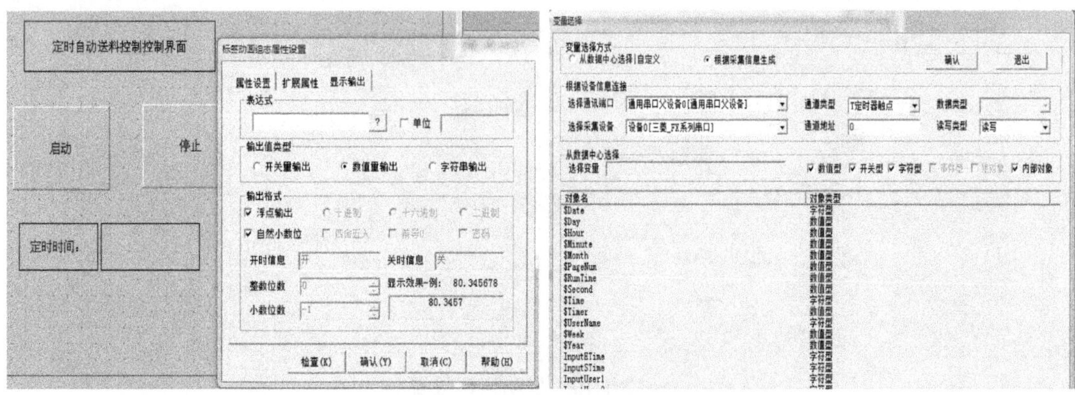

图 3-1-22　显示输出设置

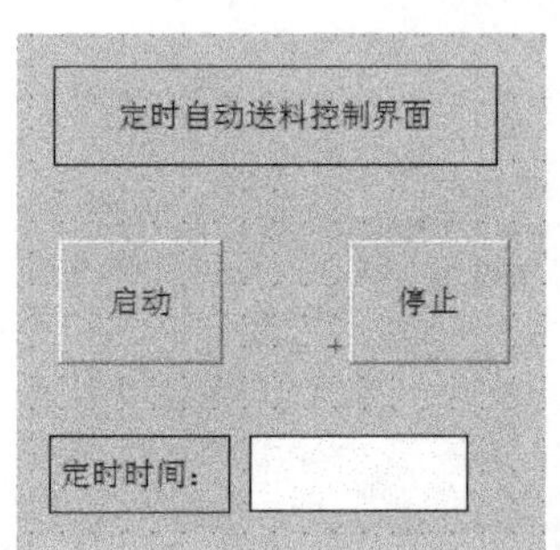

图 3-1-23　定时自动送料控制界面

单击“显示输出”，选择“数值量输出”，再单击表达式问号，弹出“变量选择”对话框，选择“根据采集信息生成”，在“通道类型”中选择“T 定时器触点”，“通道地址”为 0，然后单击“确认”按钮，如图 3-1-22 所示。

界面如图 3-1-23 所示。

六、运行调试

按照表 3-1-3 进行操作，观察系统运行情况并做好记录。如出现故障，应立即切断电源，并分析原因、检查电路或梯形图，排除故障后，方可进行重新调试，直到系统功能符合控制要求为止。

表 3-1-3　设备调试记录表

步骤	调试流程	正确现象	观察结果及解决措施
1	初始状态	触摸屏按钮和面板按钮 SB4、SB5 处于松开状态，定时时间初始值为零	
2	按下触摸屏上的启动按钮或按钮模块上的按钮 SB4	传送带运行、直流电机运行开始送料	
3	循环运行	当物料检测有料时，直流电机停止送料，延时 10s 后又自动送料，循环运行	
4	按下触摸屏上的停止按钮或面板停止按钮 SB5	按下停止按钮后，传送带停止、直流电机停止送料	
5	时间显示	触摸屏时间显示和实际定时时间一致（10s）	

任务评价

对任务实施的完成情况进行检查，并将结果填入表 3-1-4 内。

表 3-1-4 任务测评表

序号	主要内容	考核要求	评分标准	配分	扣分	得分
1	传送机构的组装	传送带套件组装	1. 传送带组装不正确扣 5 分 2. 传感器位置组装不正确扣 5 分	10		
2	控制电路的连接	根据任务要求，连接控制电路	1. 不能正确连接变频器扣 5 分 2. 不能正确连接传感器扣 5 分 3. 不能正确连接按钮及电磁阀扣 5 分 4. 不能正确连接触摸屏通信电缆扣 5 分	20		
3	编写控制程序	根据任务要求，编写控制程序	调试各项功能，不能实现的功能每处扣 10 分，共 40 分，扣完为止	40		
4	触摸屏组态	根据任务要求，进行触摸屏组态	1. 硬件组态正确得 5 分，错误不得分 2. 画面设计完成得 5 分，没有完成不得分 3. 触摸屏画面中的按钮功能及定时时间正确得 10 分	20		
5	安全文明生产	遵守纪律，符合操作要求，讲文明礼貌；实训台面整洁	1. 违反安全文明生产考核要求的任何一项扣 2 分，扣完为止 2. 当教师发现学生有重大事故隐患时，要立即予以制止，并每次扣安全文明生产分 5 分 3. 小组协作不和谐、效率低扣 5 分	10		
合 计				100		
开始时间：			结束时间：			
学生姓名：			指导教师：	日期：		

任务 2　自动送料装置送料计数控制

任务目标

知识目标：1. 掌握 16 位增计数器、32 位双向计数器的功能及用法。

2. 掌握计数器串级控制、基于计数器的延时控制、基于计数器的顺序控制的应用。

能力目标：1. 根据任务要求，正确选用 YL-235A 光机电一体化实训设备的电气控制模块。

2. 能正确使用 16 位增计数器、32 位双向计数器指令编写控制程序。

3. 能正确使用 MCGS 组态软件中的标准按钮工具及图形工具，建立组态画面并进行数据连接。

素质目标：养成独立思考和动手操作的习惯，培养小组协调能力和合作学习的精神。

任务呈现

如图 3-2-1 所示为自动送料装置计数送料控制电路。

（1）利用 YL-235A 机电一体化实训设备上的按钮与指示灯模块、PLC 模块，送料机构、物料传送机构或者利用同类型的其他 PLC 实训设备，完成自动送料装置送料计数控制电路的连接。

（2）设置变频器的上下限频率、加减速时间等参数，使之能实现从外部端子控制电机运行。

（3）根据下面的要求编写 PLC 控制程序、制作触摸屏控制画面，调试该控制程序，使之符合控制任务要求。

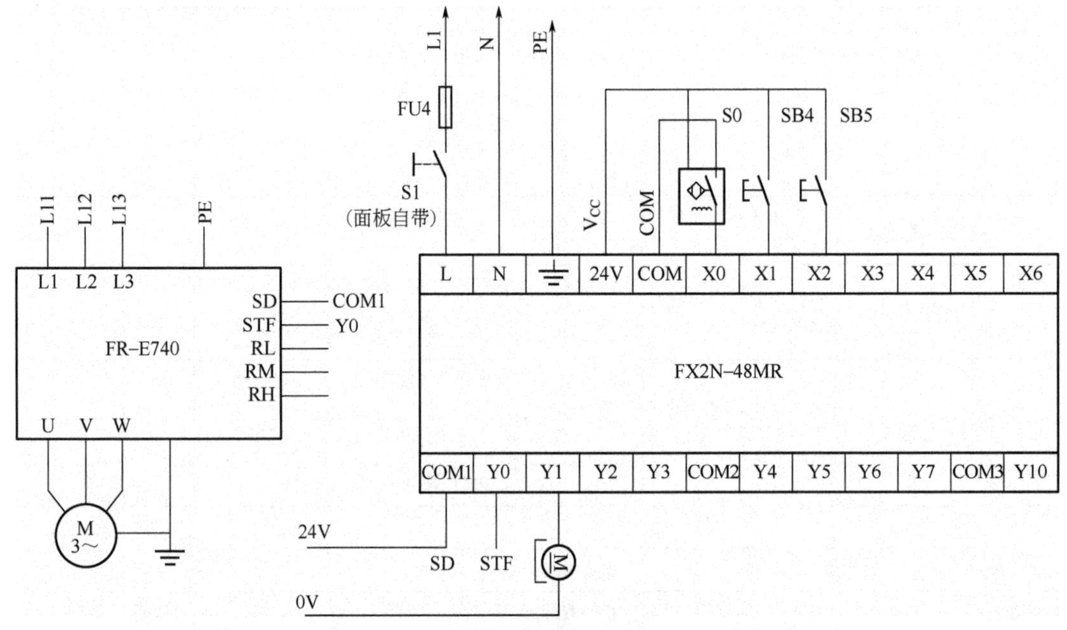

图 3-2-1　自动送料装置计数送料控制电路

① 初始状态下，按钮模块启动按钮 SB4 未接通或触摸屏上的启动按钮未按下，送料装置的直流电机、传送带输送机不运行，触摸屏控制画面上的计数指示为零。

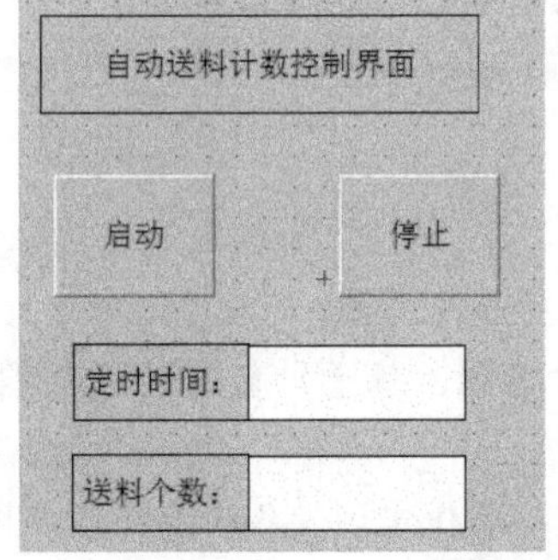

图 3-2-2　自动送料计数控制触摸屏监控界面

② 当按下触摸屏上的启动按钮或按钮模块启动按钮 SB4，直流电机启动送料、传送带向右运行，当物料检测平台检测到物料时，直流电机停止，10s 后直流电机再次启动送料，以此不断循环。

③ 在触摸屏上显示定时时间和送料个数，当送料数量达到 5 个时，所有均停止。

④ 电机运行过程中，按下触摸屏的停止按钮或按钮模块上的按钮 SB5，直流电机和传送带均停止运行。

（4）完成 PLC 程序调试并符合控制要求后，运用 MCGS 组态软件，建立如图 3-2-2 所示的组态工程画面，并进行数据对象连接，最后将组态工程下载到触摸屏中，通过调试，使之符合控制要求，如图 3-2-2 所示，画面上的各按钮功能，在前述任务中已说明。

知识解析

一、16 位增计数器

16 位增计数器（C0～C199）共 200 点，其中 C0～C99 为通用型，C100～C199 共 100 点为断电保持型（即断电后能保持当前值，待通电后继续计数）。这类计数器为递加计数，当输入信号（上升沿）个数累加到等于设定值时，计数器动作，其控制的常开触点闭合、常闭触点断开。计数器的设定值为 1～32767（16 位二进制），设定值除了用常数 K 设定外，还可通过指定数据寄存器间接设定。

16 位增计数器应用举例：程序运行过程如图 3-2-3 所示。C0 在 X0 的上升沿计数，计数设定为 3。当计数信号 X0 接通三次，C0 的当前值为 3，等于设定值（此后即使 X0 再接通，C0 的当前值保持不变），C0 常开触点闭合，Y0 得电输出。C0 必须通过 RST 指令才能复位，当复位信号 X1 为 ON 时，C0 当前值复位为 0。

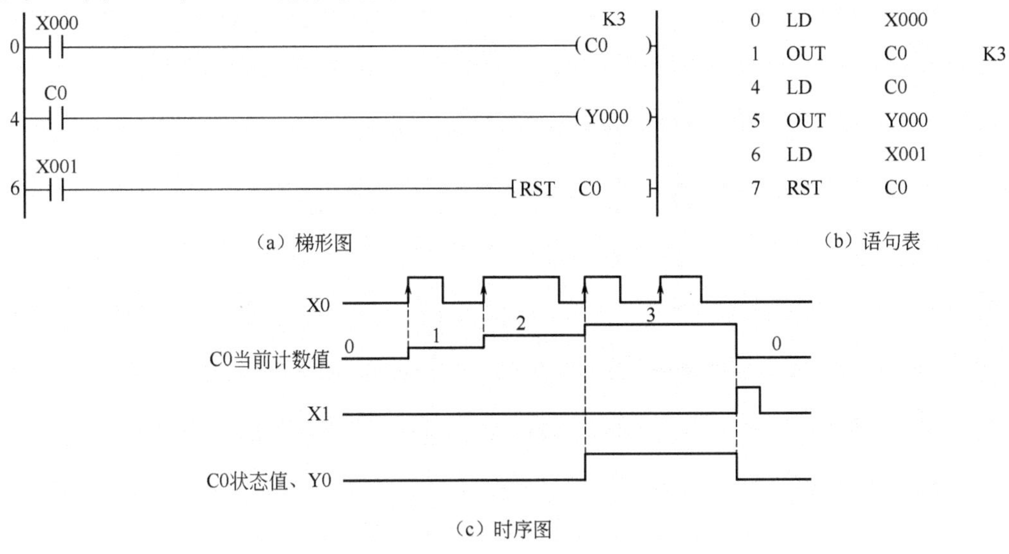

（a）梯形图　（b）语句表

（c）时序图

图 3-2-3　增计数工作原理

二、32 位双向计数器

32 位增/减计数器（C200～C234）共有 35 点 32 位加/减计数器，其中 C200～C219（共 20 点）为通用型，C220～C234（共 15 点）为断电保持型。这类计数器与 16 位增计数器除位数不同外，还在于它能通过选择控制方式实现加/减双向计数。设定值范围均为-214783648～+214783647（32 位）。

C200～C234 的计数方向（增计数或减计数），分别由特殊辅助继电器 M8200～M8234 设定。对应的特殊辅助继电器被置为 ON 时为减计数，置为 OFF 时为增计数。

32 位双向计数器应用举例：如图 3-2-4 所示，当 X10 常开触点断开时，辅助继电器 M8200 为 OFF，C200 计数器为增计数方式。当 X12 每来一个脉冲，C200 当前值加 1，当当前值大于等于 C200 计数器设定值 5 时，C200 计数器为 ON，C200 常开触点闭合，Y0 线圈得电。当 X10 常开触点闭合时，辅助继电器 M8200 为 ON，C200 计数器为减计数方式。当 X12 每来一个脉冲，C200 当前值减 1，当当前值小于 C200 计数器设定值 5 时，C200 计数器为 OFF，C200 常开触点断开，Y0 线圈断电。复位输入端 X11 接通时，计数器的当前值为 0，输出触点也随之复位。

三、计数器串级控制

如图 3-2-5 所示，当 X4 每来一个脉冲，C0 计数器当前值加 1，当 C0 当前值计数达到 50 时，C1 当前值加 1，C0 当前值复位，C0 重新计数 50 次，C1 计数值加 1，以此类推，当 X4 脉冲大于等于 30×50 个时，Y20 线圈为 ON，当 N 个计数器串联使用最大计数值为 32767×N。

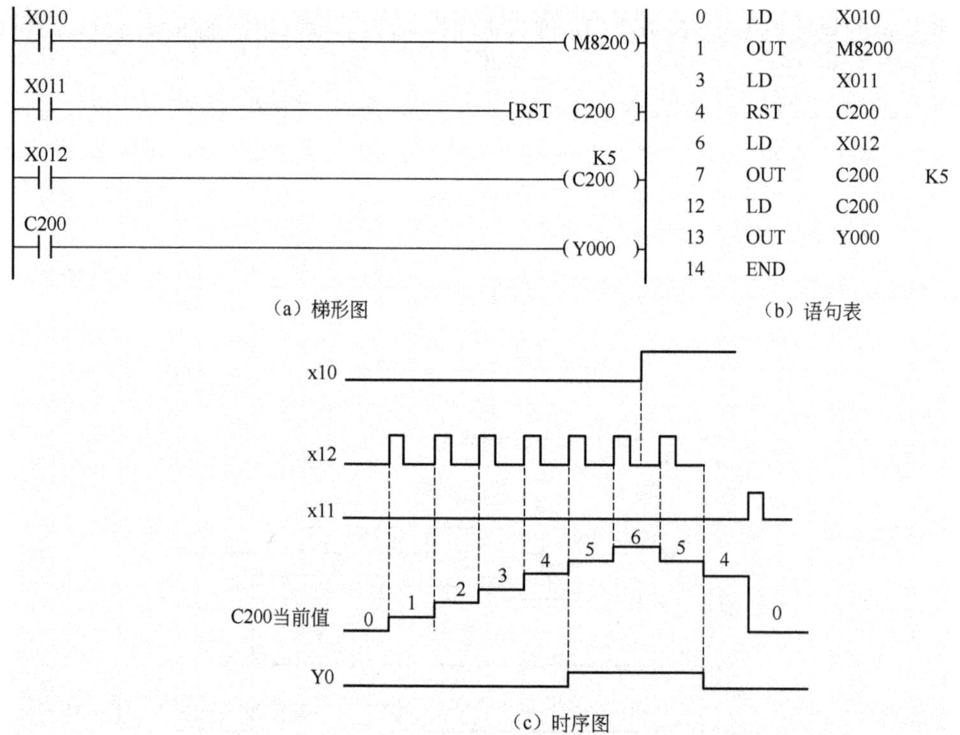

图 3-2-4　32 位双向计数器应用

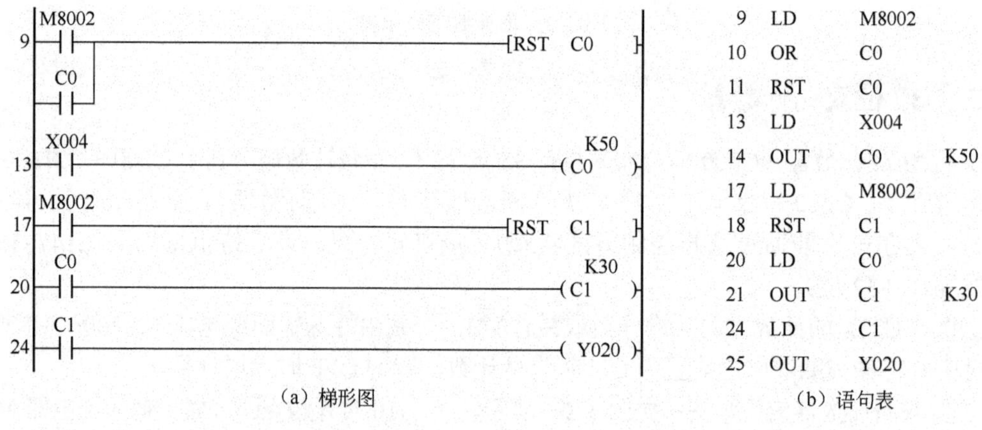

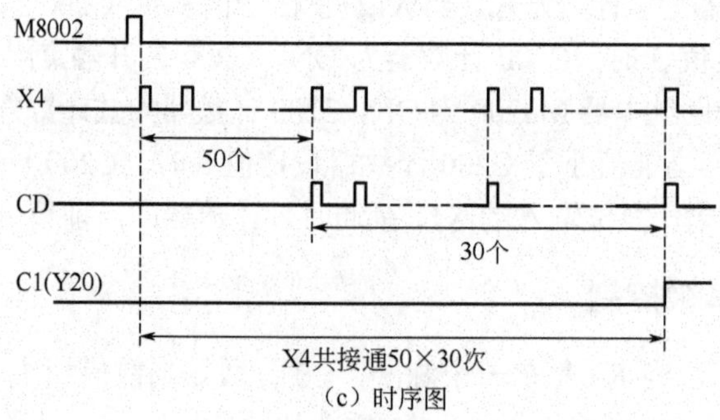

图 3-2-5　计数器串级控制

四、基于计数器的延时控制

如图 3-2-6 所示，当 X0 接通后，T0 线圈得电，延时 100s 后，T0 常开触点先闭合、常闭触点后断开，C0 当前值累计加 1，当 C0 计数累计到达 200 时（延时时间为 100×200 = 20000s），C0 常开触点闭合，输出 Y0 接通；当 X0 断开后，C0 当前值复位，输出触点断开，输出 Y0 也断开。

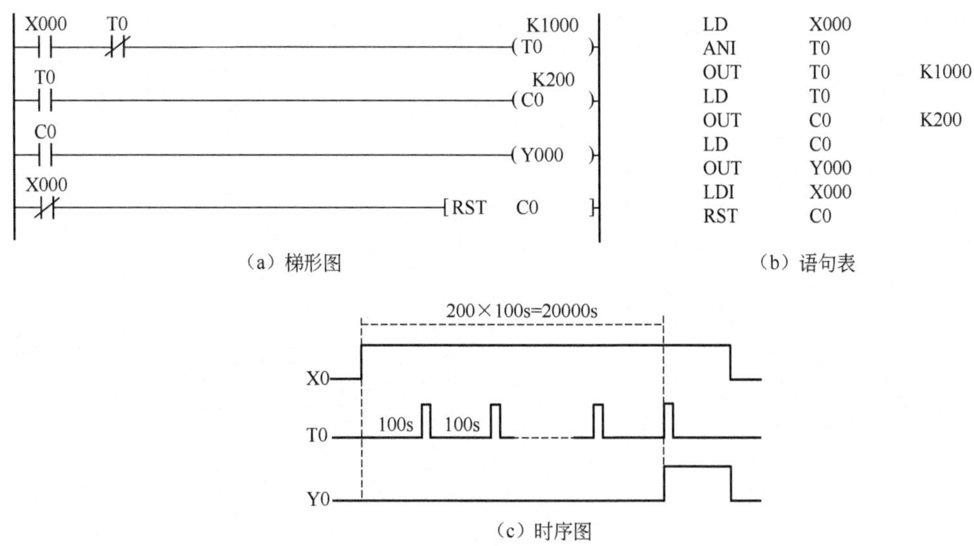

图 3-2-6 基于计数器的延时控制

五、基于计数器的顺序控制

如图 3-2-7 所示，当 X0 接通一次，计数器 C0 当前值加 1，当 C0 的当前值大于等于 2 时，C0 计数器为 ON，Y0 线圈为 ON，只有 C0 计数器为 ON，Y1 线圈、Y2 线圈、Y3 线圈才能为 ON。当 X1 接通一次，计数器 C1 值加 1，当 C1 当前值大于等于 3，C1 数器为 ON，Y1 线圈为 ON，只有 C0、C1 计数器为 ON，Y2 线圈、Y3 线圈才能为 ON。 当 X2 通一次，计数器 C2 值加 1，当 C2 当前值大于等于 4，C2 计数器为 ON，Y2 线圈为 ON，只有 C0、C1、C2 计数器为 ON，Y3 线圈才能为 ON。当 X3 接通一次，计数器 C3 值加 1，当 C3 当前值大于等于 5，C3 数器为 ON，Y3 线圈为 ON。当 X5 导通时 C0、C1、C2、C3 计数器当前值均复位。

任务实施

一、清点器材

对照表 3-2-1，清点自动送料计数控制电路所需的设备、工具及材料。

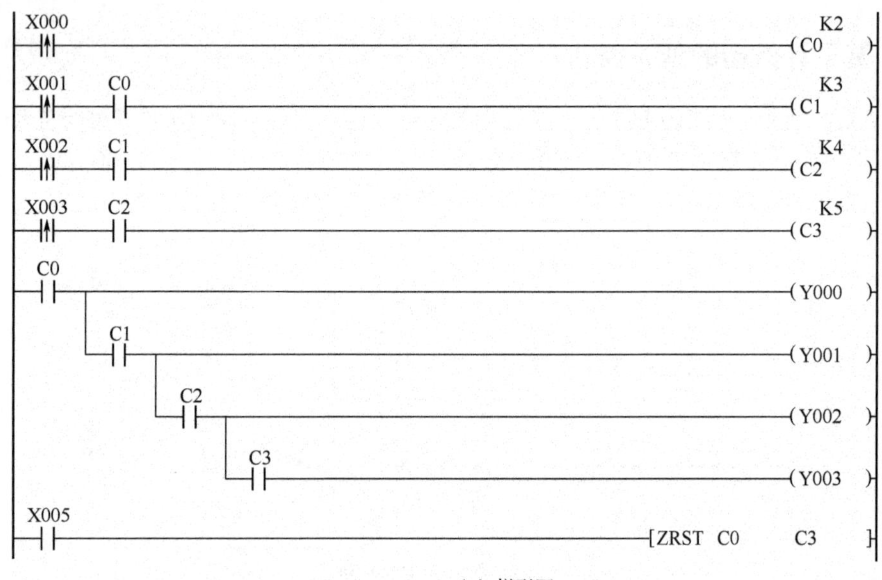

（a）梯形图

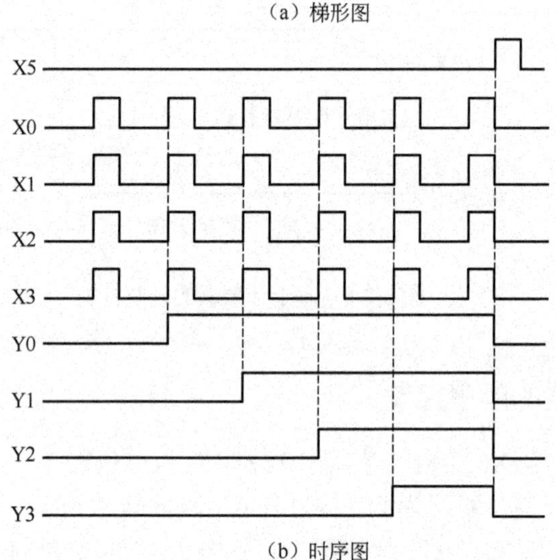

（b）时序图

图 3-2-7　基于计数器的顺序控制

表 3-2-1　自动送料计数控制电路所需的设备、工具及材料

序号	名　称	型号	数量	作　　用
1	PLC 模块	FX2N-48MR	1 块	控制机械手运行
2	按钮与指示灯模块	专配	1 个	提供 DC 24V 电源、操作按钮及指示灯
3	变频器模块	专配	1 个	用于驱动皮带输送机
4	传送带机构套件	专配	1 套	运输物料
5	安全插接导线	专配	若干	电路连接
6	扎带	ϕ120mm	若干	电路连接工艺
7	斜口钳或者剪刀	—	1 把	剪扎带
8	电源模块	专配	1 个	提供三相五线电源
9	计算机	安装有编程软件	1 台	用于编写、下载程序等
10	220V 电源连接线	专配	2 条	供按钮模块和 PLC 模块用

二、建立 I/O 分配表

根据控制要求，分析任务并编制输入/输出（I/O）分配表，见表 3-2-2。

表 3-2-2 输入/输出（I/O）分配表

输 入			输 出		
输入元件	功能作用	输入继电器	输出元件	控制对象	输出继电器
S0	物料检测传感器	X0	STF	正转信号端子	Y0
SB4	启动按钮	X1	M	直流电机	Y1
SB5	停止按钮	X2			

三、控制电路连接

在断开电源设备电源的情况下，完成 PLC 输入和输出电路、变频器的连接。

1．完成 PLC 输入和输出电路、变频控制电路的连接

按照接线要求及 I/O 分配表，完成 PLC 电路的连接。对于变频器同 PLC 模块的连接，参照图 3-1-13：完成 S0、SB4、SB5 按钮与 PLC 模块输入电路的连接，直流电机、变频器与 PLC 输出电路连接示意图如图 3-2-8 所示。

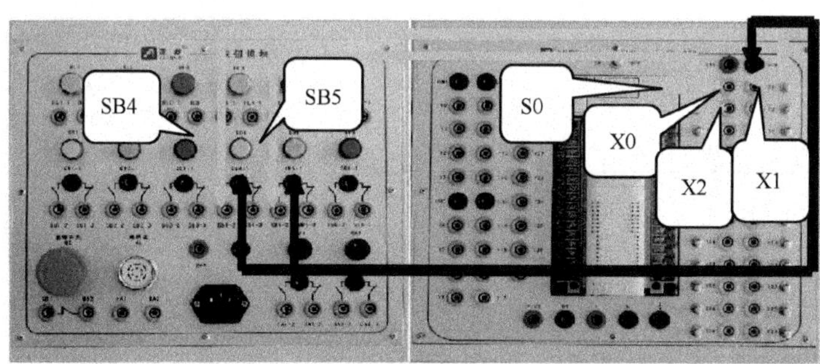

图 3-2-8 PLC 输入电路连接示意图

2．完成 PLC 输出电路的连接

在断开设备电源的情况下，进行变频器与 PLC 的连接，变频器模块的正转 STF、公共输入端 SD 与 PLC 连接示意图如图 3-2-9 所示。

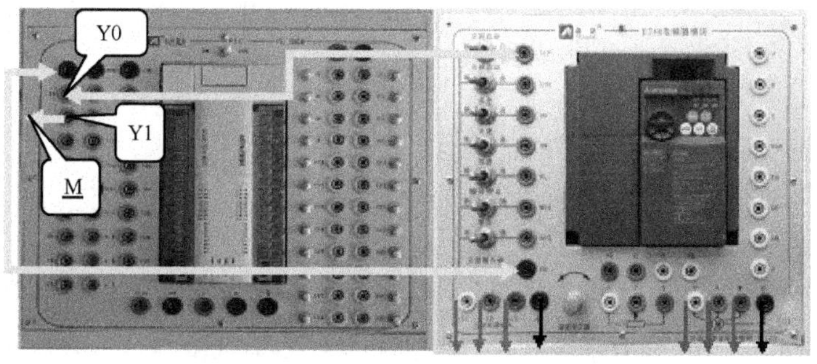

图 3-2-9 PLC 输出电路的连接示意图

3．电路的检测及工艺整理

电路安装结束后，一定要进行通电前的检查，保证电路连接正确，没有不符合工艺要求的现象。还要进行通电前的检测，确保电路中没有短路现象，避免通电后损坏设备。

（1）用万用表检测三线传感器同 24V 电源之间的连接是否正常，三线传感器的各端子是否连接正确。

（2）PLC 输出的各 COM 端是否连接在开关电源的+24V 端子上。待驱动的负载另一端是否共同连接在 0V 端子上。

（3）上述工作完成，通电调试传感器的功能是否正常，设置变频器为 PU 控制模式，调试电机接线是否正常工作。

（4）用万用表检测按钮到 PLC 输入端的连接是否有断路，用万用表检测 PLC 的输出端是否有断路，检测电源连接是否有断路。

（5）检查电路连接正确后，进行控制线路的工艺整理。

四、程序编写与下载

1．PLC 程序的编写与下载

参考程序如图 3-2-10 所示，程序分析：当按下触摸屏上的启动按钮（M0）或控制面板按钮 SB4（X1），Y1 线圈得电（直流电机启动送料）、Y0 线圈得电其常开触点闭合，传送带向右运行，当物料检测平台（S0）检测到物料时，C0 当前值累计加 1、T0 线圈得电延时开始、M4

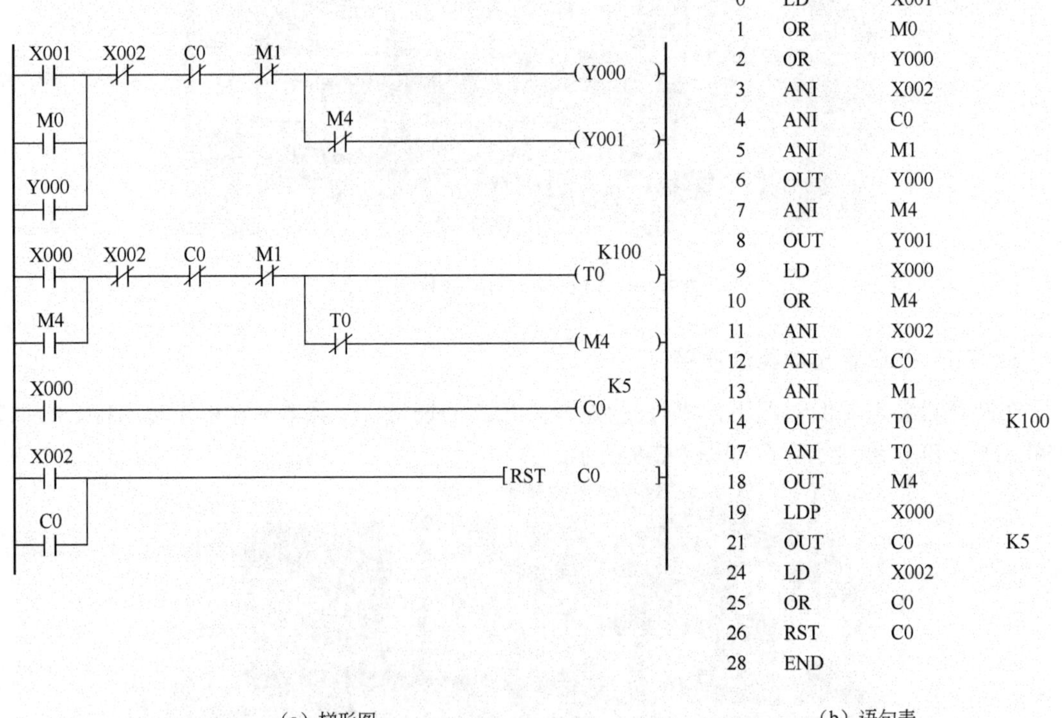

（a）梯形图　　（b）语句表

图 3-2-10　自动送料装置送料计数控制程序

线圈得电其常闭触点断开，Y1 线圈失电直流电机停止，10s 后 T0 常闭触点断开，M4 线圈失电其常闭触点恢复原状态，直流电机再次启动送料，以此不断循环，当送料数量达到 5 个时，C0 当前值达到预设值，C0 的常闭触点断开、常开触点闭合，Y0 线圈、Y1 线圈、T0 线圈均失电，直流电机和皮带输送机均停止，T0、C0 当前值均复位。

停止：电机运行过程中，按下触摸屏的停止按钮（M1）或面板控制按钮 SB5（X2），Y0 线圈、Y1 线圈、T0 线圈均失电，直流电机和皮带输送机均停止，T0、C0 当前值均复位。

2. 变频器参数的设置

变频器参数的设置方法参照知识解析的内容，这里需要设置的参数有：Pr.79=3，电机运行频率由变频器面板上的旋钮设置为 20Hz。

五、建立触摸屏组态

1. 新建工程、新建窗口，并进行硬件设备组态

新建窗口如图 3-2-11 所示，请参照前面任务中新建工程和新建窗口的操作步骤，并进行硬件组态，这里不再列出具体的操作步骤。

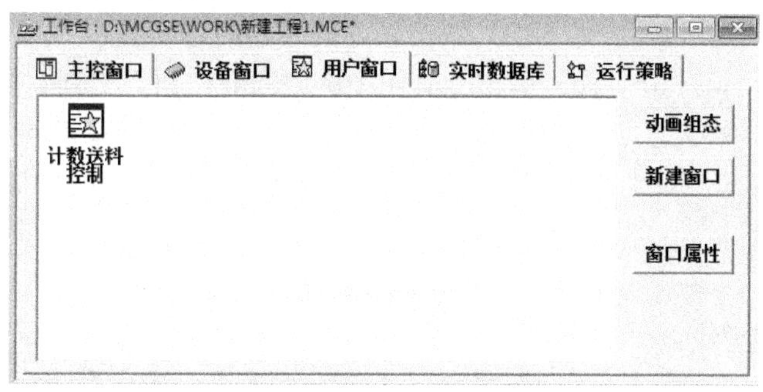

图 3-2-11　新建窗口

2. 建立画面

（1）在实时数据库对话框单击“新增对象”按钮，如图 3-2-12 所示。

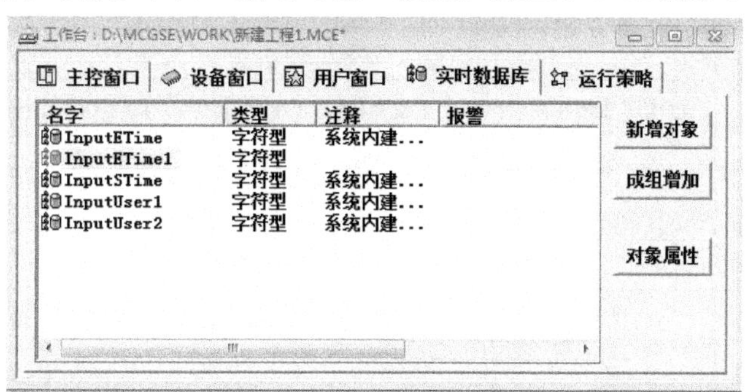

图 3-2-12　实时数据库对话框

设置两个开关量类型，对象名称分别为 M0、M1，再新增两个数值类型，对象名称为定时时间和送料个数，如图 3-2-13 所示。

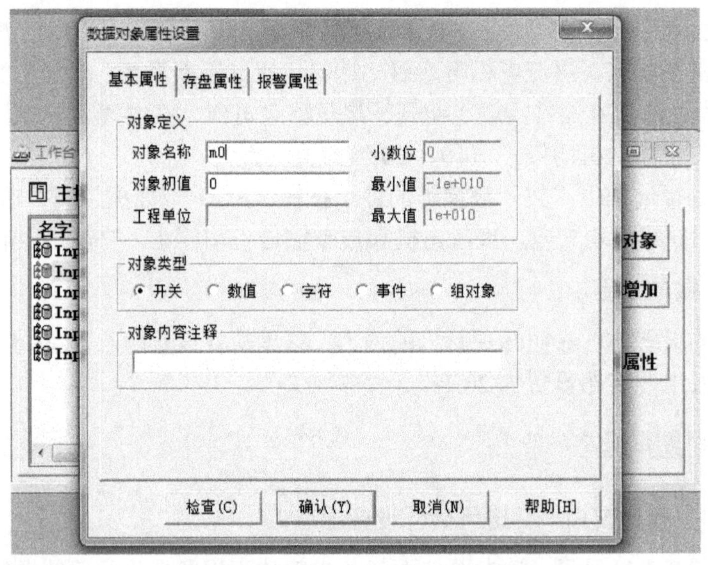

图 3-2-13　数据对象属性对话框

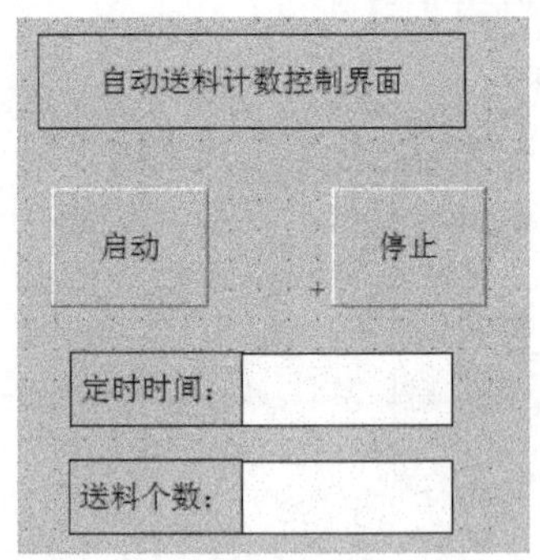

图 3-2-14　计数自动送料控制界面

（2）双击新建的“定时送料控制”窗口，进入动画组态界面，单击工具箱中的“标准按钮”工具，在界面上画两个按钮，并修改按钮的名称分别为“启动”和“停止”；单击工具箱中的“标签”工具，输入标签，同时建立定时时间和送料个数显示，如图 3-2-14 所示。

六、运行调试

按照表 3-2-3 进行操作，观察系统运行情况并做好记录。如出现故障，应立即切断电源，并分析原因、检查电路或梯形图，排除故障后，方可进行重新调试，直到系统功能符合控制要求为止。

表 3-2-3　设备调试记录表

步骤	调试流程	正确现象	观察结果及解决措施
1	初始状态	触摸屏按钮和面板按钮处于松开状态，定时时间初始为零、送料个数初始为零	
2	按下触摸屏上的启动按钮或面板启动按钮 SB4	传送带以 20Hz 运转、直流电机运行开始送料	
3	循环运行	当物料检测有料时，直流电机停止送料，延时 10s 后又自动送料，循环运行，当达到送料个数为 5 时，所有均复位	
4	按下触摸屏上的停止按钮或面板停止按钮 SB5	按下停止按钮后，皮带传输机、直流电机均停止，再按下启动按钮，电机按上述要求继续循环运行	
5	时间显示、送料个数统计	触摸屏时间显示和实际定时时间一致（10s），送料个数统计与实际送料个数一致	

任务评价

对任务实施的完成情况进行检查，并将结果填入表 3-2-4 内。

表 3-2-4　任务测评表

序号	主要内容	考核要求	评分标准	配分	扣分	得分
1	传送机构的组装	传送带套件组装	1. 传送带组装不正确扣 5 分 2. 传感器位置组装不正确扣 5 分	10		
2	控制电路的连接	根据任务要求，连接控制电路	1. 不能正确连接变频器扣 5 分 2. 不能正确连接传感器扣 5 分 3. 不能正确连接 PLC 供电回路扣 5 分 4. 不能正确连接触摸屏通信电缆扣 5 分	20		
3	编写控制程序	根据任务要求，编写控制程序	调试各部分功能，不能实现的功能每处扣 5 分，共 40 分，扣完为止	40		
4	触摸屏组态	根据任务要求，进行触摸屏组态	1. 硬件组态正确得 5 分，错误不得分 2. 画面设计完成得 5 分，没有完成不得分 3. 触摸屏画面中的按钮功能正确得 10 分，不正确或部分正确不得分 4. 时间及送料个数是否与实际一致	20		
5	安全文明生产	遵守纪律，符合操作要求，讲文明礼貌，实训台面整洁	1. 违反安全文明生产考核要求的任何一项扣 2 分，扣完为止 2. 当教师发现学生有重大事故隐患时要立即予以制止，并每次扣安全文明生产分 5 分 3. 小组协作不和谐、效率低扣 5 分	10		
合　计				100		
开始时间：			结束时间：			
学生姓名：			指导教师：	任务实施日期：		

任务 3　自动送料装置有条件送料控制

任务目标

知识目标：掌握比较指令、区间比较指令的功能及用法。

能力目标：1. 根据任务要求，正确选用 YL-235A 光机电一体化实训设备的电气控制模块。
2. 能正确使用取指令、取反指令、输出指令、上升沿指令与取下降沿指令编写程序。
3. 能正确使用 MCGS 组态软件中的标准按钮工具及图形工具，建立组态画面并进行数据连接。

素质目标：养成独立思考和动手操作的习惯，培养小组协调能力和合作学习的精神。

任务呈现

如图 3-3-1 所示为自动送料装置有条件送料控制电路。

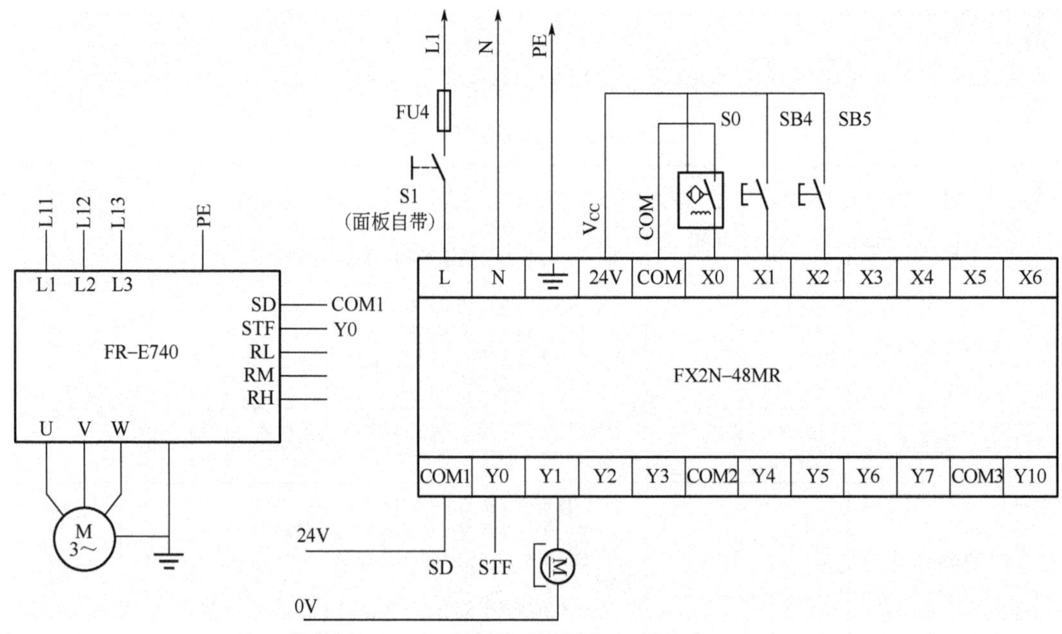

图 3-3-1　自动送料装置有条件送料控制电路

（1）利用 YL-235A 设备上的皮带输送机等部件及 PLC 模块，完成自动送料装置有条件送料控制电路的连接。

（2）设置变频器的上下限频率、加减速时间等参数，使之能实现从外部端子控制电机。

（3）根据下面的要求编写 PLC 控制程序、触摸屏控制画面，调试该控制程序，使之符合控制要求。

① 初始状态下，启动按钮未按下，三相交流电机不运转，定时时间显示为零，送料个数显示为零。

② 触摸屏上的启动按钮和按钮模块的按钮 SB4 既是系统启动控制按钮，又是不同送料方式的控制按钮。送料方式的控制：方式一，当按钮接通时间不超过 2s，对应 HL1 指示灯亮，每隔 5s 送料盘开始送料，当送料个数达到 5 时，工作方式一结束，重新根据按钮接通时间选择工作方式。方式二，当按钮接通时间大于 2s 小于 5s，对应 HL2 指示灯亮，每隔 10s 料盘开始送料，当送料个数达到 5 时，工作方式二结束，重新根据按钮接通时间选择工作方式。方式三，当按钮接通时间大于等于 5s，对应 HL3 指示灯亮，每隔 15s 料盘开始送料，当送料个数达到 5 时，工作方式三结束，重新根据按钮接通时间选择工作方式。

③ 选择工作方式后，料盘启动送料，皮带输送机以 20Hz 向右运行。

④ 程序运行过程中，按下触摸屏的停止按钮或面板控制按钮 SB5，直流电机和皮带输送机均停止。

（4）完成 PLC 程序调试并符合控制要求后，运用 MCGS 组态软件，建立如图 3-3-2 所示的组态工程画面，并进行数据对象连接，最后将组态工程下载到触摸屏中，通过调试，使之符合控制要求。如图 3-3-2 所示，画面上的各按钮功能，在前述任务中已说明。

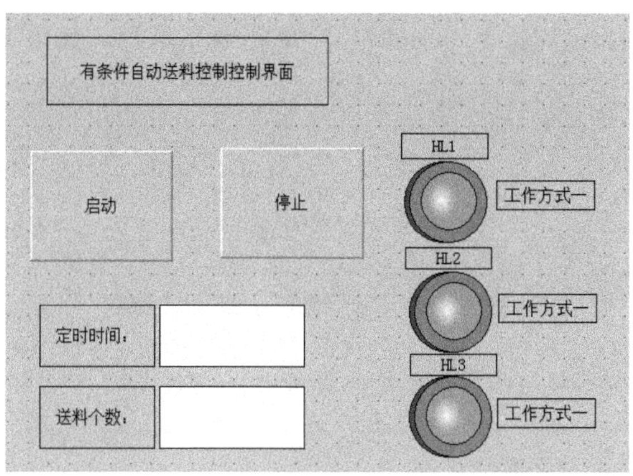

图 3-3-2 有条件送料控制触摸屏界面

知识解析

一、比较指令

如图 3-3-3 所示，比较指令有比较（CMP）、区间比较（ZCP）两种，CMP 的指令代码为 FNC10，ZCP 的指令代码为 FNC11，两者待比较的源操作数［S •］均为 K、H、KnX、KnY、KnM、KnS、T、C、D、V、Z，其目标操作数［D •］均为 Y、M、S。

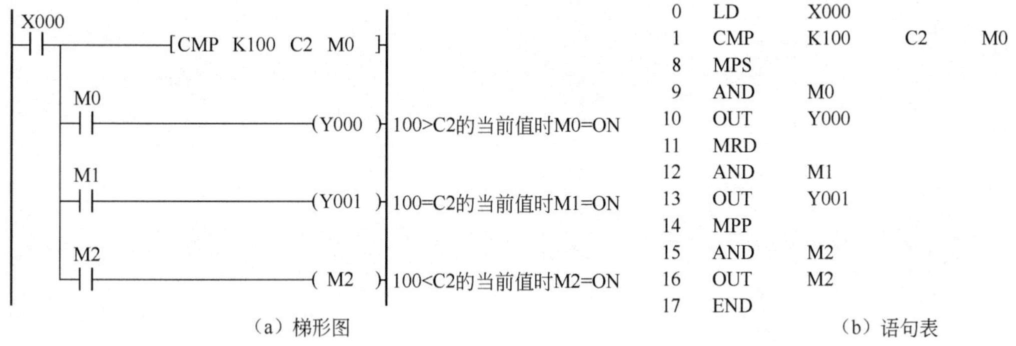

图 3-3-3 比较指令应用

CMP 指令的功能是将源操作数［S1 •］和［S2 •］的数据进行比较，结果送到目标操作元件［D •］中。当 X0 为 ON 时，将十进制数 100 与计数器 C2 的当前值比较，比较结果送到 M0～M2 中，若 100>C2 的当前值，M0 为 ON，若 100=C2 的当前值，M1 为 ON，若 100<C2 的当前值，M2 为 ON。当 X0 为 OFF 时，不进行比较，M0～M2 的状态保持不变。

二、区间比较指令

ZCP 指令的功能是将一个源操作数［S •］的数值与另两个源操作数［S1 •］和［S2 •］的数据进行比较，结果送到目标操作元件［D •］中，源数据［S1 •］不能大于［S2 •］。在图 3-3-4 所示中，当 X1 为 ON 时，执行 ZCP 指令，将 T2 的当前值与 10 和 150 比较，比较结果送到 M0～M2 中，若 10>T2 的当前值，M0 为 ON，若 10≤T2 的当前值≤150，M1 为 ON，若 150<

T2 的当前值，M2 为 ON。当 X1 为 OFF 时，ZCP 指令不执行，M0～M2 的状态保持不变。

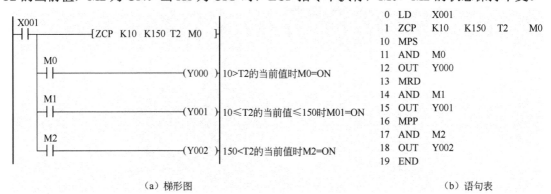

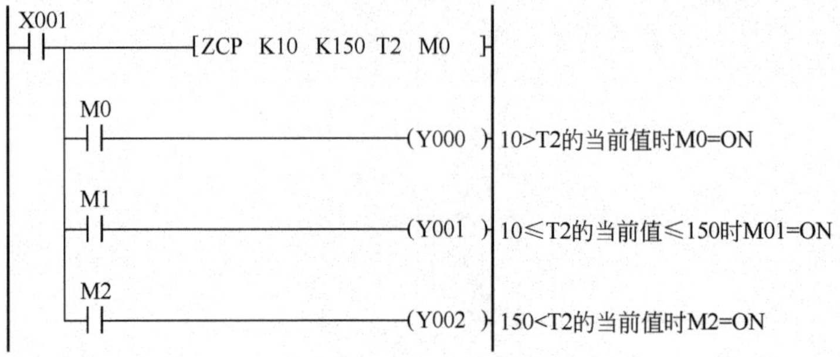

X001
[ZCP K10 K150 T2 M0]
M0 (Y000) 10>T2的当前值时M0=ON
M1 (Y001) 10≤T2的当前值≤150时M01=ON
M2 (Y002) 150<T2的当前值时M2=ON

（a）梯形图

```
0  LD   X001
1  ZCP  K10   K150  T2   M0
10 MPS
11 AND  M0
12 OUT  Y000
13 MRD
14 AND  M1
15 OUT  Y001
16 MPP
17 AND  M2
18 OUT  Y002
19 END
```

（b）语句表

图 3-3-4　区间比较指令应用

任务实施

一、清点器材

对照表 3-3-1，清点自动送料装置有条件送料控制电路所需的设备、工具及材料。

表 3-3-1　自动送料装置有条件送料控制电路所需的设备、工具及材料

序号	名　称	型号	数量	作　　用
1	PLC 模块	FX2N-48MR	1 块	实现自动送料装置有条件送料控制要求
2	按钮与指示灯模块	专配	1 个	提供 DC 24V 电源、操作按钮及指示灯
3	变频器模块	专配	1 个	用于驱动皮带输送机
4	传送带机构套件	专配	1 套	运输物料
5	安全插接导线	专配	若干	电路连接
6	扎带	ϕ120mm	若干	电路连接工艺
7	斜口钳或者剪刀	—	1 把	剪扎带
8	电源模块	专配	1 个	提供三相五线电源
9	计算机	安装有编程软件	1 台	用于编写、下载程序等
10	220V 电源连接线	专配	2 条	供按钮模块和 PLC 模块用

二、建立 I/O 分配表

根据控制要求，分析任务并编制出输入/输出（I/O）分配表，见表 3-3-2。

表 3-3-2　输入/输出（I/O）分配表

输　入			输　出		
输入元件	功能作用	输入继电器	输出元件	控制对象	输出继电器
S0	物料检测传感器	X0	STF	正转信号端子	Y0
SB4	启动按钮	X1	M	直流电机	Y1
SB5	停止按钮	X2			

三、控制电路连接

1. 完成 PLC 输入、输出电路，变频控制电路的连接

按照接线要求及 I/O 分配表，完成 PLC 电路的连接。对于变频器同 PLC 模块的连接，如图 3-3-5 所示，完成 S0、SB4、SB5 按钮与 PLC 模块输入电路的连接。

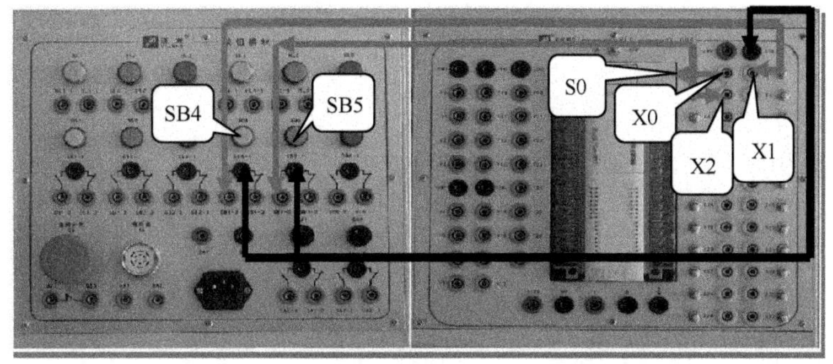

图 3-3-5 PLC 输入（按钮）电路连接示意图

2. 完成 PLC 输出电路的连接

在断开电源设备电源的情况下，进行变频器与 PLC 的连接，变频器模块的正转 STF、公共输入端 SD 与 PLC 连接示意图如图 3-3-6 所示。

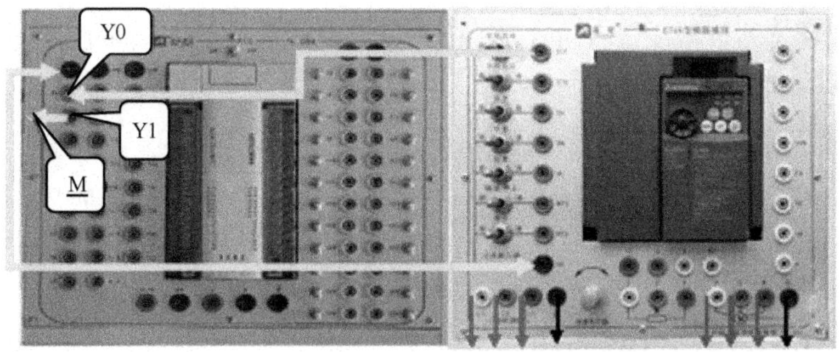

图 3-3-6 PLC 输出电路的连接示意图

3. 电路的检测及工艺整理

电路安装结束后，一定要进行通电前的检查，保证电路连接正确，没有不符合工艺要求的现象。还要进行通电前的检测，确保电路中没有短路现象，避免通电后损坏设备。

（1）用万用表检测三线传感器与 DC 24V 电源之间的连接是否正常，三线传感器的各端子是否连接正确。

（2）PLC 输出的各 COM 端是否连接在开关电源的+24V 端子上。待驱动的负载另一端是否共同连接在 0V 端子上。

（3）上述工作完成后，通电调试传感器的功能是否正常，设置变频器为外部控制模式，测试电机接线是否正确。

（4）用万用表检测按钮到 PLC 输入端的连接是否有断路，用万用表检测 PLC 的输出端是否有断路，检测电源连接是否有断路。

（5）检查电路连接正确后，进行控制线路的工艺整理。

四、程序编写与下载

1. 启动按钮时间

如图 3-3-7 所示，按下 SB4 或触摸屏启动按钮，T250 计时按钮启动时间。

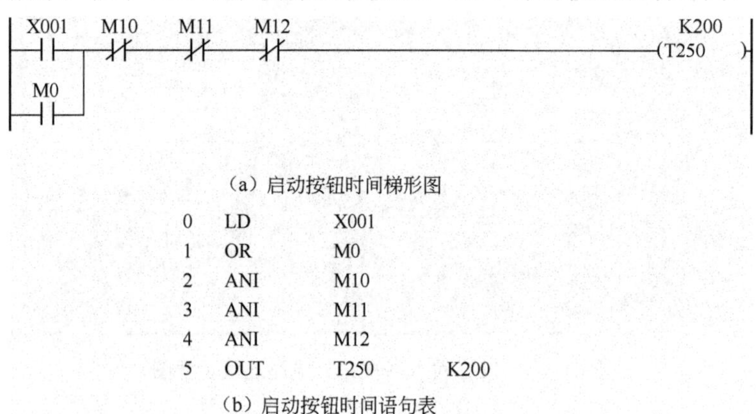

（a）启动按钮时间梯形图

0	LD	X001	
1	OR	M0	
2	ANI	M10	
3	ANI	M11	
4	ANI	M12	
5	OUT	T250	K200

（b）启动按钮时间语句表

图 3-3-7　启动按钮时间

2. 工作方式选择控制程序

如图 3-3-8 所示为根据按钮启动时间，分三种工作方式，启动时间 T250 小于 2s，则工作方式一运行，启动时间大于 2s 小于 5s，则工作方式二运行，启动时间大于 5s，则工作方式三运行。

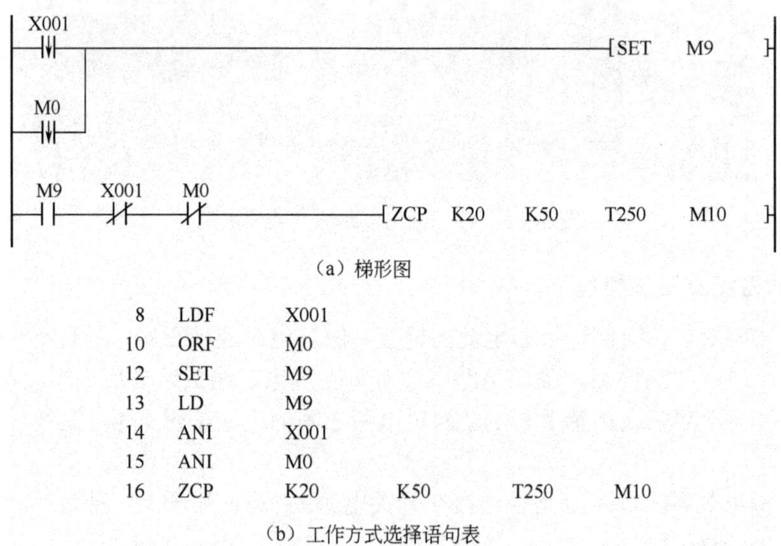

（a）梯形图

8	LDF	X001			
10	ORF	M0			
12	SET	M9			
13	LD	M9			
14	ANI	X001			
15	ANI	M0			
16	ZCP	K20	K50	T250	M10

（b）工作方式选择语句表

图 3-3-8　工作方式选择

3. 皮带及送料电机的控制

如图 3-3-9 所示，不管选择在何种方式下工作，皮带及送料电机都得电工作，如果 M4 线圈得电其常闭触点断开则 Y1 线圈失电，送料电机停止。

（a）皮带及送料电机的控制

```
25   LD    M10
26   OR    M11
27   OR    M12
28   ANI   X002
29   ANI   C0
30   ANI   M1
31   OUT   Y000
32   ANI   M4
33   OUT   Y001
```

（b）皮带及送料电机语句表

图 3-3-9　皮带及送料电机控制

4．自动送料定时时间控制

如图 3-3-10 所示，T0 工作在方式一，每隔 5s 送料一次；T1 工作在方式二，每隔 10s 送料一次；T2 工作在方式三，每隔 15s 送料一次。

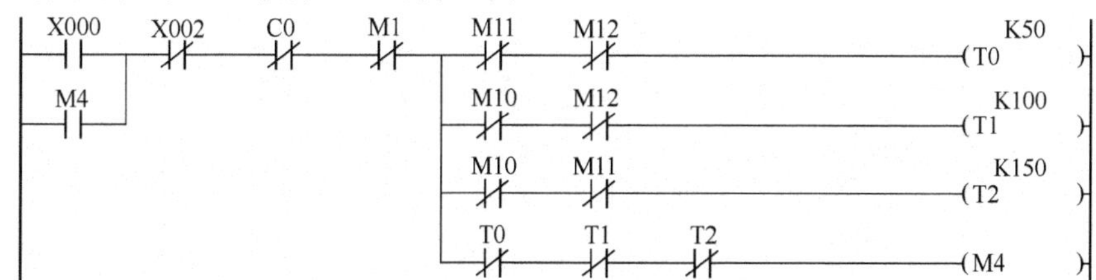

（a）自动送料定时时间控制程序

```
34   LD    X000
35   OR    M4
36   ANI   X002
37   ANI   C0
38   ANI   M1
39   MPS
40   ANI   M11
41   ANI   M12
42   OUT   T0     K50
45   MRD
46   ANI   M10
47   ANI   M12
48   OUT   T1     K100
51   MRD
52   ANI   M10
53   ANI   M11
54   OUT   T2     K150
57   MPP
58   ANI   T0
59   ANI   T1
60   ANI   T2
61   OUT   M4
```

（b）自动送料定时时间控制语句表

图 3-3-10　自动送料定时时间控制

5. 计数及停止

如图 3-3-11 所示，每当 X0 正跳变一次，C0 计数器实现送料计数功能，X2 和 C0 常开触点实现复位功能。

```
X000                                          K5
--|↑|----------------------------------------(C0      )
X002
--| |--+--------------------------------[RST    C0     ]
C0     |
--| |--+--------------------------------[RST    T250   ]
       |
       +-------------------------[ZRST  M9     M12    ]
```

（a）梯形图

```
62   LDP    X000
64   OUT    C0      K5
67   LD     X002
68   OR     C0
69   RST    C0
71   RST    T250
73   ZRST   M9      M12
```

（b）语句表

图 3-3-11　计数及停止控制

综上所述，有条件自动送料控制的梯形图程序如图 3-3-12 所示。

程序分析：当按下触摸屏上的启动按钮（M0）或控制面板按钮 SB4（X1），根据启动时间选择工作方式，启动时间 T250 小于 2s 则 M10 得电，选择工作方式一运行，启动时间大于 2s 小于 5s 则 M11 得电，选择工作方式二运行，启动时间大于 5s 则 M12 得电，选择工作方式三运行。

工作方式选择后 Y1 线圈得电（直流电机启动送料）、Y0 线圈得电，其常开触点闭合，皮带输送机运行，当物料检测平台（S0）检测到物料时，C0 的当前值累计加 1，T0 线圈得电延时开始，M4 线圈得电，其常闭触点断开，Y1 线圈失电，直流电机停止，根据工作方式的不同有 5s、10s、15s 三种定时时间，经延时后 T0（T1、T2）常闭触点断开，M4 线圈失电其常闭触点恢复原状态，直流电机再次启动送料，依此不断循环，当送料达到 5 个时，C0 的当前值达到预设值，C0 的常闭触点断开、常开触点闭合，Y0 线圈、Y1 线圈、T0 线圈均失电，直流电机和皮带输送机均停止，T0、C0 当前值均复位。

停止：程序运行过程中，按下触摸屏的停止按钮（M1）或按钮模块按钮 SB5（X2），Y0 线圈、Y1 线圈、T0 线圈均失电，直流电机和皮带输送机均停止，T0、C0 的当前值均复位。

五、建立触摸屏组态

1. 新建工程，并进行硬件设备组态

请参照前面任务的操作步骤新建工程，并进行硬件组态，今后的项目中不再列出具体的操作步骤。

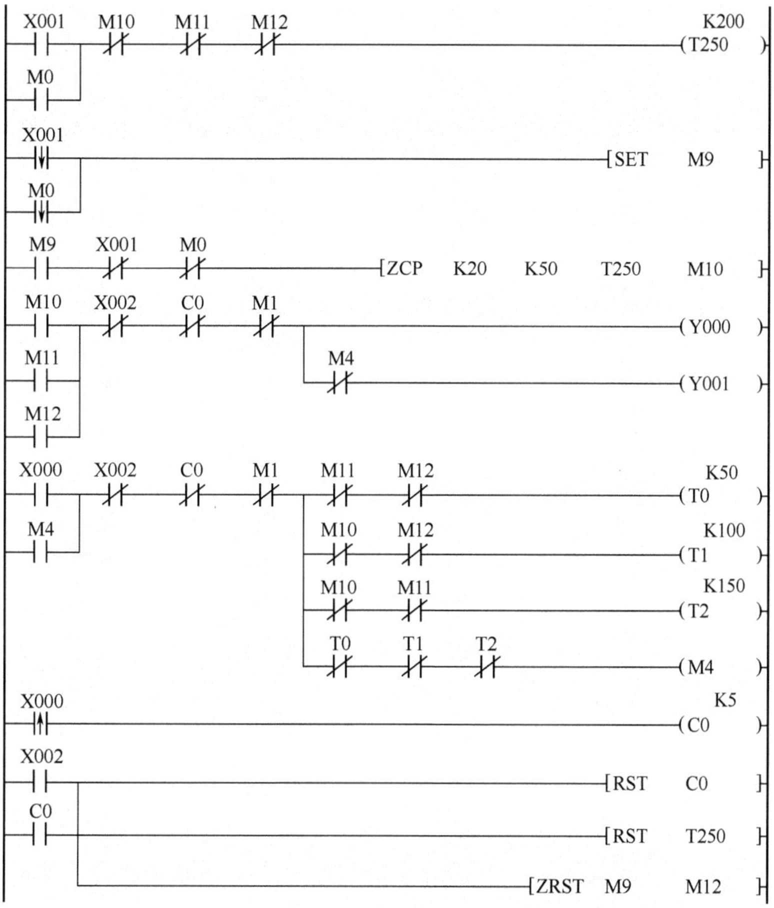

（a）梯形图

```
0   LD    X001
1   OR    M0
2   ANI   M10
3   ANI   M11
4   ANI   M12
5   OUT   T250   K200
8   LDF   X001
10  ORF   M0
12  SET   M9
13  LD    M9
14  ANI   X001
15  ANI   M0
16  ZCP   K20    K50    T250    M10
25  LD    M10
26  OR    M11
27  OR    M12
28  ANI   X002
29  ANI   C0
30  ANI   M1
31  OUT   Y000
32  ANI   M4
33  OUT   Y001
34  LD    X000
35  OR    M4
36  ANI   X002
37  ANI   C0
38  ANI   M1
39  MPS
40  ANI   M11
41  ANI   M12
42  OUT   T0     K50
45  MRD
46  ANI   M10
47  ANI   M12
48  OUT   T1     K100
51  MRD
52  ANI   M10
53  ANI   M11
54  OUT   T2     K150
57  MPP
58  ANI   T0
59  ANI   T1
60  ANI   T2
61  OUT   M4
62  LDP   X000
64  OUT   C0     K5
67  LD    X002
68  OR    C0
69  RST   C0
71  RST   T250
73  ZRST  M9     M12
```

（b）语句表

图 3-3-12　有条件自动送料控制

2. 动画组态

(1) 新建窗口。

在 MCGS 工作台上单击“用户窗口”→“新建窗口”，新建“窗口 0”，选中“窗口 0”单击“窗口属性”按钮，进入“用户窗口属性设置”对话框，在基本属性页，将窗口名称修改为“有条件送料控制”，窗口标题修改为“有条件送料控制”，单击“确定”按钮返回工作台，如图 3-3-13 所示。

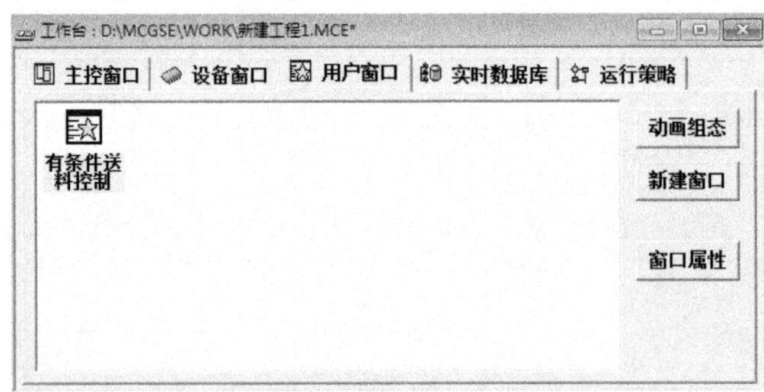

图 3-3-13　新建用户窗口“有条件送料控制”

(2) 建立画面。

双击新建的“有条件送料控制”窗口，进入动画组态界面，利用工具箱中的各个工具绘制如图 3-3-14 所示界面。

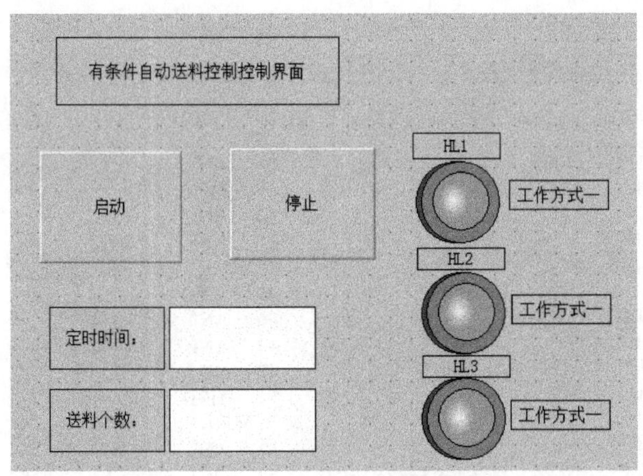

图 3-3-14　有条件自动送料控制界面

(3) 建立按钮的数据连接。

根据前面的任务介绍，完成按钮的数据连接。

(4) 建立定时显示及送料个数显示数据连接。

定时显示数据连接如图 3-3-15 所示。

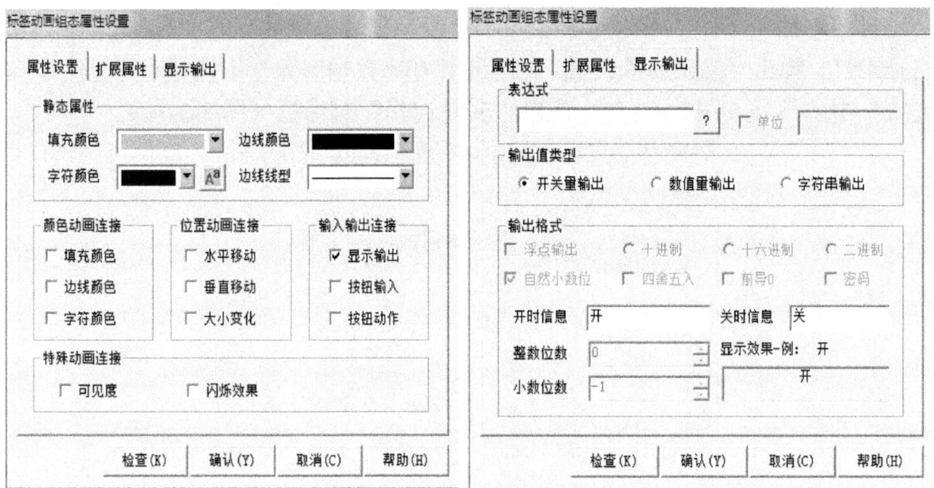

图 3-3-15　定时显示数据连接

选择工具箱中的标签，双击标签，出现标签动画组态属性设置，在“输入输出连接”中选择“显示输出”，单击表达式中的问号，出现“变量选择”对话框如图 3-3-16 所示。

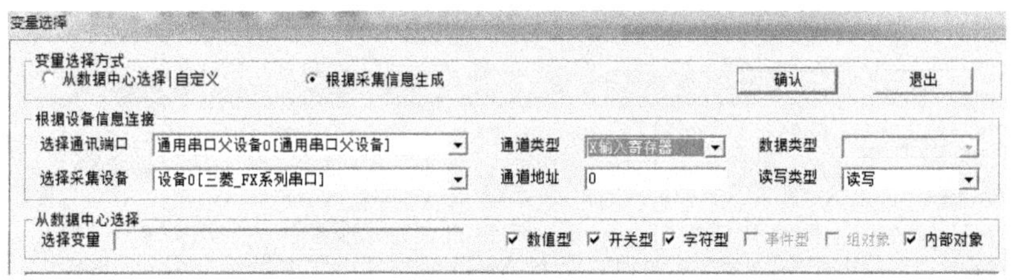

图 3-3-16　“变量选择”对话框

在“变量选择方式”中选择“根据采集信息生成”，在“根据设备信息连接”中，“通道类型”选择“定时器”，在“通道地址”中输入地址编号。

送料个数显示数据连接：根据定时显示数据连接，完成送料个数显示数据连接。

（5）工作方式指示灯数据连接。

工作方式一指示灯数据连接如图 3-3-17 所示。

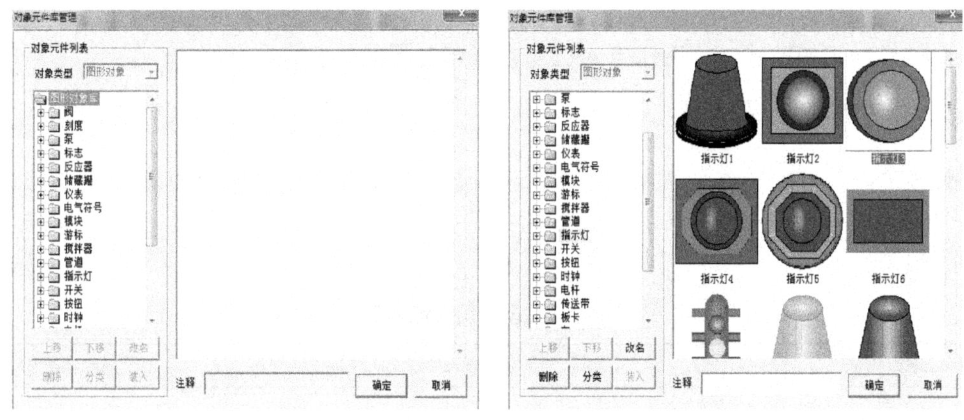

图 3-3-17　工作方式一指示灯数据连接

单击工具箱中插入元件，弹出对象元件库管理，在对象元件列表中选择指示灯。

双击指示灯，弹出“单元属性设置”对话框，在“数据对象”中选择“可见度”，单击“数据对象连接”中的问号（图 3-3-18），弹出“变量选择”对话框（图 3-3-19）。

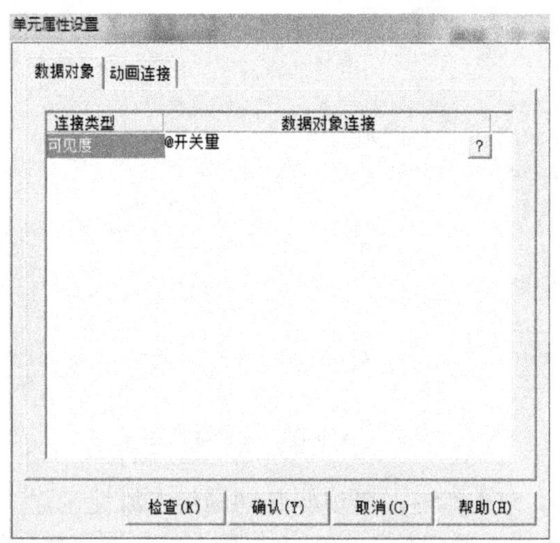

图 3-3-18　单元属性设置

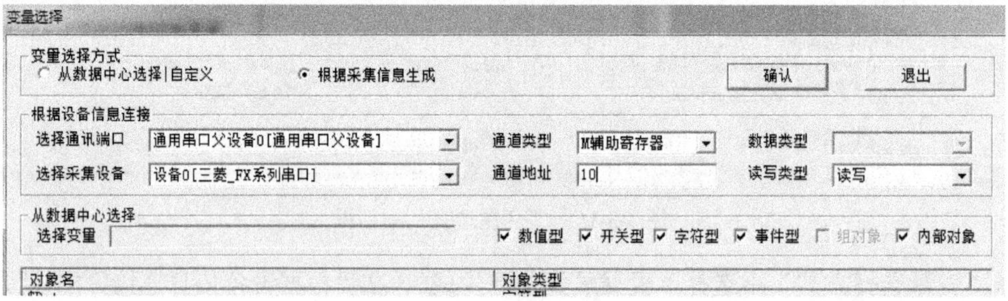

图 3-3-19　变量选择

在“变量选择方式”中选择“根据采集信息生成”，在“根据设备信息连接”中，“通道类型”选择“M 辅助寄存器”，在“通道地址”中输入地址 10，工作方式二的地址是 11，工作方式三的地址是 12。

依此类推，工作方式二、工作方式三的数据连接同上。

六、运行调试

按照表 3-3-3 进行操作，观察系统运行情况并做好记录。如出现故障，应立即切断电源，分析原因、检查电路或梯形图，排除故障后，方可重新进行调试，直到系统功能调试成功为止。

表 3-3-3　设备调试记录表

步骤	调试流程	正确现象	观察结果及解决措施
1	初始状态	触摸屏按钮和面板按钮处于松开状态，定时时间初始为零、送料个数初始为零	

续表

步骤	调试流程	正确现象	观察结果及解决措施
2	按下触摸屏上的启动按钮或面板启动按钮 SB4	按钮按下时间，小于 2s 则工作在方式一，大于 2s 小于 5s 则工作在方式二，大于 5s 则工作在方式三	
3	工作方式一	当物料检测有料时，直流电机停止送料，延时 5s 后又自动送料，循环运行，当送料达到个数为 5 时，所有均复位	
4	工作方式二	当物料检测有料时，直流电机停止送料，延时 10s 后又自动送料，循环运行，当送料达到个数为 5 时，所有均复位	
5	工作方式三	当物料检测有料时，直流电机停止送料，延时 15s 后又自动送料，循环运行，当送料达到个数为 5 时，所有均复位	
6	按下触摸屏上的停止按钮或面板停止按钮 SB5	按下停止按钮后，显示时间，皮带输送机、直流电机均停止，再按下启动按钮，电机按上述要求继续循环运行	
7	时间显示、送料个数统计	触摸屏上的时间显示和实际定时时间一致，送料个数统计与实际送料个数一致，相应工作方式指示灯亮	

任务评价

对任务实施的完成情况进行检查，并将结果填入表 3-2-4 内。

表 3-2-4　任务测评表

序号	主要内容	考核要求	评分标准	配分	扣分	得分
1	传送机构的组装	传送带套件组装	1．传送带组装不正确扣 5 分 2．传感器位置组装不正确扣 5 分	10		
2	控制电路的连接	根据任务要求，连接控制电路	1．不能正确连接变频器扣 5 分 2．不能正确连接传感器扣 5 分 3．不能正确连接 PLC 供电回路扣 5 分 4．不能正确连接触摸屏通信电缆扣 5 分	20		
3	编写控制程序	根据任务要求，编写控制程序	调试各部分功能，不能实现的功能每处扣 5 分，共 40 分，扣完为止	40		
4	触摸屏组态	根据任务要求，进行触摸屏组态	1．硬件组态正确得 5 分，错误不得分 2．画面设计完成得 5 分，没有完成不得分 3．触摸屏画面中的按钮功能正确得 10 分，不正确或部分正确不得分	20		
5	安全文明生产	遵守纪律，符合操作要求，讲文明礼貌，实训台面整洁	1．违反安全文明生产考核要求的任何一项扣 2 分，扣完为止 2．当教师发现学生有重大事故隐患时，要立即予以制止，并每次扣安全文明生产分 5 分 3．小组协作不和谐、效率低扣 5 分	10		
合　计				100		
开始时间：			结束时间：			
学习者姓名：			指导教师：		任务实施日期：	

项目 4 气动机械手控制装置的连接、编程与触摸屏组态

任务 1 气动机械手的自检控制

任务目标

知识目标：1. 掌握步进指令的功能及用法。

2. 理解状态转移图与步进梯形图的本质，掌握状态转移图的用法。

能力目标：1. 根据任务要求，正确选用 YL-235A 光机电一体化实训设备的电气控制模块。

2. 能正确识别和使用所需的各传感器。

3. 能正确编写 PLC 程序。

4. 能正确使用 MCGS 组态软件中的标准按钮工具及图形工具，建立组态画面。

素质目标：养成独立思考和动手操作的习惯，培养小组协调能力和互相学习的精神。

任务呈现

如图 4-1-1 所示为气动机械手自检控制电路图。

（1）利用 YL-235A 光机电一体化实训设备上的 PLC 模块、机械手搬运机构部件，完成机械手搬运机构的组装和机械手自检控制电路的连接。

（2）根据下面的要求，编写机械手自检控制程序，并将程序下载到 PLC 中，调试该控制程序，使之符合控制要求。

① 机械手一开始在初始状态：左侧，悬臂缩回，手臂上升，手爪放松（调整气管即可）。标题以红/黑交替的方式显示。

② 给系统上电，开始时只能进行机械手的局部调试，分为：旋转气缸、悬臂、手臂、手爪几部分。

③ 单项调试中各项后面的绿色按钮是选择调试功能的按钮，以旋转气缸为例：开始状态为右转绿色按钮，当点选该按钮时，旋转气缸进行右转调试，同时该按钮变为红色左转按钮，到达右侧后，右限位传感器检测到，说明右转正常，触摸屏上提示“气缸右转正常”；之后再点选前述红色按钮，此时启动气缸左转调试，到达左侧后，左限位传感器检测到，说明左转正常，触摸屏上提示“气缸左转正常”，同时表示气缸部分检测正常的指示灯变为绿色，2s 后提

示信息消失。

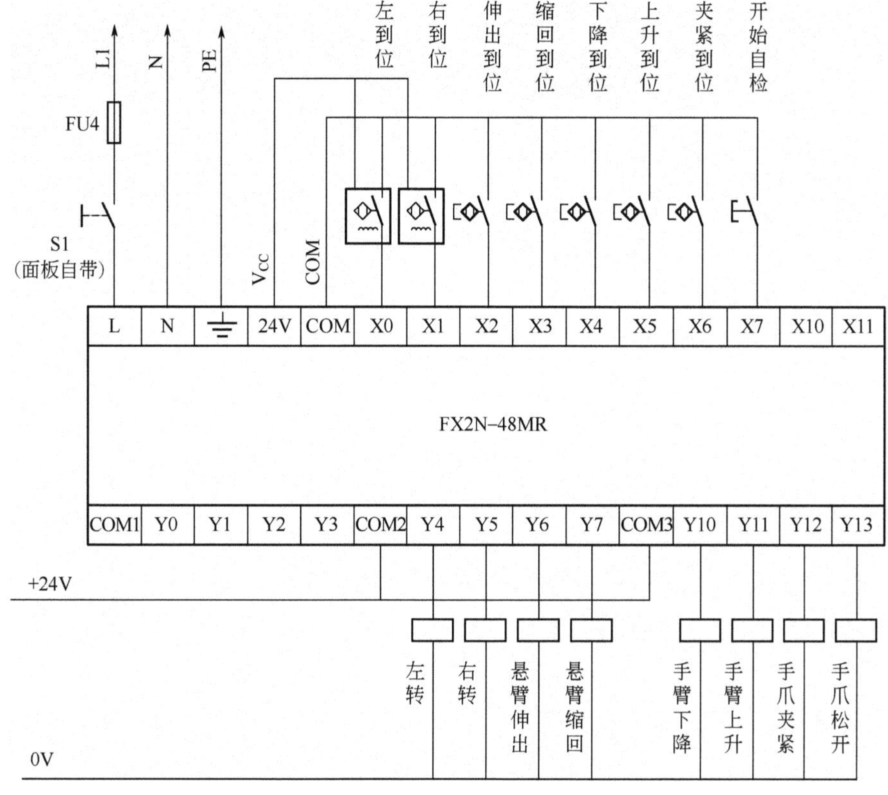

图 4-1-1　气动机械手自检控制电路图

④ 其他部分的自检调试过程与步骤 3 所述内容相似。

⑤ 单项全部调试完成（所有指示灯均亮），方可进行联动调试。单击触摸屏上的连续动作按钮，机械手开始联动调试，调试步骤为：右转→左转→伸出→缩回→下降→上升→夹紧→松开。调试过程中，进行到哪一步在触摸屏上都有文字信息提示。任何时候单击复位按钮，机械手回到初始状态位后停止。

（3）利用 MCGS 组态软件，建立如图 4-1-2 所示的组态画面，并进行数据连接。

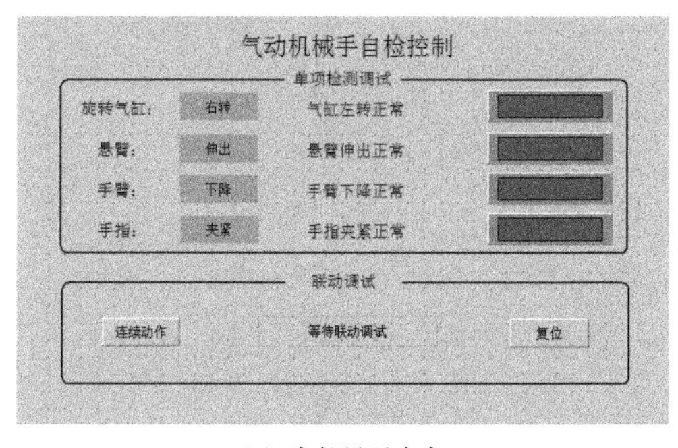

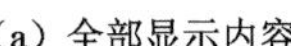
（a）全部显示内容

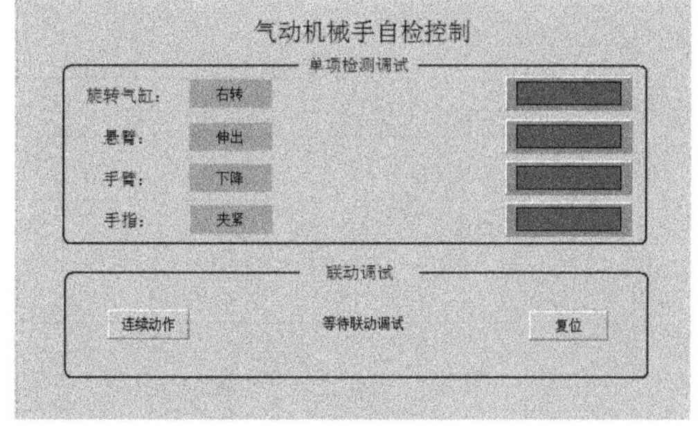

（b）初始运行界面

图 4-1-2　机械手自检控制组态画面

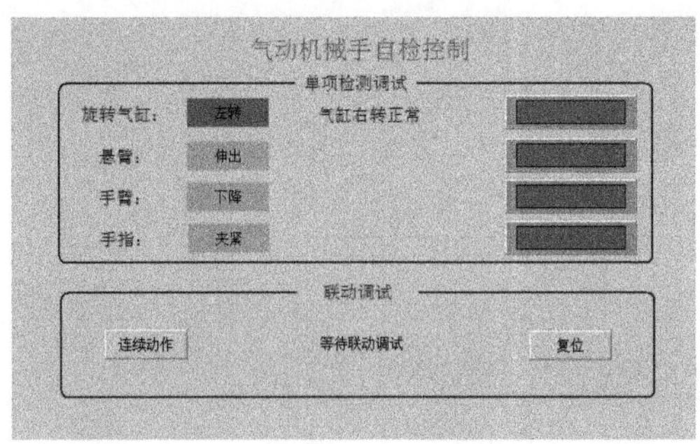

（c）单击右转按钮

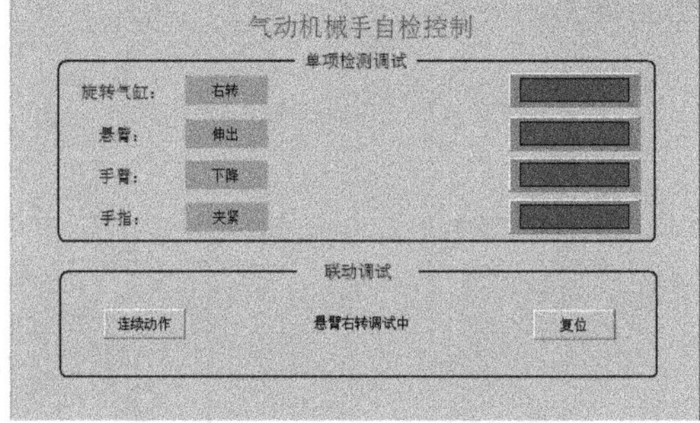

（d）左右调试正常界面（指示灯变绿）

图 4-1-2　机械手自检控制组态画面（续）

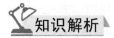

知识解析

一、步进指令及步进返回指令（STL/RET）

1．步进指令 STL、步进返回指令 RET 的使用要素

步进指令、步进返回指令的使用要素见表 4-1-1。

表 4-1-1　步进指令、步进返回指令的使用要素

梯形图	指令	功　能	操 作 元 件	程 序 步
—[SET　S0　]	STL	步进梯形图开始	S	1
—[RET　]	RET	步进梯形图结束	无	1

2．步进指令、步进返回指令的应用

步进指令、步进返回指令的用法如图 4-1-3 所示。

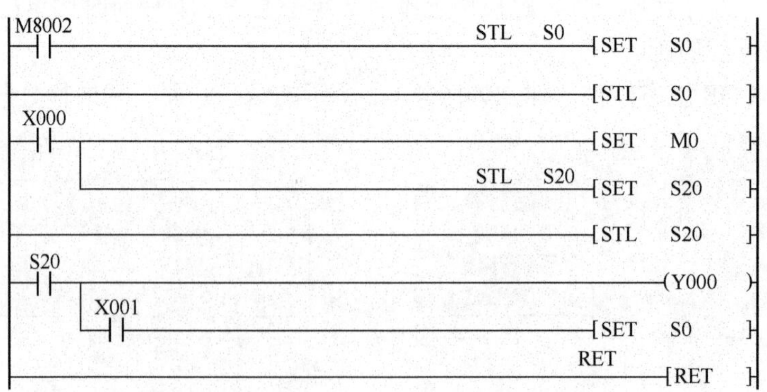

图 4-1-3　步进指令、步进返回指令的步进梯形图用法示例

该梯形图对应的指令表如图 4-1-4 所示。

（1）步进指令（STL）是利用内部状态寄存器 S，在顺控程序上进行工序步进控制的指令，每个工序步都以步进指令开始。

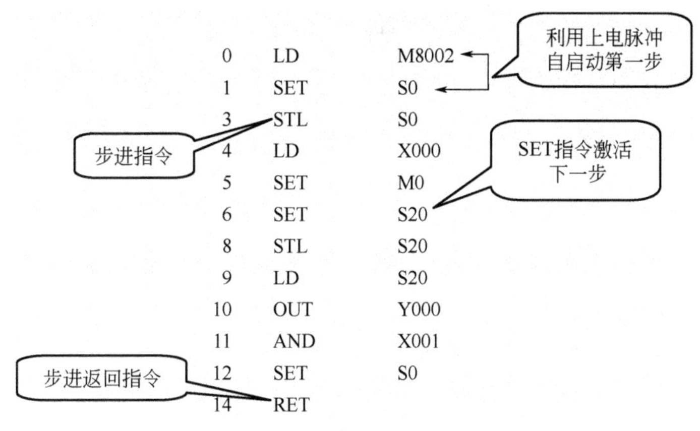

图 4-1-4 步进指令、步进返回指令的指令表用法示例

（2）步进返回指令（RET）是表示状态流程的结束，用于返回主程序的指令，每个工序流程结束，都必须有步进返回指令。

（3）顺控程序一般都用 M8002 自启动第一步。状态寄存器从 S0～S10 一般用于初始化。

3. 步进指令与步进返回指令的使用说明

（1）STL 指令直接与左、右母线相连，表示一个工序步的开始，其指定目标元件只有 S。

（2）在某一步中使用 SET 指令置位另一个状态寄存器时，程序将自动复位本步，并跳转到下一步执行。

（3）RET 指令没有目标元件，用在步进流程的结尾，用于结束流程并返回主程序。

二、状态转移图

一个控制过程可以分为若干个阶段，这些阶段称为状态。状态与状态之间由转移条件分隔。各状态间具有不同的动作，当相邻状态之间的转换条件满足时，上一状态结束而下一状态的动作开始，描述这一状态转换过程的图就叫做状态转移图（SFC）。

1. 单流程状态转移图的应用

状态流程图程序可以与步进梯形图之间相互转换，如图 4-1-3 所示的步进梯形图转换为状态转移图，如图 4-1-5 所示。

（1）初始状态用双框画，S0～S9 共 10 个初始状态器，一般用于编程时的初始化。运行开始必须用其他方法预先将初始状态“激活”。

（2）状态之间的连接线和垂直短线及标注表示状态转移条件。

（3）状态右侧是在该步要运行的程序或输出线圈。如，S0 状态需要在 X0 常开触点闭合时，置位 M0。

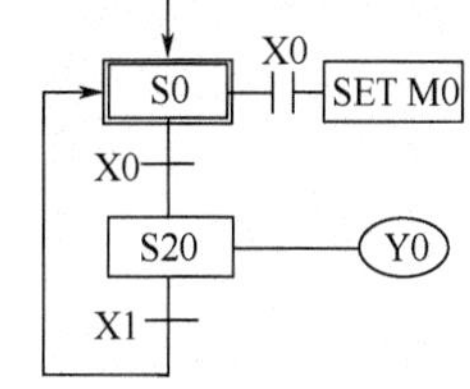

图 4-1-5 单流程状态转移图示例

2. 状态转移图的编程步骤

一个控制过程如果运用状态编程思想设计程序，一般需要遵循以下几步。

（1）将整个过程按任务要求分解，并画出控制流程。

（2）分配确定每个状态的元件，并明确每个状态的功能。

（3）找出每个状态的转移条件。

三、机械手搬运机构

1．机械手搬运机构的结构组成

整个机械手搬运机构完成四个自由度动作，手臂旋转、手臂伸缩、手爪上下、手爪松紧。其结构组成如图 4-1-6 所示，这里主要介绍以下几个部件。

（1）旋转气缸：控制机械手臂的正反转，由双电控电磁阀控制。

（2）伸缩气缸：控制机械手臂伸出、缩回，由双电控电磁阀控制。

（3）提升气缸：提升、下放手爪，采用双电控电磁阀控制。

（4）气动手爪：抓取和松开物料，由双电控电磁阀控制。

（5）接近传感器：机械手臂正转和反转到位后，接近传感器输出信号。

（6）磁性传感器：用于气缸的位置检测。检测气缸伸出和缩回是否到位，因此，一般成对使用，在前点和后点上各一个。

（7）缓冲阀：旋转气缸高速正转和反转时，起缓冲减速作用。

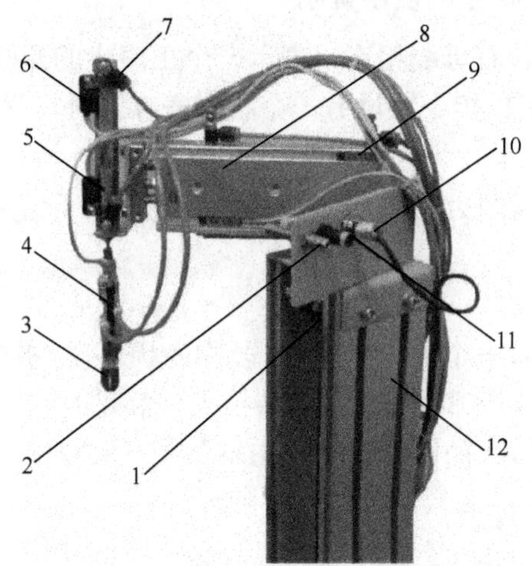

图 4-1-6　机械手搬运机构组成实物图

1—旋转气缸；2—非标螺钉；3—气动手爪；4—手爪磁性开关；5—提升气缸；6—磁性开关；7—节流阀；8—伸缩气缸；9—磁性传感器；10—接近传感器；11—缓冲阀；12—安装支架

2．相关传感器介绍

（1）接近传感器，如图 4-1-7（a）所示，这里主要用于机械手左、右到位检测，当检测到位后传感器输出信号。应用中棕色线接直流 24V 电源“+”端、蓝色接“-”端、黑色接 PLC 主机输入端。

（2）磁性传感器，如图 4-1-7（b）所示，主要用于检测气缸伸出、缩回是否到位，检测到位后将给 PLC 发出信号。应用中棕色接 PLC 输入端，蓝色接输入公共端。

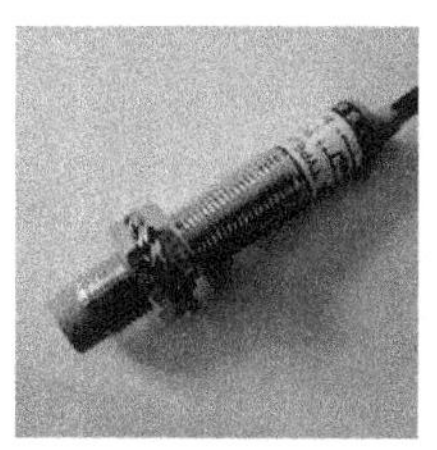

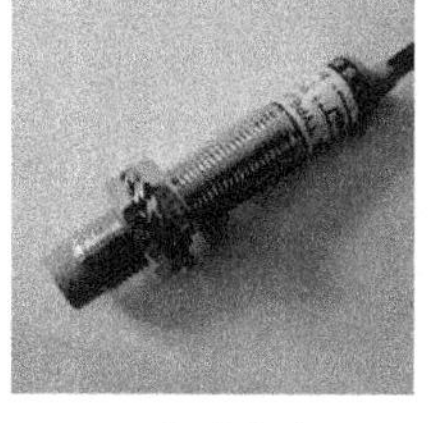

（a）接近传感器

（b）磁性传感器

图 4-1-7　主要传感器实物图

任务实施

一、清点器材

对照表 4-1-2，清点机械手自检控制电路所需的设备、工具及材料。

表 4-1-2　机械手控制电路所需的设备、工具及材料（各组配备）

序号	名　称	型号	数量	作　　用
1	PLC 模块	FX2N-48MR	1 块	控制机械手运行
2	按钮与指示灯模块	专配	1 个	提供 DC 24V 电源、操作按钮及指示灯
3	机械手套件	—	1 套	实验对象
4	安全插接导线	专配	若干	电路连接
5	扎带	ϕ120mm	若干	电路连接工艺
6	斜口钳或者剪刀	—	1 把	剪扎带
7	电源模块	专配	1 个	提供三相五线电源
8	计算机	安装有编程软件	1 台	用于编写、下载程序等
9	220V 电源连接线	专配	2 条	供按钮模块和 PLC 模块用

二、建立 I/O 分配表

根据控制要求，分析任务并编制输入/输出 I/O 分配表，见表 4-1-3。

表 4-1-3　输入/输出 I/O 分配表

输　入			输　出		
输入元件	功能作用	输入继电器	输出元件	控制对象	输出继电器
S1	左到位开关	X0	KM1	左旋电磁阀	Y4
S2	右到位开关	X1	KM2	右旋电磁阀	Y5
S3	伸出到位开关	X2	KM3	悬臂伸出电磁阀	Y6
S4	缩回到位开关	X3	KM4	悬臂缩回电磁阀	Y7
S5	下降到位开关	X4	KM5	手臂下降电磁阀	Y10
S6	上升到位开关	X5	KM6	手臂上升电磁阀	Y11
S7	夹紧到位开关	X6	KM7	手爪夹紧电磁阀	Y12
SB1	控制按钮	X7	KM8	手爪松开电磁阀	Y13

三、控制电路连接

1. 完成机械手的组装

组装好机械手，各传感器安装位置如图 4-1-6 所示，各传感器位置如图 4-1-8 所示。安装时先将传感器预固定，以便于稍后调整。

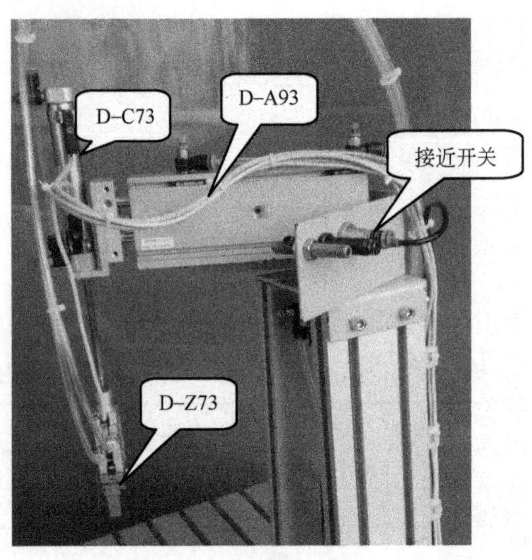

图 4-1-8 机械手传感器位置实物图

2. 完成 PLC 输入电路的连接

先将传感器的各端子连接在台面的端子板上，然后用安全插接线完成传感器与 PLC 模块的连接，传感器的 PLC 输入电路连接示意图如图 4-1-9 所示。

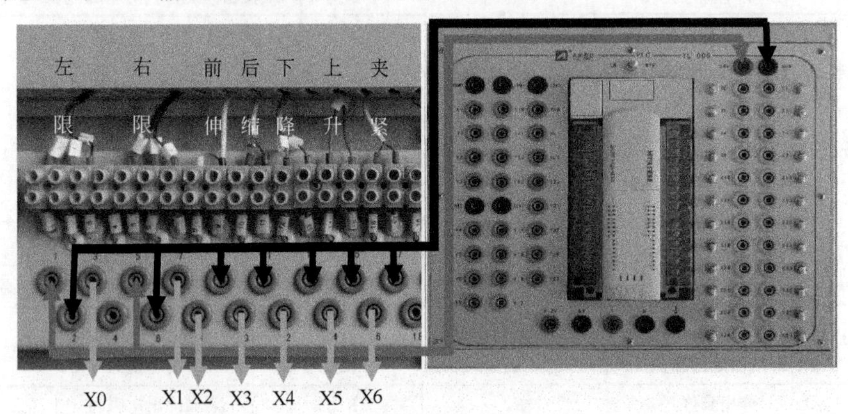

图 4-1-9 PLC 输入（传感器）电路连接示意图

3. 完成 PLC 输出电路的连接

将电磁阀的线圈端子先连接在台面的端子排上，在断开电源的情况下，进行电磁阀与 PLC 输出端子的连接，各电磁阀与端子排的连接及端子排与 PLC 的连接示意图如图 4-1-10 所示。

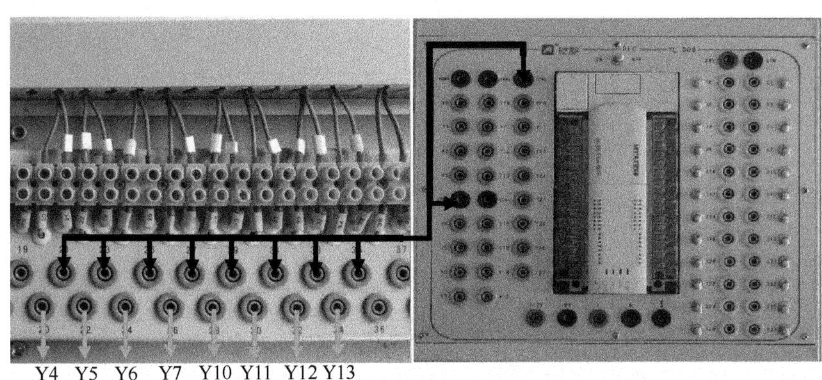

图 4-1-10　PLC 输出（电磁阀）电路的连接示意图

4．电路检测及工艺整理

（1）断电情况下，检查传感器的公共端是否连接在输入端子的 COM 端上，传感器的输出端是否连在 PLC 的输入端子上；电磁阀线圈的蓝色线是否接在 PLC 输出端子的公共端，红色线是否对应连接在 PLC 的输出端子上。

（2）驱动电磁阀的输出端子不能用 Y0～Y3，因为这几个输出点是晶体管输出型的，不能驱动电磁阀这样的大电流负载。

（3）上述检查完毕后，通电检测各传感器，用手摆动各气缸使之到达极限位置，若对应的传感器输出正常，则该传感器安装正确，否则需要调整传感器位置，使之检测输出正常。

（4）对应各电磁阀的线圈，逐个上电，看机械手是否能正确动作。

检查电路连接正确无误后，进行控制电路的工艺整理。

四、程序编写与下载

采用状态转移图（SFC）编程，编写每个程序步对应的程序时，状态图与实际的梯形图程序不能同时展现在界面上，因此本章提供状态转移图的编程结构和思路，利用步进梯形图写该任务的程序。但两者的程序思路异曲同工。下面提供该程序的结构示意图和具体的步进梯形图程序。

1．程序结构说明

如图 4-1-11 所示是该任务的程序结构示意图，其中虚线指示的是连续动作时程序的动作步骤，因为连续动作的所有动作运行在单项调试时已经具备了，这样做节省了程序量。

（1）程序结构中 M0、M4、M8、M12 分别为触摸屏上单向功能按钮对应的辅助寄存器。

（2）S20→S21 是旋转气缸调试的动作步，以此类推，后面的三个分支为悬臂、手臂、手爪的调试步。

（3）由于单项调试与连续动作共用相同步，但转移条件不同，故在每步中的程序有所体现。

（4）复位功能请读者在理解提供的步进梯形图程序后自行尝试添加。

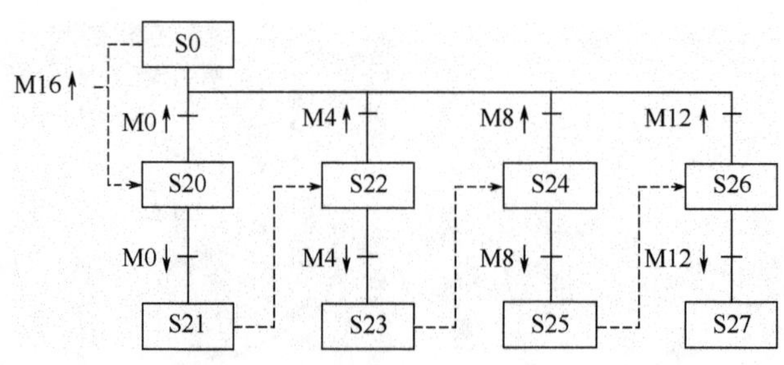

图 4-1-11　任务 1 的程序结构

2. 步进梯形图程序

依据上述程序结构编写程序，如图 4-1-12 所示为初始化与起始步程序的内容。

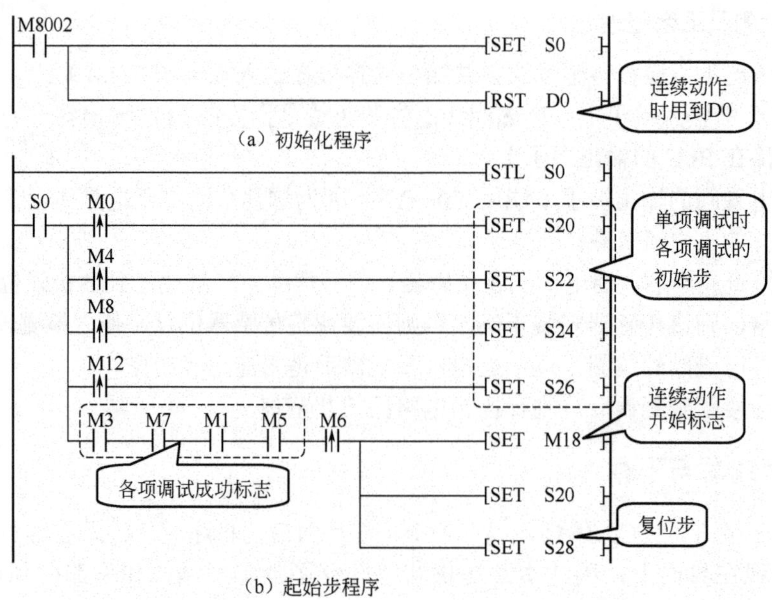

图 4-1-12　初始化与起始步程序

各单项调试的程序动作都大致相同，先驱动一边的电磁阀，动作结束再驱动另一边的电磁阀，所以这里用旋转气缸的单项调试程序举例，其他的单项调试内容请类比该程序自行编写。如图 4-1-13 所示为旋转气缸单项调试程序。

前面我们说明了连续动作与单项动作共用步，二者的转移条件不同，因此要在此程序基础上进行完善，这里就用到了开始时置位的 M18 寄存器和复位的 D0 存储器，如图 4-1-14 所示。

任何时候单击复位按钮，机械手立即回原位，程序如图 4-1-15 所示。

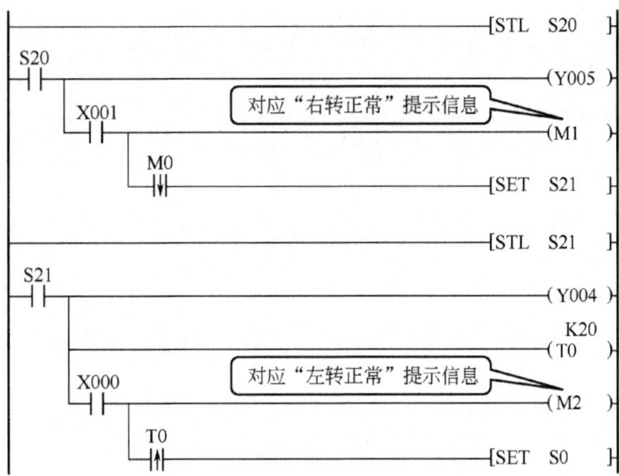

STL S20
S20
Y005
X001
对应“右转正常”提示信息
M1
M0
SET S21
STL S21
S21
Y004
K20
T0
X000
对应“左转正常”提示信息
M2
T0
SET S0

图 4-1-13 旋转气缸单项调试程序

STL S20
S20
Y005
M18
与联动运行中的提示消息连接
INCP D0
X001 M18
M1
M0
SET S21
M18
STL S21
S21
Y004
M18
联动运行时，单项调试的提示不用显示
INCP D0
M18
K20
T0
X000 M18
M2
T0
SET S0
M18

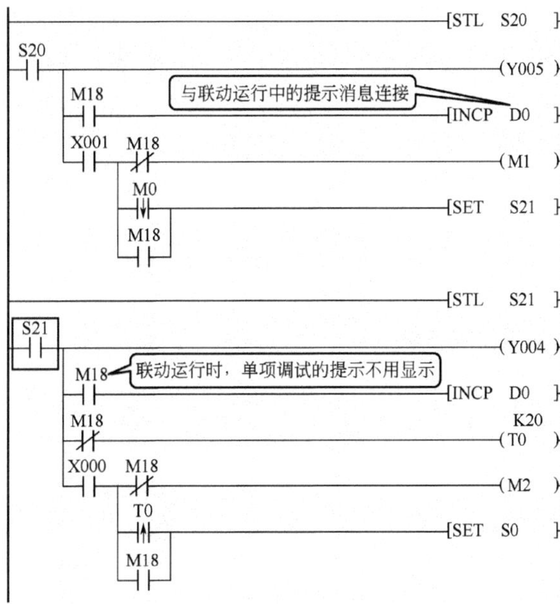

图 4-1-14 有连续动作的程序

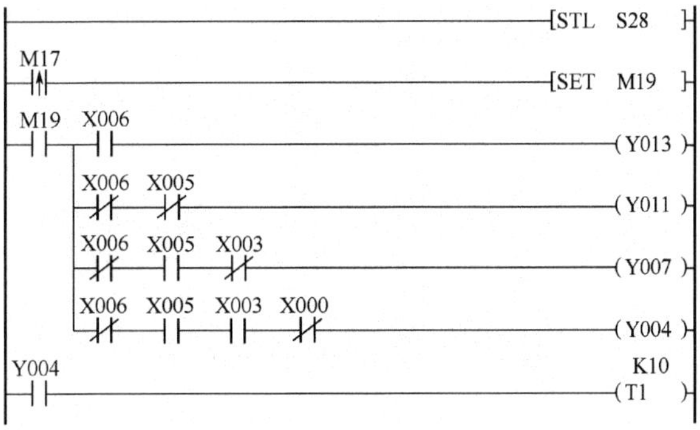

STL S28
M17
SET M19
M19 X006
Y013
X006 X005
Y011
X006 X005 X003
Y007
X006 X005 X003 X000
Y004
Y004
K10
T1

图 4-1-15 复位程序

五、建立触摸屏组态

触摸屏的工程建立及新建画面非常基础，不再赘述。这里主要对该任务中的效果及画面组态新的内容进行详细说明。

1．标题闪烁效果的实现

标题的文字变换颜色是通过对标签进行动画设置实现的，具体操作如图 4-1-16 所示。

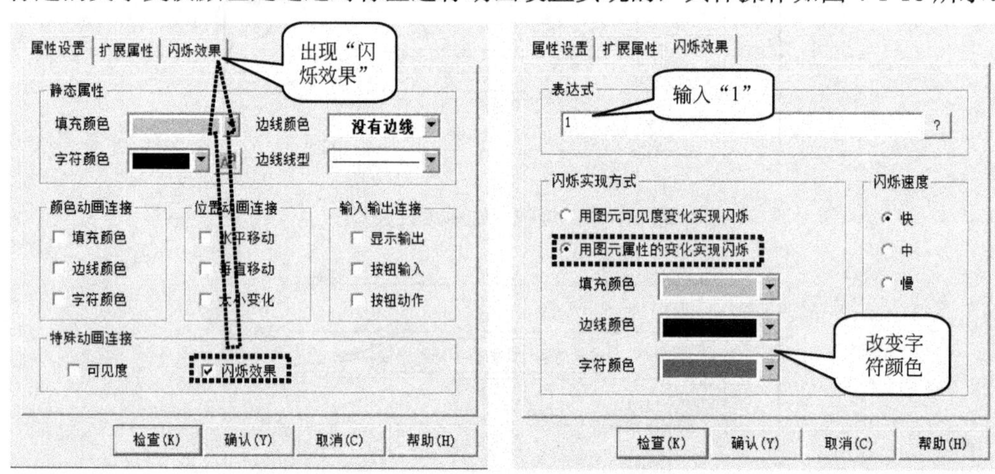

图 4-1-16　标题闪烁效果的设置

2．有颜色字符变换的按钮的制作

该功能通过动画按钮控件实现。以该任务中的旋转气缸左右转按钮为例，说明设置方法，如图 4-1-17 所示。

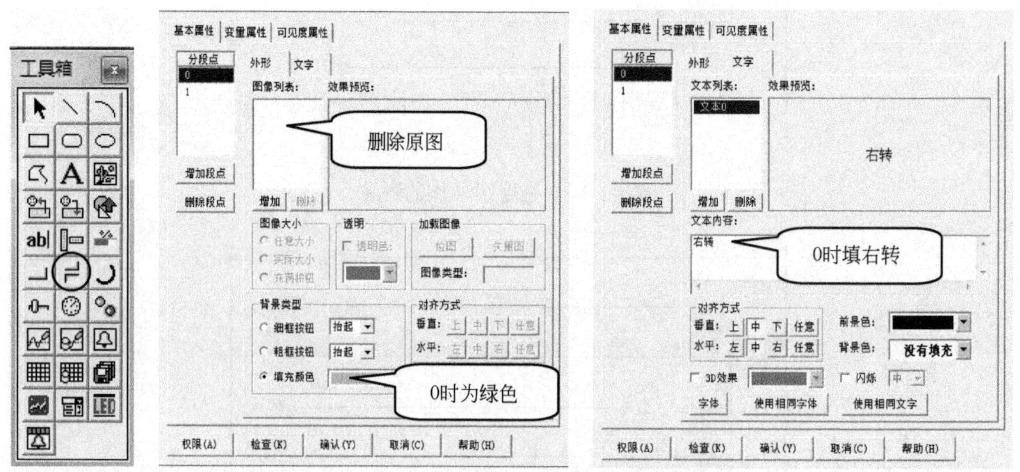

图 4-1-17　动画按钮的设置方法

该空间的分段点可以有多个，不同分段点可以设置不同的属性，前述动画按钮单击分段点 1 时设置填充色为红色，文字改为“左转”。

3. 提示信息文本的设置

提示信息是通过标签的可见度来设置的，在需要时可见，不需要提示时隐藏，设置方法如图 4-1-18 所示。

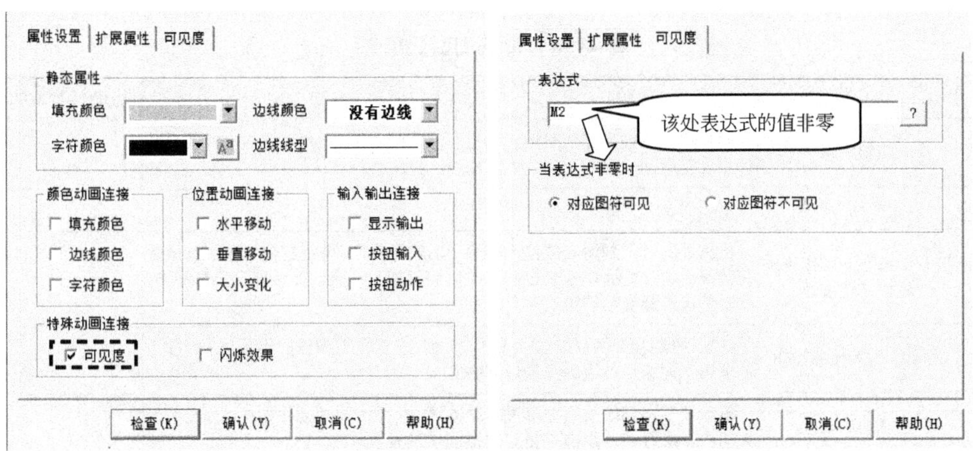

图 4-1-18　标签提示信息的设置方法

在表达式处不仅可以填单个变量，还可以填一个表达式，如在下面的联动调试中就是通过 D0 数值的表达式来完成的，如图 4-1-19 所示。

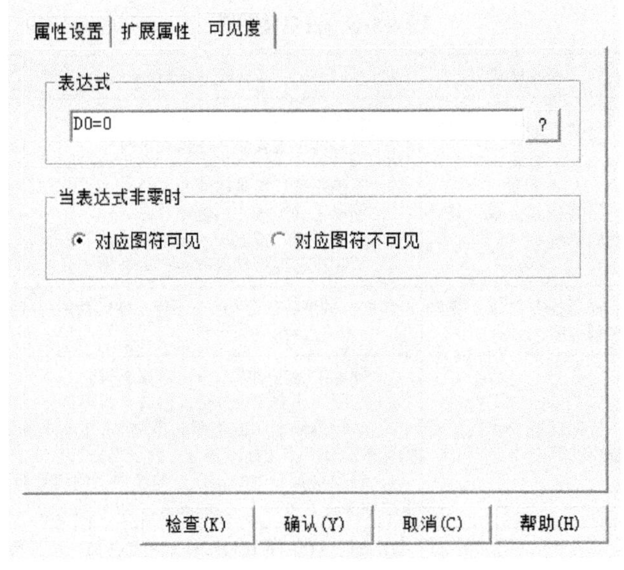

图 4-1-19　通过表达式确定可见度属性

这里用 D0=0 表示在联动未开始时用标签提示“等待联动调试”信息，调试过程中通过其他多个标签显示调试进行到什么位置的提示信息，其他标签的显示条件为表达式：D0=x。其值在程序中不断变化，每次只有一个标签的可见度属性符合可见条件。

六、运行调试

按照表 4-1-4 进行操作，观察系统运行情况并做好记录。如出现故障，应立即切断电源，分析原因、检查电路或梯形图，排除故障后，方可进行重新调试，直到系统功能调试成功为止。

表 4-1-4　设备调试记录表

步骤	调试流程	正确现象	观察结果及解决措施
1	初始状态	控制模块及触摸屏上的按钮均没有按下时，机械手处在原位：机械手左移，悬臂缩回，手臂上升，手爪松开	
2	按连续动作按钮	单项调试未完成，机械手不动作	
3	按右转按钮，动作完成后按左转按钮	机械手右转，到达右限位，提示"右转正常"；再按左转按钮，机械手左转回原位，提示"左转正常"，此时该项指示灯亮，2s 后提示信息消失，此时单击选择其他按钮	
4	逐个单击其他的按钮	机械手按要求进行动作，并在每个动作正常后有相应的提示信息，每个单项调试完成后相应的指示灯点亮	
5	联动调试	单项调试全部结束后方可进行联动调试，单击连续动作按钮，机械手连续动作，进行到每步都有相应的提示信息显示	
6	复位	联动过程中，单击复位按钮，机械手立即复位回原位	

任务评价

对任务实施的完成情况进行检查，并将结果填入表 4-1-5 内。

表 4-1-5　任务测评表

序号	主要内容	考核要求	评分标准	配分	扣分	得分
1	机械手的组装	机械手套件组装	1. 机械手组装不正确扣 5 分 2. 传感器位置安装不正确扣 5 分	10		
2	控制电路的连接	根据任务要求，连接控制电路	1. 不能正确连接电磁阀扣 5 分 2. 不能正确连接传感器扣 5 分 3. 不能正确连接 PLC 供电回路扣 5 分 4. 不能正确连接触摸屏通信电缆扣 5 分	20		
3	编写控制程序	根据任务要求，编写控制程序	调试机械手各部分功能，不能实现的功能每处扣 10 分，共 40 分，扣完为止	40		
4	触摸屏组态	根据任务要求，进行触摸屏组态	1. 硬件组态正确得 5 分，错误不得分 2. 画面设计完成得 5 分，没有完成不得分 3. 触摸屏画面中的按钮与模块上的按钮控制效果相同得 5 分，不正确或部分正确不得分 4. 触摸屏画面中的指示灯与模块上的信号指示灯效果同步得 5 分，不同步或部分同步不得分	20		
5	安全文明生产	遵守操作规程，小组成员协调有序，爱惜实训设备	1. 实训过程中有违反操作规程的任何一项行为扣 2 分，扣完为止 2. 发现学生有重大事故隐患时，立即予以制止，并每次扣安全文明生产分 5 分 3. 小组协作不和谐、效率低扣 5 分 4. 如有明显不爱惜实训设施的行为，该项不得分	10		
合　计				100		
开始时间：			结束时间：			
学习者姓名：			指导教师：	任务实施日期：		

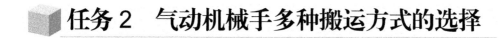

任务 2　气动机械手多种搬运方式的选择

任务目标

知识目标：1. 掌握编写状态转移图的基本规则。
　　　　　2. 掌握用编程软件编写有选择性分支的 SFC 程序的方法。
能力目标：1. 根据任务要求，正确选用 YL-235A 光机电一体化实训设备的电气控制模块。
　　　　　2. 能正确编写 PLC 程序。
　　　　　3. 能正确使用 MCGS 组态软件中的标准按钮工具及图形工具，建立组态画面。
素质目标：养成独立思考和动手操作的习惯，培养小组协调能力和互相学习的精神。

任务呈现

如图 4-2-1 所示为机械手多种搬运方式控制电路。

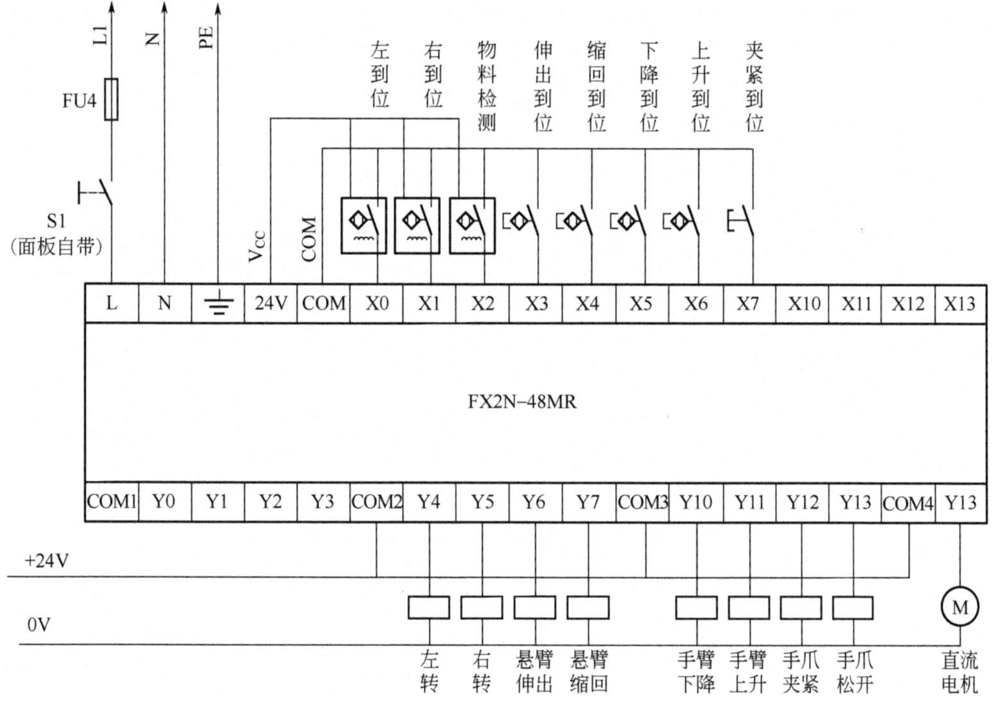

图 4-2-1　机械手多种搬运方式控制电路

（1）利用 YL-235A 设备上的机械手套件及 PLC 模块，完成气动机械手多种搬运方式的机械部分和控制电路，装配示意图如图 4-2-2 所示。

（2）根据下面的要求编写 PLC 控制程序，制作触摸屏控制画面，调试该控制程序，使之符合要求。

① 初始状态下，PLC 上电，机械手回原位（机械手在左，悬臂缩回，手臂上升，手爪松开）。

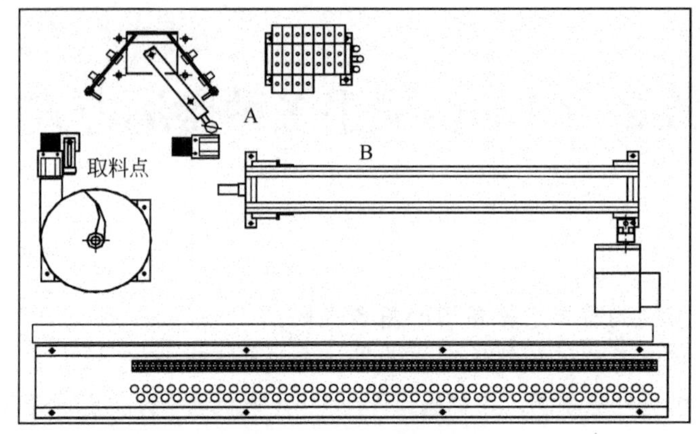

图 4-2-2　机械手装配示意图

② 按触摸屏上的启动按钮，当取料点没有物料，电机运转出料。检测到物料电机立即停止。

③ 人工指定物料去向，若在触摸屏将旋钮开关指向 A（默认），则模拟物料展示向 A 移动的动画；若将旋钮开关指向 B，则模拟展示向 B 移动的画面，未启动，则物料在原位不动。

④ 一旦检测到物料，机械手手臂下降→手爪夹紧→手臂上升，若指定去 A 点，机械手右旋→手臂下降→手爪松开；若指定去 B 点，机械手右旋→悬臂伸出→手臂下降→手爪松开。

⑤ 物料送到目标位置，机械手返回原位，等待下次动作。

（3）依上述要求编写 PLC 程序，之后建立 MCGS 触摸屏组态。如图 4-2-3 所示，画面各按钮功能已提供，本节将进行详细讲解指示灯及动画效果的制作。

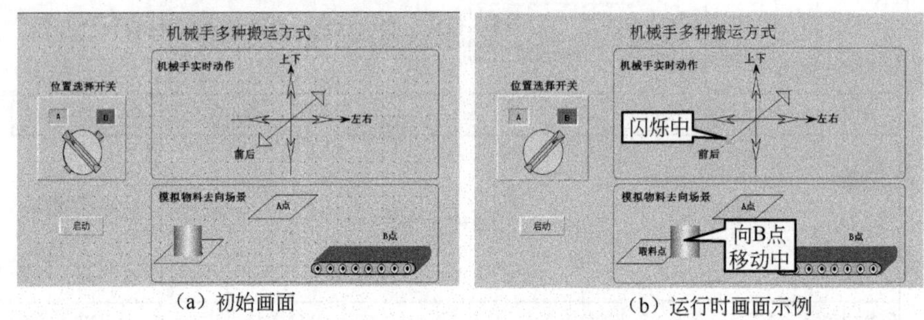

（a）初始画面　（b）运行时画面示例

图 4-2-3　机械手多种搬运方式触摸屏画面

知识解析

一、编制状态转移图的基本规则

1．状态转移图的编程要点

利用状态转移图解决顺控问题的步骤在上个任务中已说明并应用。在实际编写状态转移图程序时需要注意以下几点。

（1）遵循先驱动（状态）再转移的规律，即要想执行某一步程序，必须先利用 SET 指令使该状态得电。

（2）对状态的开始，必须用步进开始指令 STL。

（3）程序结束时必须使用 RET 指令返回。

（4）状态间不连续转移，不能使用 SET 指令进行状态转移，应改用 OUT 指令。

（5）初始状态（S0～S9）在运行开始时必须用其他方法预先激活。一般采用 M8002 进行驱动。

2. 选择性分支与汇合的编程

从多个流程中选择执行哪个流程称为选择性分支。图 4-2-4 所示为典型的选择性分支状态转移图。

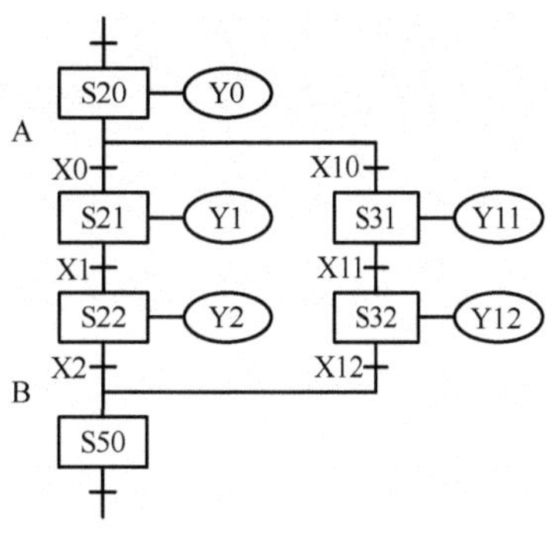

图 4-2-4 选择性分支状态转移图

从该状态转移图可以看出，A 处满足不同的条件执行不同的程序流程，而在 B 处两条分支汇合后执行相同程序。选择性状态转移图的指令表如图 4-2-5 所示。

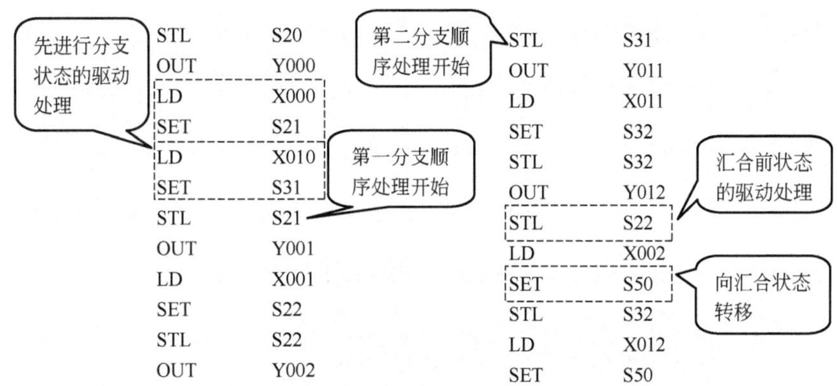

图 4-2-5 选择性状态转移图的指令表

可以发现状态流程图的规则如下。

（1）分支状态的编程：先进行分支状态的驱动处理，再依顺序进行状态转移处理。

（2）汇合状态的编程：先进行汇合前状态的驱动处理，再依顺序进行向汇合状态的转移。

实际写程序时，在掌握上述要领的情况下，分解任务，理清思路，合理运用选择性分支编写出最恰当的程序。

二、GX 软件编写 SFC 程序

如图 4-2-4 所示是为方便识读而列写的状态转移图，而 GX 编程软件是无法这样编写程序的，但实际的 SFC 程序是取其形式思路，用新的方式来编写的，编辑步骤如下。

1. 新建 SFC 程序

打开编程软件，单击“新建文件”图标，出现如图 4-2-6 所示界面，“程序类型”选择“SFC”，单击“确定”按钮。

2. 登记块操作

GX 编写 SFC 程序需要在“块”中进行，因此需要先登记块。

（1）先登记一个梯形图块，一般用于初始化 S0。具体操作如图 4-2-7 所示。

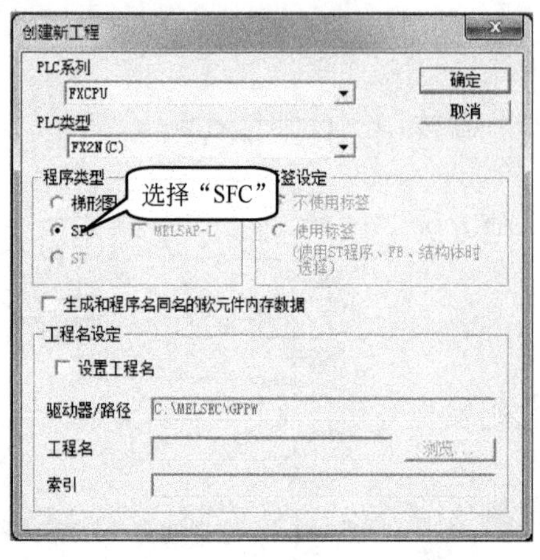

图 4-2-6　建立 SFC 程序

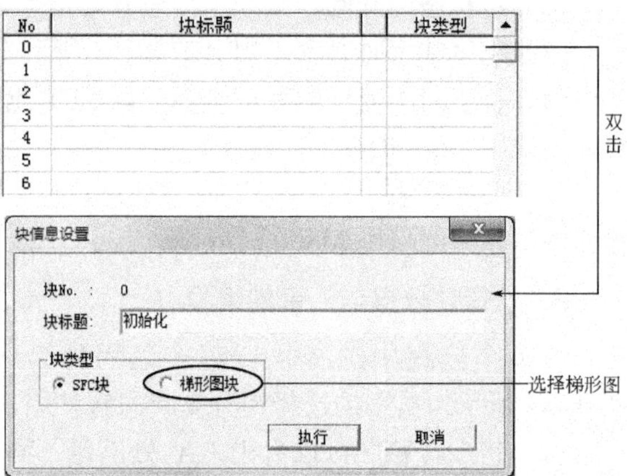

图 4-2-7　注册一个梯形图块

登记好梯形图块，执行初始化 S0 的编程，如图 4-2-8 所示。

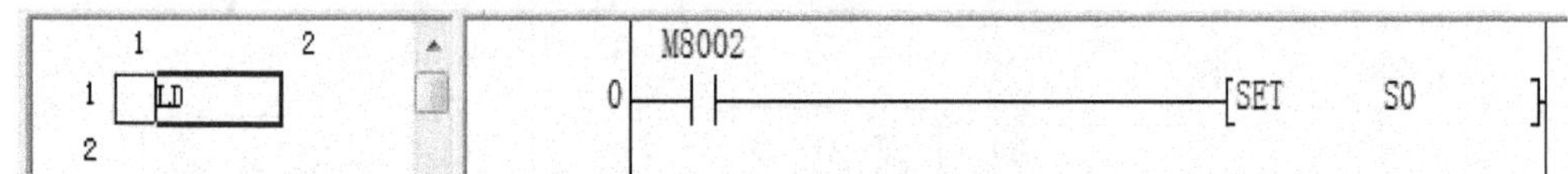

图 4-2-8　SFC 程序初始化操作

（2）再登记 SFC 块，用于主程序的编写，过程如图 4-2-9 所示。

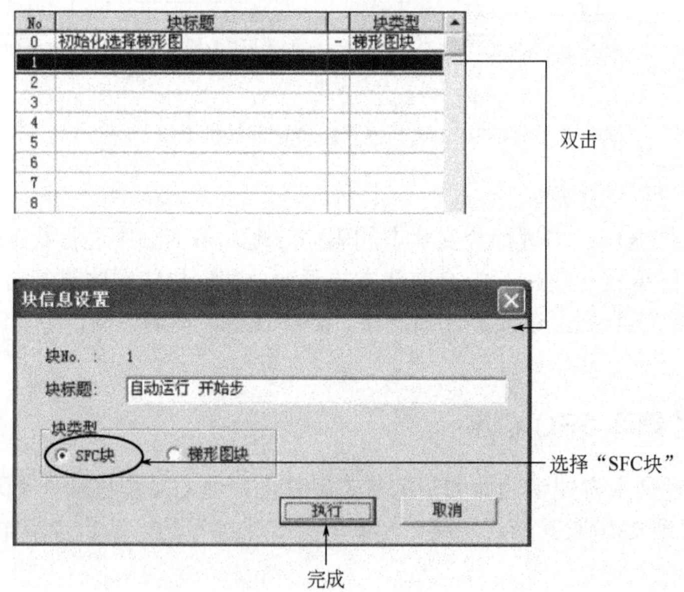

图 4-2-9　SFC 块的登记

3．认识 SFC 块的编程界面

SFC 编程界面如图 4-2-10 所示。

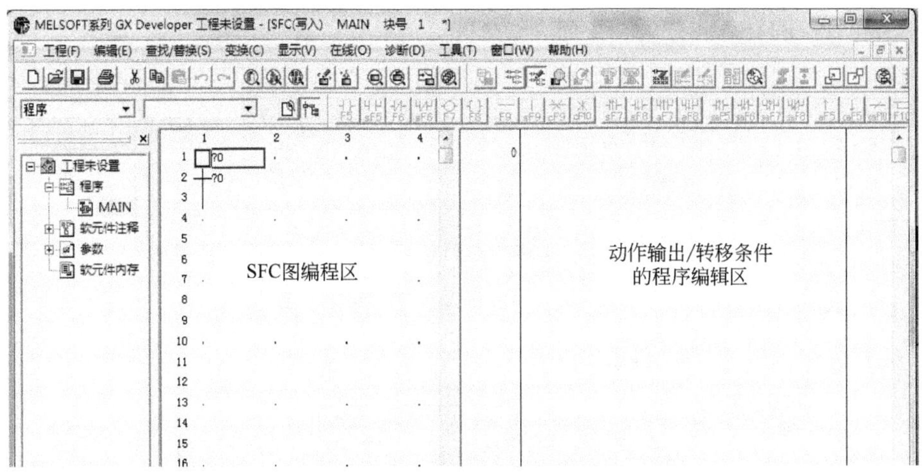

图 4-2-10　SFC 编程界面

SFC 图编程区能清晰地看出程序的流程；程序编辑区是对每一步或转移条件的具体显示，当选中某一步或转移条件时，就会在该区域显示其梯形图形式的程序。

4．编写 SFC 程序

（1）步的写入。在如图 4-2-11 所示的绿框处插入一个步。

图 4-2-11　写入步的操作方法

（2）级联转移的写入。在图 4-2-12 所示绿框处插入转移条件符号。

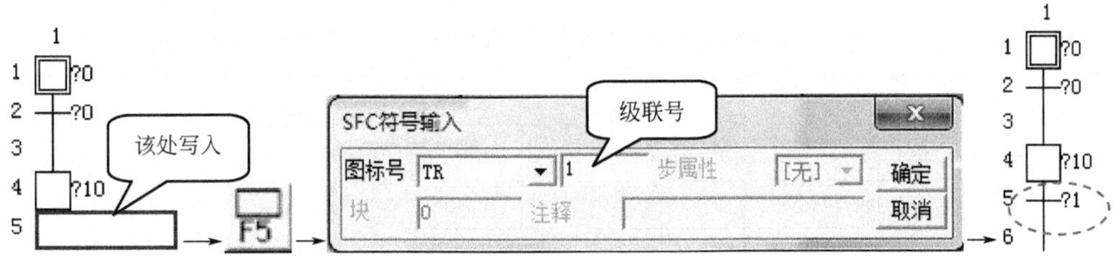

图 4-2-12　写入级联转移的操作方法

（3）选择分支的写入，如图 4-2-13 所示。

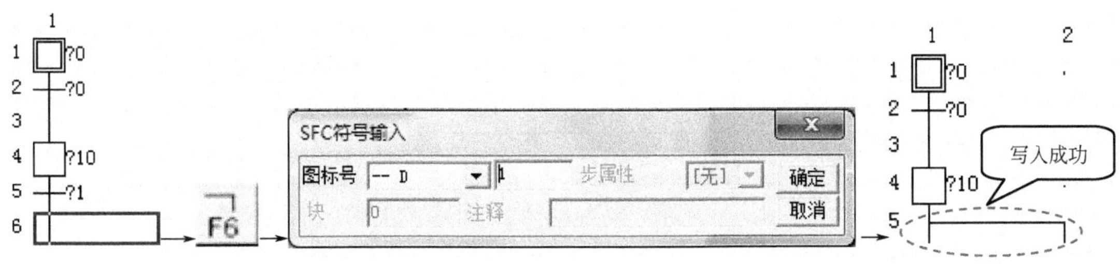

图 4-2-13　写入选择分支的操作方法

（4）选择合并的写入，如图 4-2-14 所示。

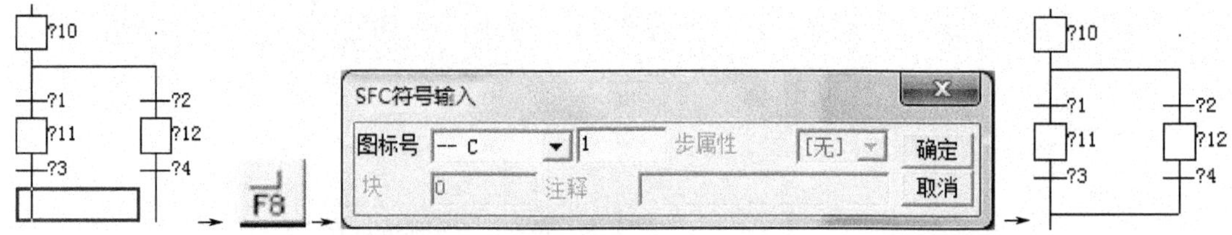

图 4-2-14　写入选择合并的操作方法

（5）编写步中的程序，如图 4-2-15 所示。

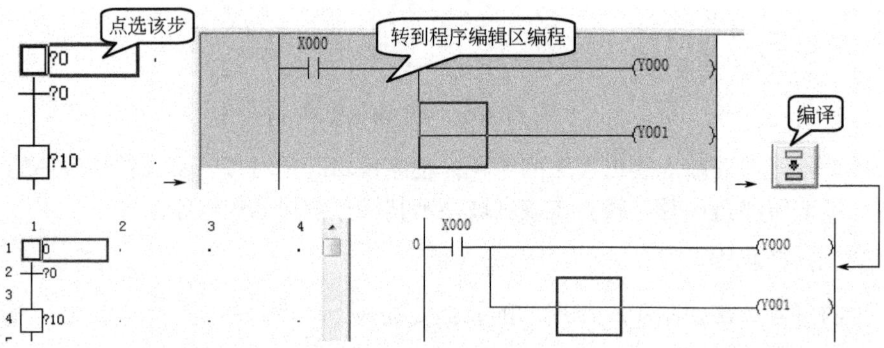

图 4-2-15　编写步中程序的操作方法

任务实施

一、清点器材

对照表 4-2-1，清点机械手多种搬运方式控制电路所需的设备、工具及材料。

表 4-2-1　机械手多种搬运方式控制电路所需的设备、工具及材料（各组配备）

序号	名　称	型号	数量	作　　用
1	PLC 模块	FX2N-48MR	1 块	控制机械手运行
2	按钮与指示灯模块	专配	1 个	提供 DC 24V 电源、操作按钮及指示灯
3	机械手套件	—	1 套	实验对象
4	送料机构套件	—	1 套	
5	安全插接导线	专配	若干	电路连接
6	扎带	ϕ120mm	若干	电路连接工艺
7	斜口钳或者剪刀	—	1 把	剪扎带
8	电源模块	专配	1 个	提供三相五线电源
9	计算机	安装有编程软件	1 台	用于编写、下载程序等
10	220V 电源连接线	专配	2 条	供按钮模块和 PLC 模块用

二、建立 I/O 分配表

根据控制要求，分析任务并编制输入/输出（I/O）分配表，见表 4-2-2。

表 4-2-2　输入/输出（I/O）分配表

输入			输出		
输入元件	功能作用	输入继电器	输出元件	控制对象	输出继电器
S1	左到位开关	X0	KM1	左旋电磁阀	Y4
S2	右到位开关	X1	KM2	右旋电磁阀	Y5
S3	伸出到位开关	X2	KM3	悬臂伸出电磁阀	Y6
S4	缩回到位开关	X3	KM4	悬臂缩回电磁阀	Y7
S5	下降到位开关	X4	KM5	手臂下降电磁阀	Y10
S6	上升到位开关	X5	KM6	手臂上升电磁阀	Y11
S7	夹紧到位开关	X6	KM7	手爪夹紧电磁阀	Y12
S8	原料检测传感器	X7	KM8	手爪松开电磁阀	Y13
			M1	送料电机	Y14

三、控制电路连接

1. 完成 PLC 输入、输出电路的连接

按照接线要求及 I/O 分配表，完成本电路的连接。机械手的电路连接在本项目的任务 1 已经说明，送料机构的电机接法在项目 3 中也已说明，这里不再赘述。而增加的原料检测传感器的接法与左、右限位传感器的接法相同：棕色接+24V，蓝色接输入 COM 端，黑色接输入端子。请根据图纸自行完成连接。

2. 电路的检测及工艺整理

电路安装结束，要进行静态检测。先对照电路图保证每条线路的连接完全正确，然后开始上电检测传感器的好坏。

（1）用万用表检测每个三线传感器与 DC 24V 电源之间的连接是否正常，三线传感器的各端子是否连接正确。

（2）PLC 输出的各 COM 是否连接在开关电源的+24V 端子上。待驱动的各负载另一端是否共同连接在 0V 端子上。

（3）上述工作完成，通电调试各传感器的功能是否正常。

检查电路连接正确后，进行控制电路的工艺整理。

四、程序编写与下载

这里提供本程序的设计思路，为方便说明，采用梯形图编程，读者自行尝试利用软件编写 SFC 形式的程序。程序设计思路是一样的。

该程序在处理不同的分拣过程时的步骤是有区别的，故采用选择性分支结构程序。思路如图 4-2-16 所示。

M0 为触摸屏启动按钮对应的寄存器。依据该程序结构编写的程序如下。

1．初始步程序

初始步程序是系统启动运行的准备及触发动作程序，如图 4-2-17 所示。

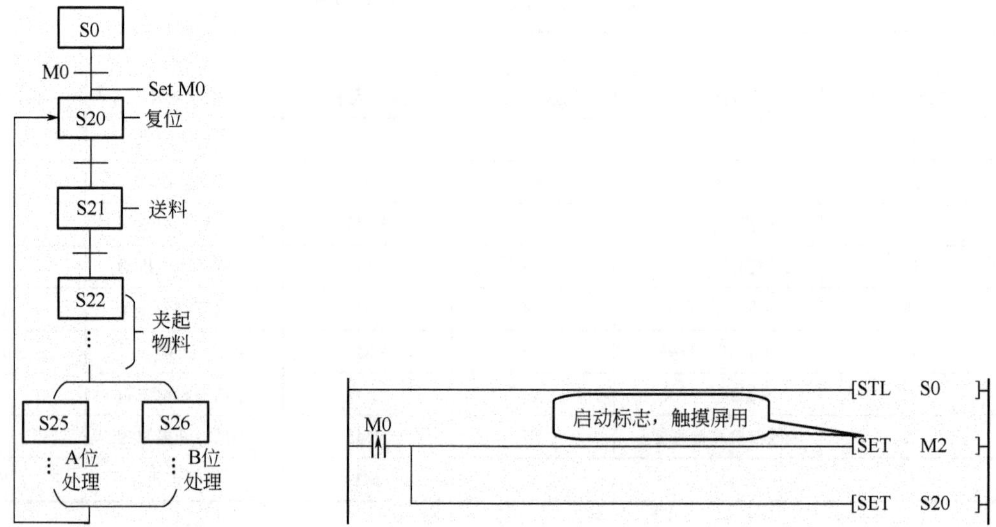

图 4-2-16 程序结构示意图

图 4-2-17 初始步程序

复位程序请参照本项目任务 1 中图 4-1-15 所示的程序结构。

2．机械手动作程序

通过控制输出 Y，从而控制电磁阀驱动机械手动作。如图 4-2-18 所示为机械手取物料时的动作编程。

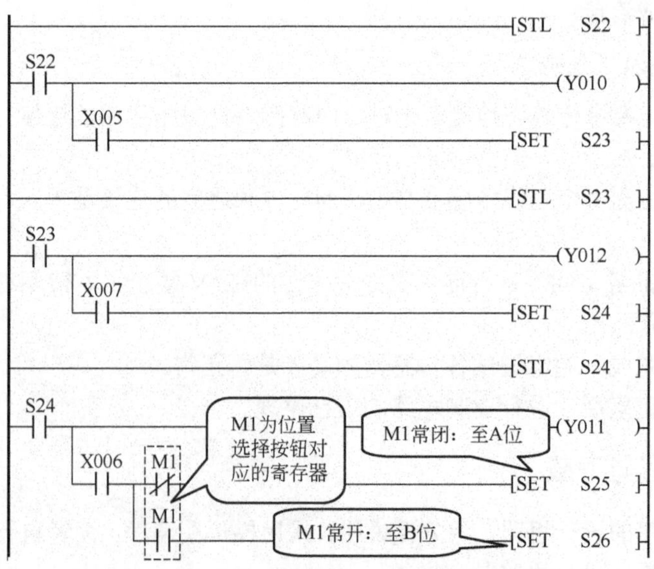

图 4-2-18 夹起物料并分支处理去不同位置

接下来去不同位置的程序只需要不同步驱动不同物料即可，如至 A 位的程序如图 4-2-19

所示，至B位的程序请自行编写。

至A位动作步骤：机械手右转→手臂下降→手爪松开→回原位。

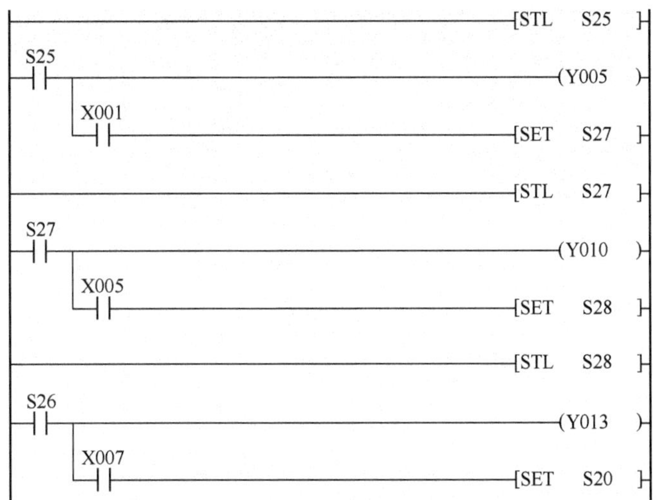

图 4-2-19 至A位程序

五、建立触摸屏组态

新建工程，进行硬件组态，这里只介绍之前未遇到的组态操作方法。

1. 位置选择开关的组态

位置选择开关需要在对象元件列表的“开关”大类下调取。在该任务中组态操作步骤如图 4-2-20 所示。

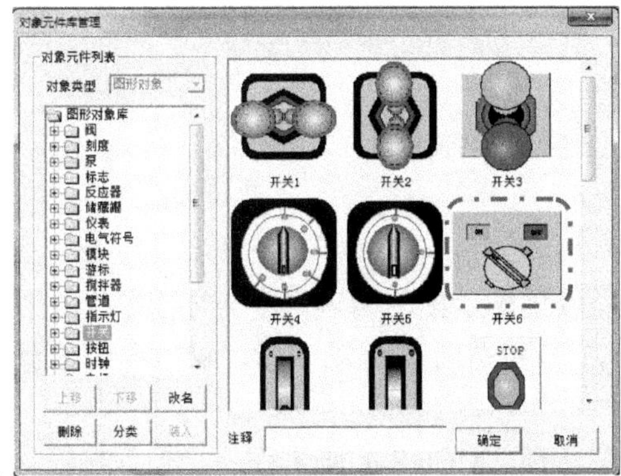

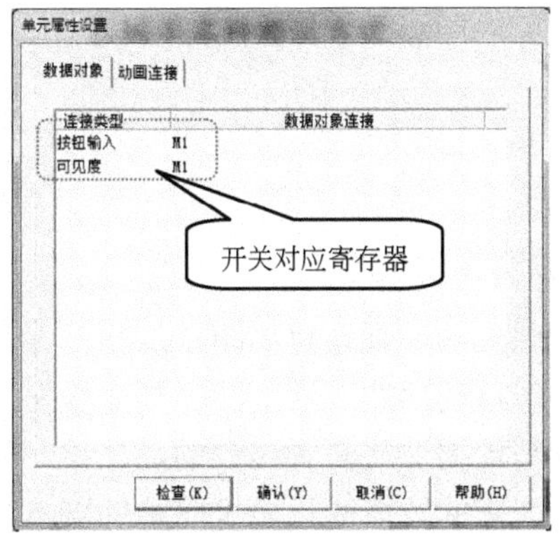

图 4-2-20 选择开关组态操作

2. 机械手实时动作组态的绘制

这里“上下”、“左右”、“前后”轴是通过工具箱中的“直线”绘制的，箭头是在“常用符号”中调取的，如图 4-2-21 所示。

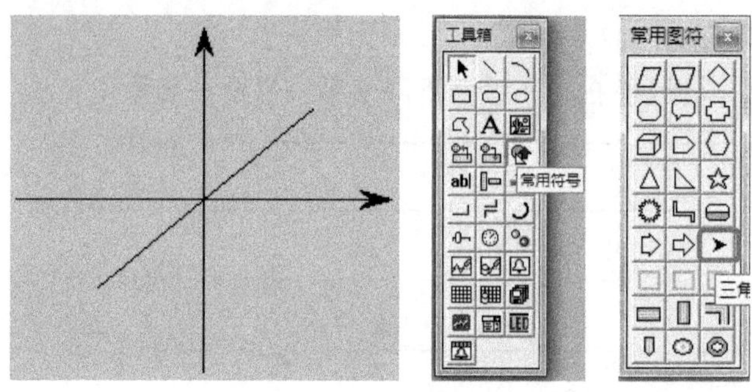

图 4-2-21 坐标的画法

这里采用的闪烁效果不是在表达式栏中直接填 1，当伸出气缸对应的 Y 得电时机械手才向前，故这里连接对应的 Y 软元件即可。其他箭头连接变量的方式一样。指示箭头的设置如图 4-2-22 所示。

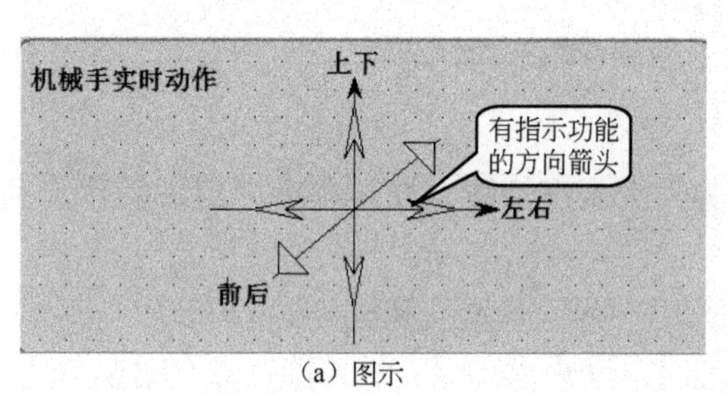

（a）图示

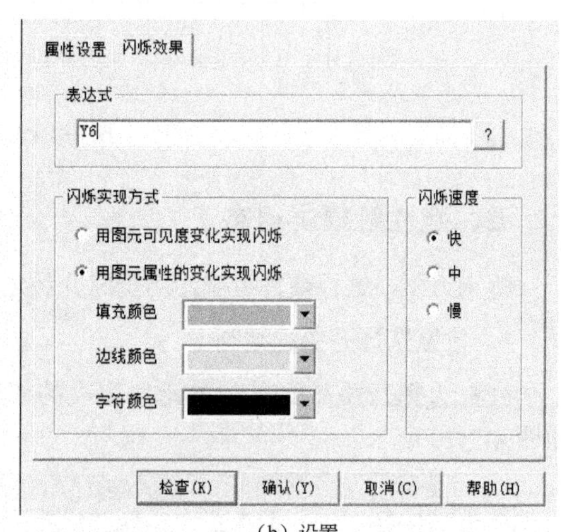

（b）设置

图 4-2-22 指示箭头的设置

3．物料移动组态制作

物料图形的动画设置如图 4-2-23 所示，需设置图示中的两项内容，同时本任务中须借助内部变量实现移动功能。这里的内部变量 x1、y1 分别是向 A 移动时横、纵方向的偏移变量，图形偏移量是依据这些变量移动的。

内部变量的数值变化通过简单的脚本程序实现。MCGS 的脚本程序类似 VB 语言。本任务中内部变量的脚本程序如图 4-2-24 所示。

六、运行调试

按照表 4-2-3 进行操作，观察系统运行情况并做好记录。如出现故障，应立即切断电源，分析原因、检查电路或梯形图，排除故障后，方可进行重新调试，直到系统功能调试成功为止。

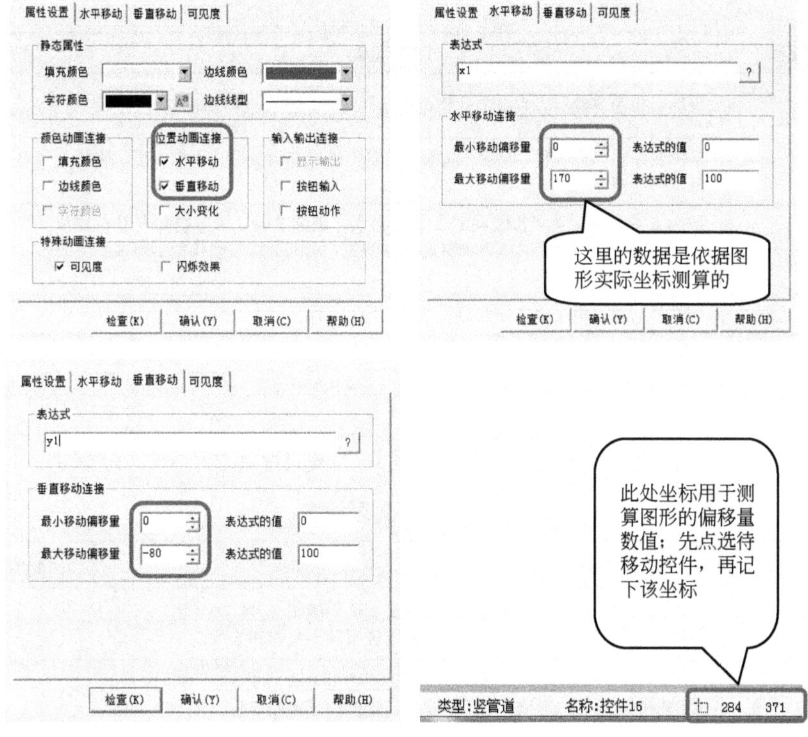

图 4-2-23 物料图形的动画设置

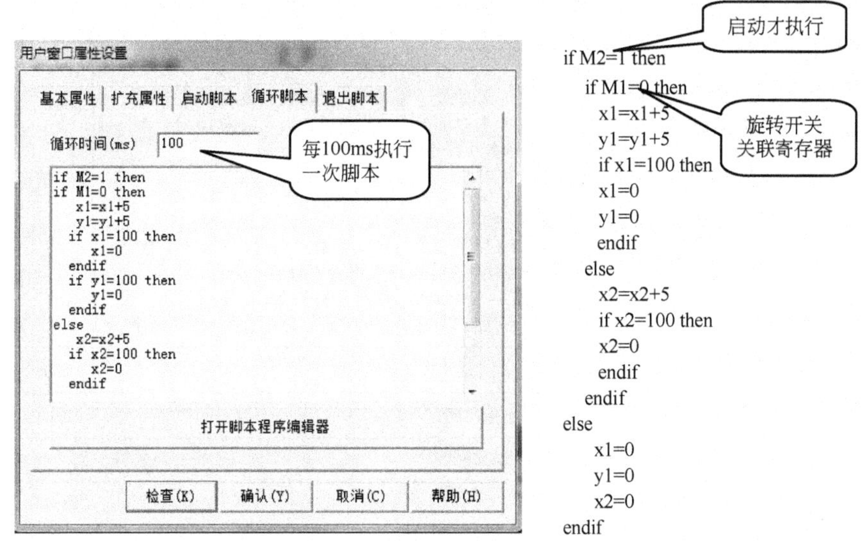

图 4-2-24 内部变量的脚本程序的编写

表 4-2-3 设备调试记录表

步骤	调试流程	正确现象	观察结果及解决措施
1	初始状态	控制模块及触摸屏上的按钮均没有按下时，机械手自动回原位，机械手左移，悬臂缩回，手臂上升，手爪松开	

续表

步骤	调试流程	正确现象	观察结果及解决措施
2	按触摸屏上的启动按钮	若取料口没有物料，则自动送料电机运转送料，直至送料口检测到物料	
3	机械手取料操作	检测到取料口有物料，机械手从原位右转→悬臂伸出→手臂下降→手爪夹紧→手臂上升等待	
4	按触摸屏上的位置选则按钮	按选 A 位，触摸屏模拟物料向 A 位置移动；按选 B 位，模拟物料向 B 位置移动，同时机械手有相应动作将物料送至目的位，机械手实时动作指示将显示当前机械手的动作	
5	送料结束回原位	当物料送达，机械手自动回原位状态	

任务评价

对任务实施的完成情况进行检查，并将结果填入表 4-2-4 内。

表 4-2-4　任务测评表

序号	主要内容	考核要求	评分标准	配分	扣分	得分
1	机械手的组装	机械手套件组装	1. 机械手组装不正确扣 5 分 2. 传感器位置安装不正确扣 5 分	10		
1	控制电路的连接	根据任务要求，连接控制电路	1. 不能正确连接电磁阀扣 5 分 2. 不能正确连接传感器扣 5 分 3. 不能正确连接 PLC 供电回路扣 5 分 4. 不能正确连接触摸屏通信电缆扣 5 分	20		
2	编写控制程序	根据任务要求，编写控制程序	调试机械手各部分功能，不能实现的功能每处扣 10 分，共 40 分，扣完为止	40		
3	触摸屏组态	根据任务要求，进行触摸屏组态	1. 硬件组态正确得 5 分，错误不得分 2. 画面设计完成得 5 分，没有完成不得分 3. 触摸屏画面中的按钮功能正确得 10 分，不正确或部分正确不得分	20		
4	安全文明生产	遵守操作规程，小组成员协调有序，爱惜实训设备	1. 实训过程中有违反操作规程的任何一项行为扣 2 分，扣完为止 2. 发现学生有重大事故隐患时，立即予以制止，并每次扣安全文明生产分 5 分 3. 小组协作不和谐、效率低扣 5 分 4. 如有明显不爱惜实训设施的行为，该项不得分	10		
合 计				100		
开始时间：			结束时间：			
学习者姓名：			指导教师：	任务实施日期：		

任务 3　气动机械手搬运多种不同物料的报警控制

任务目标

知识目标：1. 掌握编写实现循环控制的程序的方法。

2. 掌握编写有并行性分支的 SFC 程序的方法。

能力目标：1. 根据任务要求，正确选用 YL-235A 光机电一体化实训设备的电气控制模块。

2. 能正确编写该 PLC 程序。

3. 能正确使用 MCGS 组态软件中的标准按钮工具及图形工具，建立组态画面。

素质目标：养成独立思考和动手操作的习惯，培养小组协调能力和互相学习的精神。

任务呈现

如图 4-3-1 所示为机械手搬运多种物料的报警控制电路。

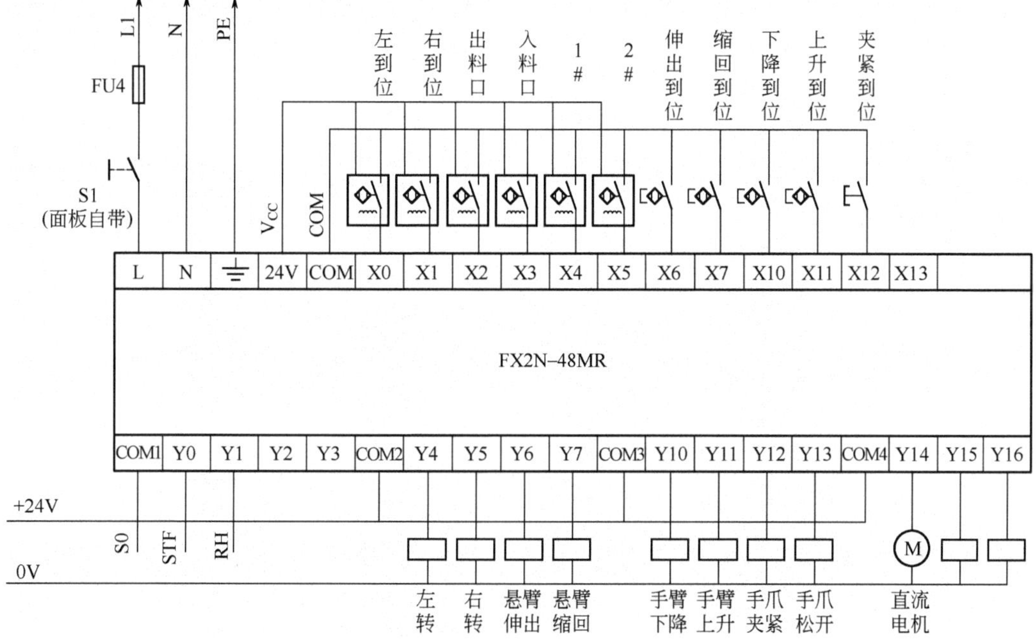

图 4-3-1 机械手搬运多种物料的报警控制电路

（1）利用 YL-235A 设备上的机械手套件及 PLC 模块，完成气动机械手多种搬运方式的机械部分和控制电路，实际装配效果如图 4-3-2 所示。

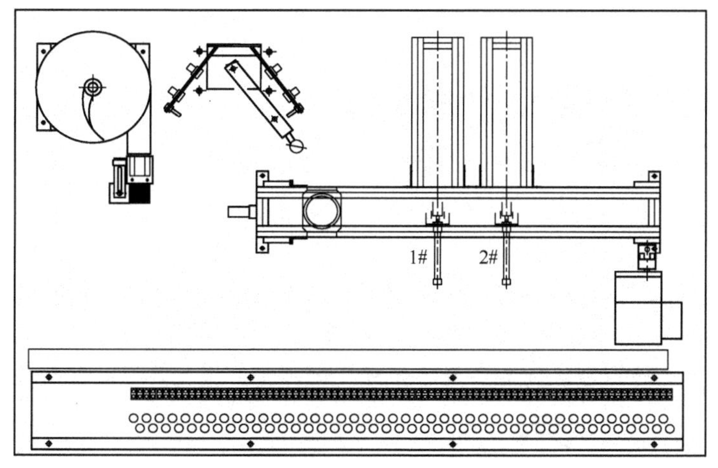

图 4-3-2 机械手装配示意图

（2）根据下面的要求编写 PLC 控制程序、制作触摸屏控制画面，调试该控制程序，使之符合要求。

① 初始状态下，PLC 上电，机械手回原位（机械手在左，悬臂缩回，手臂上升，手爪放松）。

② 按触摸屏上启动开关，当取料点没有物料，电机运转出料。检测到物料电机立即停止。检测到物料的同时，机械手手臂下降→手爪夹紧→手臂上升→右旋→悬臂伸出→手臂下降→手爪松开放下物料→返回原位。机械手按此步骤循环运行。

③ 传送带送料口检测到放入物料，传送带电机开始运转，将物料传送到目的地。在传送途中会检测物料的材质，1#槽检测到金属时，送入槽中，2#槽检测到白色物料时，送入槽中。每个槽的数量按设定数量进行，且实时统计，若某槽数量到达设定值，则指示灯闪烁，同时报警条滚动显示该槽的数量已满。

④ 拨动开关，系统完成当前剩余的工作后停止运行。

（3）编写 MCGS 触摸屏组态，如图 4-3-3 所示，画面上使用的新控件或操作方法将在本任务中进行详细说明。

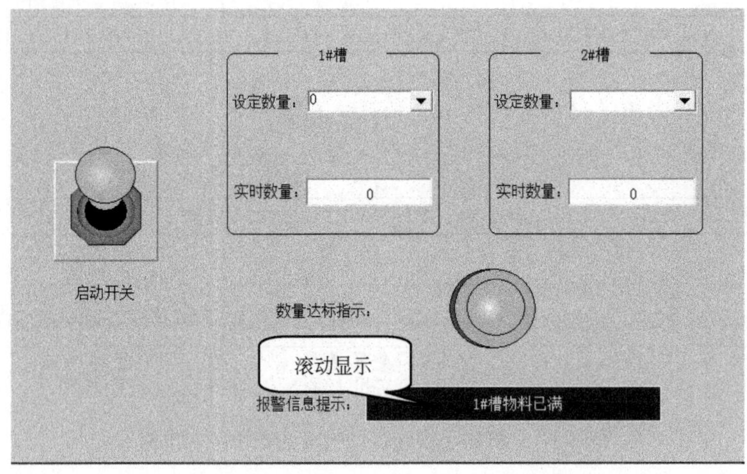

图 4-3-3　机械手多种搬运方式触摸屏画面

知识解析

一、并行性分支与汇合的状态转移图

同一时间有两个或两个以上的状态同时运行，这种情况称为并行运行。同样，若两个过程同时进行，就需要两个分支表述，称之为并行性分支。如图 4-3-4 所示为典型的并行性分支状态流程图。

（1）并行分支状态转移图的编程原理是先集中进行并行分支处理，再集中进行汇合处理。

（2）并行分支编辑方法是首先进行驱动处理，然后按顺序进行状态转移处理。

以图 4-3-4 所示的程序为例，来理解上述两条规律。它的指令表如图 4-3-5 所示。

【注意】并行分支的汇合最多能实现 8 个分支的汇合。因此，在编程时要注意分支的数量。

二、程序中的跳转与循环

一个顺序控制程序，不会无限地延伸下去，若需要其循环运行，就需要在一个过程结束后，

跳转到开始状态再次进行循环。这里就需要通过跳转到不连续步，构成循环。如图 4-3-6 所示是具有循环结构的状态流程图。

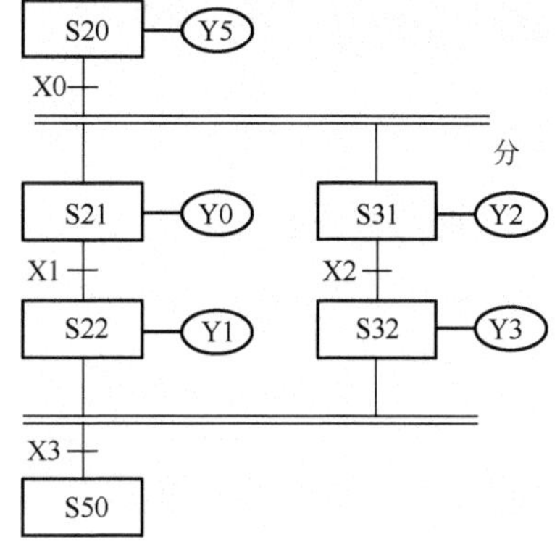

图 4-3-4　典型的并行性分支状态流程图

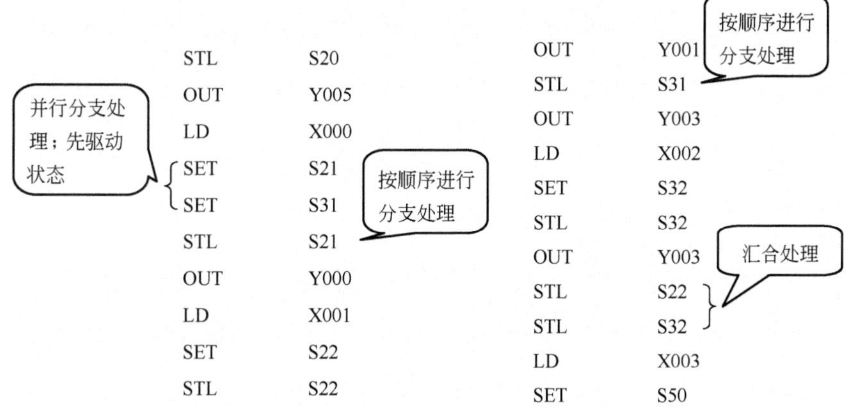

STL	S20	OUT	Y001
OUT	Y005	STL	S31
LD	X000	OUT	Y003
SET	S21	LD	X002
SET	S31	SET	S32
STL	S21	STL	S32
OUT	Y000	OUT	Y003
LD	X001	STL	S22
SET	S22	STL	S32
STL	S22	LD	X003
		SET	S50

图 4-3-5　并行性状态转移图的指令表

该流程图在 S12 处通过 X3 跳转条件跳转到 S0 初始状态步。S12 与 S0 之间属于不连续步，跳转时驱动指令有别于连续步，如图 4-3-7 所示。

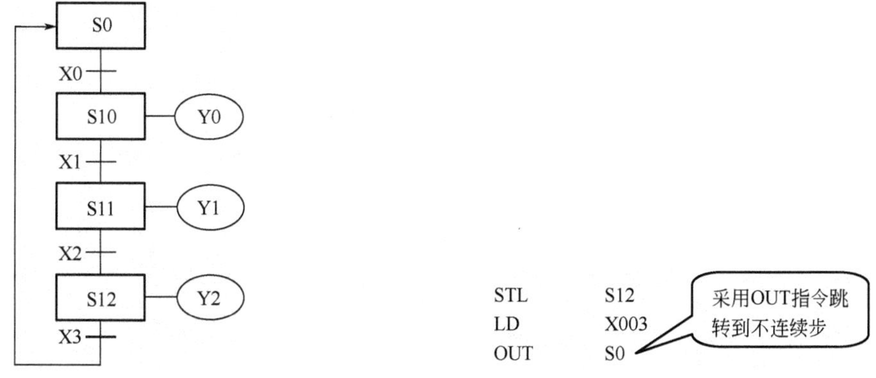

图 4-3-6　具有循环结构的状态流程图　　图 4-3-7　跳转到不连续状态时指令的区别

三、GX 软件编写有并行分支的 SFC 程序

建立 SFC 工程的步骤在本项目的任务 2 中已经说明。本节补充有关并行性分支编程的 GX 软件操作内容。

1. 添加并行分支与并行汇合

（1）并行分支。在图 4-3-8 所示的绿框处插入一个并列分支。

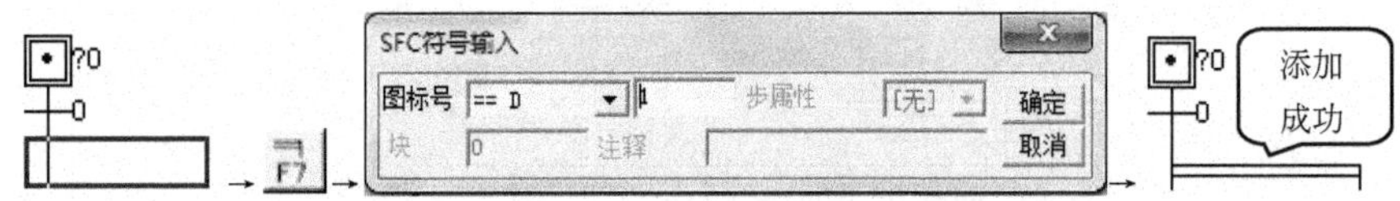

图 4-3-8　写入并列分支的操作方法

（2）并联汇合的写入。在图 4-3-9 所示绿框处插入并联汇合符号。

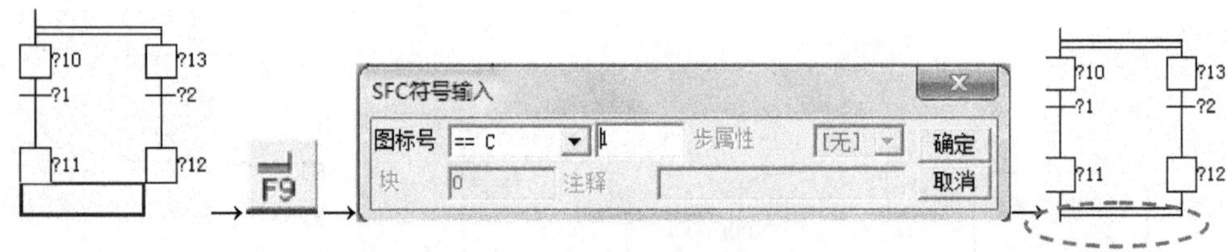

图 4-3-9　写入并联汇合的操作方法

2. GX 软件跳转至不连续步的操作

如图 4-3-10 所示是一个状态流程图的一部分，该流程实现了部分循环的功能。从其在 GX 软件的实际情况可以看出跳转的箭头是指向 S20 的标号的，而不是用箭头直接指向 S20。

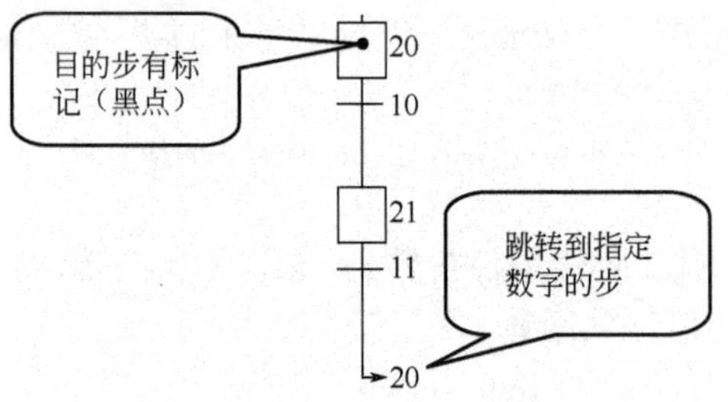

图 4-3-10　程序中的跳转示例

在 GX 软件中插入跳转至不连续步的操作如图 4-3-11 所示。

图 4-3-11　写入跳转指令的操作方法

任务实施

一、清点器材

对照表 4-3-1，清点机械手搬运多种物料的报警控制电路所需的设备、工具及材料。

表 4-3-1 机械手搬运多种物料的报警控制电路所需的设备、工具及材料（各组配备）

序号	名 称	型号	数量	作 用
1	PLC 模块	FX2N-48MR	1 块	控制机械手运行
2	按钮与指示灯模块	专配	1 个	提供 DC 24V 电源、操作按钮及指示灯
3	机械手套件	—	1 套	实验对象
4	传送带机构套件	—	1 套	运输物料
5	安全插接导线	专配	若干	电路连接
6	扎带	ϕ120mm	若干	电路连接工艺
7	斜口钳或者剪刀	—	1 把	剪扎带
8	电源模块	专配	1 个	提供三相五线电源
9	计算机	安装有编程软件	1 台	用于编写、下载程序等
10	220V 电源连接线	专配	2 条	供按钮模块和 PLC 模块用

二、建立 I/O 分配表

根据控制要求，分析任务并作出输入/输出（I/O）分配表，见表 4-3-2。

表 4-3-2 输入/输出（I/O）分配

输 入			输 出		
输入元件	功能作用	输入继电器	输出元件	控制对象	输出继电器
S1	左到位开关	X0	KM1	左旋电磁阀	Y4
S2	右到位开关	X1	KM2	右旋电磁阀	Y5
S3	出料检测	X2	KM3	悬臂伸出电磁阀	Y6
S4	入料检测	X3	KM4	悬臂缩回电磁阀	Y7
S5	1#位	X4	KM5	手臂下降电磁阀	Y10
S6	2#位	X5	KM6	手臂上升电磁阀	Y11
S7	伸出到位	X6	KM7	手爪夹紧电磁阀	Y12
S8	缩回到位	X7	KM8	手爪松开电磁阀	Y13
S9	下降到位	X10	M1	送料电机	Y14
S10	上升到位	X11	M2	传送电机方向	Y0
S11	夹紧到位	X12		传送电机频率	Y1

三、控制电路连接

1. 完成 PLC 输入、输出电路的连接

按照接线要求及 I/O 分配表，完成本电路的连接。机械手的电路连接在本项目的任务 1 已

经说明，送料机构的电机接法在项目 3 中也已说明，这里不再赘述。而增加的原料检测传感器的接法与左、右限位开关的接法相同：棕色接+24V，蓝色接输入 COM 端，黑色接输入端子。请根据图纸自行完成连接。

2. 电路的检测及工艺整理

电路安装结束，要进行静态检测。先对照电路图保证每条线路的连接完全正确，然后开始上电检测传感器的好坏。

（1）用万用表检测每个三线传感器与 DC 24V 电源之间的连接是否正常，三线传感器的各端子是否连接正确。

（2）PLC 输出的各 COM 端是否连接在开关电源的+24V 端子上。待驱动的各负载另一端是否共同连接在 0V 端子上。

（3）上述工作完成，通电调试各传感器的功能是否正常。

检查电路连接正确后，进行控制电路的工艺整理。

四、程序编写与下载

1. 程序的设计思路

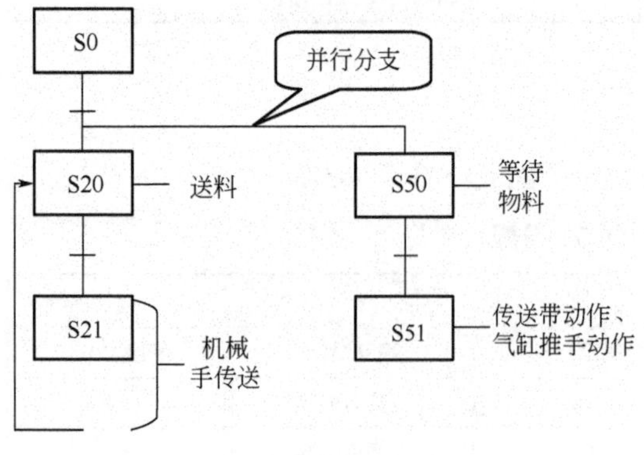

图 4-3-12　程序的设计思路图示

通过任务描述可以发现，在该系统中，机械手子系统和传送带子系统之间的运行是相互独立的，因此，需要用到并行性分支的解决思路，具体如图 4-3-12 所示。

如图 4-3-12 所示是完成该任务的思路，每个步骤的状态元件均给出，各步的动作输出及转移条件均已标明。下面根据该思路编写程序。

2. 用 GX 软件编写程序

利用编程软件改写上述状态流程图是非常简单的，这里只举例介绍两个状态步的程序编写。

（1）初始化 S0 的编程，如图 4-3-13 所示。该步主要是实现无论什么状态机械手均回原位。

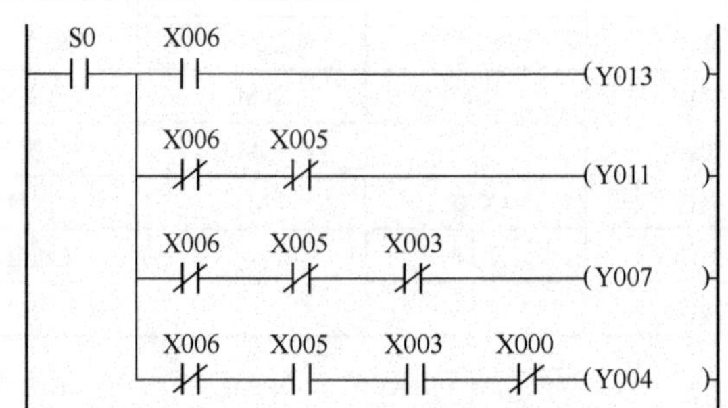

图 4-3-13　S0 状态的回原位程序

（2）初始步转向并行运行的转移程序（图 4-3-14）。

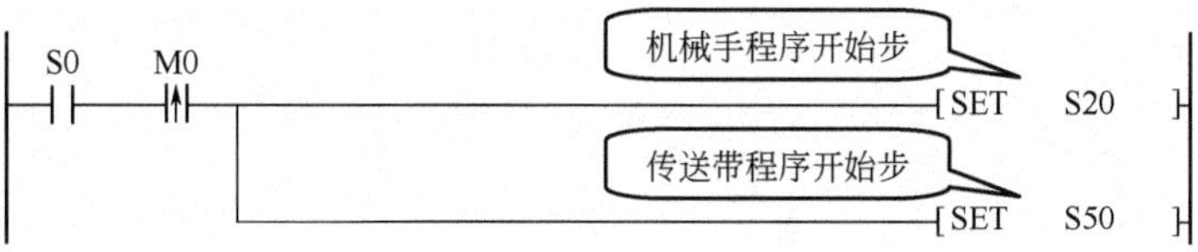

```
S0    M0        机械手程序开始步
─┤├───┤↑├──────────[SET    S20  ]
            │   传送带程序开始步
            └──────[SET    S50  ]
```

图 4-3-14　并行分支的转移条件程序

机械手分支的运行程序参照前述内容编写，下面介绍传送带分支程序的编写。

（3）传送带程序的编写（图 4-3-15）。

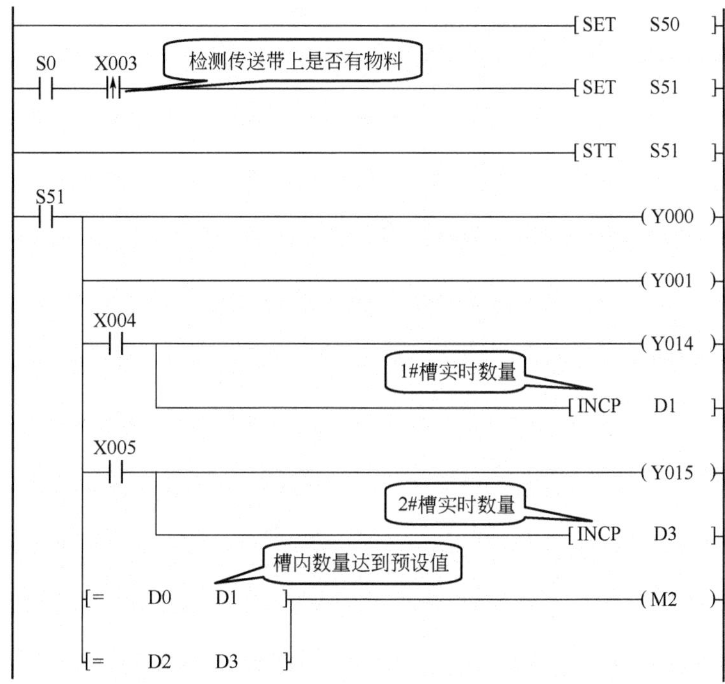

图 4-3-15　传送带子系统程序

（4）停止程序的编写（图 4-3-16）。

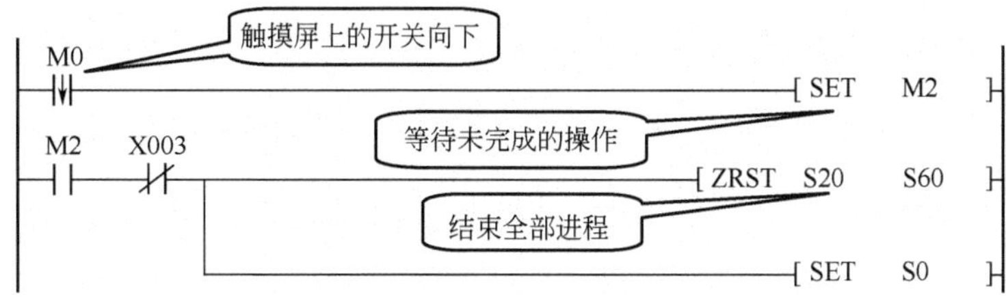

图 4-3-16　停止程序

五、建立触摸屏组态

新建工程，进行硬件组态，该任务使用的触摸屏界面有以下几个新内容。

（1）组合框的使用。

在工具箱中点选组合框按钮，其配置方法如图 4-3-17 所示。

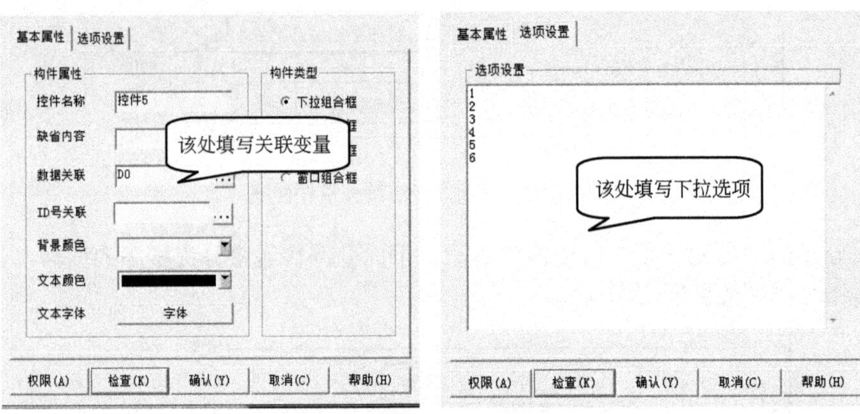

图 4-3-17　组合框的配置

（2）报警条的使用。

报警条使用时须对关联变量的报警属性进行设置，如图 4-3-18 所示，这里用一个内部变量举例。

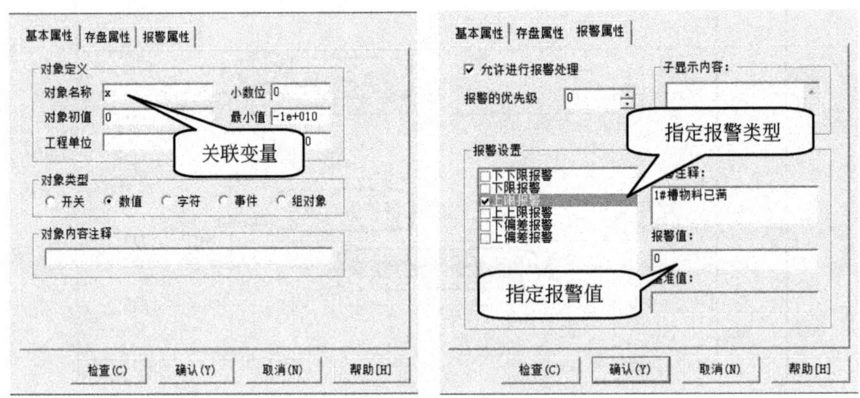

图 4-3-18　数值的报警属性设置

报警条关联该对象即可（图 4-3-19）。

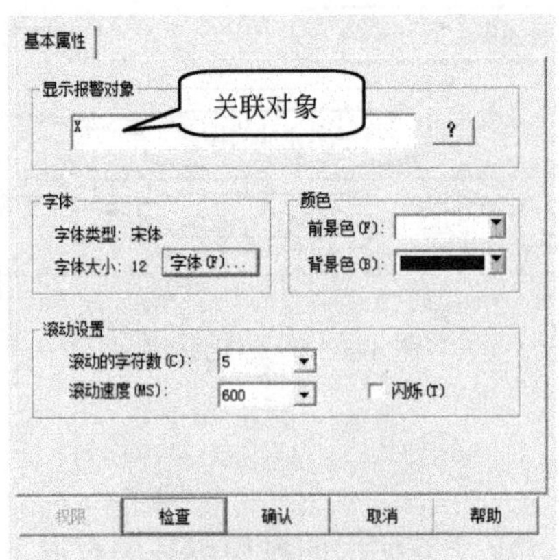

图 4-3-19　报警条的设置

六、运行调试

按照表 4-3-3 进行操作，观察系统运行情况并做好记录。如出现故障，应立即切断电源，分析原因、检查电路或梯形图，排除故障后，方可进行重新调试，直到系统功能调试成功为止。

表 4-3-3 设备调试记录表

步骤	调试流程	正确现象	观察结果及解决措施
1	初始状态	控制模块及触摸屏上的按钮均没有按下时，机械手自动回原位，机械手左移，悬臂缩回，手臂上升，手爪放松	
2	按启动开关	若取料口没有物料，则自动送料电机运转送料，直至送料口检测到物料	
3	机械手取料操作	检测到取料口有物料，机械手从原位右转→悬臂伸出→手臂下降→手爪夹紧→手臂上升等待	
4	检测过程	金属物料送入 1#槽，白色物料送入 2#槽	
5	送料结束回原位	当物料送达，机械手自动回原位状态	
6	关闭系统	等待当前传送带上的所有物料全处理完，系统停止运行	

任务评价

对任务实施的完成情况进行检查，并将结果填入表 4-3-4 内。

表 4-3-4 任务测评表

序号	主要内容	考核要求	评分标准	配分	扣分	得分
1	机械手的组装	机械手套件的组装	1．机械手组装不正确扣 5 分 2．传感器位置安装不正确扣 5 分	10		
1	控制电路的连接	根据任务要求，连接控制电路	1．不能正确连接电磁阀扣 5 分 2．不能正确连接传感器扣 5 分 3．不能正确连接 PLC 供电回路扣 5 分 4．不能正确连接触摸屏通信电缆扣 5 分	20		
2	编写控制程序	根据任务要求，编写控制程序	调试机械手各部分功能，不能实现的功能每处扣 10 分，共 40 分，扣完为止	40		
3	触摸屏组态	根据任务要求，进行触摸屏组态	1．硬件组态正确得 5 分，错误不得分 2．画面设计完成得 5 分，没有完成不得分 3．触摸屏画面中的按钮功能正确得 10 分，不正确或部分正确不得分	20		
4	安全文明生产	遵守操作规程，小组成员协调有序，爱惜实训设备	1．实训过程中有违反操作规程的任何一项行为扣 2 分，扣完为止 2．发现学生有重大事故隐患时，立即予以制止，并每次扣安全文明生产分 5 分 3．小组协作不和谐、效率低扣 5 分 4．如有明显不爱惜实训设施的行为，该项不得分	10		
合 计				100		
开始时间：			结束时间：			
学习者姓名：			指导教师：	任务实施日期：		

项目 5 物料传送及分拣控制装置的连接、编程与触摸屏组态

任务 1　皮带输送机调速控制

任务目标

知识目标：1. 掌握多种数据传送指令的功能及用法。
　　　　　2. 掌握交换、数据变换指令的功能及用法。

能力目标：1. 根据任务要求，正确选用 YL-235A 光机电一体化实训设备的电气控制模块。
　　　　　2. 能正确使用数据传送指令、交换指令等编写该控制程序。
　　　　　3. 能正确使用 MCGS 组态软件中的标准按钮工具及图形工具，建立组态画面。

素质目标：养成独立思考和动手操作的习惯，培养小组协调能力和互相学习的精神。

任务呈现

如图 5-1-1 所示是皮带输送机调速控制电路。

（1）利用 YL-235A 设备上的机械手套件及 PLC 模块，完成物料传送及分拣装置的机械部分和控制电路。

（2）设置变频器的上下限频率、加减速时间、多段速等参数，使之能实现外部端子调速控制。

（3）根据下面的要求编写 PLC 控制程序、触摸屏控制画面，调试该控制程序，使之符合要求。

① 初始状态下，控制按钮未按下，三相交流电机不运转，速度指示灯均灭。

② 当按下触摸屏上的启动按钮，电机先以 15Hz 的频率正转运转，以后每隔 2s 电机运行频率增加 5Hz，直至运行频率到达上限 50Hz，在上限频率运行 2s，电机又回到 15Hz 运转，以此不断循环。运行过程中利用指示灯显示变频器外部端子的状态，同时，实时显示当前频率值。

③ 电机运行过程中，按下触摸屏的停止按钮，电机运行到最高频率结束后停止运行。

（4）PLC 程序调试完毕，编写 MCGS 触摸屏组态。如图 5-1-2 所示，画面上的各按钮功能，在前述任务中已说明。

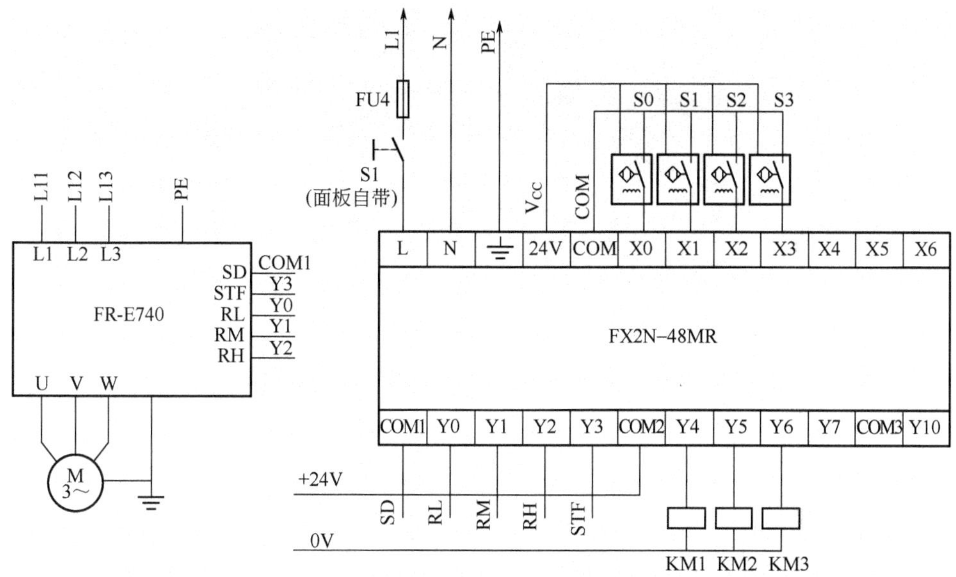

图 5-1-1 皮带输送机调速控制电路

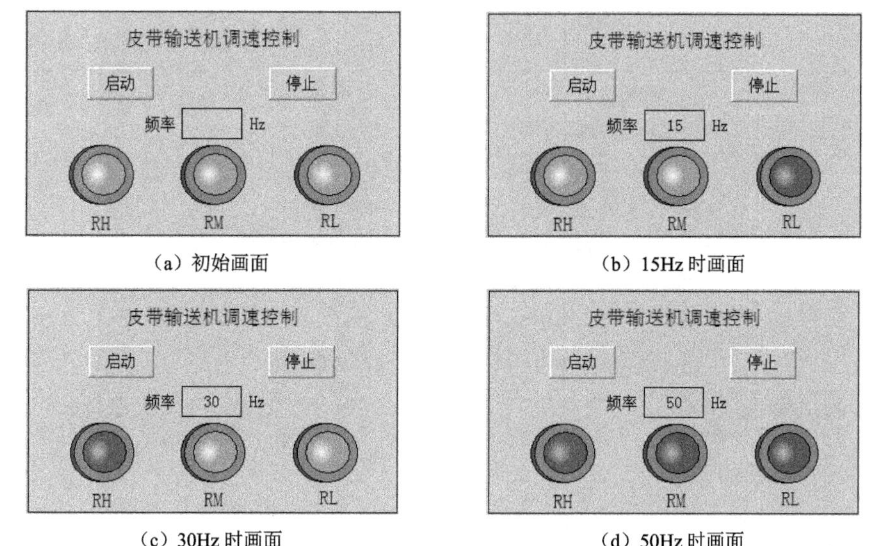

(a) 初始画面 (b) 15Hz 时画面

(c) 30Hz 时画面 (d) 50Hz 时画面

图 5-1-2 皮带输送机调速控制触摸屏画面

知识解析

一、三菱变频器面板操作及外部操作

1. 外部面板介绍

如图 5-1-3 所示为变频器的面板，其中有 5 个按钮、1 个旋钮，可用于参数、模式变更设定。

2. 变频器接线图

如图 5-1-4 所示是 FR-E700 变频器的接线示意图。

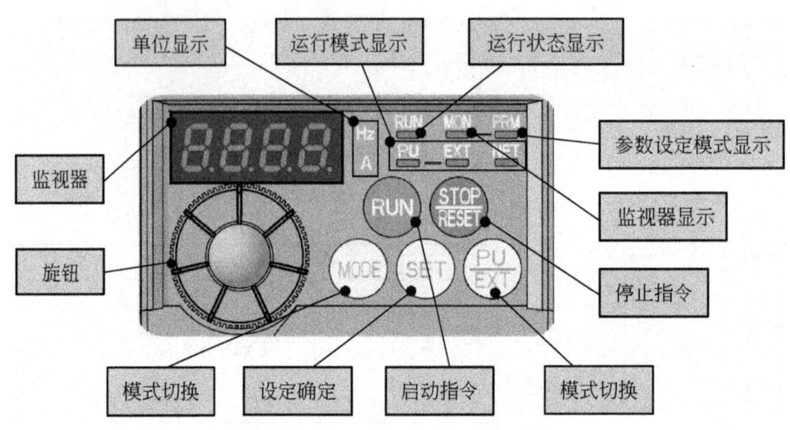

图 5-1-3 三菱变频器面板示意图

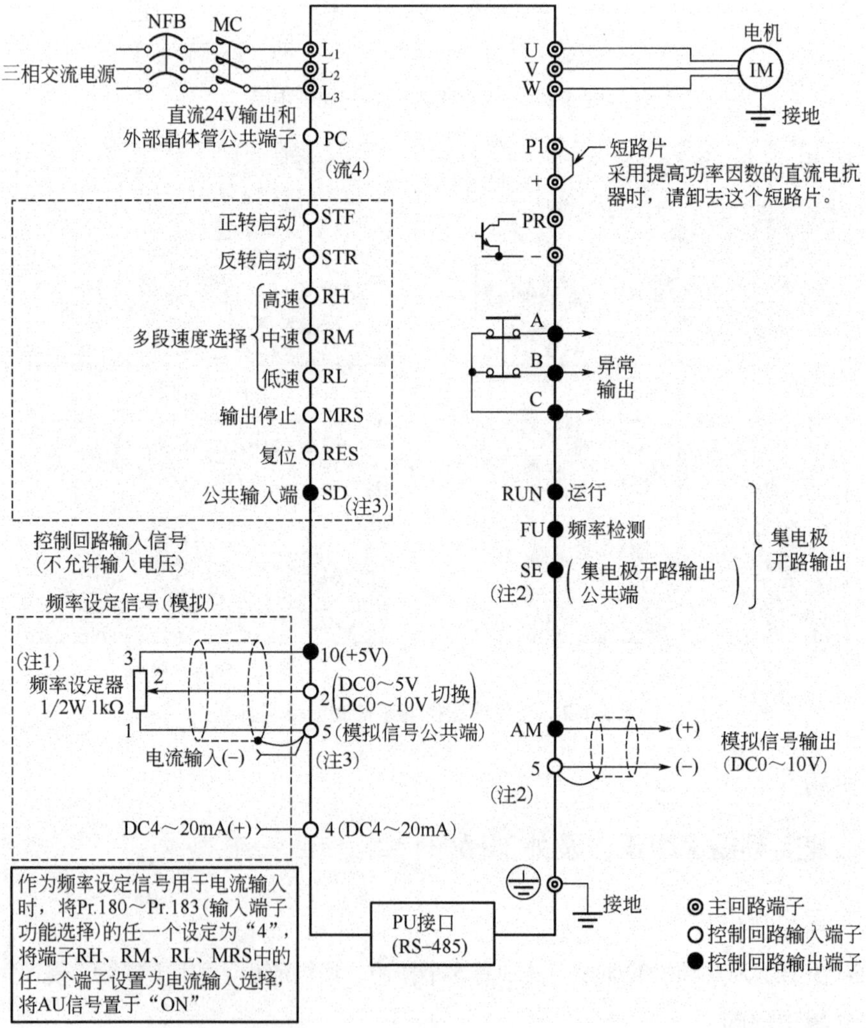

NFB MC
三相交流电源
L1 L2 L3
直流24V输出和
外部晶体管公共端子 PC
(流4)
正转启动 STF
反转启动 STR
高速 RH
多段速度选择 中速 RM
低速 RL
输出停止 MRS
复位 RES
公共输入端 SD (注3)
控制回路输入信号
(不允许输入电压)
频率设定信号(模拟)
(注1)
频率设定器
1/2W 1kΩ
3 2 1
10(+5V)
2 (DC0～5V / DC0～10V 切换)
5 (模拟信号公共端)
电流输入(−)
(注3)
DC4～20mA(+)
4 (DC4～20mA)

作为频率设定信号用于电流输入时，将Pr.180～Pr.183(输入端子功能选择)的任一个设定为“4”，将端子RH、RM、RL、MRS中的任一个端子设置为电流输入选择，将AU信号置于“ON”

PU接口
(RS−485)

电机
U V W
IM
接地
P1
+
短路片
采用提高功率因数的直流电抗器时，请卸去这个短路片。
PR
−
A
B
C
异常输出
RUN 运行
FU 频率检测
SE (集电极开路输出公共端)
(注2)
集电极开路输出
AM (+)
5 (−)
(注2)
模拟信号输出
(DC0～10V)
接地
◎主回路端子
○控制回路输入端子
●控制回路输出端子

图 5-1-4 FR-E700 变频器的接线示意图

如图 5-1-4 所示是变频器的完整接线图，实际使用变频器时依据相应功能会适当简化变频器的接线图。如在 YL-235A 设备上常用的多段速控制电路就是如图 5-1-1 所示的简化电路。

3. 设置变频器参数及模式

（1）变频器初始化（参数清除、全部清除）操作。

通过将 Pr.CL 或 ALLC 参数设置为 1，可以将原先设置的变频器参数重新设置为默认值。具体操作过程如图 5-1-5 所示。

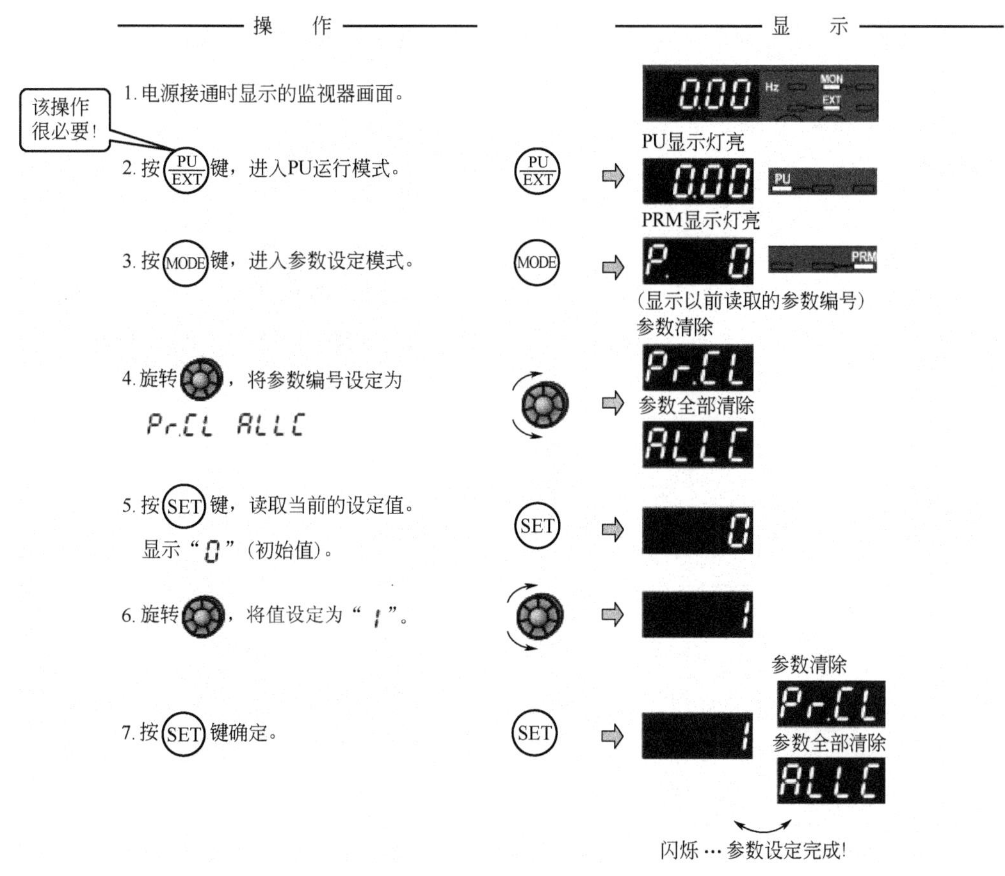

图 5-1-5　变频器初始化操作过程

【注意】若设置参数前没有切换到 PU 运行模式，则不能成功进行初始化操作。

（2）变更参数设定值操作，这里以变更 Pr.1（上限频率）为例进行介绍，具体过程如图 5-1-6 所示。

变更其他参数的方法与上述过程类似，请根据实际情况仿照上述过程变更所需参数。常用参数见表 5-1-1。

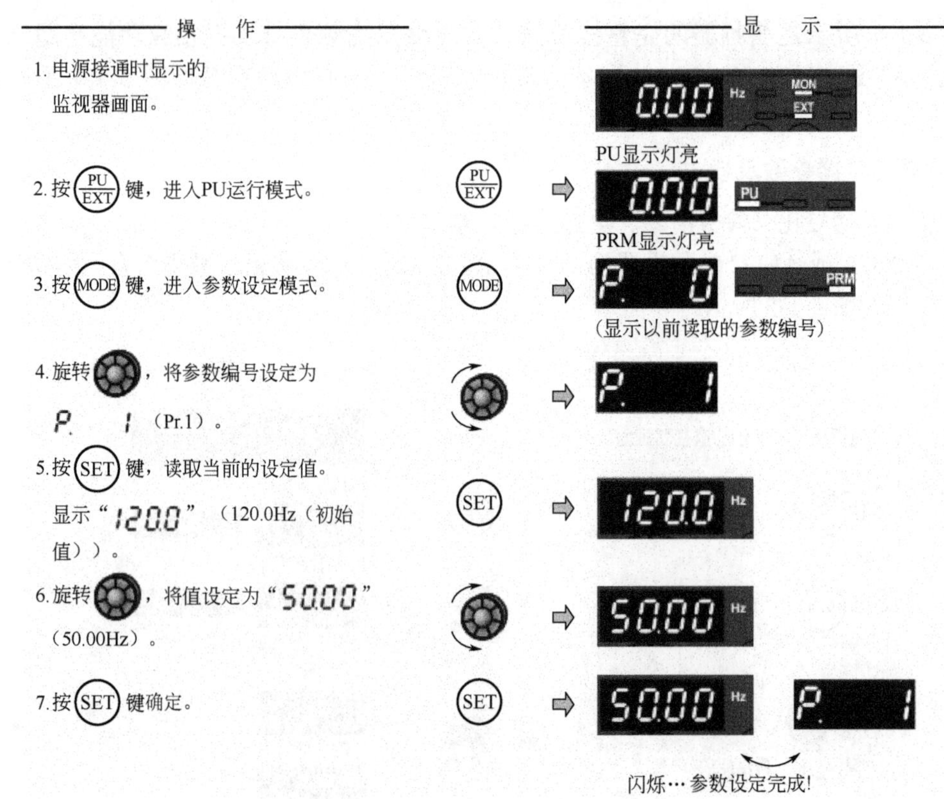

图 5-1-6 变频器参数的变更操作

表 5-1-1 变频器常用参数一览表

参数编号	名称	初始值	范围	用 途
1	上限频率	120Hz	0～120Hz	设置输出频率的上限时使用
2	下限频率	0Hz	0～120Hz	设置输出频率的下限时使用
3	基准频率	50Hz	0～400Hz	请确认电机的额定铭牌
4	3 速设定（高速）	50Hz	0～400Hz	预先设定运转速度，用端子切换速度时使用
5	3 速设定（中速）	30Hz	0～400Hz	
6	3 速设定（低速）	10Hz	0～400Hz	
7	加速时间	5s	0～3600s	设定加减速时间
8	减速时间	5s	0～3600s	

二、数据传送、多点传送、位传送及取反传送指令

1. 传送指令（MOV）

传送指令的应用实例如图 5-1-7 所示，其结构为：[MOV，源，目标]。源、目标适用的软元件如图 5-1-7（b）所示。

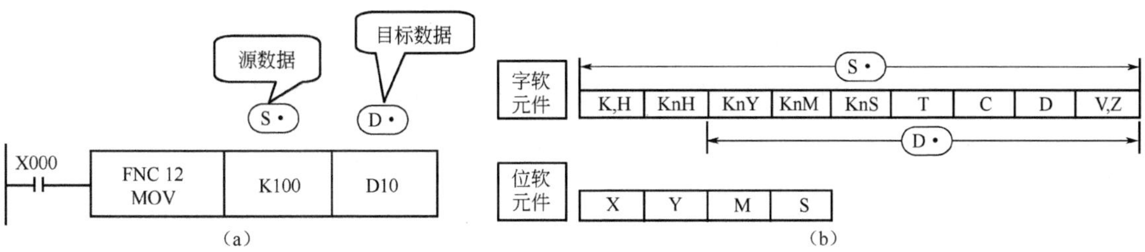

图 5-1-7 传送指令的应用实例

(1)【解析】T、C、D 等软元件长度均为 16 位；KnY、KnM、KnS 形式的软元件数据表示连续的多个元件构成的数据形式，如 K1M0 表示从 M0～M3 组成的一个 4 位二进制数（每个 M 软元件占一位，且其值非 0 即 1），同样 K2M0 表示 M0～M7 组成的 8 位二进制数，以此类推，K3M0 表示 12 位二进制数。

(2)【功能】将源数据原封不动的传入目的地址。如图 5-1-7 所示的实例是表示将十进制数 100 传送到 D10 寄存器中。

2. 位传送指令（SMOV）

位传送指令的应用实例如图 5-1-8 所示，其结构为：[SMOV，源，参数 1，参数 2，目的，参数 3]。各参数适用软元件如图 5-1-8（b）所示。

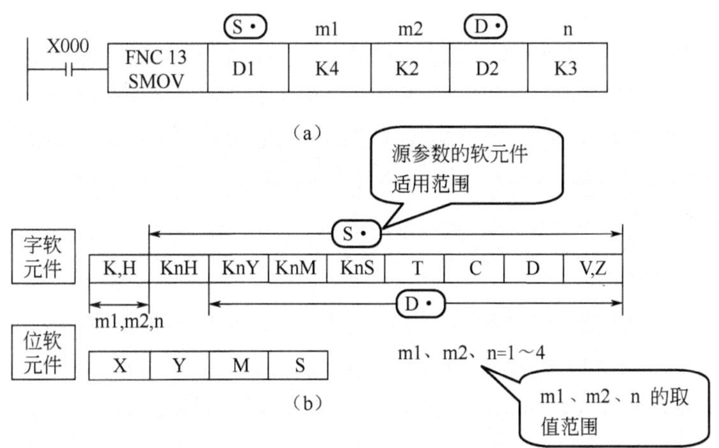

图 5-1-8 位传送指令的应用实例

【功能】以图 5-1-8（a）所示的程序为例，该指令的具体操作步骤如图 5-1-9 所示。

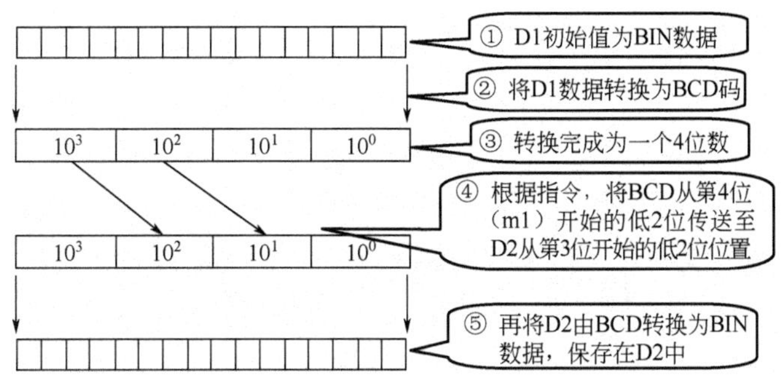

图 5-1-9 位传送指令的运行步骤

3. 多点传送指令（FMOV）

多点传送指令的结构为：[FMOV，源，目的，参数]，其应用示例如图 5-1-10 所示。

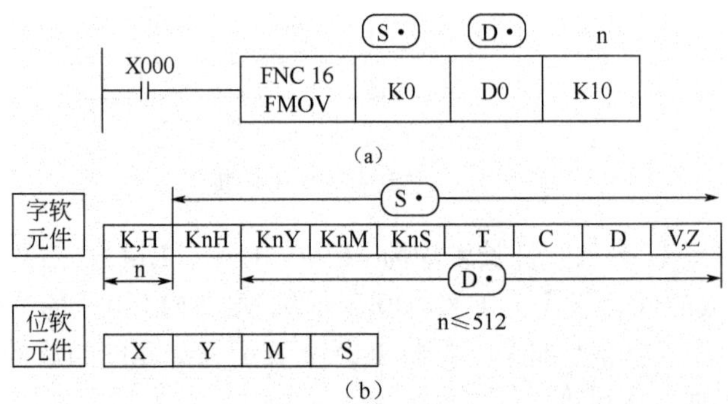

图 5-1-10　多点传送指令应用示例

【功能】将源软元件中的内容向已指定的目标软元件为开头的 n 个软元件进行传送，这 n 个软元件的内容都一样。如图 5-1-10（a）所示的应用：将十进制数 0 传送到 D0 开始的 10 个数据寄存器中，即该操作将 D0～D9 这 10 个寄存器的值均变为 0。

4. 取反传送指令（CML）

取反传送指令的结构为：[CML，源，目的]，其应用示例如图 5-1-11 所示。

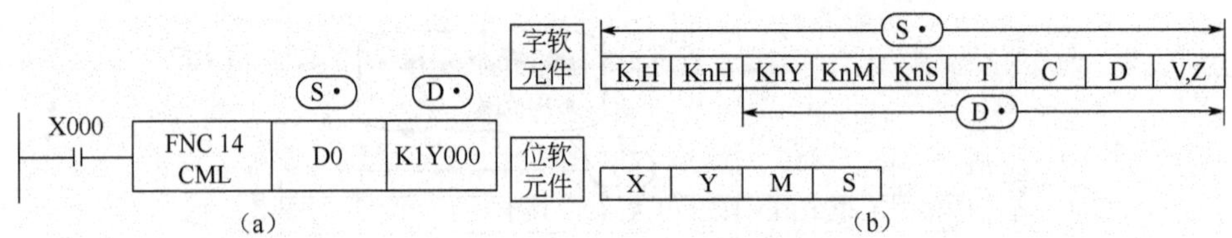

图 5-1-11　取反传送指令的应用示例

【功能】将源软元件的数据取反后传送到目的软元件，如图 5-1-11（a）所示，该指令进行的操作如图 5-1-12 所示。

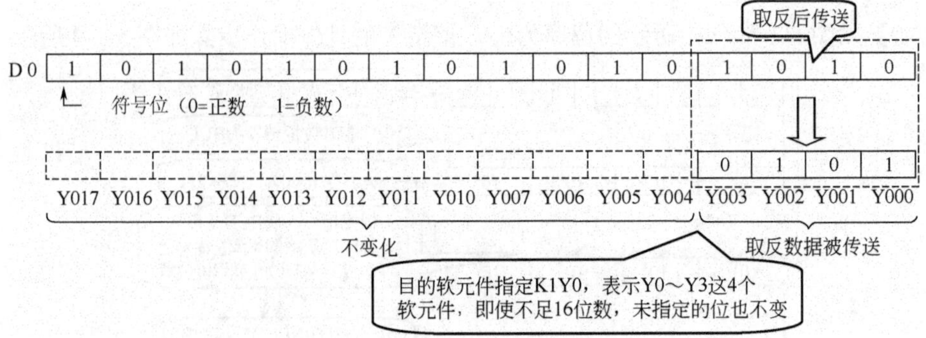

图 5-1-12　取反指令操作说明

三、交换指令、数据变换指令

1. 交换指令（XCH）

交换指令的结构为：[XCH，目的元件 1，目的元件 2]，其应用示例如图 5-1-13 所示。

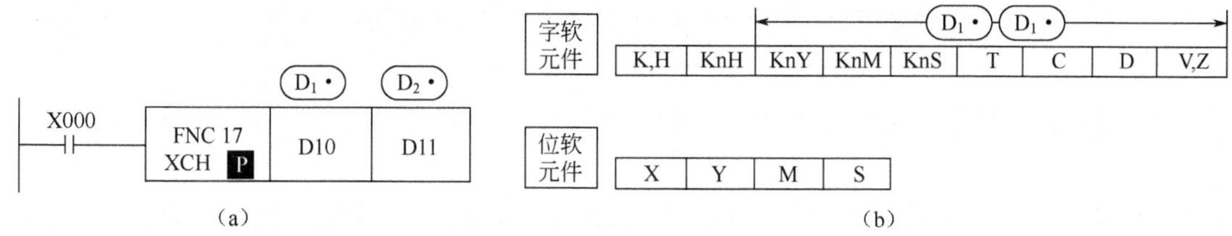

图 5-1-13　交换指令应用示例

（1）【解析】若令交换指令执行条件一直成立，则在每个扫描周期都会进行交换，而使用上升沿型交换指令（XCHP）时，只会在条件成立时执行一次。

（2）【功能】该指令用于两个指定的目标数据的相互转换。如图 5-1-13（a）所示指令执行一次，D10 与 D11 的值就会交换一次。

2. BCD 转换指令（BCD）

BCD 转换指令的结构为：[BCD，源，目的]，其应用示例如图 5-1-14 所示。

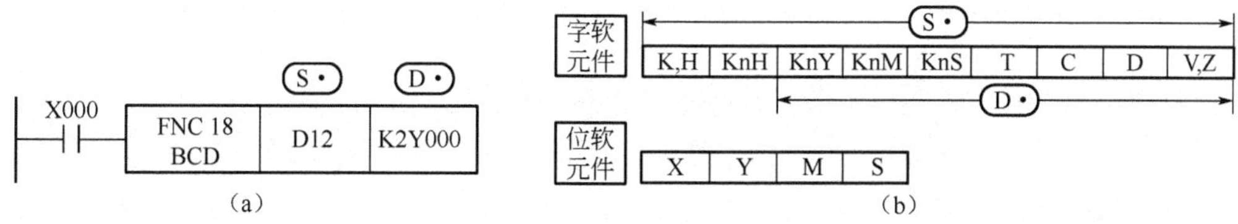

图 5-1-14　BCD 转换指令应用示例

【功能】将源数据转化为 BCD 码传送的指令，一般用于将数据寄存器中的数字转换为七段显示数码管的 BCD 码后向外部输出。

任务实施

一、清点器材

对照表 5-1-2，清点皮带输送机调速控制电路所需的设备、工具及材料。

表 5-1-2　皮带输送机调速控制电路所需的设备、工具及材料（各组配备）

序号	名　称	型号	数量	作　　用
1	PLC 模块	FX2N-48MR	1 块	控制机械手运行
2	按钮与指示灯模块	专配	1 个	提供 DC 24V 电源、操作按钮及指示灯
3	变频器模块	专配	1 个	用于驱动皮带输送机
4	传送带机构套件	专配	1 套	运输物料
5	安全插接导线	专配	若干	电路连接
6	扎带	ϕ120mm	若干	电路连接工艺

续表

序号	名　称	型号	数量	作　　用
7	斜口钳或者剪刀	—	1把	剪扎带
8	电源模块	专配	1个	提供三相五线电源
9	计算机	安装有编程软件	1台	用于编写、下载程序等
10	220V 电源连接线	专配	2条	供按钮模块和 PLC 模块用

二、建立 I/O 分配表

根据控制要求，分析任务并编制输入/输出（I/O）分配表，见表 5-1-3。

表 5-1-3　输入/输出（I/O）分配

输　入			输　出		
输入元件	功能作用	输入继电器	输出元件	控制对象	输出继电器
S0	1#传感器	X0	RL	低速端子	Y0
S1	2#传感器	X1	RM	中速端子	Y1
S2	3#传感器	X2	RH	高速端子	Y2
S3	4#传感器	X3	STF	正转信号端子	Y3

三、控制电路连接

1．完成 PLC 输入、输出电路，变频控制电路的连接

按照接线要求及 I/O 分配表，完成 PLC 电路的连接。对于变频器与 PLC 模块的连接如图 5-1-15 所示。

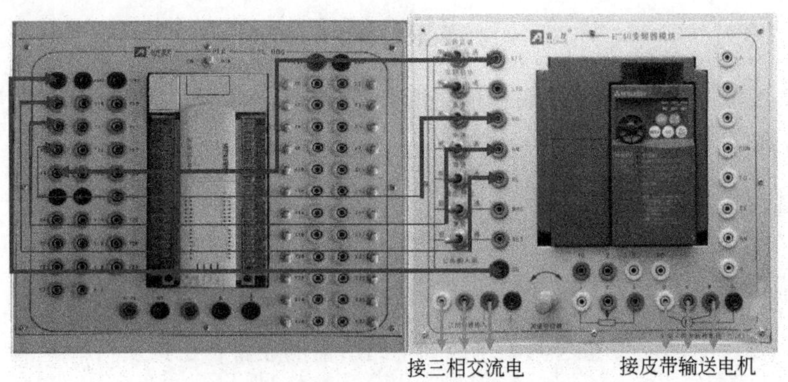

图 5-1-15　变频器的接线示意图

2．电路的检测及工艺整理

电路安装结束，要进行静态检测。先对照电路图保证每条线路的连接完全正确，然后开始上电检测传感器的好坏。

（1）用万用表检测每个三线传感器与 DC 24V 电源之间的连接是否正常，三线传感器的各端子是否连接正确。

（2）PLC 输出的各 COM 端是否连接在开关电源的+24V 端子上。待驱动的各负载另一端是否共同连接在 0V 端子上。

（3）上述工作完成后，通电调试各传感器的功能是否正常，设置变频器为 PU 控制模式，调试电机接线是否正常。

检查电路连接正确后，进行控制电路的工艺整理。

四、程序编写与下载

1．PLC 程序的编写与下载

为说明方便，后续任务采用步进梯形图的方式编程。该任务的程序如图 5-1-16 所示。

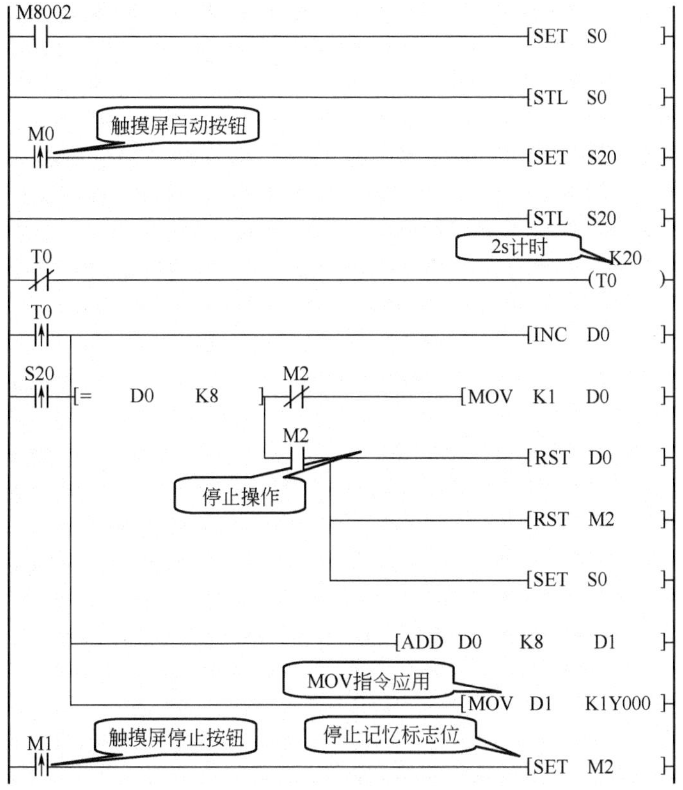

图 5-1-16　本任务整体程序

【解析】本程序的主要思路是运用 T0 的计时到达脉冲加 1，利用数据传送指令给变频器不同频率信号，实现多段速的控制，程序中运用 ADD（加法指令）是为了在传输时，不仅给频率端子信号，也给出正转信号。

数据传送指令将转速信号传送到输出寄存器 Y，如，第一段速 D1 中的值为 1001，传送到 Y0～Y3，即 Y0、Y3 得电，它们对应的变频器端子为 RL、STF 端子，一旦得电，变频器按 Pr.6 中设置的频率值运行。

2．变频器参数的设置

变频器参数的设置方法参照知识解析的内容，这里需要设置的参数有：Pr.1=50，Pr.2=0，Pr.7=0.5，Pr.8=0.5，Pr.4～Pr.6 及 Pr.24～Pr.27 设置多段速的频率值。

3．变频器的其他运行模式

在 YL-235A 设备中变频器的运行方式均为数字信号控制的多段速控制模式，除此之外，还有模拟量控制方式，这需要外部提供 0～5V 或 0～10V 的直流电源，具体的操作步骤参照变频器使用手册。

五、建立触摸屏组态

新建一个触摸屏工程，添加一个窗口，在窗口中绘制如图 5-1-2 所示的界面，给各按钮和指示灯连接对应的变量，如 RH 灯连接 Y3 变量，如图 5-1-17 所示。

触摸屏上频率的显示，并不是从变频器中读取当前频率值，而是根据 PLC 当前向变频器输出的数字信号指令确定的，如频率为 15Hz 时为第一段速，此时 D1 值为二进制 1001，那么在 D1 值等于 9 时，让 15 这个标签显示，如图 5-1-18 所示，设置标签的可见度。

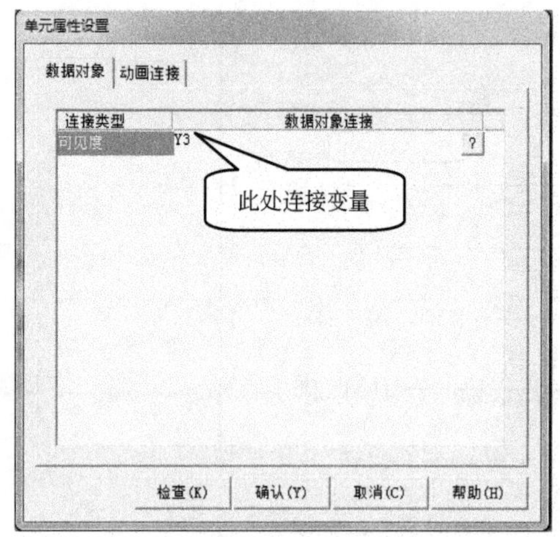

图 5-1-17　连接 RH 灯的变量

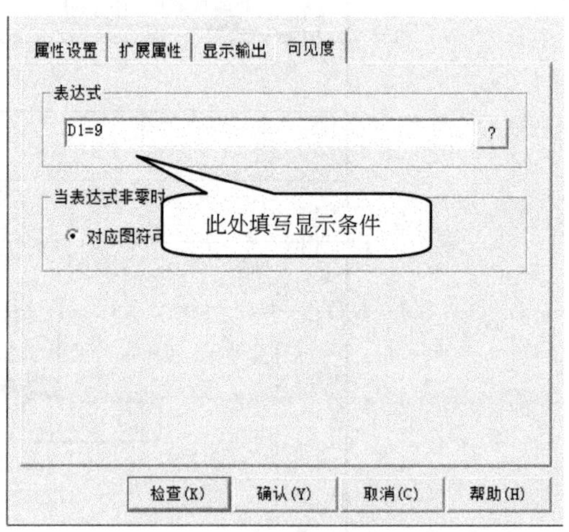

图 5-1-18　设置标签的可见度

六、运行调试

按照表 5-1-4 进行操作，观察系统运行情况并做好记录。如出现故障，应立即切断电源，分析原因、检查电路或梯形图，排除故障后，方可进行重新调试，直到系统功能调试成功为止。

表 5-1-4　设备调试记录表

步骤	调试流程	正确现象	观察结果及解决措施
1	初始状态	画面中各指示灯熄灭，按钮处于松开状态	
2	按下触摸屏上的启动按钮	变频器开始以 15Hz 运行，运转 2s，之后每隔 2s，电机频率提升 5Hz，直至电机运转频率达到 50Hz 结束	
3	循环运行	到达最高运行频率运行 2s 后，电机频率又回到 15Hz，再按照上述顺序循环运行	
4	按下触摸屏上的停止按钮	按下停止按钮后，皮带输送机本次运行至最高频率后停止，再次按下启动按钮，电机按上述要求继续循环运行	

任务评价

对任务实施的完成情况进行检查，并将结果填入表 5-1-5 内。

表 5-1-5　任务测评表

序号	主要内容	考核要求	评分标准	配分	扣分	得分
1	传送机构的组装	传送带套件的组装	1．传送带组装不正确扣 5 分 2．传感器位置安装不正确扣 5 分	10		
2	控制电路的连接	根据任务要求，连接控制电路	1．不能正确连接变频器扣 5 分 2．不能正确连接传感器扣 5 分 3．不能正确连接 PLC 供电回路扣 5 分 4．不能正确连接触摸屏通信电缆扣 5 分	20		
3	编写控制程序	根据任务要求，编写控制程序	调试各部分功能，不能实现的功能每处扣 5 分，共 40 分，扣完为止	40		
4	触摸屏组态	根据任务要求，进行触摸屏组态	1．硬件组态正确得 5 分，错误不得分 2．画面设计完成得 5 分，没有完成不得分 3．触摸屏画面中的按钮功能正确得 10 分，不正确或部分正确不得分	20		
5	安全文明生产	遵守操作规程，小组成员协调有序，爱惜实训设备	1．实训过程中有违反操作规程的任何一项行为扣 2 分，扣完为止 2．发现学生有重大事故隐患时，立即予以制止，并每次扣安全文明生产分 5 分 3．小组协作不和谐、效率低扣 5 分 4．如有明显不爱惜实训设施的行为，该项不得分	10		
合　计				100		
开始时间：			结束时间：			
学习者姓名：			指导教师：	任务实施日期：		

任务 2　物料传送及分拣系统自检控制

任务目标

知识目标：1．掌握循环移位指令的功能及用法。
　　　　　2．掌握带进位循环移位指令的功能及用法。

能力目标：1．根据任务要求，正确选用 YL-235A 光机电一体化实训设备的电气控制模块。
　　　　　2．能正确使用循环移位指令、带进位循环移位指令编写该控制程序。
　　　　　3．能正确使用 MCGS 组态软件中的标准按钮工具及图形工具，建立组态画面。

素质目标：养成独立思考和动手操作的习惯，培养小组协调能力和互相学习的精神。

任务呈现

如图 5-2-1 所示是物料传送及分拣系统自检控制电路。

（1）利用 YL-235A 设备上的机械手套件及 PLC 模块，完成物料传送及分拣装置的机械部分和控制电路。安装图如图 5-2-2 所示。

（2）设置变频器的上下限频率、加减速时间、多段速等参数，使之能实现外部端子调速控制。

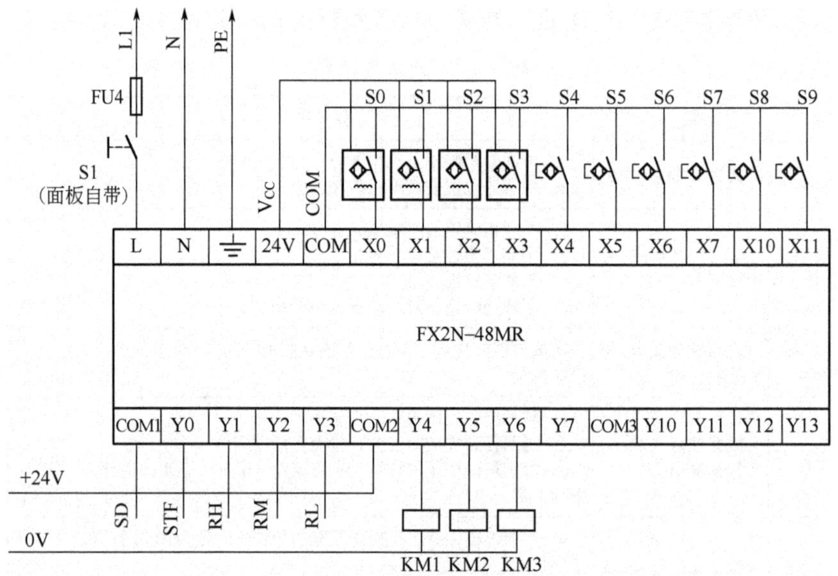

图 5-2-1　物料传送及分拣系统自检控制电路

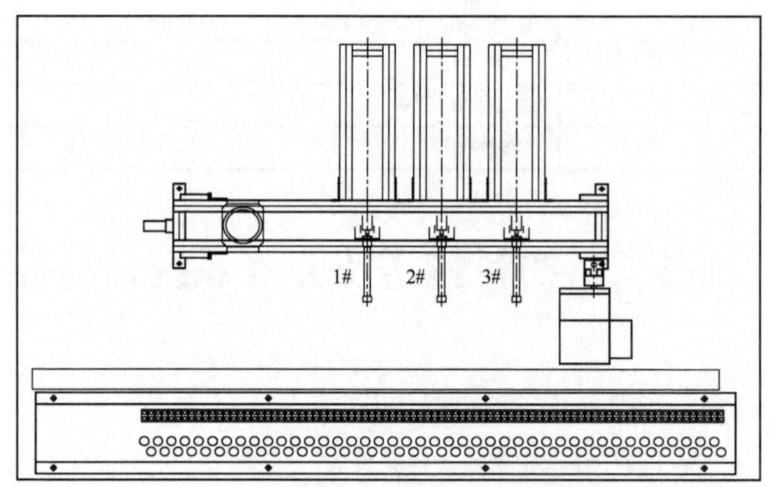

图 5-2-2　物料传送及分拣系统自检控制安装图

（3）根据下面的要求编写 PLC 控制程序、制作触摸屏控制画面，调试该控制程序，使之符合要求。

① 初始状态，控制按钮未按下，三相交流电机不运转，气缸均缩回至原位。触摸屏画面如图 5-2-3 所示。

② 当按下触摸屏上的 1#气缸按钮时，左侧第一个气缸伸出，到位后（传感器检测到）立刻缩回到位，该气缸上的传感器检测均正常后显示提示信息“1#气缸手动检测正常”。其他气缸的手动检测与 1#气缸的检测方法相同。

③ 手动检测全部完成后，此时按下气缸自动检测的任意按钮，如按下向左按钮，3 个气

缸将按 3→2→1 的顺序依次伸出 1s，按下向右按钮伸出次序刚好相反。

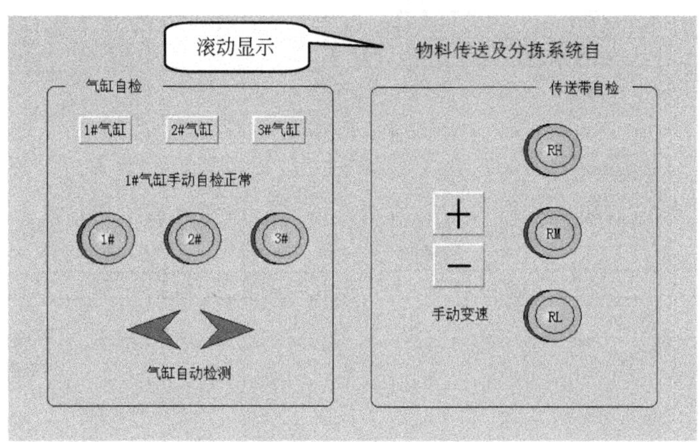

图 5-2-3　物料传送及分拣系统自检控制触摸屏画面

④ 在检测传送带时，按下手动变速的+、-按钮，变频器的低、中、高端子将依次被驱动，按下自动变速按钮，变频器的低、中、高速将自动循环切换。

（4）PLC 程序调试完毕，编写 MCGS 触摸屏组态。如图 5-2-3 所示，画面上的各按钮功能在前述任务中已说明。

知识解析

一、循环移位指令

循环移位指令主要包含：右循环移位指令（ROR）、左循环移位指令（ROL）。

循环移位指令的应用示例如图 5-2-4 所示，其结构为：[ROR/ROL，目的数据，参数 1]，各参数的适用范围如图 5-2-4（b）所示。

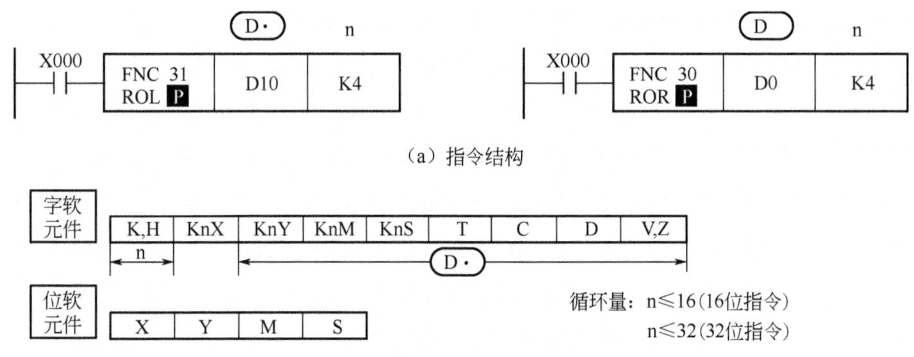

（a）指令结构

（b）指令参数解析

图 5-2-4　循环移位指令应用示例

【解析】上述各指令的操作过程如图 5-2-5 所示，从图中可以看出，该指令是能实现将寄存器中的二进制数每一位顺次移动指定位数的指令。

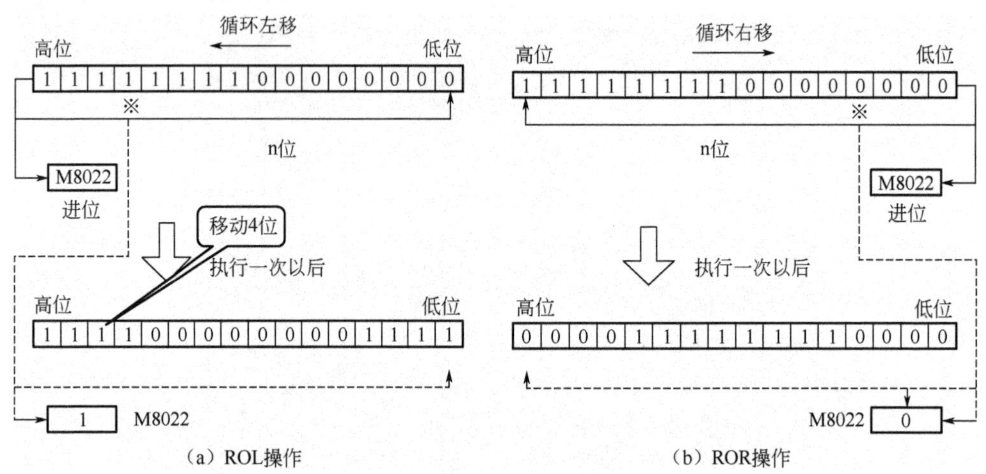

图 5-2-5 指令操作过程

【功能】由上述指令的操作步骤可以看出，循环移位指令的功能是实现被操作数据的左右循环移位。

二、带进位循环移位指令

带进位循环移位指令包含带进位右循环移位指令(RCR)、带进位左循环移位指令(RCL)。

带进位循环移位指令的应用示例如图 5-2-6 所示，其结构为：[RCR/RCL，目的数据，参数 1]，各参数的适用范围如图 5-2-6（b）所示。

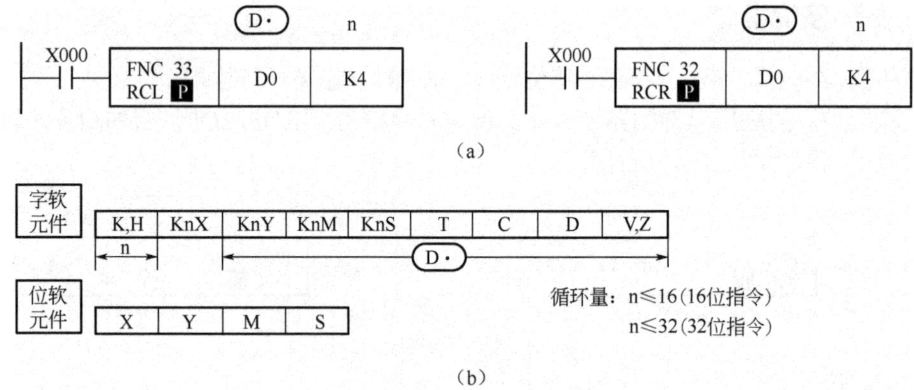

图 5-2-6 带进位循环移位指令应用示例

【解析】从图 5-2-7 所示各指令的操作过程可以看出来，它与前述循环移位指令的区别在于在移位的过程中，包含进了 M8022 这一位寄存器，这样 M8022 的初始值就会进入循环移位。

连续执行上述指令，会在每个扫描周期都进行循环运算，这样就无法掌控最终数据结果，因此，务必要注意。

【功能】使目标数据整体循环移位的指令。

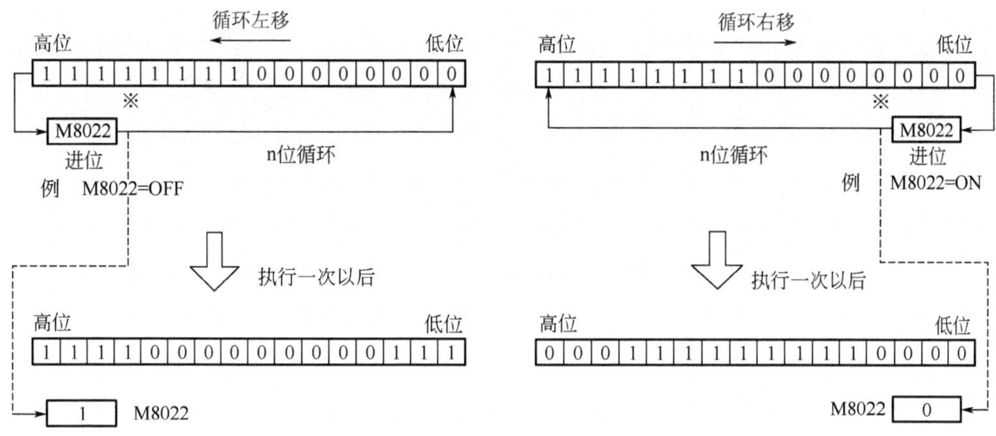

图 5-2-7 带进位循环回转指令的操作过程

任务实施

一、清点器材

对照表 5-2-1，清点物料传送及分拣系统自检控制电路所需的设备、工具及材料。

表 5-2-1 物料传送及分拣系统自检控制电路所需的设备、工具及材料（各组配备）

序号	名 称	型号	数量	作 用
1	PLC 模块	FX2N-48MR	1 块	控制机械手运行
2	按钮与指示灯模块	专配	1 个	提供 DC 24V 电源、操作按钮及指示灯
3	变频器模块	专配	1 个	用于驱动皮带输送机
4	传送带机构套件	专配	1 套	运输物料
5	安全插接导线	专配	若干	电路连接
6	扎带	ϕ120mm	若干	电路连接工艺
7	斜口钳或者剪刀	—	1 把	剪扎带
8	电源模块	专配	1 个	提供三相五线电源
9	计算机	安装有编程软件	1 台	用于编写、下载程序等
10	220V 电源连接线	专配	2 条	供按钮模块和 PLC 模块用

二、建立 I/O 分配表

根据控制要求，分析任务并编制输入/输出（I/O）分配表，见表 5-2-2。

表 5-2-2 输入/输出（I/O）分配表

输 入			输 出		
输入元件	功能作用	输入继电器	输出元件	控制对象	输出继电器
S4	1#传感器 1	X4	RL	低速端子	Y0
S5	1#传感器 2	X5	RM	中速端子	Y1
S6	2#传感器 1	X6	RH	高速端子	Y2

续表

输　入			输　出		
输入元件	功能作用	输入继电器	输出元件	控制对象	输出继电器
S7	2#传感器 2	X7	STF	正转信号端子	Y3
S8	3#传感器 1	X10	KM1	1#气缸	Y4
S9	3#传感器 2	X11	KM2	2#气缸	Y5
			KM3	3#气缸	Y6

三、控制电路连接

1．完成 PLC 输入、输出电路，变频控制电路的连接

按照接线要求及 I/O 分配表，完成 PLC 电路的连接。变频器与 PLC 模块的连接如图 5-2-8 所示。

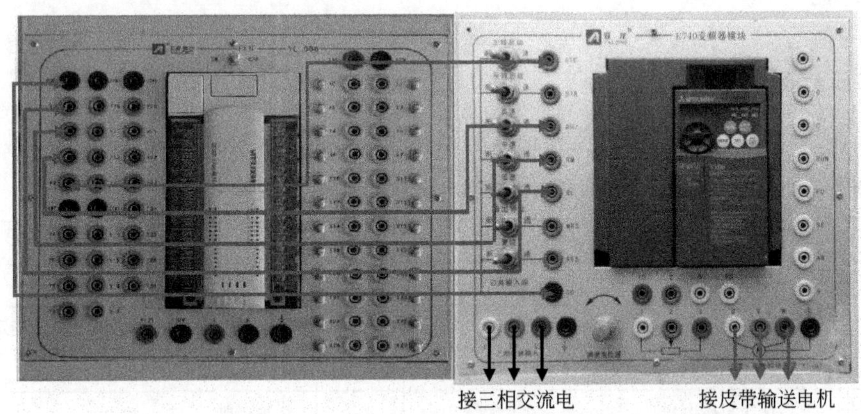

图 5-2-8　变频器的接线示意图

2．电路的检测及工艺整理

电路安装结束，要进行静态检测。先对照电路图保证每条线路的连接完全正确，然后开始上电检测传感器的好坏。

（1）用万用表检测每个三线传感器与 DC 24V 电源之间的连接是否正常，三线传感器的各端子是否连接正确。

（2）PLC 输出的各 COM 端是否连接在开关电源的+24V 端子上。待驱动的各负载另一端是否共同连接在 0V 端子上。

（3）完成上述工作后，通电调试各传感器的功能是否正常，设置变频器为 PU 控制模式，调试电机接线是否正常。正常后将参数设置好，再调为外部控制模式。

检查电路连接正确后，进行控制电路的工艺整理。

四、程序编写与下载

1．程序设计思路

该程序的设计思路如图 5-2-9 所示，分为气缸调试部分和传送带调试部分。

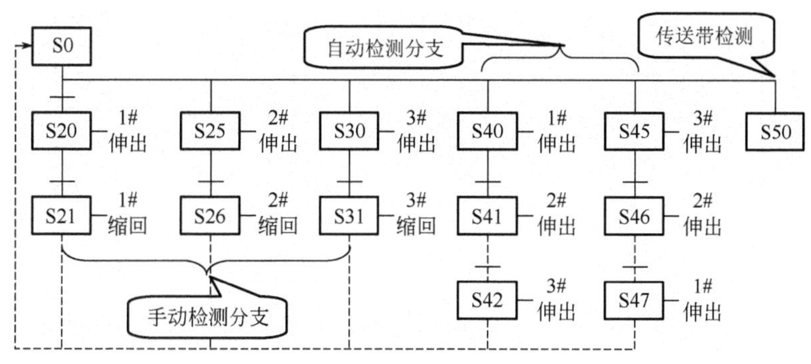

图 5-2-9 程序设计思路

2. 初始步程序

初始步的程序如图 5-2-10 所示。

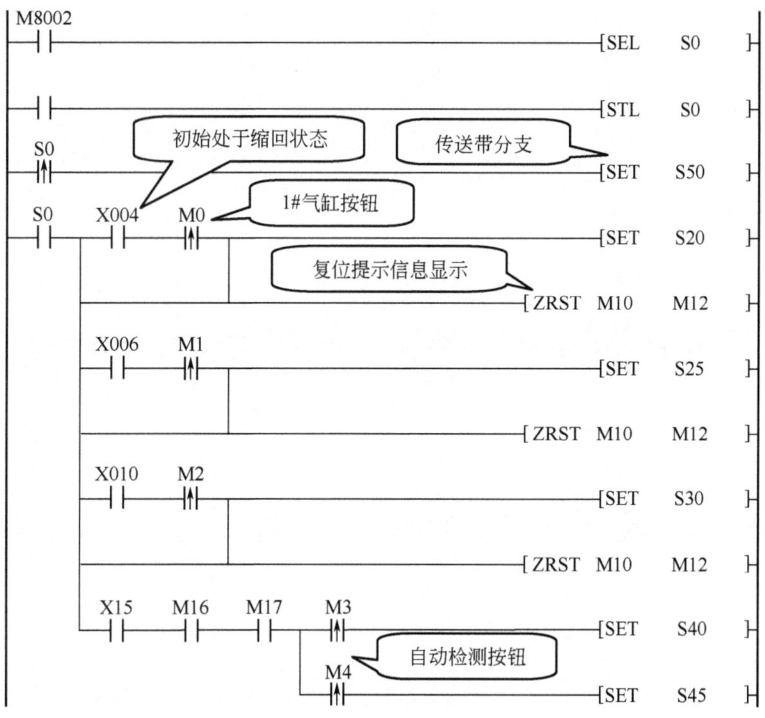

图 5-2-10 初始步程序

3. 气缸手动检测程序

三个气缸的手动检测程序结构相同，驱动的元件不同，这里以 1#气缸的手动检测程序举例说明，如图 5-2-11 所示。

气缸自动检测时，其上的传感器作为动作的依据。

4. 气缸自动检测程序

如图 5-2-12 所示，气缸自动检测只对气缸的伸出、缩回进行检测。

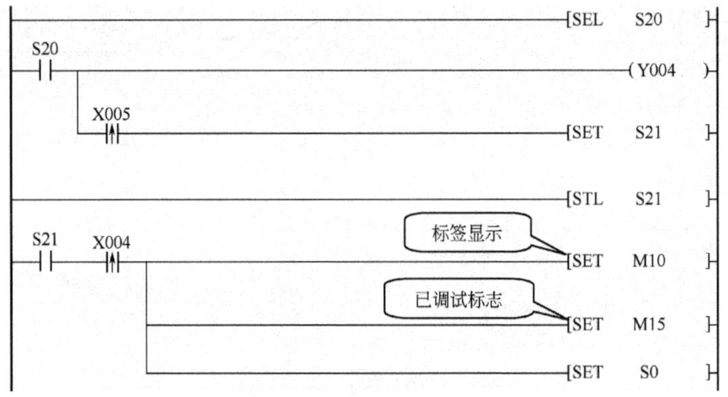

图 5-2-11　1#气缸自检程序

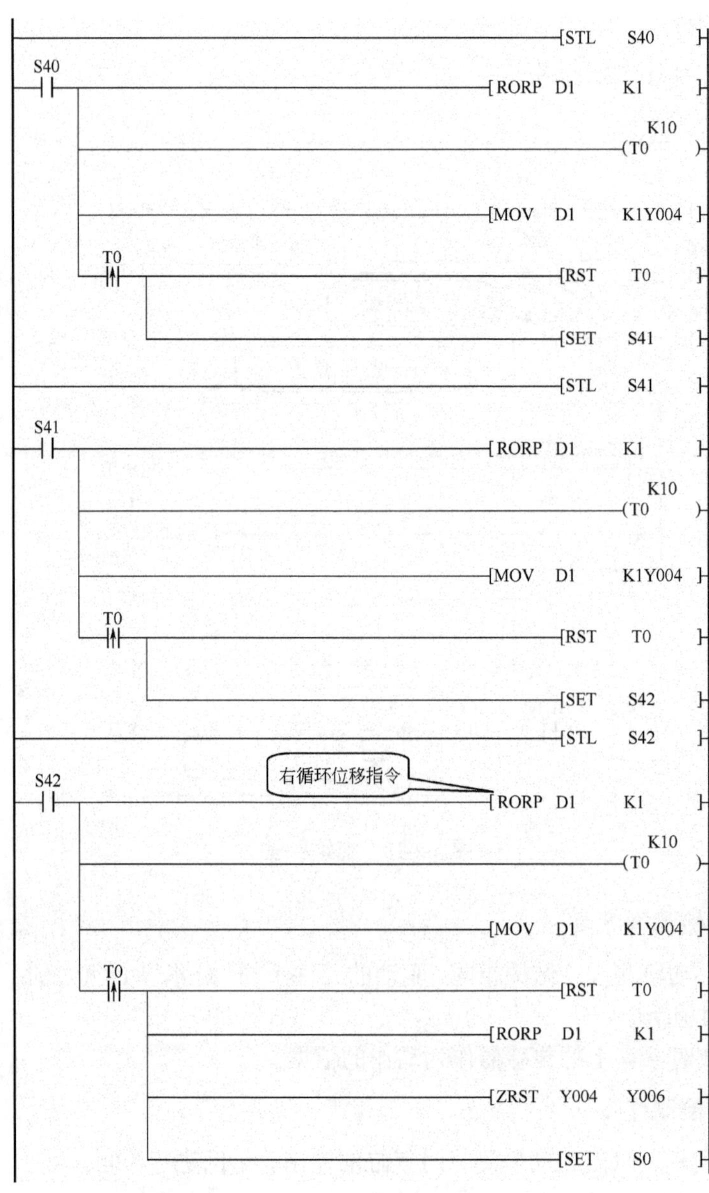

图 5-2-12　气缸自动检测右移程序

这里需要先往 D1 中存入十六进制数 H8888。

5．传送带程序

如图 5-2-13 所示，按一次左移或右移按钮，对应气缸相应动作。

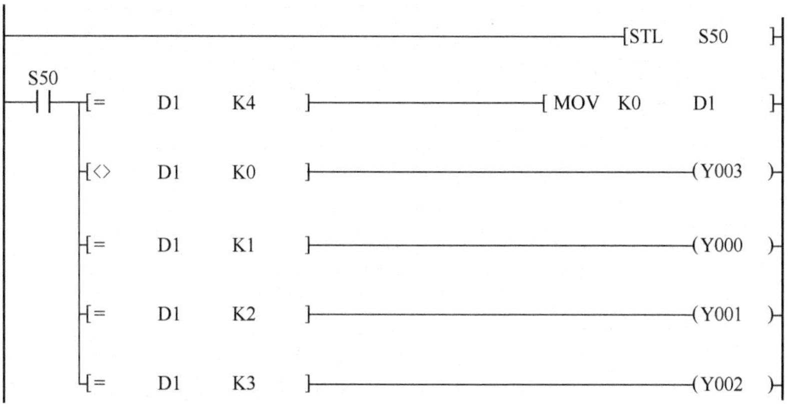

```
├──────────────────────────────────────[STL    S50  ]┤
  S50
├─┤├─┬─[=   D1   K4  ]──────────────[MOV  K0   D1  ]┤
     ├─[<>  D1   K0  ]──────────────────────(Y003  )┤
     ├─[=   D1   K1  ]──────────────────────(Y000  )┤
     ├─[=   D1   K2  ]──────────────────────(Y001  )┤
     └─[=   D1   K3  ]──────────────────────(Y002  )┤
```

图 5-2-13　传送带动作的程序

这里的 D1 是与手动调速按钮连接的变量。

6．变频器参数的设置

变频器参数的设置方法参照知识解析的内容，这里需要设置的参数有：Pr.1=50，Pr.2=0，Pr.7=0.5，Pr.8=0.5，Pr.4～Pr.6 及 Pr.24～Pr.27 设置多段速的频率值。

五、建立触摸屏组态

新建一个触摸屏工程，添加一个窗口，在窗口中绘制如图 5-2-3 所示画面，给各按钮和指示灯连接对应的变量。“+”、“-”按钮在触摸屏的“插入元件”中寻找，具体插入过程如图 5-2-14 所示。

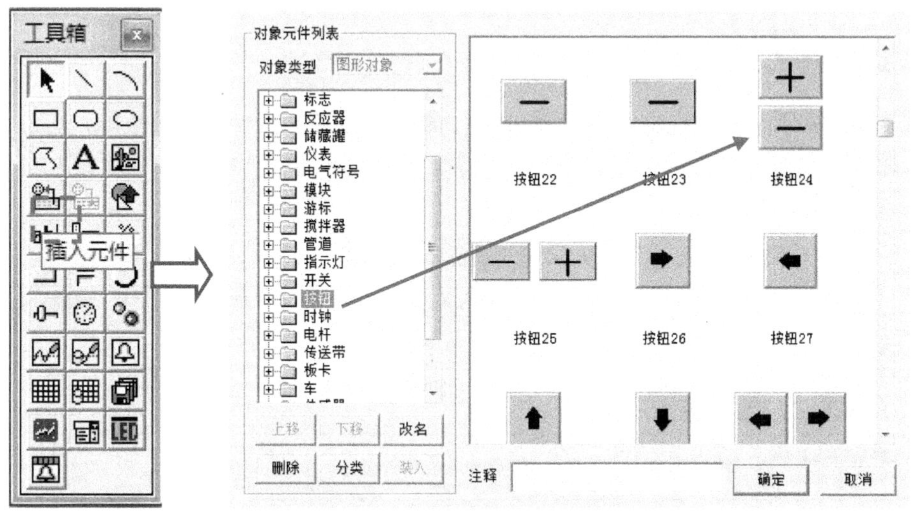

图 5-2-14　手动调速按钮的组态

该按钮不是连接开关量而是连接数值量，它的变量连接如图 5-2-15 所示。

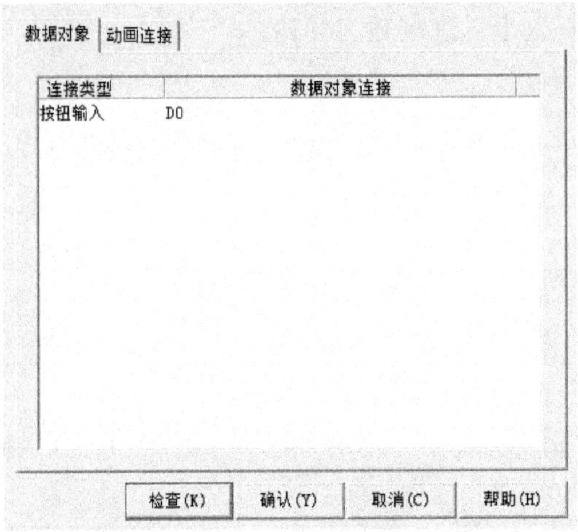

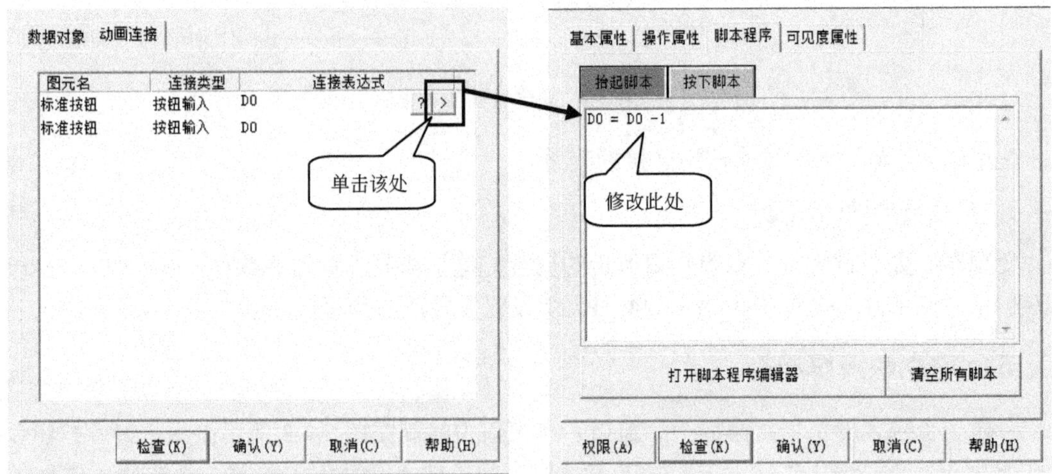

图 5-2-15　加减按钮的变量连接修改方法

六、运行调试

按照表 5-2-3 所示进行操作，观察系统运行情况并做好记录。如出现故障，应立即切断电源，分析原因、检查电路或梯形图，排除故障后，方可进行重新调试，直到系统功能调试成功为止。

表 5-2-3　设备调试记录表

步骤	调试流程	正确现象	观察结果及解决措施
1	初始状态	画面中各指示灯熄灭，按钮处于松开状态	
2	按下触摸屏上的1#气缸按钮	1#气缸伸出，到位后自动缩回，缩回到位，显示提示信息，直到下个气缸调试开始时结束显示	
3	按下 2#气缸、3#气缸按钮	对应气缸的动作及传感器变化如上述 1#气缸	
4	按下触摸屏上的向左、向右箭头	3 个气缸按顺序动作一次。按另一个按钮，动作方向刚好相反	
5	传送带调试	电机按任务要求运转，手动功能清晰正常	

任务评价

对任务实施的完成情况进行检查，并将结果填入表 5-2-4 内。

表 5-2-4 任务测评表

序号	主要内容	考核要求	评分标准	配分	扣分	得分
1	传送机构的组装	传送带套件组装	1. 传送带组装不正确扣 5 分 2. 传感器位置安装不正确扣 5 分	10		
2	控制电路的连接	根据任务要求，连接控制电路	1. 不能正确连接变频器扣 5 分 2. 不能正确连接传感器扣 5 分 3. 不能正确连接 PLC 供电回路扣 5 分 4. 不能正确连接触摸屏通信电缆扣 5 分	20		
3	编写控制程序	根据任务要求，编写控制程序	1. 调试各部分功能，不能实现的功能每处扣 5 分，共 40 分，扣完为止 2. 传感器不能正确检测到信号，每出现一次扣 5 分，扣完为止	40		
4	触摸屏组态	根据任务要求，进行触摸屏组态	1. 硬件组态正确得 5 分，错误不得分 2. 画面设计完成得 5 分，没有完成不得分 3. 触摸屏画面中的按钮功能正确得 10 分，不正确或部分正确不得分	20		
5	安全文明生产	遵守操作规程，小组成员协调有序，爱惜实训设备	1. 实训过程中有违反操作规程的任何一项行为扣 2 分，扣完为止 2. 发现学生有重大事故隐患时，立即予以制止，并每次扣安全文明生产分 5 分 3. 小组协作不和谐、效率低扣 5 分 4. 如有明显不爱惜实训设施的行为，该项不得分	10		
合 计				100		
开始时间：			结束时间：			
学习者姓名：			指导教师：	任务实施日期：		

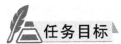

任务 3 物料传送及分拣系统打包计数控制

任务目标

知识目标：1. 掌握加法、减法及加 1、减 1 指令的功能及用法。
2. 掌握乘法及除法指令的功能及用法。

能力目标：1. 根据任务要求，正确选用 YL-235A 光机电一体化实训设备的电气控制模块。
2. 能正确使用加法指令、加 1 指令等编写该控制程序。
3. 能正确使用 MCGS 组态软件中的标准按钮工具及图形工具，建立组态画面。

素质目标：养成独立思考和动手操作的习惯，培养小组协调能力和互相学习的精神。

任务呈现

如图 5-3-1 所示是物料传送及分拣系统打包计数控制电路。

(1) 利用 YL-235A 设备上的机械手套件及 PLC 模块，完成物料传送及分拣装置的机械部分和控制电路。机构安装如图 5-3-2 所示。

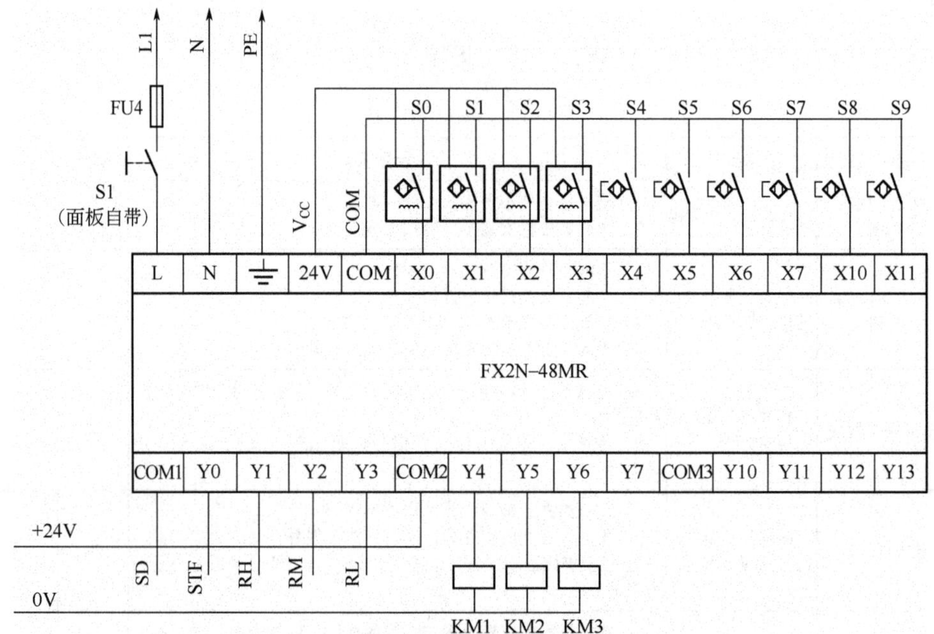

图 5-3-1　物料传送及分拣系统打包计数控制电路

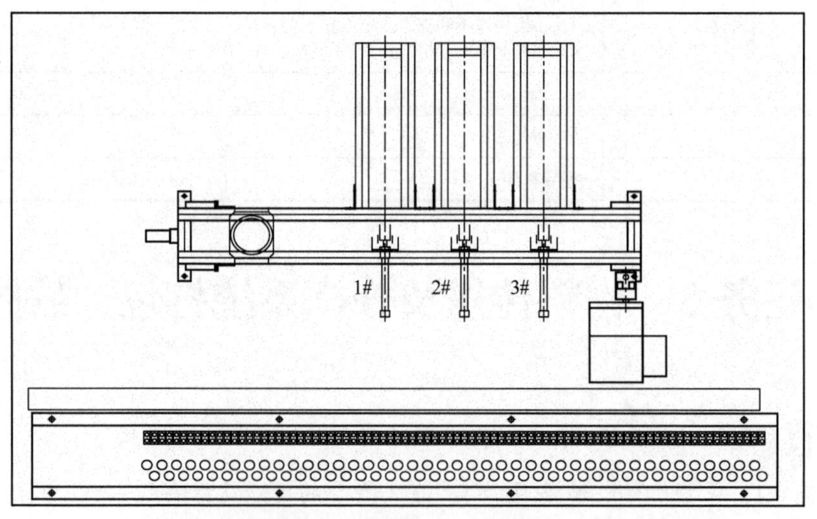

图 5-3-2　物料传送及分拣系统打包计数控制机构安装图

（2）设置变频器的上下限频率、加减速时间、多段速等参数，使之能实现外部端子调速控制。

（3）根据下面的要求编写 PLC 控制程序、制作触摸屏控制画面，调试该控制程序，使之符合要求。

① 初始状态下，没有物料，传送机构不动作，触摸屏上各物料的数量均为 0。

② 按下触摸屏上的启动按钮，当在入口处放置一个物料时，传送带自动运行。物料运行过程中若传感器检测到对应的性质，该位置的推料气缸动作将物料推至料槽，此时电机停转，等待下一次放置物料。

③ 对应的传感器检测到特定属性，气缸动作后对应物料的数量加 1。当某个槽中的物料数量满 3 个后，对应该槽满的指示灯亮，同时，打包指示灯闪烁，人工打包完成后（按打包按钮模拟）指示灯灭，此时方可继续运行。

④ 按下停止按钮，系统立刻停止运行。

（4）PLC 程序调试完毕，编写 MCGS 触摸屏组态，如图 5-3-3 所示。画面中各显示框显示对应物料在槽内的数量。

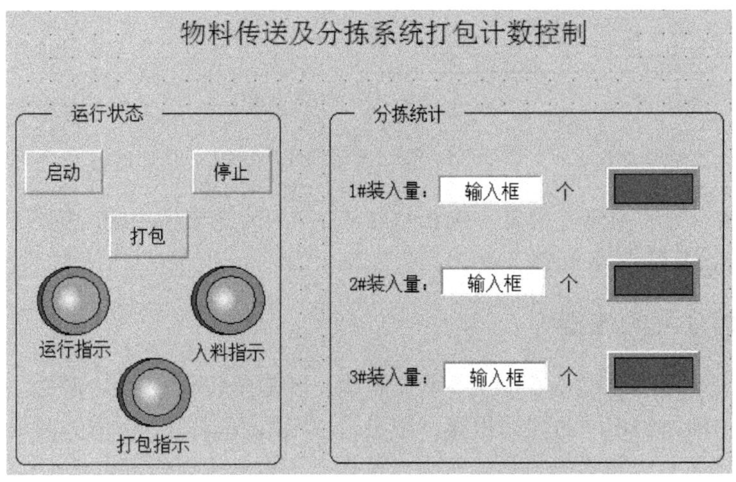

图 5-3-3 物料传送及分拣系统自检控制触摸屏画面

知识解析

一、加法指令及减法指令

加法指令的应用示例如图 5-3-4 所示，其结构为：[ADD（P），源 1，源 2，目的]。

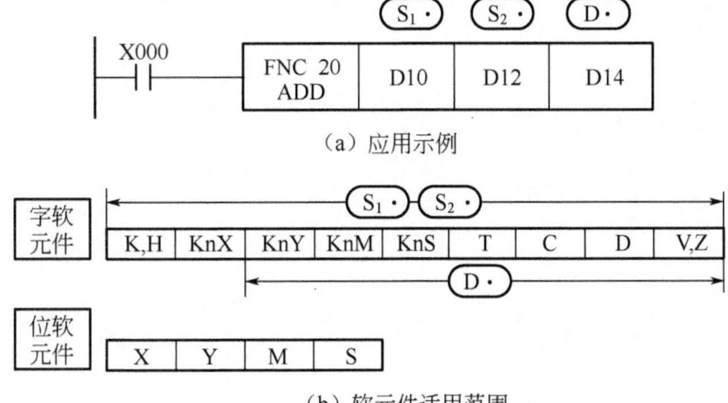

图 5-3-4 加法指令的应用示例

【功能】上述示例的操作过程是：D10 + D12→D14，因此该指令的功能是将两个源数据进行二进制相加后送至目标处。

减法指令应用示例如图 5-3-5 所示，其结构为：［SUB（P），源 1，源 2，目标］。

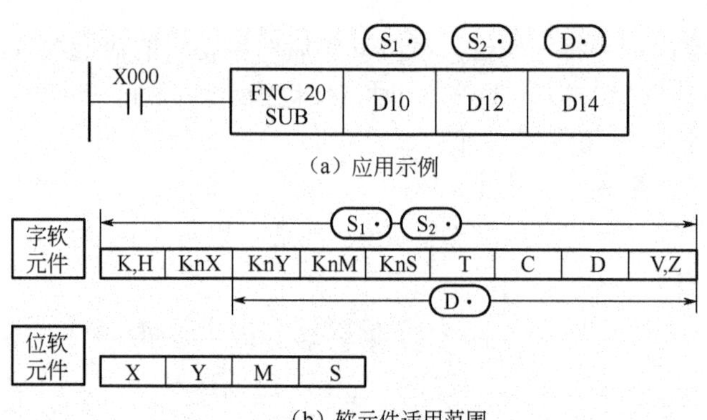

（a）应用示例

（b）软元件适用范围

图 5-3-5　减法指令的应用示例

【功能】上述示例的操作过程是：D10−D12→D14，因此该指令的功能是将 S1 指定内容以代数形式减去 S2，其结果存入 D14 中。

二、乘法指令及除法指令

乘法指令应用示例如图 5-3-6 所示，其结构为：[MUL（P），源 1，源 2，目标]。这里需要注意，乘法指令中两个 16 位的数据相乘，结果占 32 位。同样占 32 位的两个数据相乘所得的结果占 64 位。

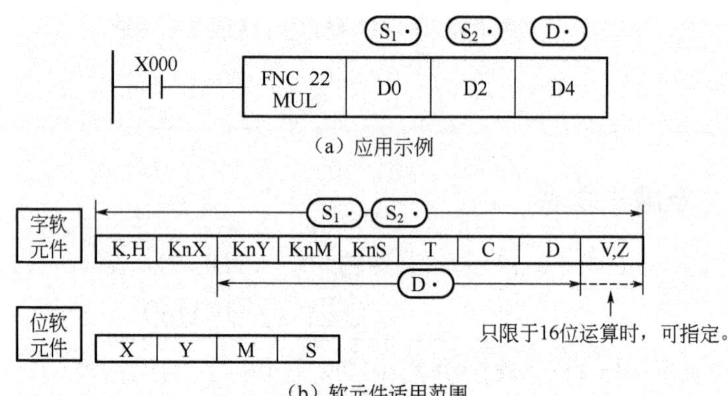

（a）应用示例

（b）软元件适用范围

图 5-3-6　乘法指令应用示例

【功能】乘法指令是将指定的两个源数据相乘后存入指定的目的地址，该目的地址占的内存长度为源数据所占长度的两倍。

除法指令应用示例如图 5-3-7 所示，其结构为：[DIV（P），源 1，源 2，目标]。

【功能】从图 5-3-8 对上述除法指令的解析可以看出，两个 16 位的数据相除其结果占两个连续的数据寄存器，一个存放商，另一个存放余数。该指令 S1 指定的软元件存放被除数，S2 存放除数，S1 除以 S2 所得的商和余数存放在目标寄存器及其下一个寄存器中。

三、加 1 指令及减 1 指令

加 1 指令应用示例如图 5-3-9 所示，其结构为：[INC（P），目标数]。

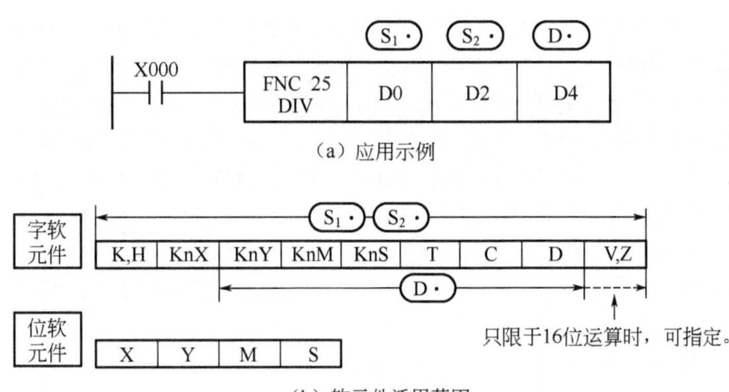

图 5-3-7　除法指令应用示例

图 5-3-8　除法指令对数据的操作过程

图 5-3-9　加 1 指令应用示例

【功能】上述加 1 指令的应用程序，表示 X000 每置一次 ON，D10 数值加 1。若 X000 一直置 ON，那么每个扫描周期，D10 都将会自加 1，这是需要特别注意的。

减 1 指令与加 1 指令的功能恰好相反，如图 5-3-10 所示为减 1 指令应用示例，当 X000 置 ON 一次，D10 的值将会减 1。

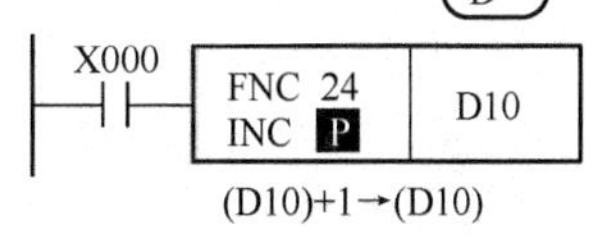

图 5-3-10　减 1 指令应用示例

任务实施

一、清点器材

对照表 5-3-1，清点物料传送及分拣系统打包计数控制电路所需的设备、工具及材料。

表 5-3-1　物料传送及分拣系统打包计数控制电路所需的设备、工具及材料（各组配备）

序号	名　称	型号	数量	作　　用
1	PLC 模块	FX2N-48MR	1 块	控制机械手运行
2	按钮与指示灯模块	专配	1 个	提供 DC 24V 电源、操作按钮及指示灯
3	变频器模块	专配	1 个	用于驱动皮带输送机
4	传送带机构套件	专配	1 套	运输物料
5	安全插接导线	专配	若干	电路连接
6	扎带	ϕ120mm	若干	电路连接工艺
7	斜口钳或者剪刀	—	1 把	剪扎带
8	电源模块	专配	1 个	提供三相五线电源
9	计算机	安装有编程软件	1 台	用于编写、下载程序等
10	220V 电源连接线	专配	2 条	供按钮模块和 PLC 模块用

二、建立I/O分配表

根据控制要求，分析任务并编制输入/输出（I/O）分配表，见表5-3-2。

表5-3-2　输入/输出（I/O）分配表

输　入			输　出		
输入元件	功能作用	输入继电器	输出元件	控制对象	输出继电器
S0	1#传感器	X0	RL	低速端子	Y0
S1	2#传感器	X1	RM	中速端子	Y1
S2	3#传感器	X2	RH	高速端子	Y2
S3	漫反射传感器	X3	STF	正转信号端子	Y3
S4	1#前限位	X4	KM1	1#气缸	Y4
S5	1#后限位	X5	KM2	2#气缸	Y5
S6	2#前限位	X6	KM3	3#气缸	Y6
S7	2#后限位	X7			
S8	3#前限位	X10			
S9	3#后限位	X11			

三、控制电路连接

1．完成PLC输入、输出电路，变频控制电路的连接

按照接线要求及I/O分配表，完成PLC电路的连接。变频器同PLC模块的连接，如图5-3-11所示。

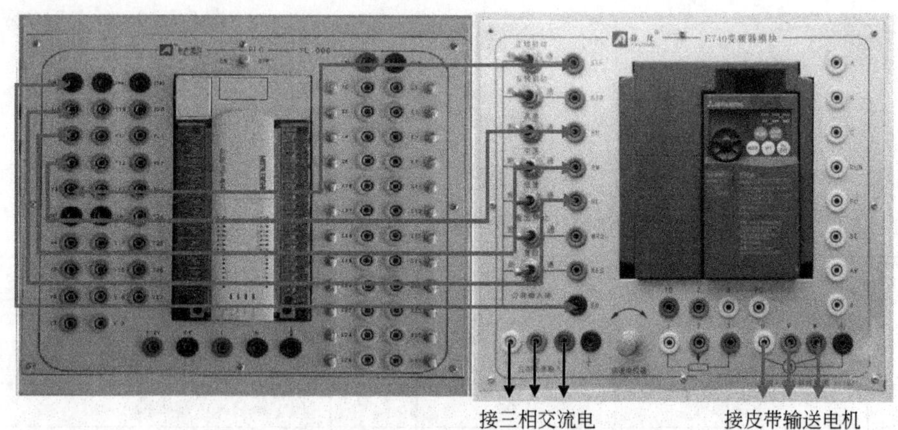

图5-3-11　变频器的接线示意图

2．电路的检测及工艺整理

电路安装结束，要进行静态检测。先对照电路图保证每条线路的连接完全正确，然后开始上电检测传感器的好坏。

（1）用万用表检测每个三线传感器与DC 24V电源之间的连接是否正常，三线传感器的各端子是否连接正确。

（2）PLC 输出的各 COM 端是否连接在开关电源的+24V 端子上。待驱动的各负载另一端是否共同连接在 0V 端子上。

（3）上述工作完成后，通电调试各传感器的功能是否正常，设置变频器为 PU 控制模式，调试电机接线是否正常。

（4）变频器线路检测正确后，须修改变频器参数至多段速控制模式对应的各参数模式中。检查电路连接正确后，进行控制电路的工艺整理。

四、程序编写与下载

1. 上电准备程序

如图 5-3-12 所示，为 PLC 上电准备程序，该程序可实现物料检测传感器一旦检测到物料，系统自动启动的功能。

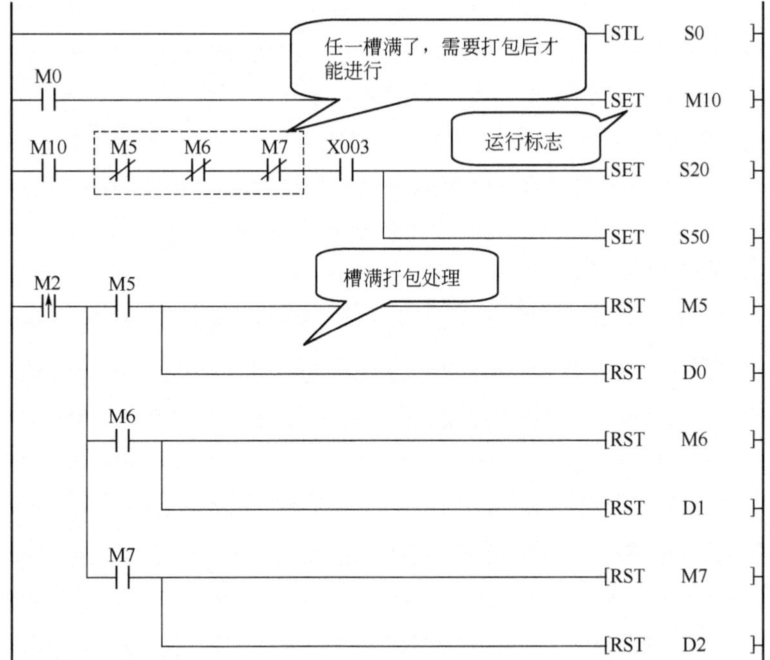

图 5-3-12 PLC 上电准备程序

2. 分拣处理不同物料的程序

如图 5-3-13 所示，X0、X1、X2 对应检测不同物料性质的传感器。如 X2 对应的传感器只有在检测到金属物料时才会有输出。

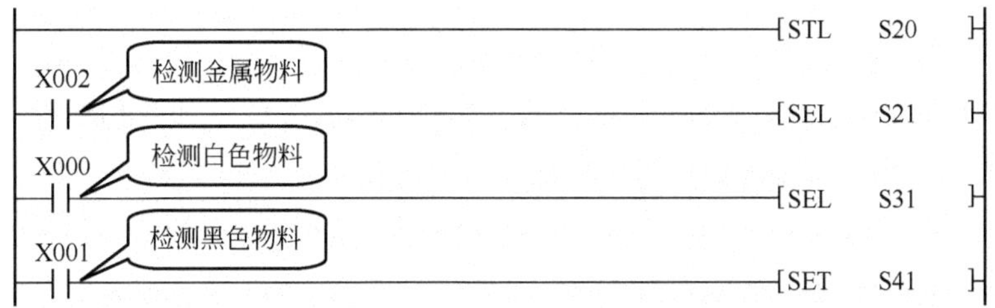

图 5-3-13 分类处理不同物料的程序

3．检测到金属物料的处理程序

如图 5-3-14 所示，检测到金属物料，系统跳转到 S21 执行。

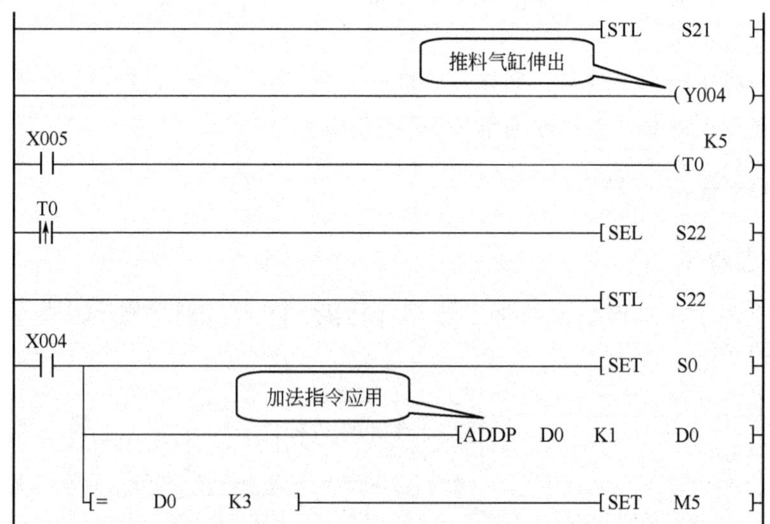

图 5-3-14　检测到金属物料的处理程序

4．检测到白色物料的处理程序

如图 5-3-15 所示为检测到白色物料的处理程序，同金属物料的过程相似。

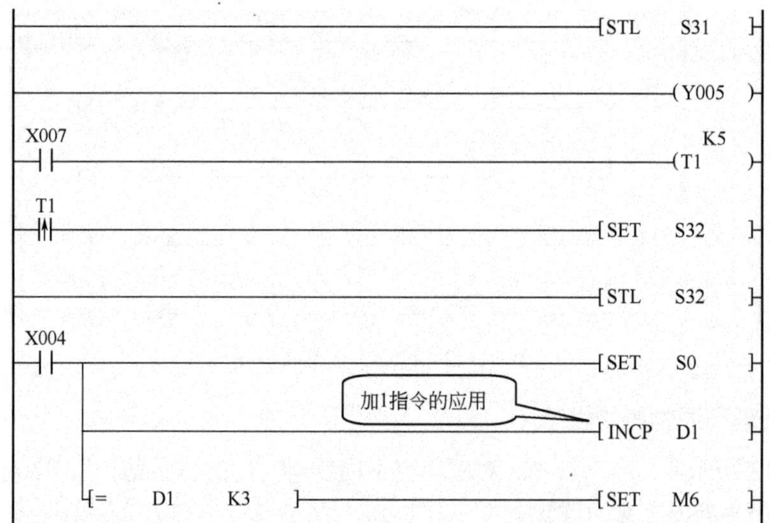

图 5-3-15　检测到白色物料的处理程序

对黑色物料的处理程序参照上述程序编写，三种物料的处理过程是相似的，只是使用的寄存器不同。

停止功能在 S50 步中处理，按下该按钮复位所有步、复位运行标志，回到 S0 即可。

5．变频器参数的设置

变频器参数的设置方法参照知识解析的内容，这里需要设置的参数有：Pr.1=50，Pr.2=0，

Pr.7=0.5，Pr.8=0.5，Pr.4～Pr.6 及 Pr.24～Pr.27 设置多段速的频率值。

五、建立触摸屏组态

新建一个触摸屏工程，添加一个窗口，在窗口中绘制图 5-3-3 所示的界面，插入输出框作为数值显示框的过程如图 5-3-16 所示。

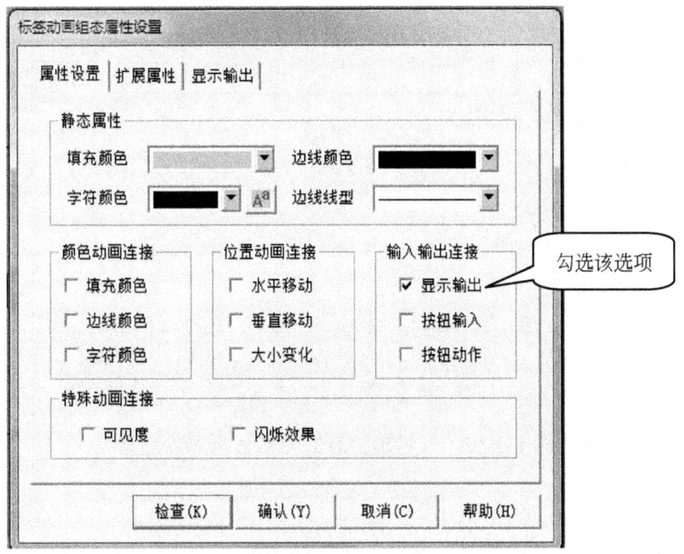

（a）勾选属性

（b）连接变量

图 5-3-16 插入输入框的过程

打包指示灯由于在每个槽满时均要点亮，因此采用公式表达的方法，如图 5-3-17 所示。利用各槽的数量满指示标志的“或”逻辑关系作为灯亮的标志。

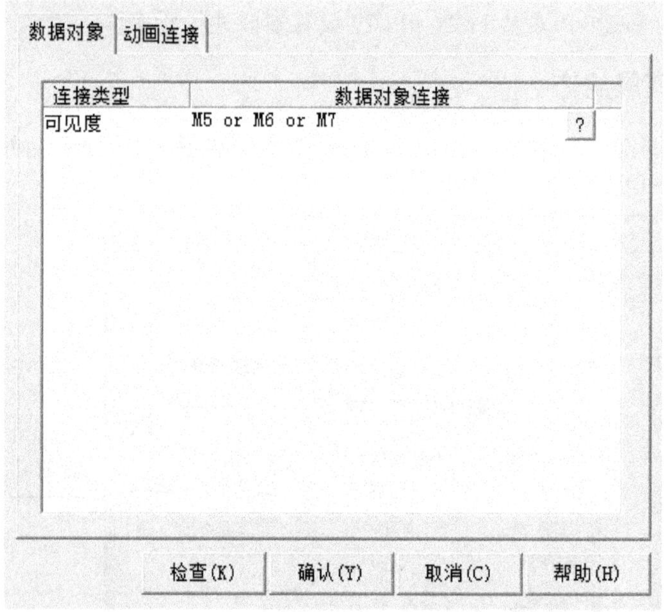

图 5-3-17　打包指示灯的特殊数据对象连接

六、运行调试

按照表 5-3-3 进行操作，观察系统运行情况并做好记录。如出现故障，应立即切断电源，分析原因、检查电路或梯形图，排除故障后，方可进行重新调试，直到系统功能调试成功为止。

表 5-3-3　设备调试记录表

步骤	调试流程	正确现象	观察结果及解决措施
1	初始状态	画面中的各物料数量显示均为 0	
2	单击启动，放物料在入料口	皮带输送机立刻运转，物料向右移动	
3	到达第一个传感器处	传感器检测到物料，气缸动作将物料推入料槽，未检测到，皮带输送机继续右转，之后的传感器依次检测，直到检测到有物料	
4	某个传感器检测到物料	气缸推物料入槽后，皮带输送机停转，等待下次再检测到物料	
5	再次放入物料	皮带输送机再次运转，依据上述过程进行物料检测，程序可以循环运行不出错误	
6	任意槽满	该槽指示灯亮，同时打包提示指示灯亮，按下打包按钮后指示灯熄灭，继续运行	

任务评价

对任务实施的完成情况进行检查，并将结果填入表 5-3-4 内。

表 5-3-4　任务测评表

序号	主要内容	考核要求	评分标准	配分	扣分	得分
1	传送机构的组装	传送带套件组装	1．传送带组装不正确扣 5 分 2．传感器位置组装不正确扣 5 分	10		

续表

序号	主要内容	考核要求	评分标准	配分	扣分	得分
2	控制电路的连接	根据任务要求，连接控制电路	1．不能正确连接变频器扣 5 分 2．不能正确连接传感器扣 5 分 3．不能正确连接 PLC 供电回路扣 5 分 4．不能正确连接触摸屏通信电缆扣 5 分	20		
3	编写控制程序	根据任务要求，编写控制程序	1．调试各部分功能，不能实现的功能每处扣 5 分，共 20 分，扣完为止 2．传感器不能正确检测到信号，每处扣 5 分，扣完为止	40		
4	触摸屏组态	根据任务要求，进行触摸屏组态	1．硬件组态正确得 5 分，错误不得分 2．画面设计完成得 5 分，没有完成不得分 3．触摸屏画面中的按钮功能正确得 10 分，不正确或部分正确不得分	20		
5	安全文明生产	遵守操作规程，小组成员协调有序，爱惜实训设备	1．实训过程中有违反操作规程的任何一项行为扣 2 分，扣完为止 2．发现学生有重大事故隐患时，立即予以制止，并每次扣安全文明生产分 5 分 3．小组协作不和谐、效率低扣 5 分 4．如有明显不爱惜实训设施的行为，该项不得分	10		
合 计				100		
开始时间：			结束时间：			
学习者姓名：			指导教师：		任务实施日期：	

任务 4　物料传送及分拣系统自动选料控制

任务目标

知识目标：1．掌握逻辑与、或、异或等指令的功能及用法。

2．掌握求补指令的功能及用法。

能力目标：1．根据任务要求，正确选用 YL-235A 光机电一体化实训设备的电气控制模块。

2．能正确使用与、或、异或等逻辑指令编写该控制程序。

3．能正确使用 MCGS 组态软件中的标准按钮工具及图形工具，建立组态画面。

素质目标：养成独立思考和动手操作的习惯，培养小组协调能力和互相学习的精神。

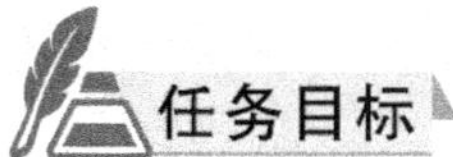

任务呈现

如图 5-4-1 所示是物料传送及分拣系统自动选料控制电路。

（1）用 YL-235A 设备上的机械手套件及 PLC 模块，完成物料传送及分拣装置的机械部分和控制电路。其安装图如图 5-4-2 所示。其中 1#位置为金属物料检测传感器，2#位置为白色物料检测传感器。

（2）设置变频器的上下限频率、加减速时间、多段速等参数，使之能实现外部端子调速控制。

（3）根据下面的要求编写 PLC 控制程序、制作触摸屏控制画面，调试该控制程序，使之符合要求。

① 初始状态下，控制按钮未按下，三相交流电机不运转，气缸均缩回至原位。

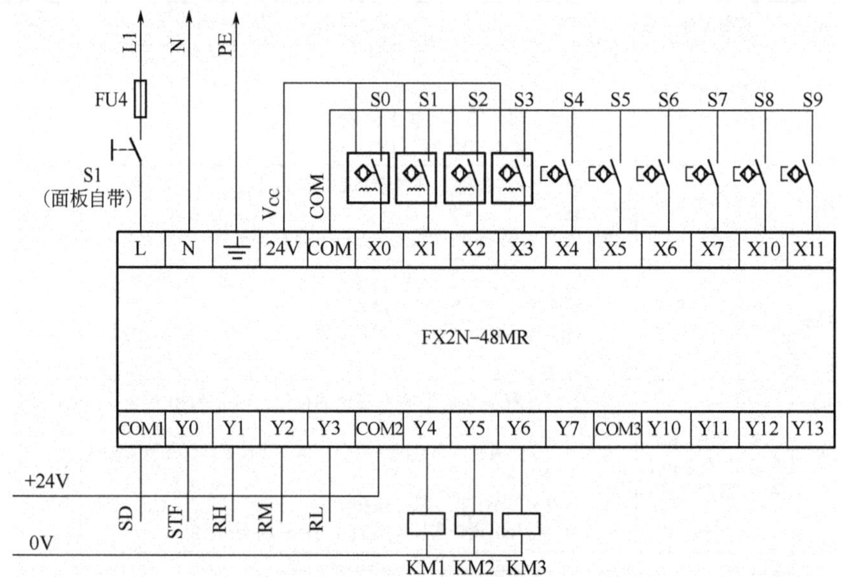

图 5-4-1　物料传送及分拣系统自动选料控制电路

② 按启动按钮，在入料口放下物料，系统自动运行，皮带输送机开始向右运转，此时触摸屏场景模拟中的流动块开始流动。

③ 物料在传输过程中经过 1#槽前的电感传感器，1#槽的电感传感器判别物料性质，从而确定进入哪个罐中（料槽模拟）。1#槽装金属物料，2#槽装黑色物料，其他物料人工取走，罐中实时显示物料数量同上限数量的比例图示（蓝色条）。1#推料气缸模拟 1#阀，2#推料气缸模拟 2#阀。

④ 当 1#槽装入 5 个物料，2#装入 3 个物料，表示罐已装满，停止输送物料，按对应的输出按钮将罐中物料输出。

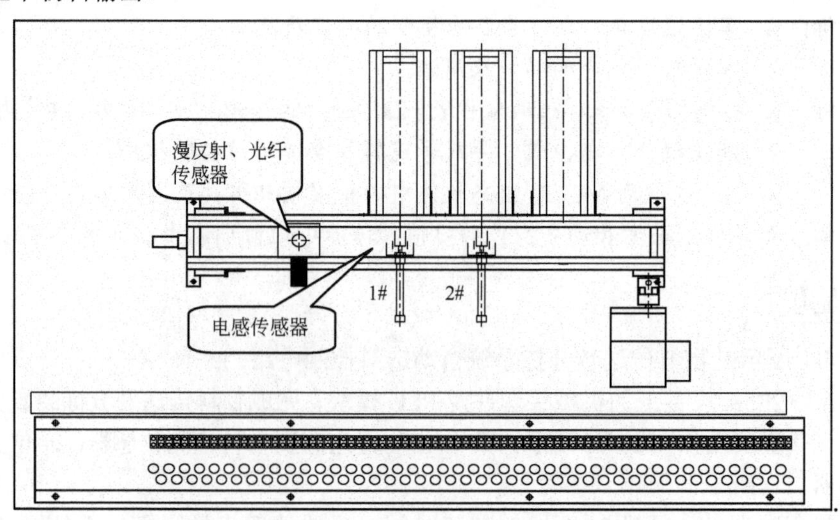

图 5-4-2　物料传送及分拣系统自动选料控制安装图

（4）PLC 程序调试完毕，建立 MCGS 触摸屏组态画面，如图 5-4-3 所示。

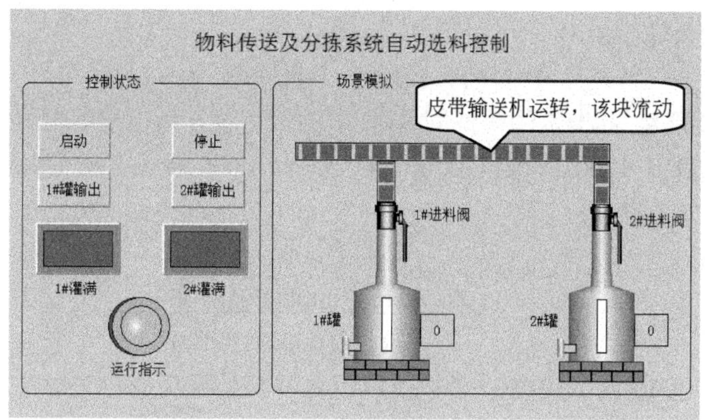

图 5-4-3　物料传送及分拣系统自动选料控制触摸屏画面

知识点解析

一、逻辑与指令

逻辑与指令能够实现两个数的按位与运算操作，其指令应用示例如图 5-4-4 所示，其指令结构为：[WAND（P），源 1，源 2，目标]。

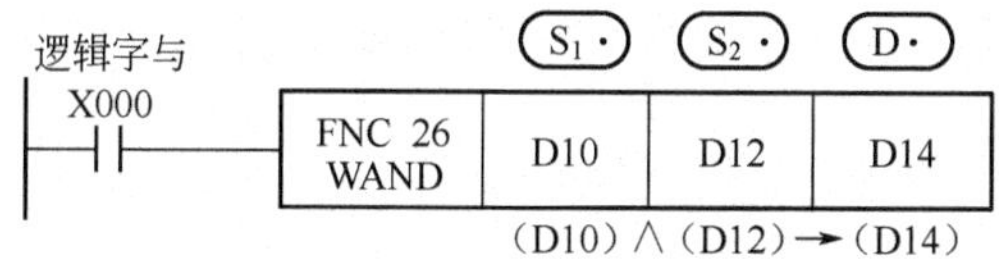

图 5-4-4　逻辑与指令的应用示例

位逻辑与的运算法则如下：

$$1\wedge1=1,\ 1\wedge0=0,\ 0\wedge1=1,\ 0\wedge0=0$$

WAND 指令实现的功能就是将 S_1 的数据与 S_2 的数据按位与所得结果放在 D 指定的软元件中。如 D10=1000100011110000，D12=1111000010011100。那么执行上述指令后，D10 与 D12 将进行如下操作：

$$\begin{array}{r} 1000100011110000 \\ \wedge\quad 1111000010011100 \\ \hline 1000000010010000 \end{array}$$

从上述算式可以看出，D10 与 D12 进行了按位与运算，结果将存放在 D14 中。

二、逻辑或指令

逻辑或指令能够实现两个数的按位逻辑或操作，该指令的应用示例如图 5-4-5 所示，其指令结构为：[WOR，源 1，源 2，目标]。

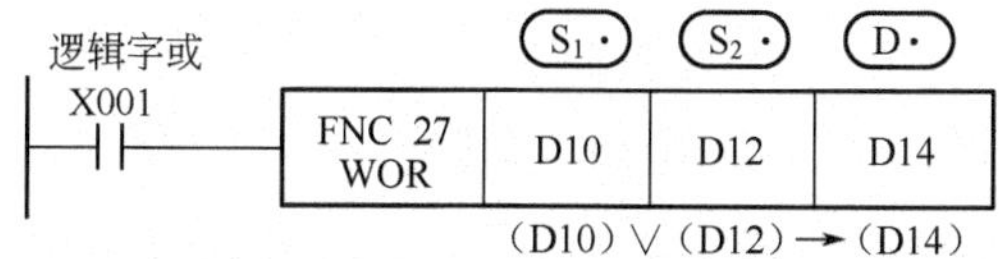

图 5-4-5　逻辑或指令应用示例

位逻辑或的运算法则如下：

$$1\vee1=1，1\vee0=1，0\vee1=1，0\vee0=0$$

WOR 指令能实现将 S_1 指定的数据同 S_2 指定的数据进行按位逻辑或操作后存入 D 指定的目的寄存器中。如 D10=1000100011110000，D12=1111000010011100。那么执行上述指令后，D10 与 D12 将进行如下操作：

$$\begin{array}{rr} & 1000100011110000 \\ \vee & 1111000010011100 \\ \hline & 1111100011111100 \end{array}$$

由此可以看出，D10 同 D12 进行了按位或运算并将结果存放在 D14 中。

三、逻辑异或指令

逻辑异或指令能实现两个数的按位逻辑异或操作。该指令应用示例如图 5-4-6 所示，其指令结构为：[WXOR，源 1，源 2，目标]。

位逻辑异或的运算法则如下：

$$1\forall1=0，0\forall0=0，1\forall0=1，0\forall1=1$$

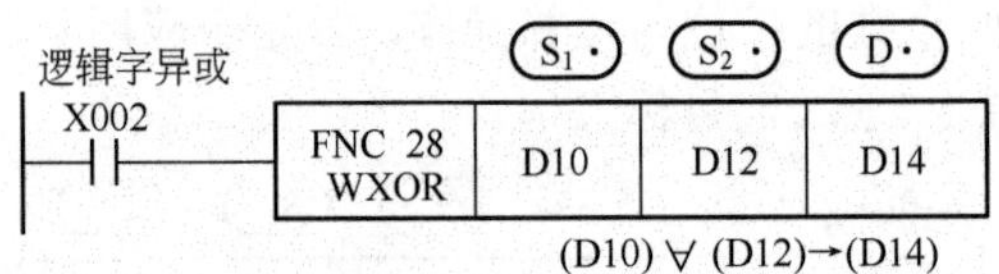

图 5-4-6　逻辑异或指令应用示例

WXOR 指令主要实现 S_1 指定数据与 S_2 指定数据进行按位逻辑异或操作后存入 D 指定的目的寄存器中。如 D10=1000100011110000，D12=1111000010011100。那么执行上述指令后，D10 与 D12 将进行如下操作：

$$\begin{array}{rr} & 1000100011110000 \\ \forall & 1111000010011100 \\ \hline & 0111100001101100 \end{array}$$

可以看出对应位进行了逻辑异或运算，并存入 D14 中。

四、求补指令

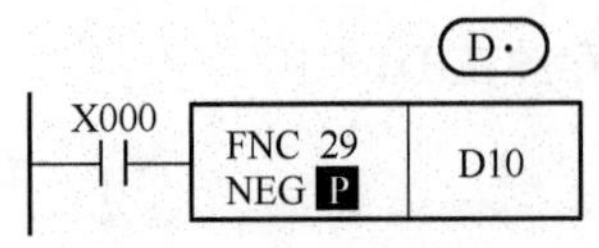

图 5-4-7　求补指令的应用示例

求补指令实际是按照对二进制数的求补运算方法进行运算的：对数据各位取反再加 1。其应用示例如图 5-4-7 所示，其指令结构为：[NEG（P），目的数据]。

若 D10=1000100011110000，则执行 NEG 指令时对数据的操作过程如下：

1000100011110000

取反：0111011100001111

取反结果+1：0111011100010000

因此，求补指令的功能就是将 D 中的数据按上述过程操作后再存入原数据寄存器中。

任务实施

一、清点器材

对照表 5-4-1，清点物料传送及分拣系统自动选料控制电路所需的设备、工具及材料。

表 5-4-1　物料传送及分拣系统自动选料控制电路所需的设备、工具及材料（各组配备）

序号	名　称	型号	数量	作　　用
1	PLC 模块	FX2N-48MR	1 块	控制机械手运行
2	按钮与指示灯模块	专配	1 个	提供 DC 24V 电源、操作按钮及指示灯
3	变频器模块	专配	1 个	用于驱动皮带输送机
4	传送带机构套件	专配	1 套	运输物料
5	安全插接导线	专配	若干	电路连接
6	扎带	ϕ120mm	若干	电路连接工艺
7	斜口钳或者剪刀	—	1 把	剪扎带
8	电源模块	专配	1 个	提供三相五线电源
9	计算机	安装有编程软件	1 台	用于编写、下载程序等
10	220V 电源连接线	专配	2 条	供按钮模块和 PLC 模块用

二、建立 I/O 分配表

根据控制要求，分析任务并编制输入/输出（I/O）分配表，见表 5-4-2。

表 5-4-2　输入/输出（I/O）分配表

输　入			输　出		
输入元件	功能作用	输入继电器	输出元件	控制对象	输出继电器
S0	漫反射传感器	X0	RL	低速端子	Y0
S1	光电传感器	X1	RM	中速端子	Y1
S2	光纤传感器	X2	RH	高速端子	Y2
S3	电感传感器	X3	STF	正转信号端子	Y3
S4	1#气缸前限位	X4	KM1	1#气缸电磁阀	Y4
S5	1#气缸后限位	X5	KM2	2#气缸电磁阀	Y5
S6	2#气缸前限位	X6	KM3	3#气缸电磁阀	Y6
S7	2#气缸后限位	X7			

三、控制电路连接

1. 完成 PLC 输入、输出电路，变频控制电路的连接

按照接线要求及 I/O 分配表，完成 PLC 输入、输出电路的连接。变频器与 PLC 模块的连接如图 5-4-8 所示。

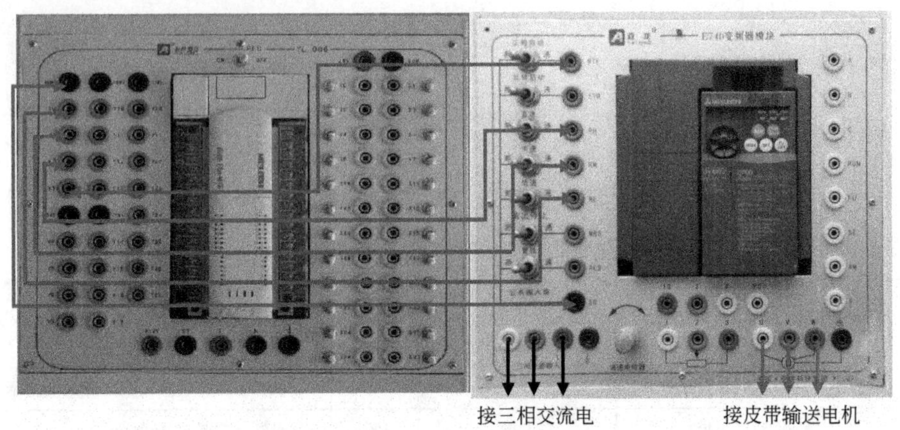

图 5-4-8　变频器的接线示意图

2．电路的检测及工艺整理

电路安装结束，要进行静态检测。先对照电路图保证每条线路的连接完全正确，然后开始上电检测传感器的好坏。

（1）用万用表检测每个三线传感器与 DC 24V 电源之间的连接是否正常，三线传感器的各端子是否连接正确。

（2）PLC 输出的各 COM 端是否连接在开关电源的+24V 端子上。待驱动的各负载另一端是否共同连接在 0V 端子上。

（3）上述工作完成，通电调试各传感器的功能是否正常，设置变频器为 PU 控制模式，调试电机接线是否正常。

检查电路连接正确后，进行控制电路的工艺整理。

四、程序编写与下载

1．初始化及自启动程序

该任务初始化及自启动程序如图 5-4-9 所示。

```
|─────────────────────────────────[STL   S0  ]─|
|  M0                                          |
|──┤├─────────────────────────────[SET   M10 ]─|
|  M10   X000                                  |
|──┤├──┬──┤↑├─────────────────────[SET   S20 ]─|
|      │  M2                                   |
|      ├──┤↑├─────────────────────[RST   D0  ]─|
|      │  M3                                   |
|      └──┤↑├─────────────────────[RST   D1  ]─|
```

图 5-4-9　初始化及自启动程序

程序中 S0 是入料口检测物料的传感器连接的输入端，S20 步是电机运转的程序，M2 是 1#槽的输出按钮，D0 是 1#槽对应的实际数量；M3 对应 2#槽的输出按钮，D1 是 2#槽对应的实际数量。

2. 物料属性判定程序

物料属性判定程序如图 5-4-10 所示，通过三个传感器两个位置判别出来。

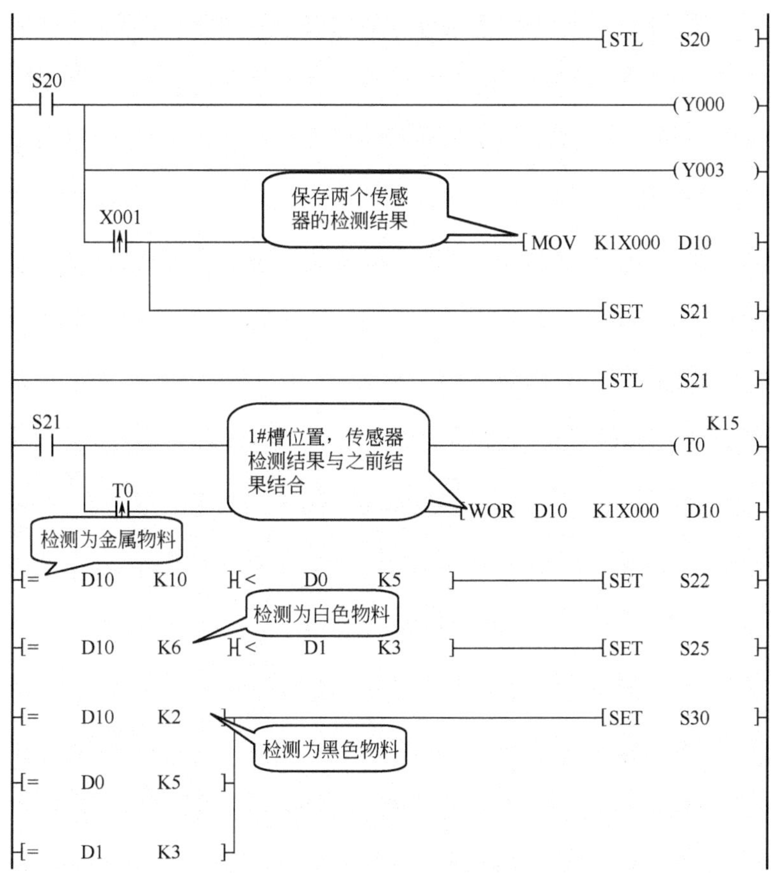

图 5-4-10 物料属性判定程序

3. 物料处理程序

物料分类处理程序如图 5-4-11 所示。

4. 变频器参数的设置

变频器参数的设置方法参照知识解析的内容，这里需要设置的参数有：Pr.1=50，Pr.2=0，Pr.7=0.5，Pr.8=0.5，Pr.4～Pr.6 及 Pr.24～Pr.27 设置多段速的频率值。

五、建立触摸屏组态

新建一个触摸屏工程，添加一个窗口，在窗口中绘制图 5-4-3 所示的触摸屏组态画面。下面说明该任务触摸屏中用到的新组件的用法。

1. 流块的组态

流块的设置方法如图 5-4-12 所示，这里用到流动属性设置，如电机运转时流块流动的设置方法如图 5-4-12（b）所示。

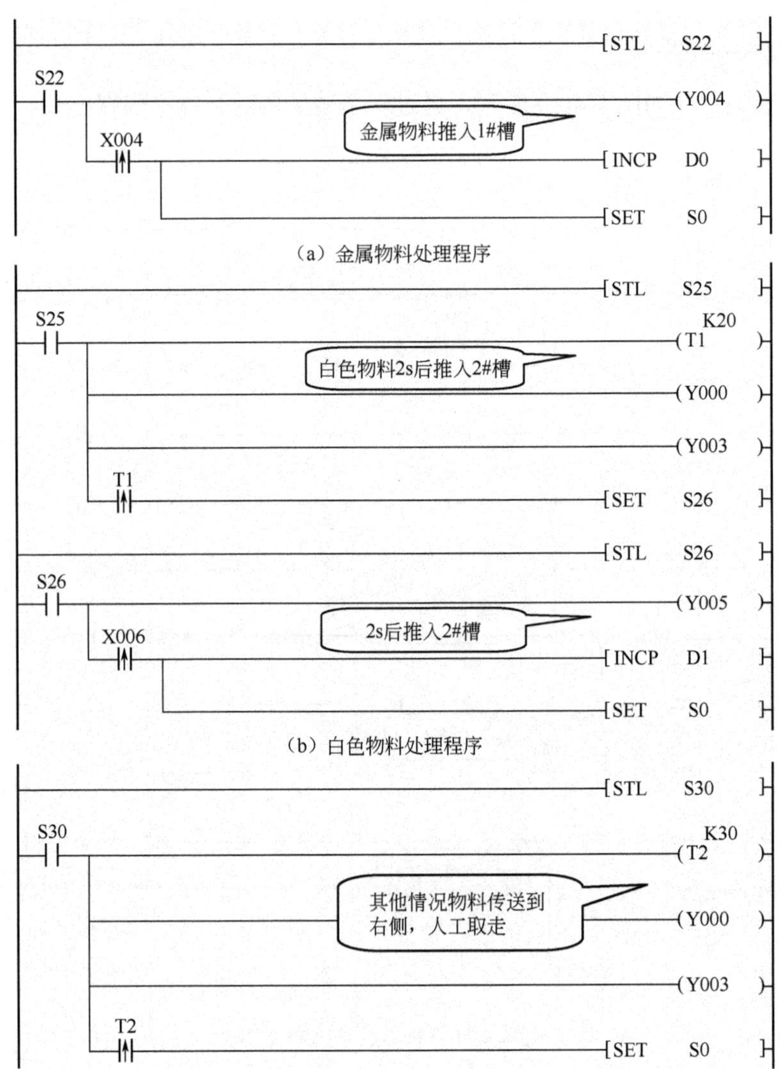

图 5-4-11　物料分类处理程序

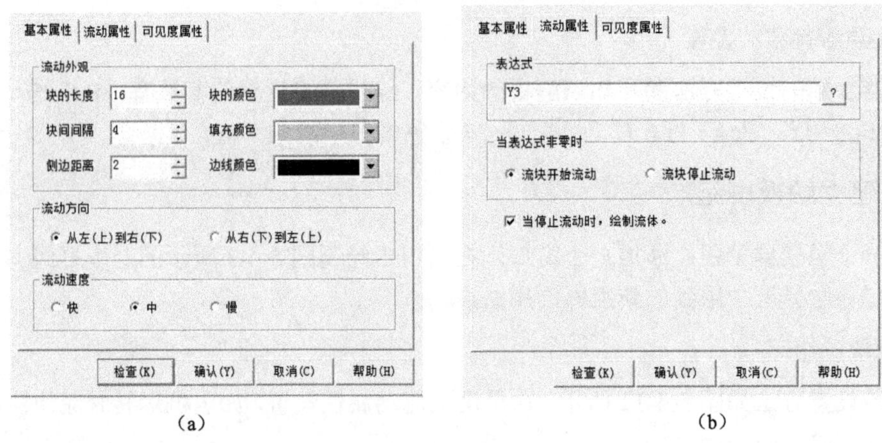

图 5-4-12　流块的设置方法

2. 罐体的组态

罐体在元件库中的调用如图 5-4-13 所示，罐体与数字变量连接，用数字变量的数据变化动态显示罐中流体的高度（见图 5-4-14）。

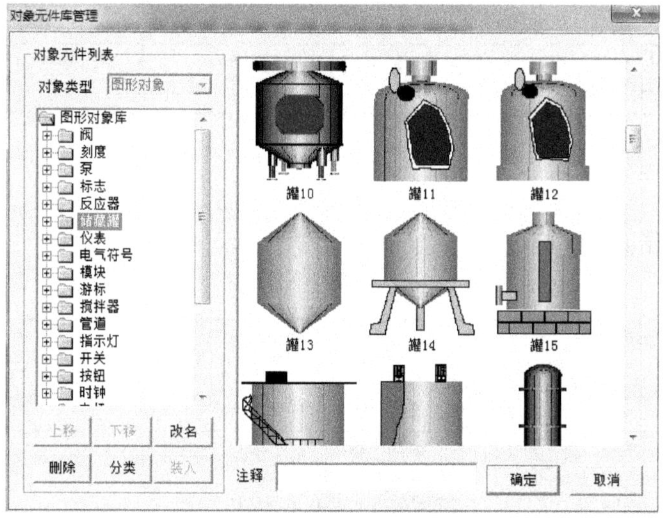

图 5-4-13 罐体的调用

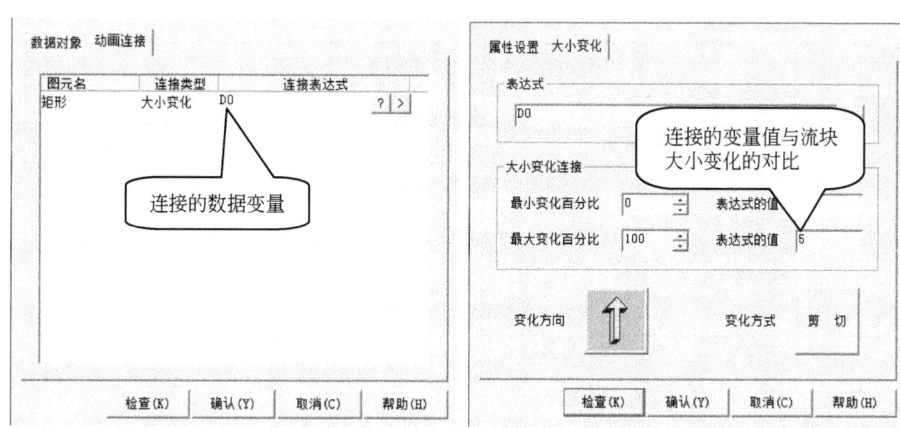

图 5-4-14 罐体的组态方法

六、运行调试

按照表 5-4-3 进行操作，观察系统运行情况并做好记录。如出现故障，应立即切断电源，分析原因、检查电路或梯形图，排除故障后，方可进行重新调试，直到系统功能调试成功为止。

表 5-4-3 设备调试记录表

步骤	调试流程	正确现象	观察结果及解决措施
1	初始状态	画面中各指示灯熄灭，按钮处于松开状态	
2	入料口任放一种物料	电机开始带动传送皮带右转，当移动到对应检测位置时，推料气缸动作将物料推入槽内	

续表

步骤	调试流程	正确现象	观察结果及解决措施
3	再次任放一种物料	电机同样运转，当到达指定检测位，若此时槽内物料已满，则运送该物料至右侧。若没有，则推物料入槽	
4	重复上述过程	送物料到指定位置，判断槽内有无物料，并执行相应程序	
5	若槽内物料满	物料即使到达也不推入，直至按下对应输出按钮；下次到达，方可继续推入	

任务评价

对任务实施的完成情况进行检查，并将结果填入表 5-4-4 内。

表 5-4-4　任务测评表

序号	主要内容	考核要求	评分标准	配分	扣分	得分
1	传送机构的组装	传送带套件组装	1. 传送带组装不正确扣 5 分 2. 传感器位置组装不正确扣 5 分	10		
2	控制电路的连接	根据任务要求，连接控制电路	1. 不能正确连接变频器扣 5 分 2. 不能正确连接传感器扣 5 分 3. 不能正确连接 PLC 供电回路扣 5 分 4. 不能正确连接触摸屏通信电缆扣 5 分	20		
3	编写控制程序	根据任务要求，编写控制程序	调试检测物料及成功推入或移走功能，不能实现的功能每处扣 5 分，共 40 分，扣完为止	40		
4	触摸屏组态	根据任务要求，进行触摸屏组态	1. 硬件组态正确得 5 分，错误不得分 2. 画面设计完成得 5 分，没有完成不得分 3. 触摸屏画面中的按钮功能正确得 10 分，不正确或部分正确不得分	20		
5	安全文明生产	遵守操作规程，小组成员协调有序，爱惜实训设备	1. 实训过程中有违反操作规程的任何一项行为扣 2 分，扣完为止 2. 发现学生有重大事故隐患时，立即予以制止，并每次扣安全文明生产分 5 分 3. 小组协作不和谐、效率低扣 5 分 4. 如有明显不爱惜实训设施的行为，该项不得分	10		
合　计				100		
开始时间：			结束时间：			
学习者姓名：			指导教师：	任务实施日期：		

任务 5　物料传送及分拣系统自动配料控制

任务目标

知识目标：1. 掌握条件跳转指令、子程序调用与返回的功能及用法。

2. 掌握中断指令、循环指令的功能及用法。

能力目标：1. 根据任务要求，正确选用 YL-235A 光机电一体化实训设备的电气控制模块。

2. 能正确使用相关指令编写该控制程序。

3. 能正确使用 MCGS 组态软件中的标准按钮工具及图形工具，建立组态画面。

素质目标：养成独立思考和动手操作的习惯，培养小组协调能力和互相学习的精神。

任务呈现

如图 5-5-1 所示是物料传送及分拣系统自动配料控制电路。

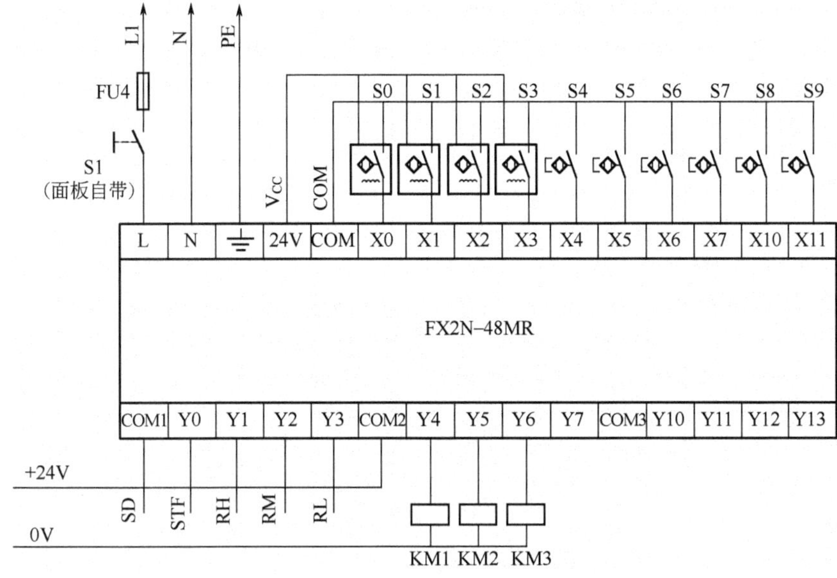

图 5-5-1 物料传送及分拣系统自动配料控制电路

(1) 利用 YL-235A 设备上的机械手套件及 PLC 模块，完成物料传送及分拣装置的机械部分和控制电路，其安组装图如图 5-5-2 所示。其中 1#位置为金属物料检测传感器，2#位置为白色物料检测传感器，3#位置为黑色物料检测传感器。

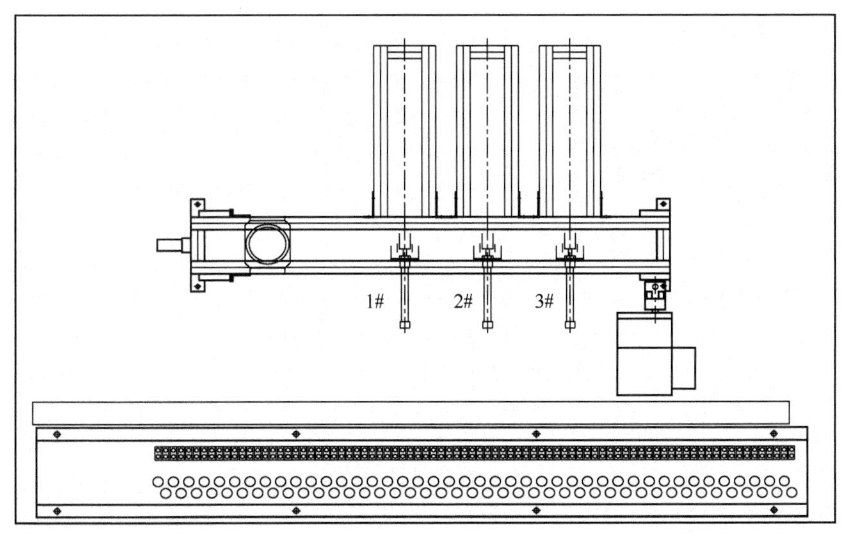

图 5-5-2 物料传送及分拣系统自动配料控制安装图

(2) 设置变频器的上下限频率、加减速时间、多段速等参数，使之能实现外部端子调速控制。

（3）根据下面的要求编写 PLC 控制程序、触摸屏控制画面，调试该控制程序，使之符合要求。

① 初始状态下，未放入物料，三相交流电动机不运转，气缸均缩回至原位。

② 在触摸屏上设置各物料的配料数量，在入料口放入物料，系统自动运行，皮带输送机开始向右运转，将对应数量的物料送入 3#槽。

③ 在 3#槽位置推入对应数量的各种物料后，触摸屏上的配料完成指示灯点亮。此时再次放入物料皮带不运转，直至人工取走该槽中的物料（在触摸屏上用按钮模拟），方可继续运行。

（4）PLC 程序调试完毕，建立 MCGS 触摸屏组态，如图 5-5-3 所示，界面上的各按钮、指示灯功能在前述任务中已说明。

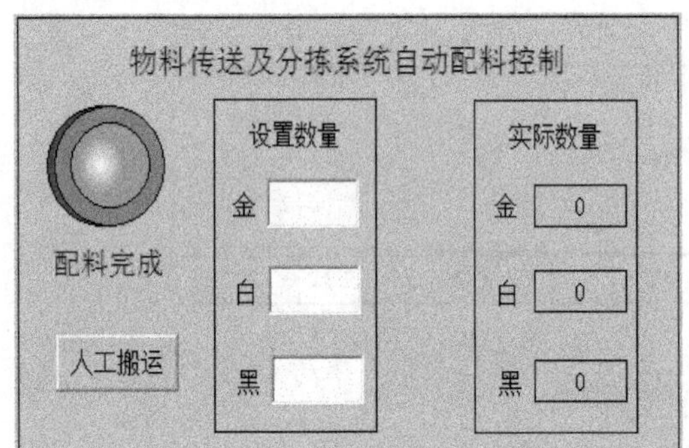

（a）初始画面

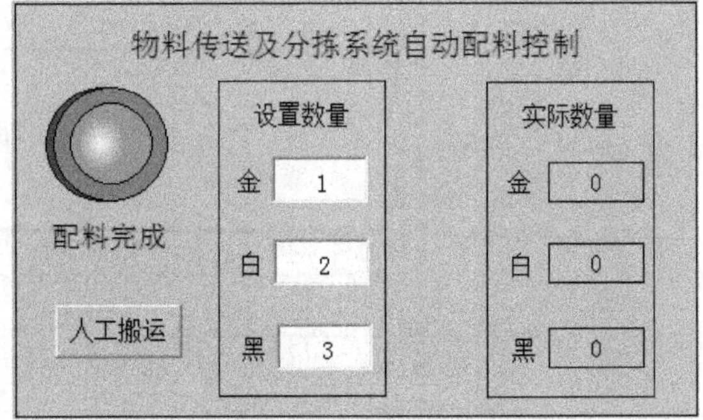

（b）设置各料配置数量后的界面

图 5-5-3　物料传送及分拣系统自动配料控制触摸屏画面

一、条件跳转指令

条件跳转指令（CJ）用于某种条件下跳过 CJ 指令和指针标号间的程序，从指针标号处连续执行，以减少程序执行的扫描时间。CJ 指令的目标操作元件是指针标号，其范围是 P0～P63。如图 5-5-4 所示是该指令的应用示例。

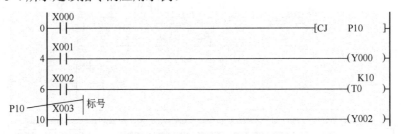

图 5-5-4　条件跳转指令的应用示例

当 X000 接通，跳转指令与标号之间的程序均被跳过不执行，各线圈或定时器均保持原状态或中断不动作。

当 X000 断开，程序按原顺序执行。

这里要注意如图 5-5-5 所示的情况，即条件不同的跳转指令使用相同的标号。

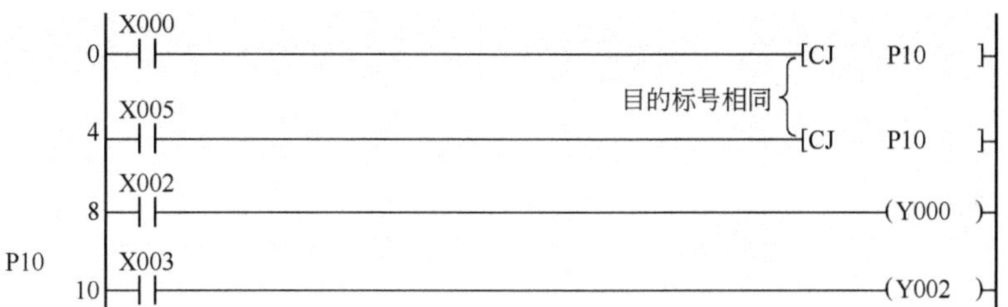

图 5-5-5 使用相同标号的跳转

该程序在执行时，若 X000 接通则第一个跳转指令生效，若 X005 接通则第二个跳转指令生效。在程序中一个标号只允许出现 1 次，否则会出错。

二、子程序调用和返回指令

子程序调用指令（CALL）用于在一定条件下调用并执行子程序。该指令的目标操作元件是指针标号 P0～P62，如图 5-5-6 所示是 CALL 指令的应用示例。

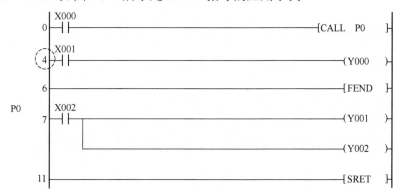

图 5-5-6 CALL 指令的应用示例

当 X000 接通时，CALL 指令使程序跳至标号 P0 处，执行子程序，子程序执行完毕回到原程序执行时间点 4（子程序调用后第一条指令）继续执行主程序。

这里要注意 CALL 指令必须和 FEND 指令、SRET 指令一起使用，子程序标号要写在主程序结束指令 FEND 之后，而且同一标号只能出现一次，CALL 指令与 CJ 指令指针标号不得相同，不同的 CALL 指令可调用同一标号的子程序。

子程序返回指令（SRET）用于在子程序执行完毕返回到原跳转点下一条指令继续执行主程序。

三、中断指令

中断指令主要包含 EI（允许中断）、DI（禁止中断）、IRET（中断返回），其程序示例及说明如图 5-5-7 所示。

这里要注意在程序中如果不是所有阶段都允许中断，则需要 EI、DI 共同配合使用，如图 5-5-8 所示。

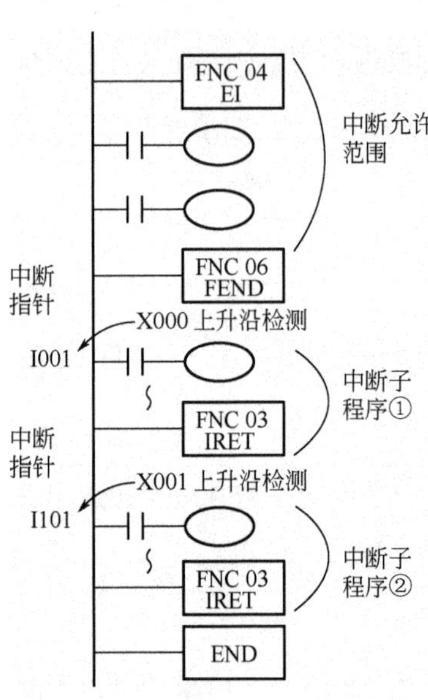

- 可编程控制器平时呈禁止中断状态。如果用EI指令允许中断，则在扫描程序的过程中如果X000或X001“ON”，则执行中断子程序①、②，执行IRET指令返回初始主程序。
- 中断用指针（I***），必须在FEND指令后作为标记编程。

图 5-5-7　中断指令应用示例

四、循环开始和结束指令

在 PLC 运行过程中，需要对某段程序重复执行多次之后再执行接下来的程序，这就需要循环指令（FOR）、循环结束指令（NEXT），这两个指令需要成对使用，如图 5-5-9 所示为该指令的应用示例。

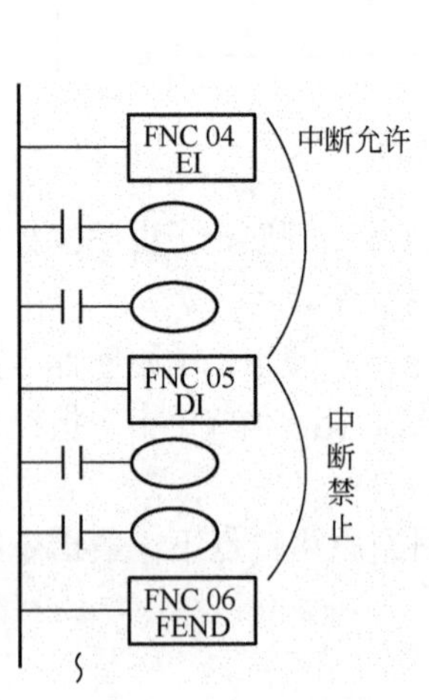

图 5-5-8　中断区间的限定

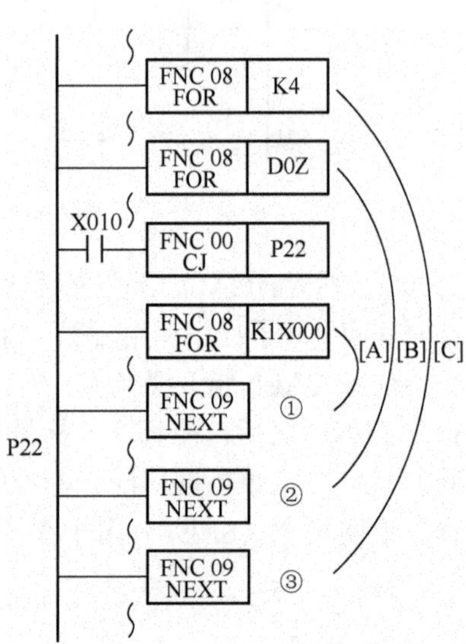

图 5-5-9　FOR、NEXT 指令的使用说明

图 5-5-9 中共 3 个循环嵌套，程序 C 中的程序循环 4（K4）次后，第三个 NEXT 后的指令才会被执行。

要注意这两个指令务必成对使用，且 FOR 在前，否则会出现错误。

任务实施

一、清点器材

对照表 5-5-1，清点物料传送及分拣系统自动配料控制电路所需的设备、工具及材料。

表 5-5-1 物料传送及分拣系统自动配料控制电路所需的设备、工具及材料（各组配备）

序号	名　称	型号	数量	作　　用
1	PLC 模块	FX2N-48MR	1 块	控制机械手运行
2	按钮与指示灯模块	专配	1 个	提供 DC 24V 电源、操作按钮及指示灯
3	变频器模块	专配	1 个	用于驱动皮带输送机
4	传送带机构套件	专配	1 套	运输物料
5	安全插接导线	专配	若干	电路连接
6	扎带	ϕ120mm	若干	电路连接工艺
7	斜口钳或者剪刀	—	1 把	剪扎带
8	电源模块	专配	1 个	提供三相五线电源
9	计算机	安装有编程软件	1 台	用于编写、下载程序等
10	220V 电源连接线	专配	2 条	供按钮模块和 PLC 模块用

二、建立 I/O 分配表

根据控制要求，分析任务并编制输入/输出（I/O）分配表，见表 5-5-2。

表 5-5-2 输入/输出（I/O）分配表

输入			输出		
输入元件	功能作用	输入继电器	输出元件	控制对象	输出继电器
S0	1#传感器	X0	RL	低速端子	Y0
S1	2#传感器	X1	RM	中速端子	Y1
S2	3#传感器	X2	RH	高速端子	Y2
S3	4#传感器	X3	STF	正转信号端子	Y3
S4	1#前限位		KM1	1#气缸电磁阀	Y4
S5	1#后限位		KM2	2#气缸电磁阀	Y5
S6	2#前限位		KM3	3#气缸电磁阀	Y6
S7	2#后限位				
S8	3#前限位				
S9	3#后限位				

三、控制电路连接

1. 完成 PLC 模块输入、输出电路，变频控制电路的连接

按照接线要求及 I/O 分配表，完成 PLC 模量 I/O 电路的连接。各传感器、变频器的接线均

同前述任务一样，可依照前述章节进行连接。

2．电路的检测及工艺整理

电路安装结束后，要进行静态检测。先对照电路图保证每条线路的连接完全正确，然后开始上电检测传感器的好坏。

（1）用万用表检测每个三线传感器与 DC 24V 电源之间的连接是否正常，三线传感器的各端子是否连接正确。

（2）PLC 模块输出的各 COM 端是否连接在开关电源的+24V 端子上。待驱动的各负载另一端是否共同连接在 0V 端子上。

（3）上述工作完成后，通电调试各传感器的功能是否正常，设置变频器为 PU 控制模式，调试电机接线是否正常。

检查电路连接正确后，进行控制电路的工艺整理。

四、程序编写与下载

1．初始化及自启动程序

该任务初始化及自启动程序如图 5-5-10 所示。

```
| M8002
|--| |----------------------------------[SET   S0  ]-|
|
|---------------------------------------[STL   S0  ]-|
| X003
|--| |----------------------------------[SET   S20 ]-|
```

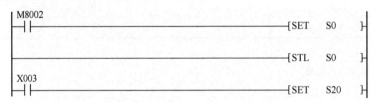

图 5-5-10　初始化及自启动程序

2．记录传感器检测结果程序

记录传感器检测结果程序用于将传感器对同一物料的检测结果记录，以识别物料属性，如图 5-5-11 所示。

图 5-5-11　记录传感器检测结果程序

3．物料处理程序

物料处理程序按分料槽有足够物料和无足够物料两种情况处理，其程序如图 5-5-12 所示。

上述程序在执行 SET 指令时，将会自动复位当前步，跳转到置位步，实际是一种跳转，也可以用跳转指令做如图 5-5-13 所示的修改。

推荐使用步进梯形图的跳转方式，方便快捷。

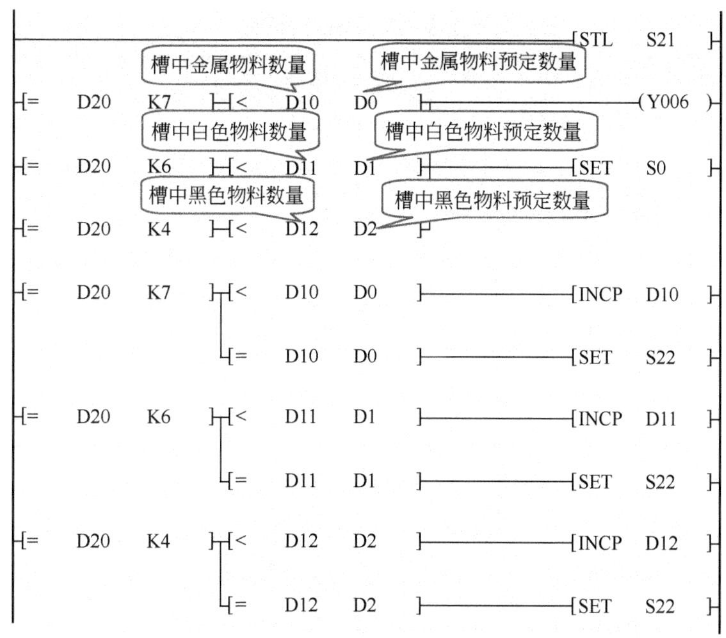

图 5-5-12　物料处理程序

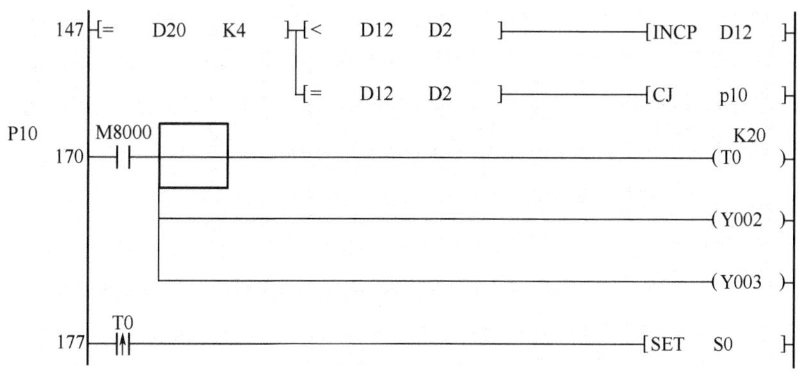

图 5-5-13　跳转指令的应用

4．变频器参数的设置

变频器参数的设置方法参照知识解析的内容，这里需要设置的参数有：Pr.1=50，Pr.2=0，Pr.7=0.5，Pr.8=0.5，Pr.4～Pr.6 及 Pr.24～Pr.27 设置多段速的频率值。

五、建立触摸屏组态

新建一个触摸屏工程，添加一个窗口，在窗口中绘制图 5-5-3（a）所示的画面，给各按钮和指示灯连接对应的变量。各变量的连接方法没有新内容，这里不再赘述。

六、运行调试

按照表 5-5-3 进行操作，观察系统运行情况并做好记录。如出现故障，应立即切断电源，分析原因、检查电路或梯形图，排除故障后，方可重新进行调试，直到系统功能调试成功为止。

表 5-5-3　设备调试记录表

步骤	调试流程	正确现象	观察结果及解决措施
1	初始状态	画面中各指示灯熄灭，按钮处于松开状态	
2	入料口任放一种物料	电机开始带动传送皮带右转，各传感器逐一对该物料进行检测，直至物料到达最右侧 3#槽位置。判断是否需要推入料槽。若该物料在料槽中已足量，则将该物料送至传动皮带右侧人工取走	
3	再次任放一种物料	电机同样运转，传感器依照上一步骤检测物料，以确定是否需要送入料槽	
4	重复上述过程	送物料到指定位置，判断槽内有无物料，并执行相应程序	

任务评价

对任务实施的完成情况进行检查，并将结果填入表 5-5-4 内。

表 5-5-4　任务测评表

序号	主要内容	考核要求	评分标准	配分	扣分	得分
1	传送机构的组装	传送带套件组装	1．传送带组装不正确扣 5 分 2．传感器位置安装不正确扣 5 分	10		
2	控制电路的连接	根据任务要求，连接控制电路	1．不能正确连接变频器扣 5 分 2．不能正确连接传感器扣 5 分 3．不能正确连接 PLC 供电回路扣 5 分 4．不能正确连接触摸屏通信电缆扣 5 分	20		
3	编写控制程序	根据任务要求，编写控制程序	调试检测物料及成功推入或移走功能，不能实现的功能每处扣 5 分，共 40 分，扣完为止	40		
4	触摸屏组态	根据任务要求，进行触摸屏组态	1．硬件组态正确得 5 分，错误不得分 2．画面设计完成得 5 分，没有完成不得分 3．触摸屏画面中的按钮功能正确得 10 分，不正确或部分正确不得分	20		
5	安全文明生产	遵守操作规程，小组成员协调有序，爱惜实训设备	1. 实训过程中有违反操作规程的任何一项行为扣 2 分，扣完为止 2．发现学生有重大事故隐患时，立即予以制止，并每次扣安全文明生产分 5 分 3．小组协作不和谐、效率低扣 5 分 4．如有明显不爱惜实训设施的行为，该项不得分	10		
合　计						
开始时间：			结束时间：			
学习者姓名：			指导教师：	任务实施日期：		

项目 6 典型机电一体化控制装置的连接、编程与触摸屏组态

任务 1　物料分拣与打包设备控制

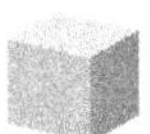

任务目标

知识目标：1. 理解设备的初始位置，掌握设备恢复初始位置的编程方法。

2. 掌握设备启动与停止的编程方法及按下停止按钮后尾料处理的方法。

3. 掌握圆盘送料机构、机械手、皮带输送机的控制方法。

4. 理解物料分拣原理，掌握物料分拣及料仓物料计数及打包的编程方法。

能力目标：1. 完成某物料自动分拣及打包控制系统的电路连接，熟练掌握 PLC 控制电路的连接方法及安装工艺。

2. 能正确理解并熟练使用各种 PLC 控制指令编写控制程序。

3. 能正确使用历史表格等各种工具及系统变量，建立触摸屏组态。

素质目标：养成独立思考和动手操作的习惯，培养小组协调能力和互相学习的精神。

任务呈现

如图 6-1-1 所示为某物料自动分拣及打包设备的安装布局图，该设备具有完成金属工件、白色塑料工件和黑色塑料工件分拣及打包任务的功能。

请根据图 6-1-2 所示的某物料自动分拣及打包设备的电气控制原理图进行操作。

（1）在 YL-235A 设备对应模块上选择电路需要的电器，并按照工艺要求，进行某物料自动分拣及打包设备的电路连接。

（2）根据下列要求，编写 PLC 控制程序。

① 启动前，设备的运动部件必须在规定的位置，这些位置称为初始位置。有关部件的初始位置为：机械手的悬臂靠在左限止位置，手臂气缸的活塞杆缩回，悬臂气缸的活塞杆缩回，手爪松开；位置 A、B、C 的推料气缸活塞杆缩回；圆盘送料机构、皮带输送机的拖动电机不转动。上述部件在初始位置时，模块上的指示灯 HL1（对应触摸屏画面上的“原位指示”灯）亮。只有上述部件在初始位置时，设备才能启动。若上述部件不在初始位置，指示灯 HL1 灭，按下按钮 SB4 进行复位。

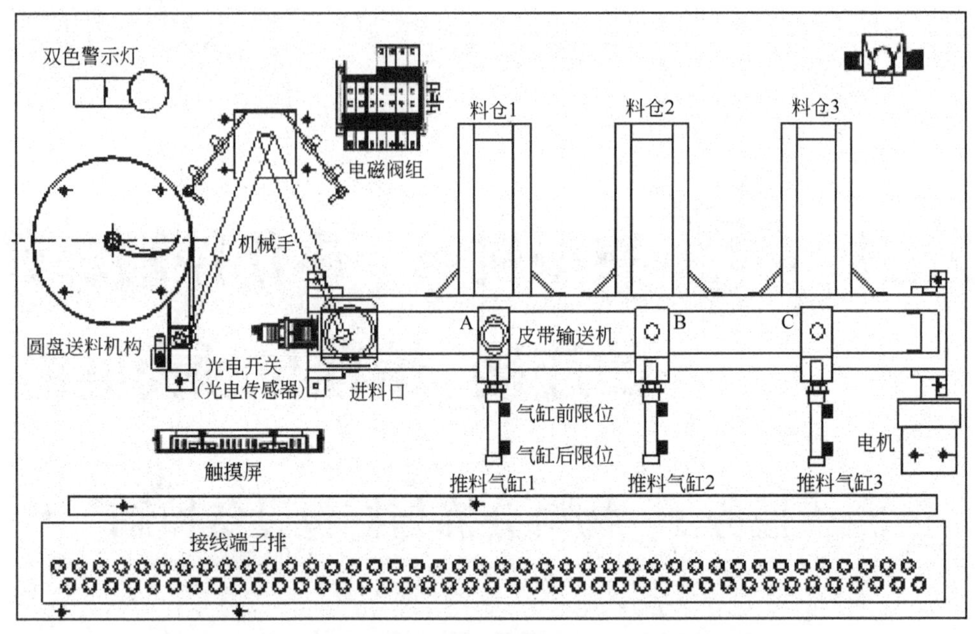

图 6-1-1 某物料自动分拣及打包设备的安装布局图

② 接通电源，如果电源正常供电，工作台上双色警示灯中的红灯闪亮。

③ 通过 YL-235A 设备上的按钮与指示灯模块上的 SB5、SB6 按钮或者触摸屏组态画面上的“启动”与“停止”按钮对设备进行控制，SB5 为设备启动按钮（对应触摸屏画面上的“启动”按钮），SB6 为设备停止按钮（对应触摸屏画面上的“停止”按钮）。

④ 设备启动后，工作台上的双色警示灯中的绿灯（对应触摸屏画面中的“运行指示”开始闪亮，同时圆盘送料机构上的直流电机带动拨料杆开始转动，将物料推出到圆盘送料机构外面的接料平台上，当接料平台上的光电传感器检测到物料时，圆盘送料机构的直流电机停止转动，等待机械手将接料平台上的物料夹走以后，圆盘送料机构再次开始运行，重复上述动作。

⑤ 设备启动后，当圆盘送料机构外面的接料平台上的光电传感器检测到物料后，机械手启动运行，悬臂伸出→手臂下降→手爪夹紧抓取工件→手臂上升→悬臂缩回→机械手向右转动→悬臂伸出→手臂下降→手爪松开，将物料放进皮带输送机的进料口，并等待 1s→手臂上升→悬臂缩回→机械手向左旋转回原位后停止。当接料平台上的光电传感器检测到物料后，机械手再次启动运行，重复上述动作。

⑥ 设备启动后，当皮带输送机进料口的光电传感器检测到物料时，皮带输送机自动启动从位置 A 向位置 C 运行，拖动皮带输送机的三相交流电动机的运行频率为 25Hz。若传送带上的物料为金属，则当位置 A 的传感器检测到物料时，由位置 A 对应的推料气缸推入料仓 1；若传送带上的物料为白色物料，则当位置 B 的传感器检测到物料时，由位置 B 对应的推料气缸推入料仓 2；若传送带上的物料为黑色，则当位置 C 的传感器检测到物料时，由位置 C 对应的推料气缸推入料仓 3。物料推入料仓后，推料气缸缩回，皮带输送机自动停止，等待下一个物料，当进料口传感器再次检测到物料时，皮带输送机启动，重复上述动作。

⑦ 当三个料仓中任意一个料仓的物料数量达到 3 个时，圆盘送料机构、皮带输送机及机械手停止工作，同时触摸屏画面上的“打包指示”灯以 1Hz 的频率开始闪烁，提示该料仓

物料打包，持续 5s 后打包完成，触摸屏画面上的“打包指示”灯熄灭，此时设备继续运行，进行物料分拣工作。三个料仓中任意一个料仓的打包数量达到 10 个时，该料仓的打包数量自动清零。

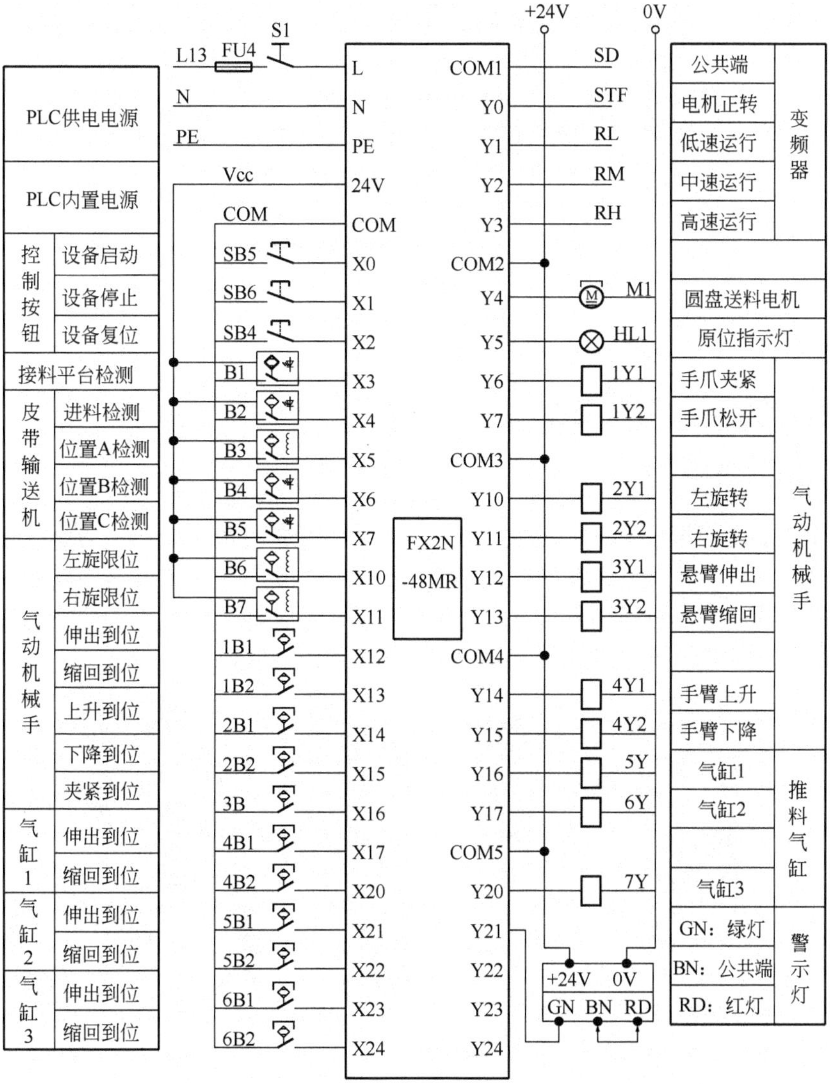

PLC供电电源 | L13 FU4 S1 → L；N → N；PE → PE
PLC内置电源 | Vcc → 24V；COM → COM
控制按钮 | 设备启动 SB5 → X0；设备停止 SB6 → X1；设备复位 SB4 → X2
接料平台检测 | B1 → X3
皮带输送机 | 进料检测 B2 → X4；位置A检测 B3 → X5；位置B检测 B4 → X6；位置C检测 B5 → X7
气动机械手 | 左旋限位 B6 → X10；右旋限位 B7 → X11；伸出到位 1B1 → X12；缩回到位 1B2 → X13；上升到位 2B1 → X14；下降到位 2B2 → X15；夹紧到位 3B → X16
气缸1 | 伸出到位 4B1 → X17；缩回到位 4B2 → X20
气缸2 | 伸出到位 5B1 → X21；缩回到位 5B2 → X22
气缸3 | 伸出到位 6B1 → X23；缩回到位 6B2 → X24

FX2N-48MR

+24V 0V
COM1 — SD 公共端；Y0 — STF 电机正转；Y1 — RL 低速运行；Y2 — RM 中速运行；Y3 — RH 高速运行（变频器）
COM2；Y4 — M1 圆盘送料电机；Y5 — HL1 原位指示灯
Y6 — 1Y1 手爪夹紧；Y7 — 1Y2 手爪松开；COM3；Y10 — 2Y1 左旋转；Y11 — 2Y2 右旋转；Y12 — 3Y1 悬臂伸出；Y13 — 3Y2 悬臂缩回；COM4；Y14 — 4Y1 手臂上升；Y15 — 4Y2 手臂下降（气动机械手）
Y16 — 5Y 气缸1；Y17 — 6Y 气缸2；COM5；Y20 — 7Y 气缸3（推料气缸）
Y21、Y22、Y23、Y24 — +24V 0V GN BN RD：GN：绿灯；BN：公共端；RD：红灯（警示灯）

图 6-1-2 某物料自动分拣及打包设备的电气控制原理图

⑧ 任意时刻按下停止按钮 SB6，设备必须完成当前物料的传送和打包任务，并返回设备的初始位置才能停止工作，同时工作台上的双色警示灯中的绿灯熄灭。

⑨ 触摸屏控制设置：某物料自动分拣及打包设备控制系统的触摸屏组态画面如图 6-1-3 所示。

图 6-1-3 中，三个指示灯均设置为：条件成立时显示绿色，条件不成立时显示红色。图中的表格采用 MCGS 工具箱中的历史表格工具。按下图中的“清零”按钮时，表格中记录的所有数据均清零。

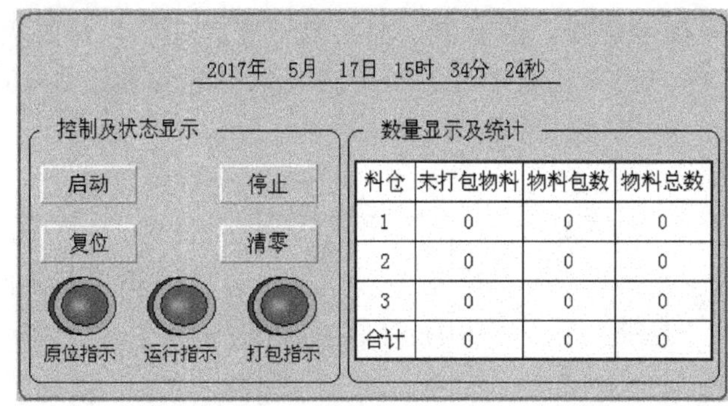

图 6-1-3　某物料自动分拣及打包设备控制系统的触摸屏组态画面

一、设备的初始位置及复位

1．设备的初始位置

很多机电设备都需要设置初始位置，当设备中的相关部件不在初始位置时，设备就不能启动运行。本次任务中，要求设备的初始位置为：机械手左旋到位，悬臂缩回到位，手臂上升到位，手爪松开，圆盘送料机构的直流电机为停止状态，皮带输送机的拖动电机为停止状态，三个推料气缸的活塞杆均为缩回状态，设备初始位置如图 6-1-4 所示。

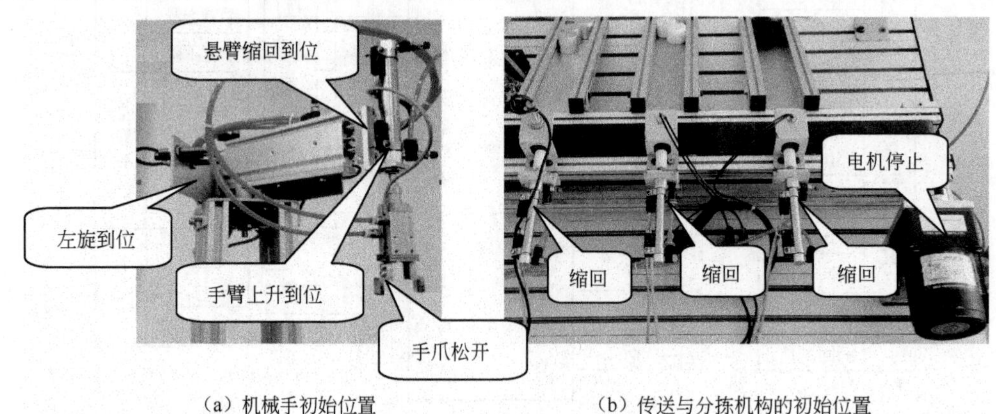

（a）机械手初始位置　　（b）传送与分拣机构的初始位置

图 6-1-4　设备的初始位置

2．初始位置标志位控制

设辅助继电器 M0 为设备初始位置的标志位，当 M0=0 时，说明设备没有在初始位置；当 M0=1 时，说明设备在初始位置。当设备处于初始位置时，原位指示灯 HL1 亮，否则 HL1 灭。设备初始位置标志位控制程序如图 6-1-5 所示，当机械手的悬臂左旋到位，手臂上升到位，悬臂缩回到位，手爪松开，位置 A、B、C 的推料气缸缩回到位，圆盘送料机构、皮带输送机的拖动电机不转动时，设备处于初始位置，初始位置标志位 M0=1，原位指示灯 HL1 亮（Y005=1）。

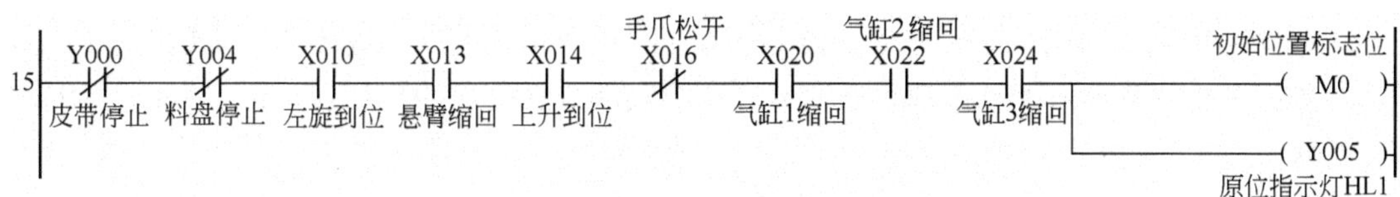

图 6-1-5　设备初始位置标志位控制程序

注：图中皮带指皮带输送机，料盘指圆盘送料机构，后同。

3．设备的复位

设备启动前，设备的运动部件必须在初始位置，否则设备无法启动。因此在设备启动前要检查设备是否处于初始状态，如果设备处于初始状态则可以正常启动设备，如果设备的运动部件不在初始状态，要先使设备复位回到初始状态，才能启动设备。本任务中，要求采用按钮 SB4 或通过触摸屏上的“复位”按钮进行复位，控制程序如图 6-1-6 所示。

```
0  X002 按钮手动复位信号
   M8   触摸屏复位信号
   三相交流电动机停止  [RST  Y000]
   中速运行停止        [RST  Y002]
   直流电机停止        [RST  Y004]
   手爪夹紧复位        [RST  Y006]
   手爪松开置位        [SET  Y007]
   机械手右旋复位      [RST  Y011]
   机械手左旋置位      [SET  Y010]
   悬臂伸出复位        [RST  Y012]
   悬臂缩回置位        [SET  Y013]
   手臂下降复位        [RST  Y015]
   手臂上升置位        [SET  Y014]
   气缸1缩回           [RST  Y016]
   气缸2缩回           [RST  Y017]
   气缸3缩回           [RST  Y020]
```

图 6-1-6　设备复位控制程序

二、设备的启动与停止

1．设备的启动控制

当设备处于初始位置时，按下启动按钮 SB5 或者触摸屏画面中的“启动”按钮，系统运行标志位 M1 置位，同时双色警示灯中的绿灯闪亮，设备启动控制程序如图 6-1-7 所示。

用辅助继电器M4代表已经按下了停止按钮，但设备仍在处理当前没有完成的物料的工作状态（备注：任务要求按下停止按钮后，必须完成当前正在处理的物料后返回设备的初始位置才能停止）。当M4=0时，表示设备正在运行，或已经停止；当M4=1时，代表运行过程中按下了停止按钮，但设备还在处理最后的物料。

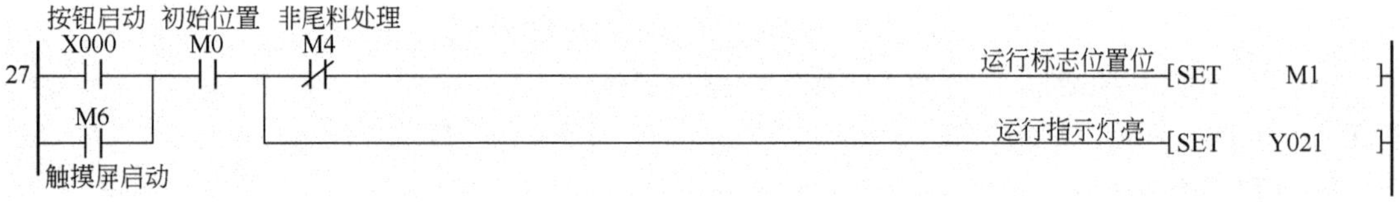

```
    按钮启动  初始位置  非尾料处理
     X000      M0       M4
27 ──┤├──┬────┤├───┬────┤/├──────────────── 运行标志位置位 [SET  M1 ]
    M6   │         │
   ──┤├──┘         └─────────────────────── 运行指示灯亮   [SET  Y021 ]
  触摸屏启动
```

图 6-1-7　设备启动控制程序

2．设备的停止控制

按下停止按钮SB6或触摸屏画面中的“停止”按钮时，若设备正处于初始位置，说明设备没有正在处理的物料，则系统停止，运行标志位M1复位，运行指示灯灭。按下停止按钮或触摸屏画面中的“停止”按钮时，若设备没有在初始位置，说明设备还有正在处理的物料，则标志位M4置位，待当前物料处理完成并回到初始位置，系统停止，同时运行标志位M1和按下停止按钮时还有物料正在处理标志位M4复位，运行指示灯灭。设备停止控制程序如图6-1-8所示。

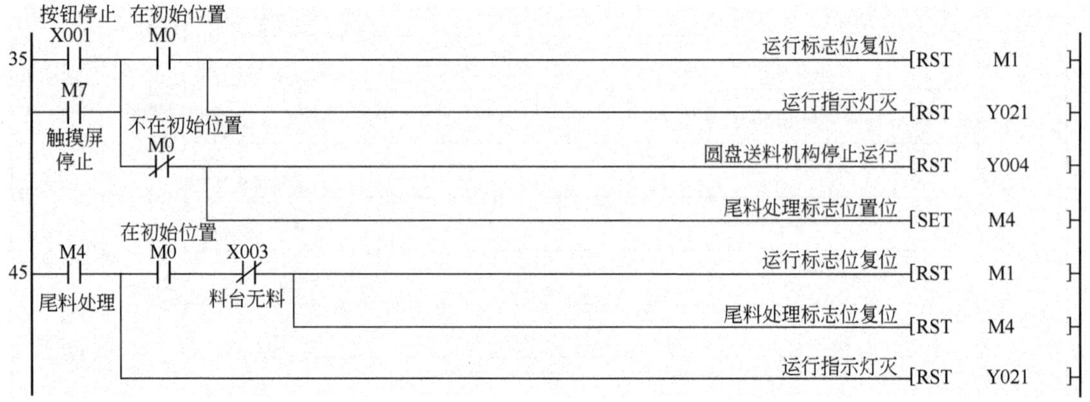

```
    按钮停止  在初始位置
     X001      M0
35 ──┤├──┬────┤├───┬──────────────────────── 运行标志位复位     [RST  M1 ]
    M7   │         └──────────────────────── 运行指示灯灭       [RST  Y021 ]
   ──┤├──┤  不在初始位置
  触摸屏  │    M0
   停止   └───┤/├───┬─────────────────────── 圆盘送料机构停止运行 [RST  Y004 ]
                    └─────────────────────── 尾料处理标志位置位   [SET  M4 ]
              在初始位置
     M4        M0      X003
45 ──┤├──┬────┤├──────┤/├──┬──────────────── 运行标志位复位     [RST  M1 ]
  尾料处理 │            料台无料 └──────────────── 尾料处理标志位复位   [RST  M4 ]
         └────────────────────────────────── 运行指示灯灭       [RST  Y021 ]
```

图 6-1-8　设备停止控制程序

注：图中料台即接料平台，后同。

三、圆盘送料机构的控制

圆盘送料机构的主要功能是向接料平台自动送料，其控制要求：当控制系统处于启动状态、接料平台上没有物料、不处于打包状态且不处于尾料处理过程（按下了停止按钮，设备正在处理最后一个物料）时，圆盘送料机构的直流电机启动，带动圆盘内的拨料杆开始转动，拨料杆转动过程中将圆盘送料机构内的物料从圆盘出口处挤压到圆盘送料机构外面的接料平台上。当接料平台上的光电传感器检测到物料时，圆盘送料机构的直流电机自动停止，等待机械手将接料平台上的物料夹走以后，直流电机再次启动，重复上述动作。圆盘送料机构的控制程序如图6-1-9所示。

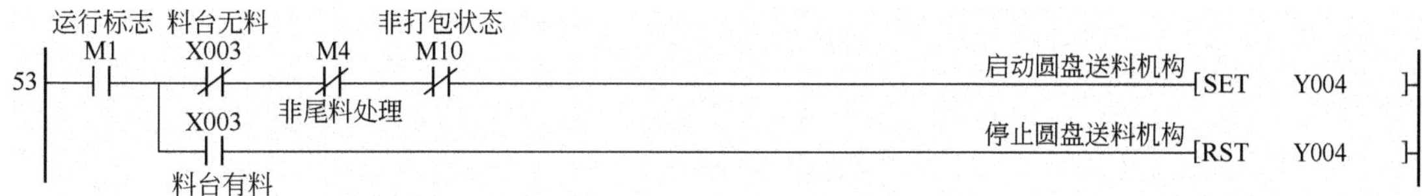

图 6-1-9 圆盘送料机构的控制程序

四、机械手的控制

1. 机械手的启动与停止

在本任务中，机械手搬运机构的主要功能是从接料平台上将物料搬运到皮带输送机的进料口。其控制要求如下。

（1）当系统处于运行状态、机械手处于初始位置，并且系统处于非打包状态时，若接料平台上的光电传感器检测到有物料，则机械手启动运行；若接料平台上的光电传感器没有检测到物料，则机械手停在初始位置等待，直到接料平台上有物料后启动运行。

（2）若按下停止按钮时，机械手正停在初始位置，且接料平台上没有物料，则机械手直接停止运行。若按下停止按钮时，机械手仍在搬运物料，则必须完成当前物料的搬运并返回初始位置，若此时接料平台上没有物料，则机械手停止，若接料平台上还有物料，则必须将接料平台上的最后一个物料搬运完成并回到初始位置才能最终停止。

机械手启动与停止控制程序如图 6-1-10 所示。

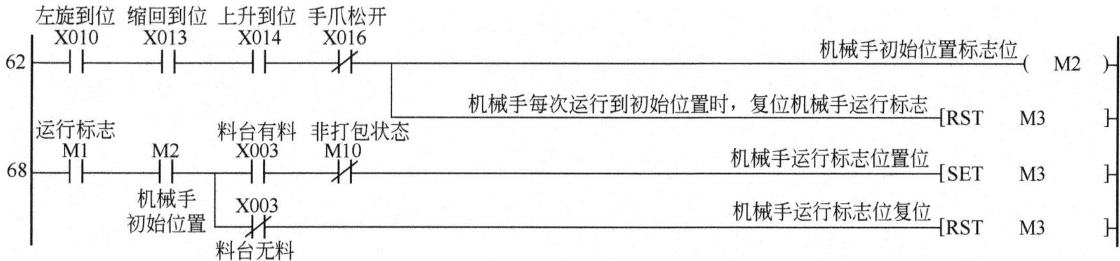

图 6-1-10 机械手启动与停止控制程序

2. 机械手运行控制

当机械手运行标志位 M3 置位（M3=1）时，机械手完成一个完整的动作周期：悬臂伸出→手臂下降→手爪夹紧抓取工件→手臂上升→悬臂缩回→机械手向右转动→悬臂伸出→手臂下降→手爪松开，将物料放进皮带输送机的进料口，并等待 1s→手臂上升→悬臂缩回→机械手向左旋转回原位后停止。当接料平台上的光电传感器检测到物料后，机械手再次启动运行，重复上述动作。机械手运行控制程序如图 6-1-11 所示。

五、传送与分拣机构的运行与控制

在本任务中，传送与分拣机构的主要功能是将机械手搬运到皮带输送机进料口的物料传送到指定位置，并由相应位置的推料气缸推入料仓，其中金属物料进 1#料仓，白色物料进 2#料仓，黑色物料进 3#料仓。传送与分拣机构的功能说明如图 6-1-12 所示。

```
77  机械手运行 M3
  ├─ 左旋到位 X010 ─┤├─ 缩回到位 X013 ─┤├─ 上升到位 X014 ─┤├─ 手爪松开 X016 ─┤/├─┬─ 伸出置位 [SET Y012]
  │                                                                           └─ 缩回复位 [RST Y013]
  ├─ 左旋到位 X010 ─┤├─ 伸出到位 X012 ─┤├─ 上升到位 X014 ─┤├─ 手爪松开 X016 ─┤/├─┬─ 下降置位 [SET Y015]
  │                                                                           └─ 上升复位 [RST Y014]
  ├─ 左旋到位 X010 ─┤├─ 伸出到位 X012 ─┤├─ 下降到位 X015 ─┤├─ 手爪松开 X016 ─┤/├─┬─ 夹紧置位 [SET Y006]
  │                                                                           └─ 松开复位 [RST Y007]
  ├─ 左旋到位 X010 ─┤├─ 伸出到位 X012 ─┤├─ 下降到位 X015 ─┤├─ 手爪夹紧 X016 ─┤├─┬─ 上升置位 [SET Y014]
  │                                                                          └─ 下降复位 [RST Y015]
  ├─ 左旋到位 X010 ─┤├─ 伸出到位 X012 ─┤├─ 上升到位 X014 ─┤├─ 手爪夹紧 X016 ─┤├─┬─ 缩回置位 [SET Y013]
  │                                                                          └─ 伸出复位 [RST Y012]
  ├─ 左旋到位 X010 ─┤├─ 缩回到位 X013 ─┤├─ 上升到位 X014 ─┤├─ 手爪夹紧 X016 ─┤├─┬─ 右旋置位 [SET Y011]
  │                                                                          └─ 左旋复位 [RST Y010]
  ├─ 右旋到位 X011 ─┤├─ 缩回到位 X013 ─┤├─ 上升到位 X014 ─┤├─ 手爪夹紧 X016 ─┤├─┬─ 伸出置位 [SET Y012]
  │                                                                          └─ 缩回复位 [RST Y013]
  ├─ 右旋到位 X011 ─┤├─ 伸出到位 X012 ─┤├─ 上升到位 X014 ─┤├─ 手爪夹紧 X016 ─┤├─┬─ 下降置位 [SET Y015]
  │                                                                          └─ 上升复位 [RST Y014]
  ├─ 右旋到位 X011 ─┤├─ 伸出到位 X012 ─┤├─ 下降到位 X015 ─┤├─┬─ 手爪夹紧 X016 ─┤├─┬─ 松开置位 [SET Y007]
  │                                                       │                     ├─ 夹紧复位 [RST Y006]
  │                                                       │                     └─ 启动1s定时 [SET M5]
  │                                                       └─ M5 ─┤├─ 1s定时标志位 ── 1s定时 (T0 K10)
  ├─ 右旋到位 X011 ─┤├─ 伸出到位 X012 ─┤├─ 下降到位 X015 ─┤├─ X016 ─┤/├─ 手爪松开 ─ T0 ─┤├─┬─ 上升置位 [SET Y014]
  │                                                                                   ├─ 下降复位 [RST Y015]
  │                                                                                   └─ 停止1s定时 [RST M5]
  ├─ 右旋到位 X011 ─┤├─ 伸出到位 X012 ─┤├─ 上升到位 X014 ─┤├─ 手爪松开 X016 ─┤/├─┬─ 缩回置位 [SET Y013]
  │                                                                           └─ 伸出复位 [RST Y012]
  └─ 右旋到位 X011 ─┤├─ 缩回到位 X013 ─┤├─ 上升到位 X014 ─┤├─ 手爪松开 X016 ─┤/├─┬─ 右旋复位 [RST Y011]
                                                                              └─ 左旋置位 [SET Y010]
```

图 6-1-11　机械手运行控制程序

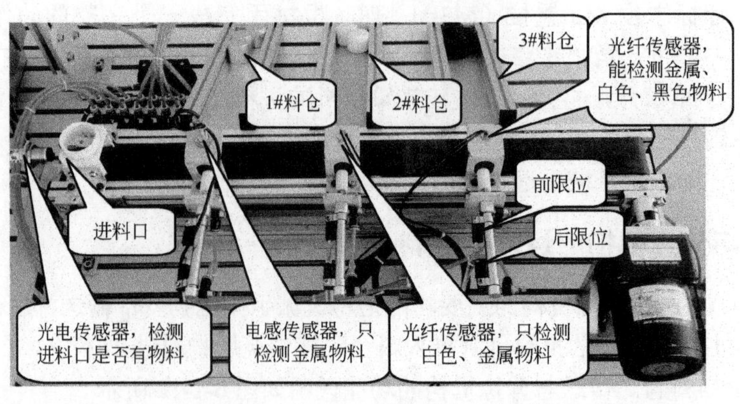

图 6-1-12　传送与分拣机构的功能说明

1．皮带输送机的启动

皮带输送机由三相交流异步电动机拖动，运行状态下，当皮带输送机的进料口有物料且系统处于非打包状态时，三相交流异步电动机正转启动，以 25Hz（参数在变频器上设置）中速拖动皮带输送机运行。皮带输送机启动控制程序如图 6-1-13 所示。

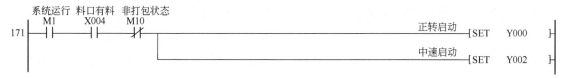

```
     系统运行  料口有料  非打包状态
       M1       X004      M10                                  正转启动
171 ---| |-------| |-------|/|----+----------------------------[SET   Y000   ]
                                  |                             中速启动
                                  +----------------------------[SET   Y002   ]
```

图 6-1-13　皮带输送机启动控制程序

2．物料的分拣与计数

本次任务要求：当位置 A、位置 B 或位置 C 的传感器检测到物料时，三相交流异步电动机停止，由相应位置的推料气缸将物料推入料仓。皮带输送机进入待机（停止）状态，直到机械手再次将物料搬运到进料口，皮带输送机再次启动，重复上述动作过程。

（1）金属物料的分拣与计数。

运行状态下，皮带输送机输送过程中，当位置 A 的电感传感器检测到物料时（位置 A 检测到，说明物料为金属），皮带输送机停止，位置 A 的推料气缸将金属物料推入 1#料仓，气缸伸出到位后，计数器 C1 计数，同时气缸自动复位。金属物料的分拣与计数控制程序如图 6-1-14 所示。

```
     系统运行  皮带正转  中速运行  气缸1缩回  位置A处检测到物料
       M1       Y000      Y002      X020      X005                气缸1伸出
176 ---| |--+----| |-------| |-------| |-------| |---------------[SET   Y016   ]
            |   X005 位置A处检测到物料                             停止正转
            +----| |----+-----------------------------------------[RST   Y000   ]
                        |                                          中速运行停止
                        +-----------------------------------------[RST   Y002   ]
     气缸1伸出到位
       X017                                                        气缸1缩回
187 ---| |--+---------------------------------------------------[RST   Y016   ]
            |                                                      1#料仓金属物料计数
            +---------------------------------------------------(C1     K3    )
```

图 6-1-14　金属物料的分拣与计数控制程序

（2）白色物料的分拣与计数。

运行状态下，皮带输送机输送过程中，当位置 B 的光纤传感器检测到物料时（调整位置 B 光纤传感器的灵敏度，使之只能识别白色和金属物料，因为金属物料已经在位置 A 被推入 1#料仓，所以位置 B 检测到的物料只能是白色物料），皮带输送机停止，位置 B 的推料气缸将白色物料推入 2#料仓，气缸伸出到位后，计数器 C2 计数，同时气缸自动复位。白色物料的分拣与计数控制程序如图 6-1-15 所示。

（3）黑色物料的分拣与计数

运行状态下，皮带输送机输送过程中，当位置 C 的光纤传感器检测到物料时（调整位置 C 光纤传感器的灵敏度，使之能识别白色、黑色和金属物料，因为金属物料已经在位置 A 被推入 1#料仓，白色物料已经在位置 B 被推入料仓 2，所以位置 C 检测到的物料只能是黑色物料），皮带输送机停止，位置 C 的推料气缸将黑色物料推入 3#料仓，气缸伸出到位后，计数器 C3

计数，同时气缸自动复位。黑色物料的分拣与计数控制程序如图 6-1-16 所示。

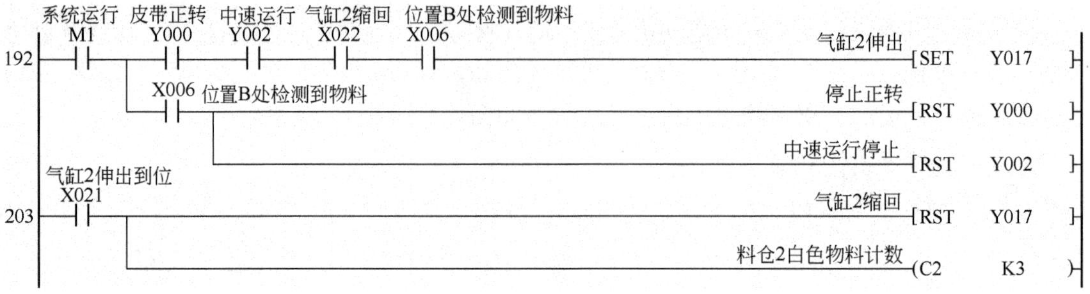

```
     系统运行 皮带正转 中速运行 气缸2缩回 位置B处检测到物料
       M1      Y000     Y002     X022     X006                         气缸2伸出
192 ─┤ ├──┬──┤ ├──────┤ ├──────┤ ├──────┤ ├───────────────────────[SET    Y017  ]
          │ X006 位置B处检测到物料                                      停止正转
          └──┤ ├──┬────────────────────────────────────────────────[RST    Y000  ]
                  │                                                  中速运行停止
                  └────────────────────────────────────────────────[RST    Y002  ]
     气缸2伸出到位
       X021                                                            气缸2缩回
203 ─┤ ├──┬────────────────────────────────────────────────────────[RST    Y017  ]
          │                                                   料仓2白色物料计数
          └────────────────────────────────────────────────────────(C2     K3    )
```

图 6-1-15　白色物料的分拣与计数控制程序

```
     系统运行 皮带正转 中速运行 气缸3缩回 位置C处检测到物料
       M1      Y000     Y002     X024     X007                         气缸3伸出
208 ─┤ ├──┬──┤ ├──────┤ ├──────┤ ├──────┤ ├───────────────────────[SET    Y020  ]
          │ X007 位置C处检测到物料                                      停止正转
          └──┤ ├──┬────────────────────────────────────────────────[RST    Y000  ]
                  │                                                  中速运行停止
                  └────────────────────────────────────────────────[RST    Y002  ]
     气缸3伸出到位
       X023                                                            气缸3缩回
219 ─┤ ├──┬────────────────────────────────────────────────────────[RST    Y020  ]
          │                                                   3#料仓黑色物料计数
          └────────────────────────────────────────────────────────(C3     K3    )
```

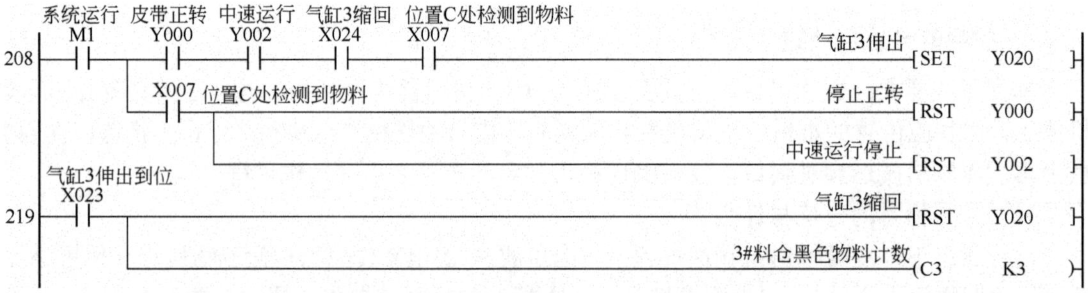

图 6-1-16　黑色物料的分拣与计数控制程序

3．物料打包控制及数据清零

本次任务要求：当三个料仓中任意一个料仓的物料数量达到 3 个时，圆盘送料机构、皮带输送机及机械手停止工作，同时触摸屏组态画面上的打包指示灯以 1Hz 的频率开始闪烁，提示该料仓物料打包，持续 5s 后打包完成，触摸屏组态画面上的打包指示灯熄灭，此时设备继续运行，进行物料分拣工作。三个料仓中任意一个料仓的打包数量达到 10 个时，该料仓的打包数量自动清零。任意时刻，按下触摸屏组态画面中的“清零”按钮时，组态画面表格中记录的所有数据均清零。物料打包及数据清零控制程序如图 6-1-17 所示。

任务实施

一、清点器材

对照表 6-1-1，清点某物料自动分拣与打包设备控制电路所需的设备、工具及材料。

表 6-1-1　某物料自动分拣与打包设备控制电路所需的设备、工具及材料（各组配备）

序号	名　称	型号	数量	作　　用
1	PLC 模块	FX2N-48MR	1 块	控制设备运行
2	按钮模块	专配	1 个	提供 DC 24V 电源、操作按钮及指示灯
3	双色警示灯组	LTA0205 双色	1 个	电源警示与运行指示
4	安全插接导线	专配	若干	电路连接
5	端子接线排	专配	1 个	连接安全插线

续表

序号	名　称	型号	数量	作　　用
6	扎带	ϕ120mm	若干	电路连接工艺
7	斜口钳或者剪刀	—	1 把	剪扎带
8	电源模块	专配	1 个	提供三相五线电源
9	计算机	安装有编程软件	1 台	用于编写、下载程序等
10	220V 电源连接线	专配	2 条	供按钮模块和 PLC 模块用
11	光电传感器	OMRON E3Z-LS63	1 个	接料平台物料检测
12	光电传感器	圆柱型	1 个	进料口物料检测
13	电感传感器	—	3 个	皮带输送机位置 A 物料检测，机械手左右限位
14	磁性开关	D-C73	8 个	气缸前后限位
15	磁性开关	D-Z73	2 个	机械手悬臂气缸前后限位
16	磁性开关	D-Y59B	1 个	机械手气爪检测
17	光纤传感器	E3X-NA11	2 个	皮带输送机位置 B，C 物料检测
18	三相交流异步电动机	JSCC 精研 80YS25GY38	1 台	皮带输送机拖动电机
19	24V 直流电动机	DC24V 7.4r/min	1 台	圆盘送料机构拖动电机
20	双电控电磁阀	亚德客	4 个	机械手气缸控制
21	单电控电磁阀	亚德客	3 个	推料气缸控制

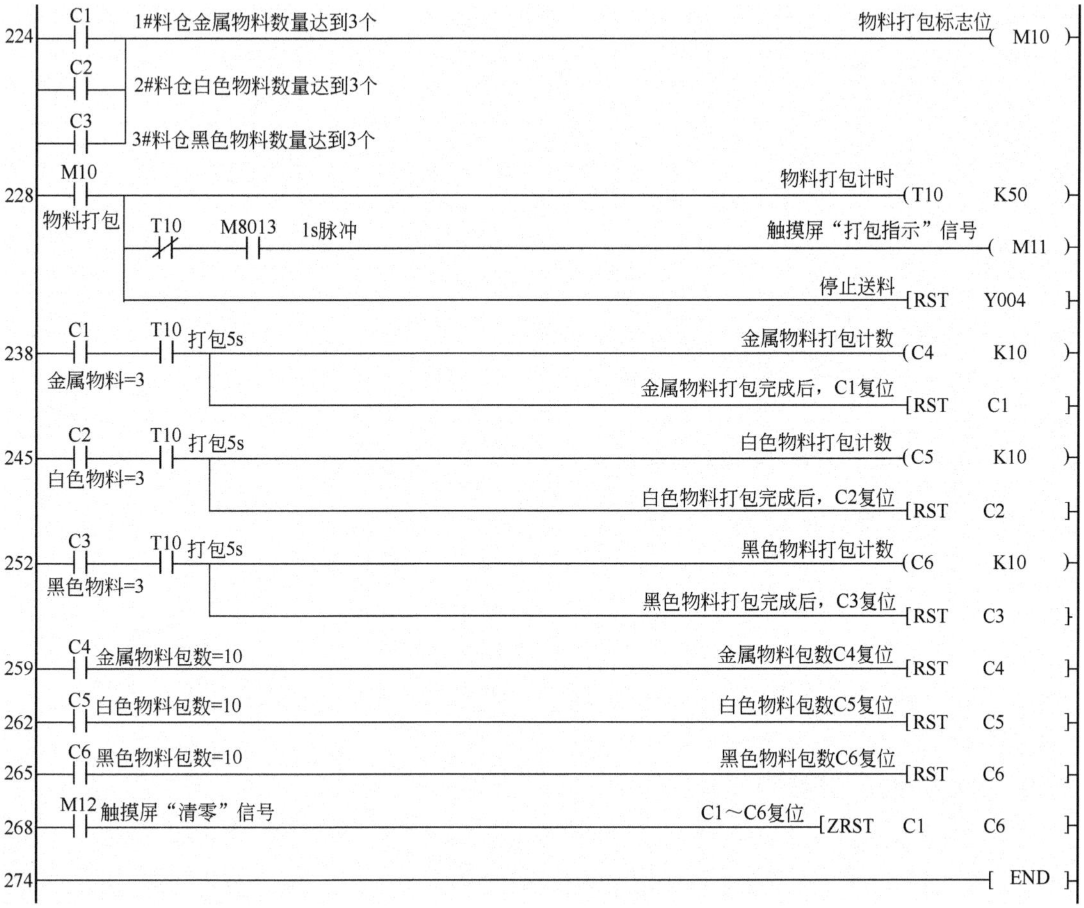

```
224  C1  1#料仓金属物料数量达到3个                     物料打包标志位 (M10)
     C2  2#料仓白色物料数量达到3个
     C3  3#料仓黑色物料数量达到3个
228  M10 物料打包                                     物料打包计时 (T10 K50)
         T10(常闭)  M8013 1s脉冲                      触摸屏“打包指示”信号 (M11)
                                                      停止送料 [RST Y004]
238  C1 金属物料=3  T10 打包5s                        金属物料打包计数 (C4 K10)
                                                      金属物料打包完成后，C1复位 [RST C1]
245  C2 白色物料=3  T10 打包5s                        白色物料打包计数 (C5 K10)
                                                      白色物料打包完成后，C2复位 [RST C2]
252  C3 黑色物料=3  T10 打包5s                        黑色物料打包计数 (C6 K10)
                                                      黑色物料打包完成后，C3复位 [RST C3]
259  C4 金属物料包数=10                               金属物料包数C4复位 [RST C4]
262  C5 白色物料包数=10                               白色物料包数C5复位 [RST C5]
265  C6 黑色物料包数=10                               黑色物料包数C6复位 [RST C6]
268  M12 触摸屏“清零”信号                            C1～C6复位 [ZRST C1 C6]
274                                                   [END]
```

图 6-1-17　物料打包及数据清零控制程序

二、编制输入/输出（I/O）分配表

根据任务，分析并编制输入/输出（I/O）分配表，见表 6-1-2。

表 6-1-2　输入/输出（I/O）分配表

输　入			输　出		
输入元件	功能作用	输入继电器	输出元件	控制对象	输出继电器
SB5	启动按钮	X0	变频器 STF	电机正转	Y0
SB6	停止按钮	X1	变频器 RL	低速运行	Y1
SB4	复位按钮	X2	变频器 RM	中速运行	Y2
光电传感器	料台检测	X3	变频器 RH	高速运行	Y3
光电传感器	进料口检测	X4	直流电动机	圆盘送料机构电机	Y4
电感传感器	位置 A 检测	X5	指示灯 HL1	初始位置指示灯	Y5
光纤传感器	位置 B 检测	X6	电磁阀 1Y1	手爪夹紧	Y6
光纤传感器	位置 C 检测	X7	电磁阀 1Y2	手爪松开	Y7
电感传感器	机械手左旋限位	X10	电磁阀 2Y1	机械手左旋转	Y10
电感传感器	机械手右旋限位	X11	电磁阀 2Y2	机械手右旋转	Y11
磁性开关	悬臂伸出到位	X12	电磁阀 3Y1	悬臂伸出	Y12
磁性开关	悬臂缩回到位	X13	电磁阀 3Y2	悬臂缩回	Y13
磁性开关	手臂上升到位	X14	电磁阀 4Y1	手臂上升	Y14
磁性开关	手臂下降到位	X15	电磁阀 4Y2	手臂下降	Y15
磁性开关	手爪夹紧到位	X16	电磁阀 5Y	推料气缸 1	Y16
磁性开关	气缸 1 伸出到位	X17	电磁阀 6Y	推料气缸 2	Y17
磁性开关	气缸 1 缩回到位	X20	电磁阀 7Y	推料气缸 3	Y20
磁性开关	气缸 2 伸出到位	X21	绿色警示灯	运行指示灯	Y21
磁性开关	气缸 2 缩回到位	X22			
磁性开关	气缸 3 伸出到位	X23			
磁性开关	气缸 3 缩回到位	X24			

三、控制电路的连接

1. 控制电路的连接

PLC 外部接线图如图 6-1-2 所示，YL-235A 光机电一体化实训设备的外设接线端子图如图 6-1-18 所示。为了保障安全，电路连接时应断电进行，先进行输入控制电路连接，再进行输出电路连接。

2. 电路检测及工艺整理

电路安装结束后，一定要进行通电前检查和检测，保证电路连接正确、不出现不符合工艺要求的现象；确保电路中没有短路现象，否则通电后可能损坏设备。在检查电路连接正确，无短路故障后，进行控制线路的工艺整理。物料自动分拣与打包设备控制电路的连接效果如图 6-1-19 所示。

端子号	连接内容
1	驱动启动警示灯红
2	驱动停止警示灯绿
3	指示灯信号公共端
4	警示灯电源正
5	警示灯电源负
6	圆盘送料机构电机电源正
7	圆盘送料机构电机电源负
8	触摸屏电源正
9	触摸屏电源负
10	驱动手爪夹紧双向电控阀1
11	驱动手爪夹紧双向电控阀2
12	驱动手爪松开双向电控阀1
13	驱动手爪松开双向电控阀2
14	驱动手爪提升双向电控阀1
15	驱动手爪提升双向电控阀2
16	驱动手爪下降双向电控阀1
17	驱动手爪下降双向电控阀2
18	驱动手臂伸出双向电控阀1
19	驱动手臂伸出双向电控阀2
20	驱动手臂缩回双向电控阀1
21	驱动手臂缩回双向电控阀2
22	驱动手臂左转双向电控阀1
23	驱动手臂左转双向电控阀2
24	驱动手臂右转双向电控阀1
25	驱动手臂右转双向电控阀2
26	驱动推料气缸1伸出单向电控阀1
27	驱动推料气缸1伸出单向电控阀2
28	驱动推料气缸2伸出单向电控阀1
29	驱动推料气缸2伸出单向电控阀2
30	驱动推料气缸3伸出单向电控阀1
31	驱动推料气缸3伸出单向电控阀2
32	
33	
34	物料检测光电传感器正
35	物料检测光电传感器负
36	物料检测光电传感器输出
37	手臂旋转左限位接近传感器正
38	手臂旋转左限位接近传感器负
39	手臂旋转左限位接近传感器输出
40	手臂旋转右限位接近传感器正
41	手臂旋转右限位接近传感器负
42	手臂旋转右限位接近传感器输出
43	手臂气缸伸出限位磁性传感器正
44	手臂气缸伸出限位磁性传感器负
45	手臂气缸缩回限位磁性传感器正
46	手臂气缸缩回限位磁性传感器负
47	手爪提升气缸上限位磁性传感器正
48	手爪提升气缸上限位磁性传感器负
49	手爪提升气缸下限位磁性传感器正
50	手爪提升气缸下限位磁性传感器负
51	手爪磁性传感器正
52	手爪磁性传感器负
53	推料气缸1伸出磁性传感器正
54	推料气缸1伸出磁性传感器负
55	推料气缸1缩回磁性传感器正
56	推料气缸1缩回磁性传感器负
57	推料气缸2伸出磁性传感器正
58	推料气缸2伸出磁性传感器负
59	推料气缸2缩回磁性传感器正
60	推料气缸2缩回磁性传感器负
61	推料气缸3伸出磁性传感器正
62	推料气缸3伸出磁性传感器负
63	推料气缸3缩回磁性传感器正
64	推料气缸3缩回磁性传感器负
65	光电传感器正
66	光电传感器负
67	光电传感器输出
68	电感式接近传感器正
69	电感式接近传感器负
70	电感式接近传感器输出
71	光纤传感器1正
72	光纤传感器1负
73	光纤传感器1输出
74	光纤传感器2正
75	光纤传感器2负
76	光纤传感器2输出
77	
78	
79	
80	
81	电机PE
82	U
83	V
84	W

注：

1. 传感器引出线：棕色表示“正”蓝色表示“负”，黑色表示“输出”。
2. 电控阀分单向和双向，单向一个线圈，双向两个线圈。图中“1”“2”表示一个线圈的两个接头。

图 6-1-18 YL-235A 光机电一体化实训装置的外设接线端子图

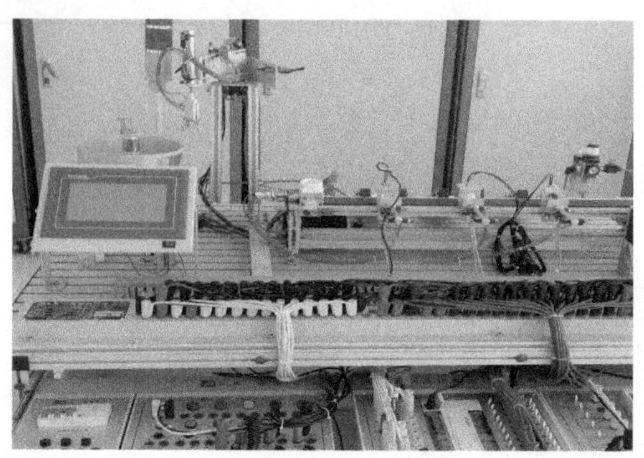

图 6-1-19　物料自动分拣与打包设备控制电路的连接效果图

控制电路的检测步骤：

① 接通按钮模块的电源，用万用表的电压挡测量 DC 24V 输出电压是否正常。

② 用万用表的电压挡检测按钮模块上的各指示灯的好坏，检测按钮动作机构是否灵活，自锁按钮和自动复位按钮的常开触点、常闭触点的功能是否正常。

③ PLC 输入部分线路检测：在输入端的公共端 0V 端子断开的情况下，用万用表的电阻挡测量输入端 24V 端子与 0V 端子是否短路。测量各个 X 输入端子与 0V 端子之间是否短路。

④ PLC 输出部分线路检测：在未接通电源的情况下，用万用表的电阻挡测量各 Y 输入端子与电源 0V 端子之间是否短路。

四、程序编写与下载

编写物料自动分拣与打包设备的控制程序，对程序进行转换、保存文件。然后完成 PLC 程序的写入。

五、建立触摸屏组态

1．新建工程

建立硬件设备组态。

2．动画组态

（1）新建窗口。

修改窗口名称为“物料自动分拣与打包控制系统”。

（2）建立组态画面。

组态画面中用到的主要工具有：标签、按钮、圆角矩形图形工具、插入元件工具及历史表格工具等，触摸屏组态画面的构成如图 6-1-20 所示。

（3）建立按钮、标签及指示灯的数据对象连接。

如图 6-1-20 所示，组态画面上的标签 1～6 用于显示当前日期和时间，画面上的“启动”、“停止”、“复位”按钮分别与按钮模块上的 SB5、SB6、SB4 相对应，“原位指示”、“运行指示”、“打包指示”三个指示灯分别与设备初始位置、设备运行、物料打包相对应，组态画面上按钮、标签及指示灯的数据对象连接见表 6-1-3。

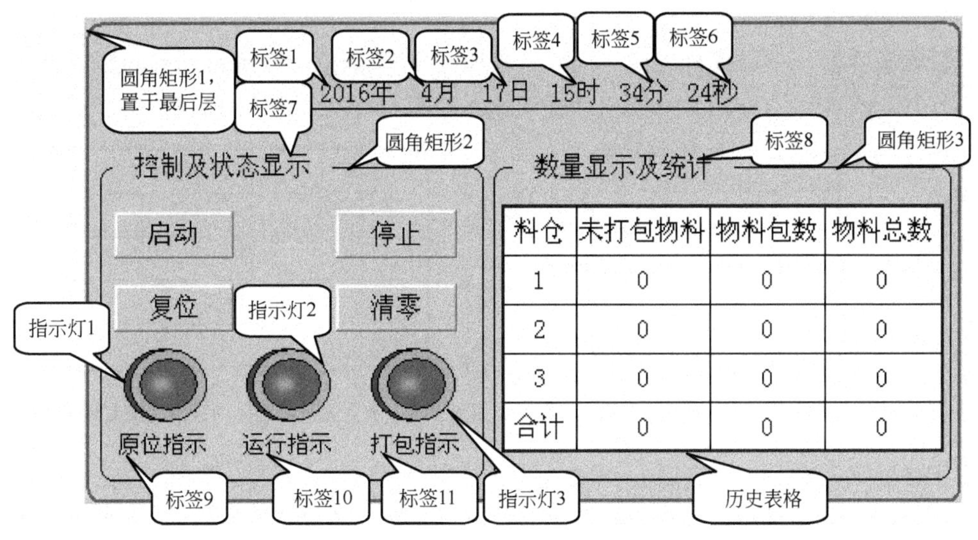

图 6-1-20 触摸屏组态画面的构成

表 6-1-3 建立按钮、标签及指示灯的数据对象连接

元件名称	连接类型	数据对象连接	操作方法
指示灯 1	可见度	设备 0_读写 M0000	双击元件→数据对象→可见度→问号按钮→根据采集信息生成→通道类型：M 辅助寄存器，地址：0
指示灯 2	可见度	设备 0_读写 M0001	参照指示灯 1 设置方法，地址 1
指示灯 3	可见度	设备 0_读写 M0011	参照指示灯 1 设置方法，地址 11
启动按钮	数据对象值操作（按 1 松 0）	设备 0_读写 M0006	双击元件→操作属性→勾选“数据对象值操作”→选择按 1 松 0→问号按钮→根据采集信息生成→通道类型：M 辅助寄存器，地址：6
停止按钮	数据对象值操作（按 1 松 0）	设备 0_读写 M0007	参照启动按钮设置方法，地址：7
复位按钮	数据对象值操作（按 1 松 0）	设备 0_读写 M0008	参照启动按钮设置方法，地址：8
清零按钮	数据对象值操作（按 1 松 0）	设备 0_读写 M0012	参照启动按钮设置方法，地址：12
标签 1	显示输出	$Year（系统变量）	双击元件→属性设置→勾选“显示输出”→输出类型：数值量输出，单位：年，然后单击表达式后面的问号按钮→从数据中心选择$Year
标签 2	显示输出	$Month（系统变量）	参照标签 1 设置方法，单位：月，表达式：$Month
标签 3	显示输出	$Day（系统变量）	参照标签 1 设置方法，单位：日，表达式：$Day
标签 4	显示输出	$Hour（系统变量）	参照标签 1 设置方法，单位：时，表达式：$Hour
标签 5	显示输出	$Minute（系统变量）	参照标签 1 设置方法，单位：分，表达式：$Minute
标签 6	显示输出	$Second（系统变量）	参照标签 1 设置方法，单位：秒，表达式：$Second

根据表 6-1-3 对组态画面中的按钮、标签及指示灯进行数据连接，全部设置完成以后保存工程。

（4）建立历史表格的数据对象连接。

首先利用 MCGS 软件中工具箱里面的“历史表格”工具在画面中插入一个历史表格，然后选中表格，双击（或者单击右键选择“属性”）调出历史表格的属性设置界面，如图 6-1-21

所示。

在属性设置界面，单击鼠标右键，选择“增加一行”，建立一个五行四列的历史表格，然后根据图 6-1-20 在第一行和第一列的单元格中输入静态内容，如图 6-1-22 所示。

	C1	C2	C3	C4
R1				
R2				
R3				
R4				

图 6-1-21　历史表格的属性设置界面

料仓	未打包物料	物料包数	物料总数
1			
2			
3			
合计			

图 6-1-22　建立五行四列历史表格并输入静态显示内容

历史表格建立完成后，根据表 6-1-4 对相应的各单元格进行数据对象连接，在历史表格的属性设置界面，右键单击需要进行数据连接的任意单元格，选择“连接”，弹出历史表格的数据连接状态，如图 6-1-23 所示。

在如图 6-1-23 所示的数据连接状态下，右键单击需要进行数据连接的单元格，弹出“单元连接属性设置”界面，如图 6-1-24 所示。

连接	C1*	C2*	C3*	C4*
R1*				
R2*				
R3*				
R4*				

图 6-1-23　历史表格的数据连接状态

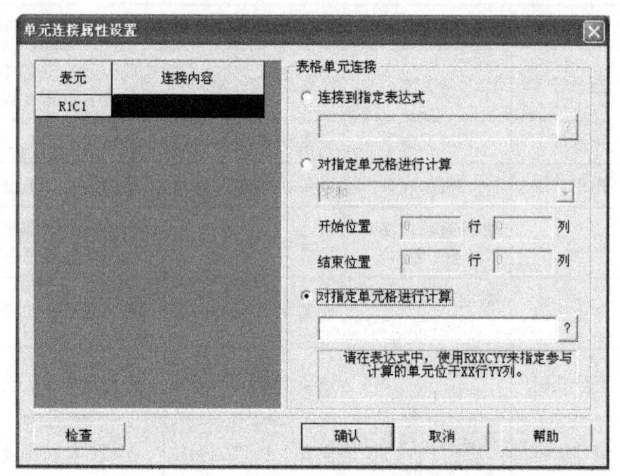

图 6-1-24　“单元连接属性设置”界面

在“单元连接属性设置”界面中提供了三种表格单元连接的类型，分别是：连接到指定表达式、对指定单元格进行计算（包括求和、求平均值、求最大值、求最小值四种运算方式）、对指定单元格进行计算（运算表达式）。

表 6-1-4　建立历史表格的数据对象连接

单元格	连接类型	数据对象连接	操作方法
2 行 2 列	连接到指定表达式	设备 0_读写 CNWUB001	单元连接属性设置→连接到指定表达式→问号按钮→根据采集信息生成→通道类型：CN 计数器值，地址：1
3 行 2 列	连接到指定表达式	设备 0_读写 CNWUB002	参照 2 行 2 列单元格进行设置，地址：2
4 行 2 列	连接到指定表达式	设备 0_读写 CNWUB003	参照 2 行 2 列单元格进行设置，地址：3

续表

单元格	连接类型	数据对象连接	操作方法
2 行 3 列	连接到指定表达式	设备 0_读写 CNWUB004	参照 2 行 2 列单元格进行设置，地址：4
3 行 3 列	连接到指定表达式	设备 0_读写 CNWUB005	参照 2 行 2 列单元格进行设置，地址：5
4 行 3 列	连接到指定表达式	设备 0_读写 CNWUB006	参照 2 行 2 列单元格进行设置，地址：6
2 行 4 列	连接到指定表达式	设备 0_读写 CNWUB004*3+设备 0_读写 CNWUB001	单元连接属性设置→连接到指定表达式→输入表达式：设备 0_读写 CNWUB004*3+设备 0_读写 CNWUB001
3 行 4 列	连接到指定表达式	设备 0_读写 CNWUB005*3+设备 0_读写 CNWUB002	输入表达式：设备 0_读写 CNWUB005*3+设备 0_读写 CNWUB002
4 行 4 列	连接到指定表达式	设备 0_读写 CNWUB006*3+设备 0_读写 CNWUB003	输入表达式：设备 0_读写 CNWUB006*3+设备 0_读写 CNWUB003
5 行 2 列	对指定单元格进行计算	求和	单元连接属性设置→对指定单元格计算（第二项）→选择“求和：开始位置：2 行 2 列，结束位置：4 行 2 列
5 行 3 列	对指定单元格进行计算	求和	开始位置：2 行 3 列，结束位置：4 行 3 列
5 行 4 列	对指定单元格进行计算	求和	开始位置：2 行 4 列，结束位置：4 行 4 列

全部设置完成以后保存工程，并将工程下载到触摸屏中，调试并查看控制效果。

六、运行调试

按照表 6-1-5 进行操作，观察系统运行情况并做好记录。如出现故障，应立即切断电源，分析原因、检查电路或梯形图，排除故障后，方可进行重新调试，直到系统功能调试成功为止。

表 6-1-5 设备调试记录表

步骤	调试流程	正确现象	观察结果及解决措施
1	设备上电及部件复位	1．合上设备电源，双色警示灯中的红灯闪亮，绿灯熄灭 2．上电初始，设备不在初始位置，模块上的 HL1 熄灭，同时触摸屏上的原位指示灯熄灭 3．按下按钮模块上的复位按钮 SB4 或者触摸屏上的“复位”按钮，设备回到初始位置，模块上的 HL1 及触摸屏上的原位指示灯亮	
2	设备的启动	1．设备处于初始位置且非尾料处理过程时，按模块上启动按钮 SB5 或者按触摸屏上的“启动”按钮，设备进入运行状态，此时双色警示灯中的绿色警示灯闪亮，触摸屏上的运行指示灯亮 2．启动条件不满足时，按启动按钮 SB5 或者触摸屏上的“启动”按钮无效	
3	圆盘送料机构的启停	1. 设备启动后，若料台无料且系统处于非打包状态、非尾料处理过程，则圆盘送料机构电机转动 2．若料台有料，则圆盘送料机构停止；若物料打包，则圆盘送料机构停止；若按了停止按钮 SB6 或触摸屏上的“停止”按钮，则圆盘送料机构停止	
4	机械手的启停	1．若系统处于非打包状态，则料台有料时，机械手启动，开始一个完整的搬运周期，观察搬运动作是否符合要求 2．物料打包状态下，即使料台有料，机械手不能启动 3．按下停止按钮 SB6 后，机械手必须处理完当前抓取的物料，并且料台无料时才能停止，若料台上还有料，则搬运完成当前抓取的物料后还需要把料台上最后一个物料搬运完成后才能停止	
5	皮带输送机的启停	1．进料口检测到物料，皮带输送机启动运行，正转，频率为 25Hz 2．三个推料气缸中的任意一个推料时，皮带输送机停止 3．按下停止按钮后，皮带输送机须完成尾料的处理后才能停止	

续表

步骤	调试流程	正确现象	观察结果及解决措施
6	物料计数与打包	1．三个料仓中任意一个计数达到3时，开始打包，触摸屏上的“打包指示”灯以1Hz的频率闪烁5s 2．打包完成后，该料仓的未打包物料数自动清零，打包数量加1 3．任意料仓打包数量等于10时，该料仓打包数清零，观察表格中的计数及数据统计是否正确，任意时刻按下“清零”按钮，表格中的所有记录均变成0 4．打包过程中，圆盘送料机构不送料，机械手不抓料，皮带输送机停止 5．打包完成后，设备按原有方式继续运行	

任务评价

对任务实施的完成情况进行检查，并将结果填入表6-1-6内。

表6-1-6　任务测评表

序号	主要内容	考核要求	评分标准	配分	扣分	得分
1	控制电路的连接	根据任务，连接控制电路	1．指示灯、电磁阀、直流电机、警示灯、按钮、传感器连接错误每处扣1分 2．变频器连接错误每处扣3分 3．PLC供电回路连接错误扣每处5分 4．计算机、PLC、触摸屏通信电缆连接错误每处扣5分	30		
2	编写控制程序	根据任务的控制要求编写控制程序	1．部件复位正确得5分，错误不得分 2．圆盘送料机构动作正确得5分，错误不得分 3．机械手动作正确得10分，错误不得分 4．皮带输送机动作正确得10分，错误不得分 5．计数与打包正确得10分，错误不得分	40		
3	触摸屏组态	根据任务要求，建立触摸屏组态	1．硬件组态正确得2分，错误不得分 2．画面设计完成得8分，没有完成不得分 3．触摸屏组态画面的数据对象连接正确得10分，每错一次扣2分，扣完为止	20		
4	安全文明生产	遵守操作规程；尊重考评员，讲文明礼貌；考试结束要清理现场	1．考试中，违反安全文明生产考核要求的任何一项扣2分，扣完为止 2．当教师发现学生有重大事故隐患时，要立即予以制止，并每次扣安全文明生产总分5分 3．小组协作不和谐、效率低扣5分	10		
合　计				100		
开始时间：			结束时间：			
学习者姓名：			指导教师：	任务实施日期：		

任务2　物料加工与自动配料设备控制

任务目标

知识目标：1．理解设备的初始位置，掌握设备复位的编程方法。

2．掌握设备启动与停止的编程方法及按下停止按钮后，尾料处理的方法。

3．掌握圆盘送料机构、机械手、皮带输送机的控制方法。

4．理解物料分拣原理，掌握物料加工、料仓物料计数及配料的编程方法。

能力目标：1. 完成某物料加工及配料控制系统的电路连接、熟练掌握 PLC 控制电路的连接方法及安装工艺。
2. 能正确理解并熟练使用各种 PLC 控制指令编写控制程序。
3. 能正确使用 MCGS 组态软件中的历史表格、报警滚动条、报警显示等各种工具，建立组态画面。
4. 能编写简单的脚本程序，实现特定功能。

素质目标：养成独立思考和动手操作的习惯，培养小组协调能力和互相学习的精神。

任务呈现

如图 6-2-1 所示为某物料加工与自动配料设备的安装布局图，该设备具有完成零件加工、金属工件与白色塑料工件按 1:1 的比例配料，以及废料处理和回收任务的功能。

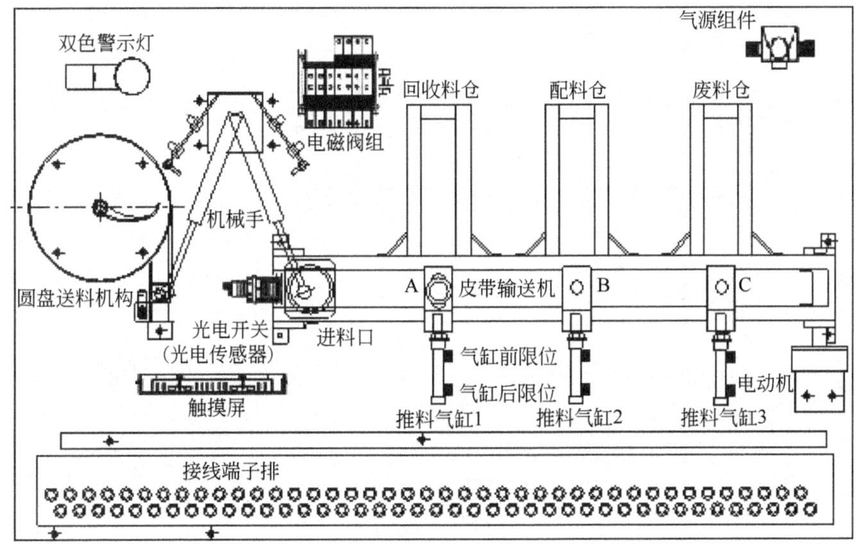

图 6-2-1 某物料加工与自动配料设备的安装布局图

请根据图 6-2-2 所示的电气控制原理图进行操作。

（1）在 YL-235A 设备上按照工艺要求，进行某物料加工与自动配料设备的电路连接。

（2）按照下面的要求，编写 PLC 控制程序。

① 启动前，设备的运动部件必须在初始位置。有关部件的初始位置为：机械手的悬臂靠在右限止位置，手臂气缸的活塞杆缩回，悬臂气缸的活塞杆缩回，手爪松开；位置 A、B、C 的推料气缸活塞杆缩回；圆盘送料机构、皮带输送机的拖动电机不转动。上述部件在初始位置时，指示灯 HL1 以 1Hz 的频率闪烁，只有各部件在初始位置时设备才能启动。PLC 上电时，设备自动复位，或者通过手动接通复位按钮 SB4 或触摸屏上的“复位”按钮进行复位。

② 接通电源，如果电源正常供电，工作台上双色警示灯中的红灯闪亮。

③ 按下按钮模块上的启动按钮 SB5（或按下组态画面上的“启动”按钮），设备启动，绿色警示灯闪亮。任意时刻按下按钮模块上的停止按钮 SB6（或按下组态画面上的“停止”按钮），设备必须完成当前物料的加工和处理，并返回设备的初始位置才能停止工作，同时双色警示灯中的绿灯熄灭。

④ 设备启动后，工作台上的双色警示灯中的绿灯开始闪亮，同时圆盘送料机构上的直流

电机带动拨料杆开始转动，将物料推出到圆盘送料机构外面的接料平台上，当接料平台上的光电传感器检测到物料时，圆盘送料机构的直流电机停止转动，待机械手将物料夹走，且物料经过加工、配料完成以后圆盘送料机构再次开始运行，重复上述动作。

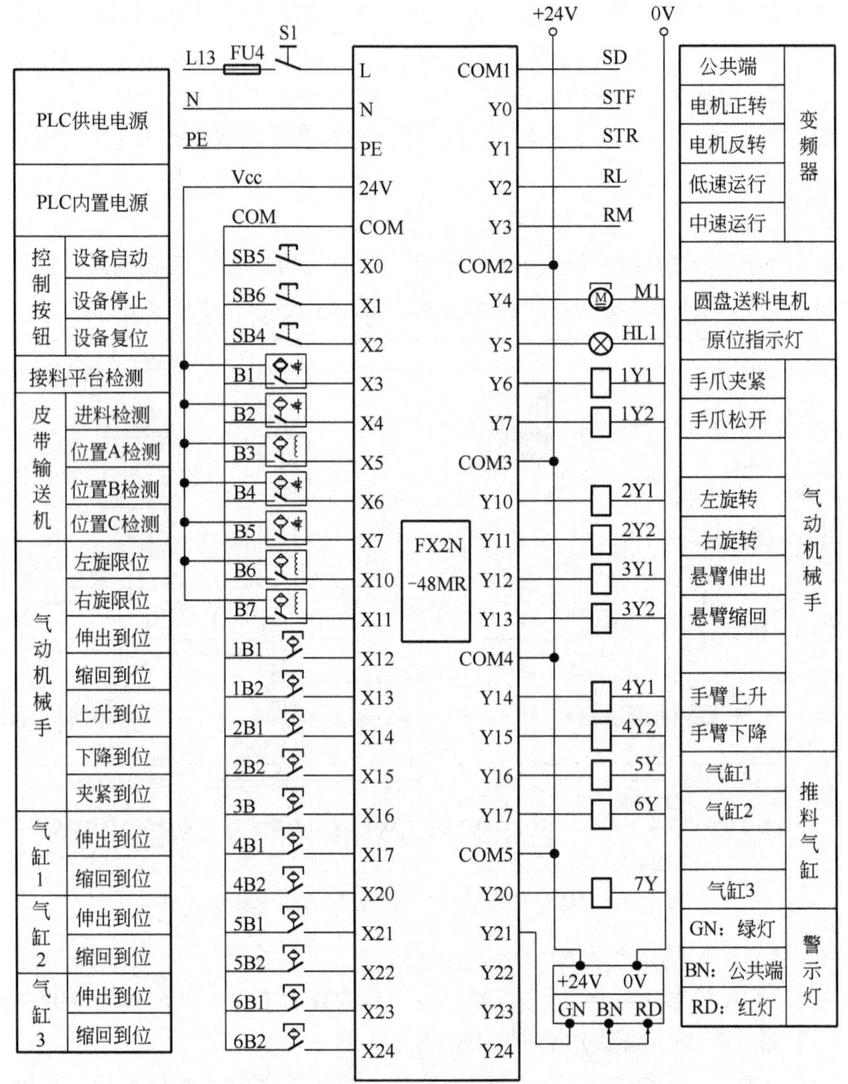

图 6-2-2　某物料加工与自动配料设备的电气控制原理图

⑤ 设备启动后，当圆盘送料机构外面的接料平台上的光电传感器检测到物料后，机械手启动运行，机械手向左转动→悬臂伸出→手臂下降→手爪夹紧抓取工件→手臂上升→悬臂缩回→机械手向右转动→悬臂伸出→手臂下降，手臂下降到位以后，若皮带输送机上还有正在处理的物料，则等待物料处理完成后，手爪松开，若皮带输送机上没有物料，则手爪直接松开，将物料放进皮带输送机的进料口，并等待 1s→手臂上升→悬臂缩回到初始位置，若接料平台上有物料，则机械手重复上述动作机械运行，若接料平台上没有物料，则机械手停在初始位置待机。

⑥ 设备启动后，当皮带输送机进料口的光电传感器检测到物料时，皮带输送机自动启动从位置 A 向位置 C 运行，拖动皮带输送机的三相交流电动机的运行频率为 25Hz，物料到达位置 C 时，皮带输送机停止，物料在位置 C 进行加工（即物料在位置 C 停止 3s），加工完成后，若物料为

废料（黑色物料），则直接推入位置 C 的废料仓，若物料为金属物料或白色物料，则在位置 B 的配料仓内配料，配料方式为：金属物料/白色物料/金属物料/白色物料……，多余的金属物料进入位置 A 的回收料仓，多余的白色物料进入位置 C 的废料仓，皮带输送机反向传送的运行频率为 15Hz。

物料推入料仓后，推料气缸缩回，皮带输送机自动停止，当进料口传感器再次检测到物料时，皮带输送机启动，重复上述动作。

⑦ 触摸屏控制设置：某物料加工与自动配料控制系统的触摸屏组态画面如图 6-2-3 所示。

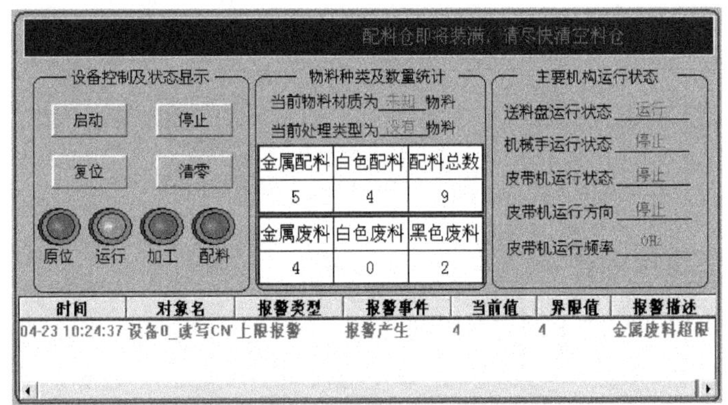

图 6-2-3 某物料加工与自动配料控制系统的触摸屏组态画面

如图 6-2-3 所示，当配料数量超过 4 个时，报警滚动条滚动显示“配料仓即将装满，请尽快清空料仓”，按下“清零”按钮，报警解除。

“设备控制及状态显示”框中的“启动”、“停止”、“复位”三个按钮的作用分别相当于按钮模块上的 SB5、SB6、SB4；画面中有四个指示灯，当设备处于初始位置时，原位指示灯亮，按下启动按钮后，运行指示灯亮，设备在位置 C 加工时，加工指示灯亮，当加工完成以后，设备开始进行配料处理，此时，配料指示灯亮。

“物料种类及数量统计”框中，用标签动态显示当前物料的材质及处理类型，物料材质可显示为“金属”、“白色”、“黑色”或“未知”；处理类型根据物料是否为配料仓的有效配料，在加工完成以后显示为“有效”和“无效”，若皮带输送机上无料，则处理类型显示“没有”。

“主要机构运行状态”框中，用标签动态显示主要机构的状态，机械手、送料盘（圆盘送料机构）、皮带输送机在动作时，其运行状态显示为“运行”，在停止时则显示为“停止”；皮带输送机在运行过程中，其转向根据皮带输送机运行的实际情况显示为“正向”、“反向”或“停止”，其运行频率根据皮带输送机运行的实际情况显示为“+25Hz”、“−15Hz”或“0Hz”。

用报警显示条输出废料报警信息，当三种废料中任意一种废料的数量超过 4 时，输出该废料的报警信息，报警描述为“XX 废料超限”。

知识解析

一、设备的初始位置及复位

任务要求：设备有关部件的初始位置为机械手的悬臂靠在右限止位置，手臂气缸的活塞杆缩回，悬臂气缸的活塞杆缩回，手爪松开；位置 A、B、C 的气缸活塞杆缩回；圆盘送料机构、皮带输送机的拖动电机不转动。上述部件在初始位置时，指示灯 HL1 以 1Hz 的频率闪烁，PLC 上电时，设备自动复位，或者通过手动按下按钮 SB4 或触摸屏上的“复位”按钮进行复位。

设备的初始位置定义程序及复位程序如图 6-2-4 所示。

```
    皮带非正转 皮带非反转 右旋到位 缩回到位 上升到位 手爪松开 气缸缩回 气缸缩回 气缸缩回 料盘停止 皮带无料 原点标志位
     Y000      Y001      X011     X013     X014     X016     X020     X022     X024     Y004     M5
0  ---|/|-------|/|-------| |------| |------| |------|/|------| |------| |------| |------|/|------|/|------( M0 )
     M8002  上电初始化脉冲                                              Y000～Y004复位
12 ---| |----+-------------------------------------------------------------[ZRST  Y000   Y004 ]
     X002    |  按钮复位信号   二进制数2#01101010从高位到低位逐位传送到Y015～Y006
   ---| |----+-------------------------------------------------------------[MOVP  K106   K2Y006 ]
     M52     |  触摸屏复位信号                                          Y016～Y020复位
   ---| |----+-------------------------------------------------------------[ZRST  Y016   Y020 ]
             |                                                          M7～M13复位
             +-------------------------------------------------------------[ZRST  M7     M13 ]
    初始位置 1s脉冲信号
     M0       M8013                                                     原位指示灯HL1
35 ---| |------| |---------------------------------------------------------( Y005 )
```

图 6-2-4　设备的初始位置定义程序及复位程序

二、设备的启动与停止

任务要求：按下按钮模块上的启动按钮 SB5 或组态画面上的“启动”按钮，设备启动，绿色警示灯闪亮。任意时刻按下停止按钮 SB6 或组态画面上的“停止”按钮，设备必须完成当前物料的加工和处理，并返回设备的初始位置才能停止工作，同时双色警示灯中的绿灯熄灭。设备的启动、停止及尾料处理控制程序如图 6-2-5 所示。

```
    按钮启动  初始位置
     X000      M0                                            运行标志位置位
38 ---| |--+---| |---+--------------------------------------------[SET   M1   ]
   触摸屏启动 |        |                                      运行指示灯亮
     M50    |        +--------------------------------------------[SET   Y021 ]
   ---| |--+
    按钮停止  皮带无料
     X001      M5                                            运行标志位复位
43 ---| |--+---|/|---+--------------------------------------------[RST   M1   ]
     M51   |         |                                        运行指示灯熄灭
   ---| |--+         +--------------------------------------------[RST   Y021 ]
   触摸屏   |  皮带有料
   停止     |   M5                                            尾料处理标志位置位
           +---| |------------------------------------------------[SET   M15  ]
     M15       M5                                            运行标志位复位
52 ---| |------|/|---+--------------------------------------------[RST   M1   ]
   尾料处理  皮带无料  |                                        运行指示灯熄灭
                     +--------------------------------------------[RST   Y021 ]
                     |                                        尾料处理标志位复位
                     +--------------------------------------------[RST   M15  ]
```

图 6-2-5　设备的启动、停止及尾料处理控制程序

三、圆盘送料机构及机械手搬运控制

圆盘送料机构的控制要求：设备启动后，圆盘送料机构转动，将物料推出到接料平台上，当接料平台上的光电传感器检测到物料时，圆盘送料机构停止，待物料被机械手搬运到皮带输送机，经过加工、配料处理完成后圆盘送料机构再次开始运行，重复上述动作。

气动机械手的控制要求：当机械手处于初始位置时，若接料平台上检测到有物料，则机械手启动一个完整的搬运周期，若接料平台上没有物料，则机械手停在初始位置待机。圆盘送料机构及机械手搬运控制程序如图 6-2-6 所示。

```
     设备运行  皮带无料  料台无料
     M1        M5        X003
57 ──┤ ├───────┤/├───────┤/├──────────────────────── 圆盘送料机构电机 ( Y004 )

     右旋到位  缩回到位  上升到位  手爪松开
     X011      X013      X014      X016
70 ──┤ ├───────┤ ├───────┤ ├───────┤/├──┬────────── 机械手初始位置标志位 ( M2 )
                                        └────────── 机械手运行标志位复位 [RST M3 ]

     设备运行
     M1        M2        X003 料台有料
76 ──┤ ├───────┤ ├───┬───┤ ├──────────────────────── 机械手运行标志位置位 [SET M3 ]
          机械手初始位置 │ X003 料台无料
                    └───┤/├──────────────────────── 机械手运行标志位复位 [RST M3 ]

               右旋到位  缩回到位  上升到位  手爪松开
     M3        X011      X013      X014      X016
84 ──┤ ├───┬───┤ ├───────┤ ├───────┤ ├───────┤/├──┬── 右旋复位 [RST Y011 ]
  机械手运行│                                      └── 左旋置位 [SET Y010 ]
           │   左旋到位  缩回到位  上升到位  手爪松开
           │   X010      X013      X014      X016
           ├───┤ ├───────┤ ├───────┤ ├───────┤/├──┬── 伸出置位 [SET Y012 ]
           │                                      └── 缩回复位 [RST Y013 ]
           │   左旋到位  伸出到位  上升到位  手爪松开
           │   X010      X012      X014      X016
           ├───┤ ├───────┤ ├───────┤ ├───────┤/├──┬── 下降置位 [SET Y015 ]
           │                                      └── 上升复位 [RST Y014 ]
           │   左旋到位  伸出到位  下降到位  手爪松开
           │   X010      X012      X015      X016
           ├───┤ ├───────┤ ├───────┤ ├───────┤/├──┬── 夹紧置位 [SET Y006 ]
           │                                      └── 松开复位 [RST Y007 ]
           │   左旋到位  伸出到位  下降到位  手爪夹紧
           │   X010      X012      X015      X016
           ├───┤ ├───────┤ ├───────┤ ├───────┤ ├──┬── 上升置位 [SET Y014 ]
           │                                      └── 下降复位 [RST Y015 ]
           │   左旋到位  伸出到位  上升到位  手爪夹紧
           │   X010      X012      X014      X016
           ├───┤ ├───────┤ ├───────┤ ├───────┤ ├──┬── 缩回置位 [SET Y013 ]
           │                                      └── 伸出复位 [RST Y012 ]
           │   左旋到位  缩回到位  上升到位  手爪夹紧
           │   X010      X012      X014      X016
           ├───┤ ├───────┤ ├───────┤ ├───────┤ ├──┬── 右旋置位 [SET Y011 ]
           │                                      └── 左旋复位 [RST Y010 ]
           │   右旋到位  缩回到位  上升到位  手爪夹紧
           │   X011      X013      X014      X016
           ├───┤ ├───────┤ ├───────┤ ├───────┤ ├──┬── 伸出置位 [SET Y012 ]
           │                                      └── 缩回复位 [RST Y013 ]
           │   右旋到位  伸出到位  上升到位  手爪夹紧
           │   X011      X012      X014      X016
           ├───┤ ├───────┤ ├───────┤ ├───────┤ ├──┬── 下降置位 [SET Y015 ]
           │                                      └── 上升复位 [RST Y014 ]
           │   右旋到位  伸出到位  下降到位  手爪夹紧  皮带无料
           │   X011      X012      X015      X016      M5
           ├───┤ ├───────┤ ├───────┤ ├───┬───┤ ├───────┤/├──┬── 松开置位 [SET Y007 ]
           │                             │                  ├── 夹紧复位 [RST Y006 ]
           │                             │                  └── 1s定时标志位置位 [SET M4 ]
           │                             │ 1s定时标志位
           │                             │ M4
           │                             └─┤ ├──────────────── 1s定时 (T0 K10 )
           │   右旋到位  伸出到位  下降到位  手爪松开
           │   X011      X012      X015      X016      T0
           ├───┤ ├───────┤ ├───────┤ ├───────┤/├───────┤ ├──┬── 上升置位 [SET Y014 ]
           │                                                ├── 下降复位 [RST Y015 ]
           │                                                └── 1s定时标志位复位 [RST M4 ]
           │   右旋到位  伸出到位  上升到位  手爪松开
           │   X011      X012      X014      X016
           └───┤ ├───────┤ ├───────┤ ├───────┤/├──┬── 缩回置位 [SET Y013 ]
                                                  └── 伸出复位 [RST Y012 ]
```

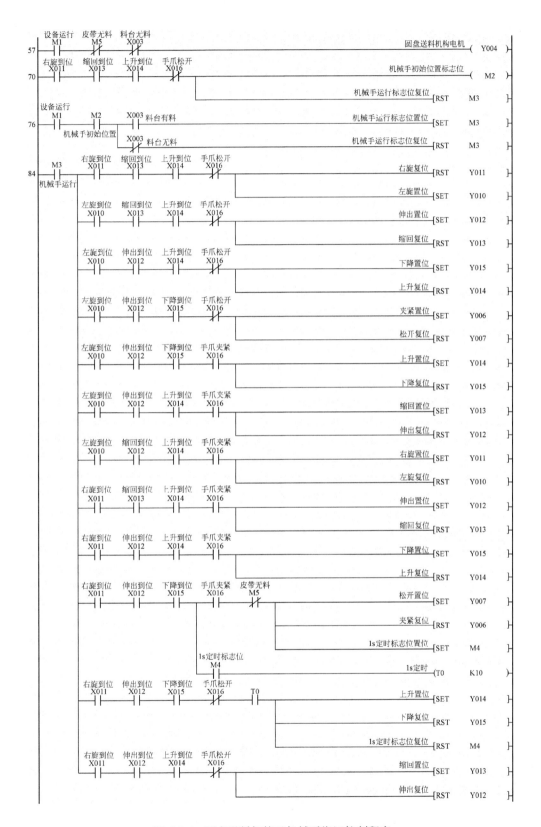

图 6-2-6 圆盘送料机构及机械手搬运控制程序

四、皮带输送机的启动、物料识别及加工控制

当设备处于运行状态且皮带输送机进料口的光电传感器检测到物料时，皮带输送机以正向25Hz的频率启动，将物料从位置A向位置C传送。将位置B的光纤传感器调整为可检测金属和白色物料，将位置C的光纤传感器调整为可检测金属、白色和黑色三种物料，位置A的电感传感器只能检测到金属物料，因此，可以根据从A向C传送物料的过程中，三个传感器检测到物料的总次数来判别物料的种类。在这个过程中，检测次数为3时，可判定物料为金属物料；检测次数为2时，可判定物料为白色物料；只检测到1次时，可判定物料为黑色物料。当物料到达位置C时，皮带输送机停止5s，物料在位置C进行加工处理。皮带输送机的启动、物料识别及加工控制程序如图6-2-7所示。

```
     设备运行 进料口检测信号
      M1      X004
179 ─┤├──────┤├──┬──────────────────────────── 正转置位 ─[SET   Y000 ]
                  ├──────────────────────────── 高速运行 ─[SET   Y003 ]
                  └──────────────────── 皮带有料标志位置位 ─[SET   M5 ]
      X005
184 ┬─┤├─┬ 位置A检测 ──────────────── 三个传感器检测信号 ─( M6 )
    │ X006│
    ├─┤├─┤ 位置B检测
    │ X007│
    └─┤├─┘ 位置C检测
                        皮带正转  高速运行  物料传感器检测信号
      M1      M5         Y000      Y003      M6
188 ─┤├──────┤├──┬──────┤├────────┤├────────┤├──── 物料传感器检测计数 ─(C10  K10 )
     设备运行 皮带有料 │ X007  位置C检测信号
                  └──┤├──┬──────────────── 检测次数比较运算 ─[CMPP  C10  K2  M20 ]
                          │ M20 检测次数>2时，C20=1 ─────────── 物料为金属 ─[SET  M7 ]
                          ├─┤├─┤
                          │ M21 检测次数=2时，C21=1 ─────────── 物料为白色 ─[SET  M8 ]
                          ├─┤├─┤
                          │ M22 检测次数<2时，C22=1 ─────────── 物料为黑色 ─[SET  M9 ]
                          └─┤├─┘
     设备运行 皮带有料
      M1      M5       M11      X007  位置C检测
215 ─┤├──────┤├───────┤/├──────┤├──┬────────────── 加工标志位置位 ─[SET  M10 ]
                      非配料过程      ├──────────────────── 停止正转 ─[RST  Y000 ]
                                      └──────────────── 高速运行停止 ─[RST  Y003 ]
     物料加工
      M10
222 ─┤├──┬──────────────────────────────────────── 加工定时 ─(T1  K50 )
          │ T1   加工完成
          └─┤├──┬────────────────────────── 配料标志位置位 ─[SET  M11 ]
                 ├────────────────────────── 加工标志位复位 ─[RST  M10 ]
                 └──────────────────────── 物料检测计数复位 ─[RST  C10 ]
```

图6-2-7 皮带输送机的启动、物料识别及加工控制程序

五、金属物料及白色物料的配料控制

物料加工完成以后，开始进行配料，金属与白色物料须按照1:1的比例推入配料仓（B槽），配料顺序为：金属物料/白色物料/金属物料/白色物料……。实现物料顺序及比例控制的方法是：

首先对进入 B 槽的物料进行计数，然后利用除法指令求该计数值除以 2 的余数，若余数为 1，则说明 B 槽物料数为奇数，下一个物料需要配白色物料，若余数为 0，说明 B 槽物料数为偶数，下一个物料需要配金属物料。金属物料及白色物料的配料控制程序如图 6-2-8 所示。

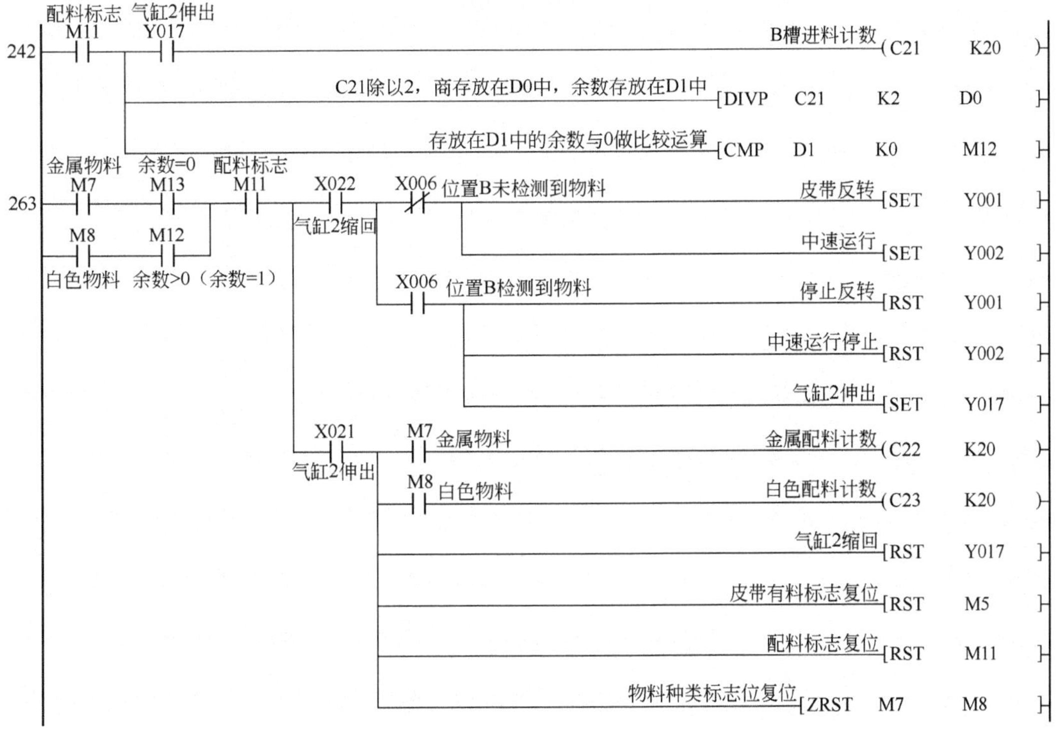

图 6-2-8　金属物料及白色物料的配料控制程序

六、无效配料及废料的处理控制

不满足配料仓（B 槽）配料要求的金属和白色物料为无效配料（也称金属废料和白色废料），加工完成以后，无效的金属物料进回收料仓（A 槽），无效的白色物料进废料仓（C 槽）。若为黑色物料，则为废料，加工完成以后直接由位置 C 推料气缸推入 C 槽。黑色废料处理控制程序如图 6-2-9 所示。

```
配料标志 黑色物料
231 M11 M9                          气缸3伸出 [SET Y020]
    X023 气缸3伸出到位      气缸3伸出（物料）计数 (C20 K20)
                               皮带有料标志复位 [RST M5]
                                       气缸3缩回 [RST Y020]
                               物料种类标志复位 [RST M9]
                                     配料标志复位 [RST M11]
```

图 6-2-9　黑色废料处理控制程序

无效的金属配料和白色配料的处理控制程序如图 6-2-10 所示。

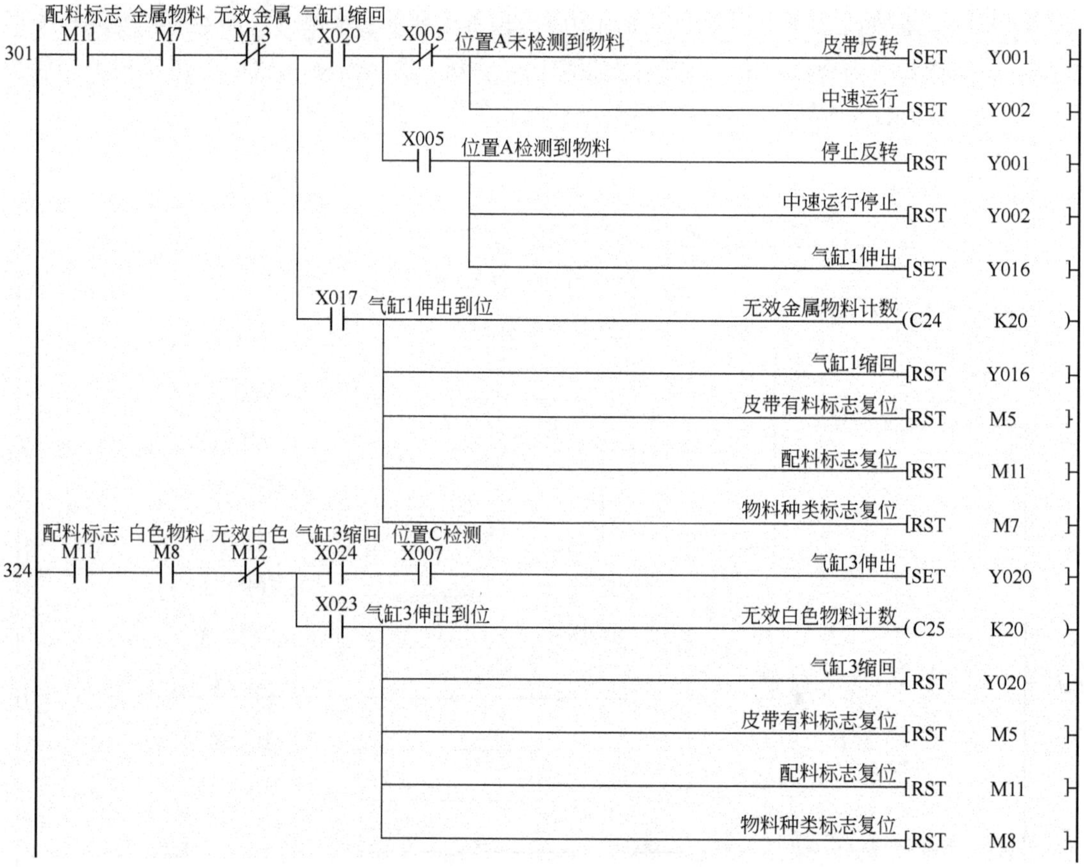

配料标志 金属物料 无效金属 气缸1缩回
301
M11
M7
M13
X020
X005
位置A未检测到物料
皮带反转
[SET Y001]
中速运行
[SET Y002]
X005
位置A检测到物料
停止反转
[RST Y001]
中速运行停止
[RST Y002]
气缸1伸出
[SET Y016]
X017
气缸1伸出到位
无效金属物料计数
(C24 K20)
气缸1缩回
[RST Y016]
皮带有料标志复位
[RST M5]
配料标志复位
[RST M11]
物料种类标志复位
[RST M7]
配料标志 白色物料 无效白色 气缸3缩回 位置C检测
324
M11
M8
M12
X024
X007
气缸3伸出
[SET Y020]
X023
气缸3伸出到位
无效白色物料计数
(C25 K20)
气缸3缩回
[RST Y020]
皮带有料标志复位
[RST M5]
配料标志复位
[RST M11]
物料种类标志复位
[RST M8]

图 6-2-10　无效的金属配料和白色配料的处理控制程序

七、数据清零

通过触摸屏组态画面上的“清零”按钮，可以清除金属配料、白色配料、配料仓配料总数以及三种废料的计数，其控制程序如图 6-2-11 所示。

340
M53
触摸屏数据清零信号
计算器C20～C25复位
[ZRST C20 C25]
346
[END]

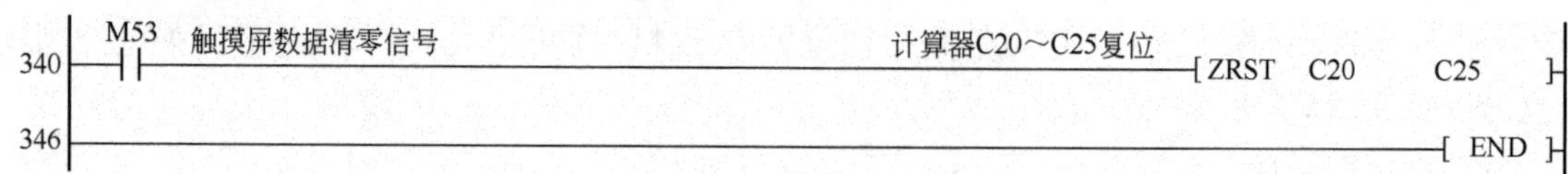

图 6-2-11　物料计数清零控制程序

任务实施

一、清点器材

对照表 6-2-1，清点某物料加工与自动配料设备控制电路所需的设备、工具及材料。

表 6-2-1　某物料加工与自动配料设备控制电路所需的设备、工具及材料

序号	名　称	型号	数量	作　　用
1	PLC 模块	FX2N-48MR	1 块	控制设备运行

续表

序号	名　称	型号	数量	作　　用
2	按钮模块	专配	1个	提供DC24V电源、操作按钮及指示灯
3	双色警示灯组	LTA0205双色	1个	电源警示与运行指示
4	安全插接导线	专配	若干	电路连接
5	端子接线排	专配	1个	连接安全插线
6	扎带	ϕ120mm	若干	电路连接工艺
7	斜口钳或者剪刀	—	1把	剪扎带
8	电源模块	专配	1个	提供三相五线电源
9	计算机	安装有编程软件	1台	用于编写、下载程序等
10	220V电源连接线	专配	2条	供按钮模块和PLC模块用
11	光电传感器	OMRON E3Z-LS63	1个	接料平台物料检测
12	光电传感器	圆柱型	1个	进料口物料检测
13	电感传感器	—	3个	皮带输送机位置A物料检测，机械手左右限位
14	磁性开关	D-C73	8个	气缸前后限位
15	磁性开关	D-Z73	2个	机械手悬臂气缸前后限位
16	磁性开关	D-Y59B	1个	机械手气爪检测
17	光纤传感器	E3X-NA11	2个	皮带输送机位置B、C物料检测
18	三相交流异步电动机	JSCC 精研 80YS25GY38	1台	皮带输送机拖动电机
19	24V直流电动机	DC24V 7.4r/min	1台	圆盘送料机构拖动电机
20	双电控电磁阀	亚德客	4个	机械手气缸控制
21	单电控电磁阀	亚德客	3个	推料气缸控制

二、建立输入/输出（I/O）分配表

根据任务，编制输入/输出（I/O）分配表，见表6-2-2。

表6-2-2　输入/输出（I/O）分配

输入			输出		
输入元件	功能作用	输入继电器	输出元件	控制对象	输出继电器
SB5	启动按钮	X0	变频器 STF	电机正转	Y0
SB6	停止按钮	X1	变频器 RL	低速运行	Y1
SB4	复位按钮	X2	变频器 RM	中速运行	Y2
光电传感器	料台检测	X3	变频器 RH	高速运行	Y3
光电传感器	进料口检测	X4	直流电动机	圆盘送料机构电机	Y4
电感传感器	位置A检测	X5	指示灯 HL1	初始位置指示灯	Y5
光纤传感器	位置B检测	X6	电磁阀 1Y1	手爪夹紧	Y6
光纤传感器	位置C检测	X7	电磁阀 1Y2	手爪松开	Y7
电感传感器	左旋限位	X10	电磁阀 2Y1	机械手左旋转	Y10

续表

输入			输出		
输入元件	功能作用	输入继电器	输出元件	控制对象	输出继电器
电感传感器	右旋限位	X11	电磁阀 2Y2	机械手右旋转	Y11
磁性开关	悬臂伸出到位	X12	电磁阀 3Y1	悬臂伸出	Y12
磁性开关	悬臂缩回到位	X13	电磁阀 3Y2	悬臂缩回	Y13
磁性开关	手臂上升到位	X14	电磁阀 4Y1	手臂上升	Y14
磁性开关	手臂下降到位	X15	电磁阀 4Y2	手臂下降	Y15
磁性开关	手爪夹紧到位	X16	电磁阀 5Y	推料气缸 1	Y16
磁性开关	气缸 1 伸出到位	X17	电磁阀 6Y	推料气缸 2	Y17
磁性开关	气缸 1 缩回到位	X20	电磁阀 7Y	推料气缸 3	Y20
磁性开关	气缸 2 伸出到位	X21	绿色警示灯	运行指示灯	Y21
磁性开关	气缸 2 缩回到位	X22			
磁性开关	气缸 3 伸出到位	X23			
磁性开关	气缸 3 缩回到位	X24			

三、控制电路的连接

1．控制电路的连接

PLC 外部接线图如图 6-2-2 所示。为了保障安全，电路连接时应断电进行，先进行输入控制电路连接，再进行输出电路连接。

2．电路检测及工艺整理

电路安装结束后，一定要进行通电前的检查和检测，保证电路连接正确，不出现不符合工艺要求的现象；确保电路中没有短路现象，否则通电后可能损坏设备。在检查电路连接正确，无短路故障后，进行控制电路的工艺整理。物料加工与自动配料设备控制电路的连接效果图如图 6-2-12 所示。

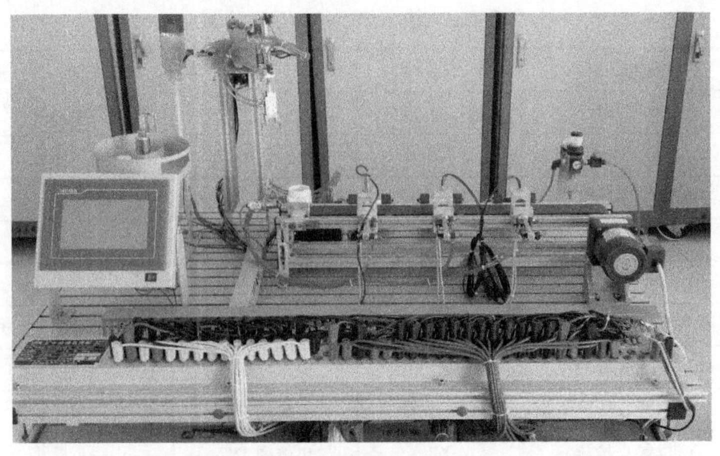

图 6-2-12　物料加工与自动配料设备控制电路的连接效果图

控制电路的检测步骤：

① 接通按钮模块的电源，用万用表的电压挡测量 DC 24V 输出电压是否正常。

② 用万用表的电压挡检测按钮模块上的各指示灯好坏，检测按钮动作机构是否灵活，自锁按钮和自动复位按钮的常开触点、常闭触点的功能是否正常。

③ PLC 输入部分线路检测：在输入端的公共端 0V 端子断开的情况下，用万用表的电阻挡测量输入端 24V 端子与 0V 端子是否短路。测量各个 X 输入端子与 0V 端子之间是否短路。

④ PLC 输出部分线路检测：在未接通电源的情况下，用万用表的电阻挡测量各 Y 输入端子与电源 0V 端子之间是否短路。

3. YL-235A 光机电一体化实训装置的外设接线端子分布

YL-235A 光机电一体化实训装置的外设接线端子分布如图 6-1-18 所示。

四、程序编写与下载

编写物料加工与自动配料设备的控制程序，对程序进行转换并保存文件。然后，完成 PLC 程序的写入。

五、建立触摸屏组态

1. 新建工程

建立硬件设备组态。

2. 建立组态画面

（1）新建窗口。

修改窗口名称为“物料加工与自动配料控制系统”。

（2）画面构成及布局。

组态画面中用到的主要工具有：标签、按钮、圆角矩形图形工具、插入元件工具、历史表格工具、报警滚动条、报警显示工具等，触摸屏组态画面的构成如图 6-2-13 所示。

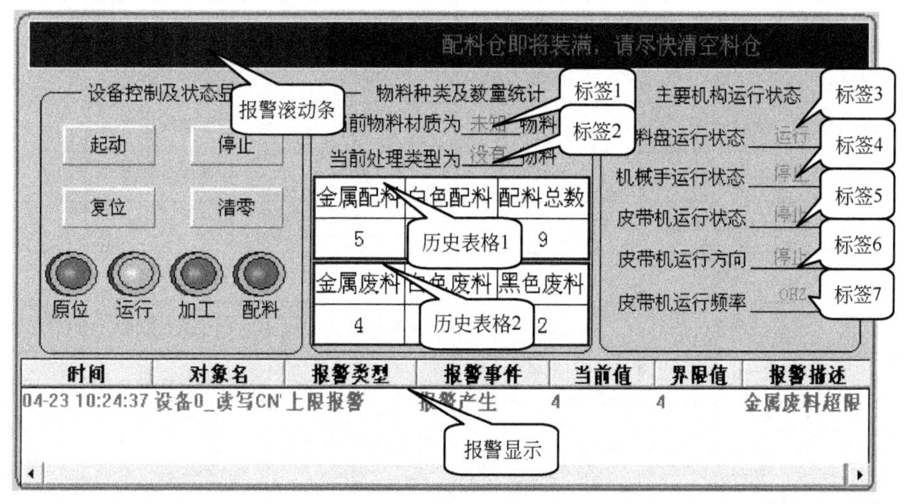

图 6-2-13　触摸屏组态画面的构成

3. 在实时数据库中建立变量

组态画面建立完成以后，需要在 MCGS 实时数据库中建立变量，具体操作步骤：单击工具栏上的“工作台”按钮，返回工作台，进入实时数据库，单击“新增对象”按钮，在实时数据库中会增加一个变量，双击该变量名称，进入“数据对象属性设置”对话框，在“基本属性”中设置对象名称、对象类型，在“报警属性”中设置变量的报警属性，如图 6-2-14 所示。

（a）数据对象基本属性设置

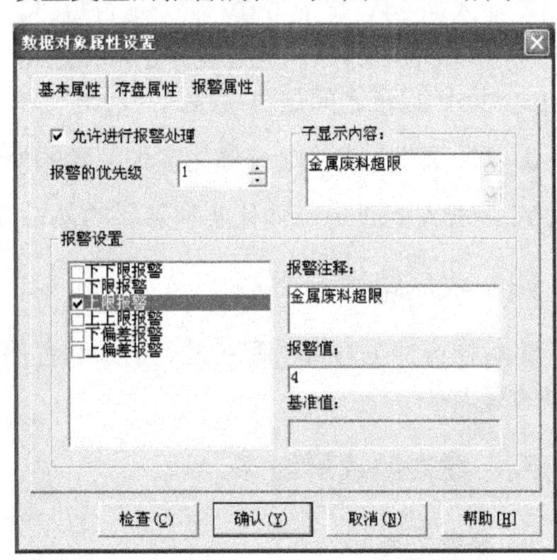

（b）数据对象报警属性设置

图 6-2-14　数据对象属性设置界面

在实时数据库中建立的变量及基本属性设置见表 6-2-3。

表 6-2-3　变量及基本属性设置

序号	对象名称	数据类型	序号	对象名称	数据类型
1	金属	开关	12	运行频率	字符
2	白色	开关	13	金属配料条件	开关
3	黑色	开关	14	白色配料条件	开关
4	物料材质	字符	15	金属废料数量	数值
5	处理类型	字符	16	白色废料数量	数值
6	皮带有料	开关	17	黑色废料数量	数值
7	正转	开关	18	金属配料数量	数值
8	反转	开关	19	白色配料数量	数值
9	中速	开关	20	配料总数	数值
10	高速	开关	21	废料报警	组对象
11	运行方向	字符	22	皮带运行状态	字符

需要设置报警属性的变量及报警属性设置见表 6-2-4。

表 6-2-4　变量及报警属性设置

序号	对象名称	优先级	报警类型	报警值	报警注释
1	金属废料数量	1	上限报警	4	金属废料超限
2	白色废料数量	1	上限报警	4	白色废料超限
3	黑色废料数量	1	上限报警	4	黑色废料超限
4	配料总数	1	上限报警	4	配料仓即将装满，请尽快清空料仓

4．在设备编辑窗口增加设备通道并进行变量连接

变量建立完成以后，需要在设备编辑窗口增加设备通道并进行变量连接，具体操作步骤：返回工作台，进入设备窗口→设备组态→设备组态窗口，双击“设备 0—［三菱_FX 系列编程口］”，进入设备编辑窗口，如图 6-2-15 所示。

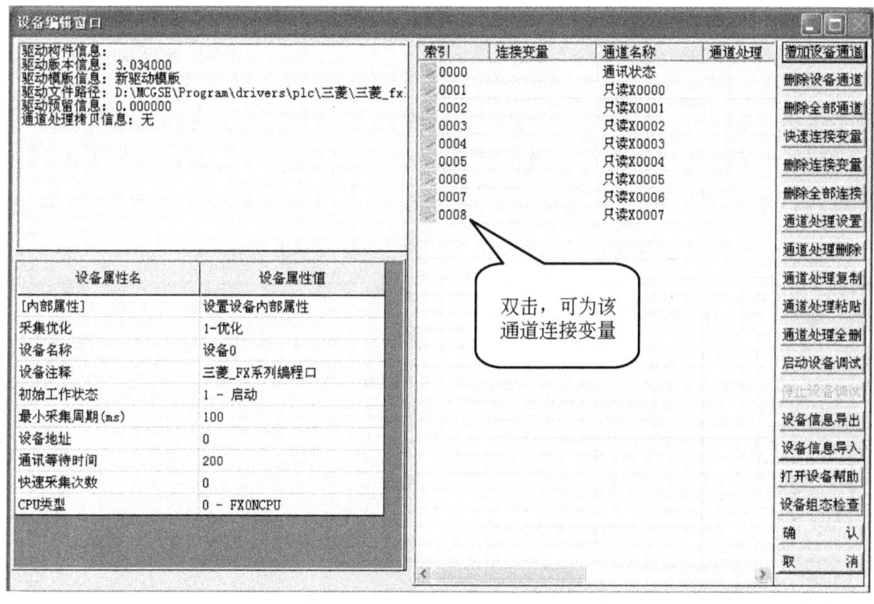

图 6-2-15　设备编辑窗口

在设备编辑窗口，单击“增加设备通道”按钮，进入“添加设备通道”窗口，在该窗口可以选择通道类型、数据类型、通道地址、通道个数及读写方式等属性，如图 6-2-16 所示。

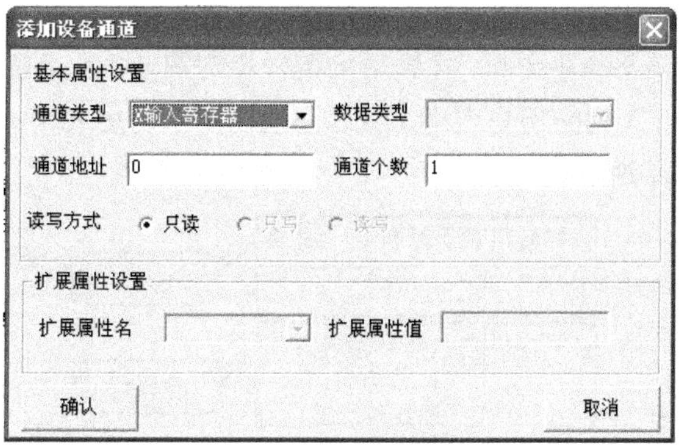

图 6-2-16　“添加设备通道”窗口

通道添加完成后，返回设备编辑窗口，双击该通道的“索引”进入变量选择界面，进行变量连接，需要添加的设备通道及其变量连接见表 6-2-5。

表 6-2-5　需要添加的设备通道及其变量连接

序号	通道名称	连接变量	序号	通道名称	连接变量
1	读写 M0007	金属	9	读写 M0013	金属配料条件
2	读写 M0008	白色	10	读写 M0012	白色配料条件
3	读写 M0009	黑色	11	读写 CNWUB024	金属废料数量
4	读写 M0005	皮带有料	12	读写 CNWUB025	白色废料数量
5	读写 Y0000	正转	13	读写 CNWUB020	黑色废料数量
6	读写 Y0001	反转	14	读写 CNWUB022	金属配料数量
7	读写 Y0002	中速	15	读写 CNWUB023	白色配料数量
8	读写 Y0003	高速	16	读写 CNWUB021	配料总数

组态画面上的“启动”、“停止”、“复位”三个按钮分别与按钮模块上的 SB5、SB6、SB4 相对应，“原位”、“运行”、“加工”、“配料”四个指示灯分别与设备初始位置、设备运行、物料加工、配料四种状态相对应，组态画面上按钮及指示灯的数据对象连接见表 6-2-6。

表 6-2-6　建立按钮及指示灯的数据对象连接

元件名称	连接类型	数据对象连接	操作方法
原位指示灯	可见度	设备 0_读写 M0000	双击元件→数据对象→可见度→问号按钮→根据采集信息生成→通道类型：M 辅助寄存器，地址：0
运行指示灯	可见度	设备 0_读写 M0001	同上，地址 1
加工指示灯	可见度	设备 0_读写 M0010	同上，地址 10
配料指示灯	可见度	设备 0_读写 M0011	同上，地址 11
启动按钮	数据对象值操作（按 1 松 0）	设备 0_读写 M0050	双击元件→操作属性→勾选“数据对象值操作”→选择按 1 松 0→问号按钮→根据采集信息生成→通道类型：M 辅助寄存器，地址：50
停止按钮	数据对象值操作（按 1 松 0）	设备 0_读写 M0051	同上，地址：51
复位按钮	数据对象值操作（按 1 松 0）	设备 0_读写 M0052	同上，地址：52
清零按钮	数据对象值操作（按 1 松 0）	设备 0_读写 M0053	同上，地址：53

根据表 6-2-6 对组态画面中的按钮及指示灯进行数据连接，全部设置完成以后保存工程。

在组态画面上插入两个历史表格，在表格的属性设置界面，单击鼠标右键，弹出右键菜单，删除一行，建立两个 2 行 3 列的历史表格，然后分别在两个历史表格的第一行相应单元格中输入静态内容，如图 6-2-17 所示。

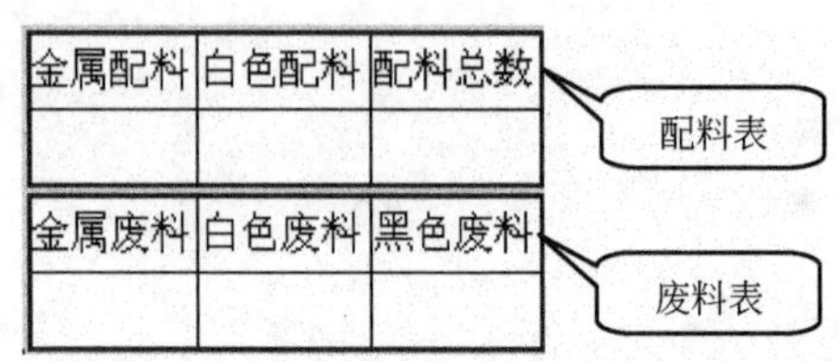

图 6-2-17　建立两个 2 行 3 列历史表格并输入静态显示内容

历史表格建立完成以后，根据表 6-2-7 对两个历史表格的各单元格进行数据连接，全部设置完成以后保存工程。

表 6-2-7　建立历史表格的数据对象连接

单元格	连接类型	数据对象连接	操作方法
配料表 2 行 1 列	连接到指定表达式	金属配料数量	单元连接属性设置→连接到指定表达式→问号按钮→从数据中心选择→金属配料数量
配料表 2 行 2 列	连接到指定表达式	白色配料数量	同上，从数据中心选择→白色配料数量
配料表 2 行 3 列	连接到指定表达式	配料总数	同上，从数据中心选择→配料总数
废料表 2 行 1 列	连接到指定表达式	金属废料数量	同上，从数据中心选择→金属废料数量
废料表 2 行 2 列	连接到指定表达式	白色废料数量	同上，从数据中心选择→白色废料数量
废料表 2 行 3 列	连接到指定表达式	黑色废料数量	同上，从数据中心选择→黑色废料数量

组态画面中“物料种类及数量统计”框中需要通过标签工具以汉字文本的形式显示当前物料材质和处理类型，物料材质可显示为“金属”、“白色”、“黑色”或“未知”；处理类型根据物料是否为配料仓的有效配料，在加工完成以后显示为“有效”和“无效”，若皮带输送机上无料，则处理类型显示“没有”。如图 6-2-18 所示。

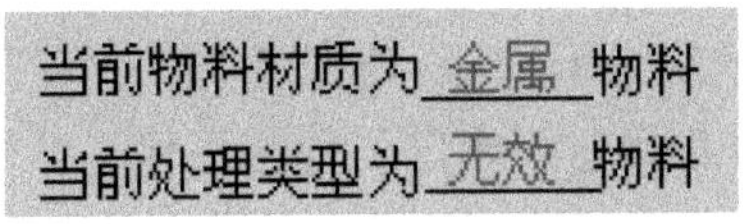

当前物料材质为 金属 物料
当前处理类型为 无效 物料

图 6-2-18　当前物料材质和处理类型的动态显示

若要实现该功能，需要在用户窗口属性设置界面的循环脚本编辑器中编写一段脚本程序。具体操作步骤：双击组态画面的空白处→用户窗口属性设置→循环脚本→打开脚本程序编辑器，输入以下脚本程序。

```
IF 金属=1 THEN                          //注释:如果物料为金属,则物料材质="金属"
物料材质="金属"
ENDIF
IF 白色=1 THEN                          //注释:如果物料为白色,则物料材质="白色"
物料材质="白色"
ENDIF
IF 黑色=1 THEN                          //注释:如果物料为黑色,则物料材质="黑色"
物料材质="黑色"
ENDIF
IF 金属=0 AND 白色=0  AND 黑色=0 THEN //注释:如果物料标志位均未置位,则物料材质="未知"
物料材质="未知"
ENDIF

IF 皮带有料 = 1 THEN                    //注释:如果皮带输送机上有物料
```

```
IF （ 金属 = 1 AND 金属配料条件 = 1 ） OR （ 白色= 1 AND 白色配料条件 = 1 ） THEN
处理类型="有效"                //注释:如果物料为金属或白色且满足配料条件,则处理类型="有效"
ELSE                          //注释:否则,处理类型="无效"
处理类型="无效"
ENDIF
ELSE                          //注释:否则(皮带输送机上没有物料),处理类型= "没有"
处理类型="没有"
ENDIF
```

最后，“物料材质”和“处理类型”两个变量需要通过标签工具将脚本程序的执行结果动态显示出来，因此要对标签进行数据对象连接，具体操作见表 6-2-8。

表 6-2-8 建立标签的数据对象连接

元件名称	连接类型	数据对象连接	操作方法
标签 1	显示输出	物料材质	双击元件→属性设置→勾选“显示输出→显示输出→输出类型：字符串输出，然后单击表达式后面的问号按钮→从数据中心选择→物料材质
标签 2	显示输出	处理类型	同上，从数据中心选择→处理类型

在组态画面中的“主要机构运行状态”框中，需要用标签动态显示主要机构的状态，其中，机械手、圆盘送料机构的运行状态在运行时显示“运行”，停止时显示“停止”，可直接用标签与 PLC 程序中相应的状态标志位进行数据对象连接；皮带输送机的运行方向和运行频率有三种显示结果，即根据皮带输送机运行的实际情况显示为“正向”、“反向”、“停止”，其运行频率根据皮带输送机运行的实际情况显示为“+25Hz”、“-15Hz”、“0Hz”。皮带输送机的运行状态在 PLC 程序中没有设置相应的状态标志位，无法直接进行数据对象连接。因此，需要在用户窗口属性设置界面的循环脚本编辑器中编写脚本程序如下。

```
IF 正转=1 AND 高速=1 THEN                 //注释:如果高速正转
运行方向="正向"
运行频率="+25Hz"
皮带运行状态="运行"
ENDIF
IF 反转=1 AND 中速=1 THEN                 //注释:如果中速反转
运行方向="反向"
运行频率="-15Hz"
皮带运行状态="运行"
ENDIF
IF 正转=0 AND 反转=0 THEN                 //注释:如果正转和反转均未置位
运行方向="停止"
运行频率="0Hz"
皮带运行状态="停止"
ENDIF
```

脚本程序编写完成后，对标签进行数据对象连接，具体操作见表 6-2-9。

表 6-2-9 建立标签的数据对象连接

元件名称	连接类型	数据对象连接	操作方法
标签 3	显示输出	设备 0_读写 Y0004	双击元件→属性设置→勾选“显示输出”→显示输出，选择变量类型：开关量输出，设置输出格式，开时信息：运行，关时信息：停止，然后单击表达式后面的问号按钮→根据采集信息生成→通道类型：Y 输出寄存器，地址：4
标签 4	显示输出	设备 0_读写 M0003	同上，通道类型：M 辅助寄存器，地址：3
标签 5	显示输出	皮带运行状态	双击元件→属性设置→勾选“显示输出”→显示输出→输出类型：字符串输出，然后单击表达式后面的问号按钮→从数据中心选择→皮带运行状态
标签 6	显示输出	运行方向	同上，从数据中心选择→运行方向
标签 7	显示输出	运行频率	同上，从数据中心选择→运行频率

任务要求：用报警显示条输出废料报警信息，当三种废料中任意一种废料的数量超过 4 时，输出该废料的报警信息，报警描述“XX 废料超限”；用报警滚动条滚动显示配料数量报警，当配料数量超过 4 个时，报警滚动条滚动显示“配料仓即将装满，请尽快清空料仓”，按下“清零”按钮，报警解除。报警滚动条的报警对象为变量“配料总数”，且只对这一个数据进行报警，因此只需要用报警滚动条与“配料总数”进行数据连接即可。报警显示条的报警对象有三个：金属废料数量、白色废料数量、黑色废料数量，但是报警显示条每次只能连接一个数据对象，因此，需要在实时数据库中建立一个组对象“废料报警”，并将金属废料数量、白色废料数量、黑色废料数量三个变量添加到该组对象的成员中，最后用报警显示条与该组对象数据进行数据连接即可实现三个变量的报警显示。

添加组对象成员的步骤：在“废料报警”数据对象属性设置界面中的“组对象成员”中添加“金属废料数量”、“白色废料数量”、“黑色废料数量”三个变量为“废料报警”组对象的成员，如图 6-2-19 所示。

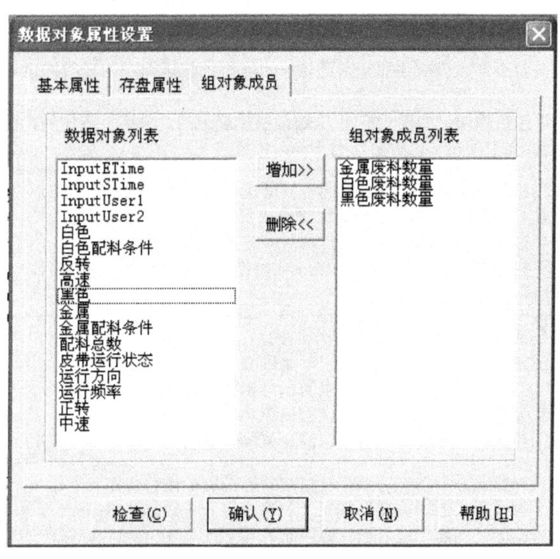

图 6-2-19 增加组对象成员

组对象成员设置完成以后，单击“确认”按钮，并返回用户窗口，进行报警对象连接，具体操作见表 6-2-10。

表 6-2-10　建立报警的数据对象连接

元件名称	连接类型	数据对象连接	操作方法
报警滚动条	显示报警对象	配料总数	双击报警滚动条→滚动的字符数：10，滚动速度：1200，勾选"闪烁"，然后单击问号按钮→从数据中心选择→配料总数
报警显示条	数据对象连接	废料报警	双击报警显示条→基本属性，最大显示记录：10，然后单击问号按钮→从数据中心选择→废料报警

全部设置完成以后保存工程，并将工程下载到触摸屏中，调试并查看控制效果。

六、运行调试

按照表 6-2-11 进行操作，观察系统运行情况并做好记录。如出现故障，应立即切断电源，分析原因、检查电路或梯形图，排除故障后，方可进行重新调试，直到系统功能调试成功为止。

表 6-2-11　设备调试记录表

步骤	调试流程	正确现象	观察结果及解决措施
1	设备上电及部件复位	1. 合上设备电源，双色警示灯中的红灯闪亮，绿灯熄灭 2. 上电初始，设备自动复位，按钮模块上的 HL1 闪烁，同时触摸屏上的原位指示灯亮 3. 运行过程中，需要复位时，按按钮模块上的复位按钮 SB4 或者触摸屏上的"复位"按钮，设备回到初始位置	
2	设备的启动	1. 设备处于初始位置且非尾料处理过程时，按按钮模块上的启动按钮 SB5 或者按触摸屏上的"启动"按钮，设备进入运行状态，此时双色警示灯中的绿色警示灯闪亮，触摸屏上的运行指示灯亮 2. 启动条件不满足时，按下按钮模块上的启动按钮 SB5 或者触摸屏上的"启动"按钮无效	
3	圆盘送料机构的启停	1. 设备启动后，若料台无料且皮带输送机上无料，则圆盘送料机构电机转动 2. 若料台有料或者皮带输送机上有料，则圆盘送料机构停止；若按下按钮模块上的停止按钮 SB6 或触摸屏上的"停止"按钮，则圆盘送料机构停止	
4	机械手的启停	1. 若料台有料，机械手启动，开始一个完整的搬运周期，观察搬运动作是否符合要求 2. 按下按钮模块上的停止按钮 SB6 或触摸屏上的"停止"按钮后，机械手必须处理完当前抓取的物料，并且料台无料时才能停止	
5	皮带输送机的启停	1. 进料口检测到物料，皮带输送机启动运行，正转，频率为 25Hz 2. 位置 C 物料加工时，皮带输送机停止 3. 三个推料气缸中的任意一个推料时，皮带输送机停止 4. 按下按钮模块上的停止按钮 SB6 或触摸屏上的"停止"按钮后，皮带输送机须完成尾料的处理后才能停止	
6	物料加工与配料	1. 物料到达位置 C 时，皮带输送机停止，加工 5s 2. 加工完成后，若满足配料要求，则进 B 槽 3. 加工完成后，不满足配料要求的黑色物料进 C 槽 4. 加工完成后，不满足配料要求的白色物料进 C 槽 5. 加工完成后，不满足配料要求的金属物料进 A 槽	
7	触摸屏的显示与控制	1. 组态画面上的启动、停止、复位按钮的控制效果符合控制要求 2. 按下触摸屏上的"清零"按钮，表格中的所有数据清零 3. 组态画面中的四个信号指示灯的状态与 PLC 程序中相应标志位的状态一致 4. 表格中的数据显示与 PLC 程序中相应计数器的数据一致 5. 当前物料材质、当前处理类型显示与设备上物料的实际状态一致 6. 主要机构的运行状态显示与设备实际运行状态一致	

任务评价

对任务实施的完成情况进行检查，并将结果填入表 6-2-12 内。

表 6-2-12 任务测评表

序号	主要内容	考核要求	评分标准	配分	扣分	得分
1	控制电路的连接	根据任务，连接控制电路	1. 指示灯、电磁阀、直流电机、警示灯、按钮、传感器连接错误扣 1 分/处 2. 变频器连接错误扣 3 分/处 3. PLC 供电回路连接错误扣 5 分/处 4. 计算机、PLC、触摸屏通信电缆连接错误扣 5 分/处	30		
2	编写控制程序	根据任务的控制要求编写控制程序	1. 部件复位正确得 5 分，错误不得分 2. 圆盘送料机构动作正确得 5 分，错误不得分 3. 机械手动作正确得 5 分，错误不得分 4. 皮带输送机动作正确得 5 分，错误不得分 5. 加工与配料正确得 20 分，错误不得分	40		
3	触摸屏组态	根据任务要求，进行触摸屏组态	1. 硬件组态正确得 2 分，错误不得分 2. 画面设计完成得 8 分，没有完成不得分 3. 触摸屏组态画面的数据对象连接正确得 10 分，每错一次扣 2 分，扣完为止	20		
4	安全文明生产	遵守操作规程；尊重考评员，讲文明礼貌；考试结束要清理现场	1. 考试中，违反安全文明生产考核要求的任何一项扣 2 分，扣完为止 2. 当教师发现学生有重大事故隐患时，要立即予以制止，并每次扣安全文明生产分 5 分 3. 小组协作不和谐、效率低扣 5 分	10		
合 计				100		
开始时间：			结束时间：			
学习者姓名：			指导教师：	任务实施日期：		